全国第二次陆生野生动物资源调查成果

# 中国陆生野生动物生态地理区划研究

何杰坤　郜二虎　等　著

科学出版社
北京

## 内 容 简 介

本书基于动物地理区划理论、动物资源调查成果，结合地理信息系统及生物地理学统计方法，根据1784种陆生野生动物的分布信息和自然环境数据，进行全国陆生野生动物生态地理单元区划，将全国划分为2界7区19亚区54个动物地理省239个生态地理单元，对各区划界限进行了精细化制图，并对各分区的生态因子、动物组成及保护状况进行了描述。

本书可供从事野生动物调查、监测、研究和保护管理的专业人员使用，也可为高等院校动物学、生态学、保护生物学、地理学等专业的师生提供参考。

审图号：GS（2018）2908号

图书在版编目（CIP）数据

中国陆生野生动物生态地理区划研究 / 何杰坤等著. —北京：科学出版社，2018.7

ISBN 978-7-03-051775-3

Ⅰ. ①中… Ⅱ. ①何… Ⅲ. ①野生动物–自然区划–研究–中国 Ⅳ. ①Q958.52

中国版本图书馆CIP数据核字（2018）第077993号

责任编辑：郭勇斌 彭婧煜 欧晓娟 / 责任校对：彭 涛
责任印制：张 伟 / 封面设计：黄华斌

科学出版社出版
北京东黄城根北街16号
邮政编码：100717
http://www.sciencep.com
北京凌奇印刷有限责任公司印刷
科学出版社发行 各地新华书店经销
*
2018年7月第 一 版 开本：787×1092 1/16
2018年7月第一次印刷 印张：19 1/2 插页：1
字数：448 000

POD定价： 118.00元
（如有印装质量问题，我社负责调换）

# 本书编写组


何杰坤　　郜二虎　　徐　扬

王志臣　　林思亮　　唐小平

尹茂国　　马广智　　江海声

# 序　一

动物地理学历史悠久，是一个既古老又具有强大生命力的学科。英国博物学家华莱士发表于 1876 年的《动物地理分布》标志着动物地理学走向成熟。我国动物地理研究起步于 20 世纪中期，50 年代我与郑作新先生将中国动物地理划分为 7 区 16 亚区，70 年代末修订为 7 区 19 亚区。到 20 世纪末，我总结了当时动物地理研究的最新成果，将我国动物地理区划分为 2 界 7 区 19 亚区和 54 个动物地理省。

动物地理研究从动物与地史事件的时空关系探讨动物的发生及演化，从动物与生态环境的关联把握动物对环境的响应。动物地理学研究为进化论思想的形成做出了极大贡献，它推动了现代动物学的发展，是生态学的重要基础之一。动物地理研究成果广泛应用于农业、林业和流行病学等方面，也是当今保护生物学的重要基础。

我国以往的动物地理区划成果较好地反映了我国动物的时空分布格局，反映了它们与我国地史事件的关系。但是，由于相关资料的不足及技术手段的限制，在动物对生态环境的响应方面难以深入分析。在我研究动物地理数十载已过耄耋之年的今天，看到《中国陆生野生动物生态地理区划研究》即将出版，甚是欣慰。该书基于我国已有的动物地理区划研究和近年来动物资源调查成果，结合迅猛发展的地理信息系统、现代统计学和数学建模技术，分析我国动物分布与各生态要素的关系，探讨动物对生态环境的响应，对区划单元进行了进一步划分，并获得了数字化的边界，对我国动物地理区划研究是一个极大的促进。

动物地理区划是动物保护管理的重要基础，对野生动物资源调查、珍稀濒危物种保护、生态红线划定和社会经济发展具有重要意义。此区划既遵循了动物地理区划“历史发展”“生态适应”“生产实践”的基本原则，衔接了现有的动物地理区划系统，又有许多创新和发展，是对“中国动物地理区划”的继承和发扬。区划成果的应用，必将促进我国野生动物保护管理水平的提高。

随着野生动物资源调查的不断深入和现代化科学技术的发展，期待我国生物地理学研究在新时代有更大的发展，取得更多世界瞩目的科学成果。

張榮祖

2018 年 4 月

# 序　　二

动物地理学作为一个经典学科，主要探讨动物在地球历史发展过程和生态响应作用下形成的时空分布规律。

中国位于欧亚板块的东侧，独特的地质演变过程和多样的环境梯度使中国拥有丰富的物种多样性和复杂的动物区系成分。新生代以来，青藏高原的隆起和东亚季风的形成极大地改变了欧亚大陆的地形格局和大气环流，导致中国自然环境的地域分异。在第四纪冰期，中国受气候变化的影响远比北美和欧洲等地区要小，使中国成为许多古老孑遗种的避难所。中国在纬度上跨越热带和温带，在经度上从湿润的森林过渡到干旱的戈壁沙漠，在海拔上从太平洋沿岸到珠穆朗玛峰，形成多样的环境梯度并孕育着各异的生态系统。时间和空间上的环境异质性，使中国成为验证大尺度物种分布格局假说的天然实验室，也使得这里成为全球动物地理区划中最受关注的地区之一。

中国动物地理研究发端于 20 世纪 30 年代，在 50 年代后引起大家的广泛关注并取得众多的研究成果。张荣祖先生 1999 年由科学出版社出版的《中国动物地理》是这些研究的集大成者，至今被广泛接受和沿用。本书在张荣祖先生区划方案的基础上，进一步细化“生态地理单元”，绘制了各单元的数字化边界。本书的方案衔接了我国已有的动物地理区划系统，避免不同方案对同一客体描述的不一致，为全国野生动物调查、保护和管理提供了很好的空间框架和参考。本书的出版既是对前人相关研究的钻研学习，也是承接和发展。

动物地理区划反映了动物分布的空间格局，这种空间格局是动物受历史地质和生态过程影响的结果。当今，我国动物地理研究蓬勃发展，特别是分子生物学技术、生物地理统计方法和地理信息系统等新技术的运用，极大地推动了动物地理研究迈向定量的实证演绎阶段。何杰坤攻读博士期间开启了他的动物地理研究历程。他师从孙儒泳先生，近几年，虽然孙先生身体有恙，难以照顾，但他仍刻苦学习、认真钻研，不辱先生教诲。我有幸协助孙先生参与何杰坤的培养工作，看到他作为年轻人对相关工作的关注和坚持。本书出版之际，赘述几句，以表心意。

江海声

2018 年 4 月

# 前　　言

动物地理区的划分，可以了解不同动物区系的起源及其关系，由此探讨物种的时空分布变化规律。动物地理区划不仅为历史生物地理学、生态生物地理学、进化生物学和系统分类学等的研究提供了空间框架，而且在保护生物学方面具有广泛的应用。动物地理区划是动物保护管理的重要基础，对野生动物资源监测、珍稀濒危物种保护、生态红线划定和经济社会发展具有重要意义。

我国陆生脊椎动物地理区划始于20世纪50年代，郑作新（1950，1956）和寿振黄（1955）等根据鸟类和兽类的区系组成差异将中国划分为不同的动物地理区。后经张荣祖（1978，1998）多次修改，将“中国动物地理区划（草案）”修订为2界7区19亚区54个动物地理省。该区划方案是我国生物地理学研究和野生动物保护管理的重要基础，得到了广泛应用。

张荣祖（1978，1998）以我国地史过程和大尺度生态环境为基础开展“中国动物地理区划”的过程中，各省份也不同程度地开展了动物地理区划。但是由于区划方法和标准的不一致，各地的区划方案难以放进一个系统形成整体的全国动物地理区划方案。全国各地动物、植物（被）、土地利用等基础调查数据的不断完善，计算机技术和数理统计方法的发展，陆域生态监测信息精度的提高，使全国性中、小尺度的动物生态地理区划成为可能，并能更好地反映小区域内动物对生态环境的响应。建设生态文明是中华民族永续发展的千年大计，野生动物保护管理、生态系统保护修复、生态廊道构建、生态红线划定、自然保护地体系建设等都急需既反映地史过程又反映生态差异的全国动物生态地理区划。

为满足现阶段陆生野生动物保护管理的需要，尤其是全国第二次陆生野生动物资源调查的要求，国家林业和草原局野生动植物保护与自然保护区管理司委托我们开展全国陆生野生动物生态地理单元区划。本区划遵循动物地理区划的基本原则及原理，根据张荣祖先生总结的中国陆生脊椎动物分布型系统，在“中国动物地理区划”的2界7区19亚区54个动物地理省的基础上，结合新的区划方法及技术，进一步细化为239个生态地理单元310个调查单元，绘制了各单元的数字化边界，并描述了各生态地理单元的生态因子、动物组成及保护现状。

本区划是对中国陆生脊椎动物定量化区划的一次尝试，也是结合历史生物地理学和生态生物地理学区划方法的一次尝试。国家林业和草原局调查规划设计院和华南师范大学作为区划的主持单位，在区划条件和基础资料等各方面给予了大力支持，有关领导进行了大量组织协调工作。张荣祖先生在开展区划前就对本区划思路、提纲和方法等给予无私的指导，并自始至终对区划工作给予大力支持，提出了许多中肯的意见，为本区划的完成提供了重要的保障。在区划方案初稿形成后，我们征求了部分省市野生动物主管部门及中国科学院地理科学与资源研究所、中国科学院动物研究所、中国林业科学研究院、东北林业大学、哈尔滨师范大学、黑龙江省野生动物研究所、陕西省动物研究所、西北大学、中国科学院昆明动物研究所、云南大学、中南林业科技大学、四川省林业科学研究院、西华师范大学、广州大学和华南师范大学等科研院所、高校相关专家的意见，得到了张荣祖、胡锦矗、冯祚建、王应祥、杨大同、杨岚等老一辈先生及韩联宪、江望高、蒋学龙、李保国、李迪强、李林、刘少英、刘洋、隆廷伦、庆宁、饶定齐、苏化龙、吴诗宝、吴毅、杨晓君、袁施彬、张明海、张泽均、赵文阁、钟立成等教授及专家学者的热情指导，有关单位和专家在充分肯定区划方案的基础上提出了中肯的修改意见并提供大量的第一手资料。我们在广泛听取意见后对区划方案进行了认真修改，最终形成全国陆生野生动物生态地理单元区划方案。

区划方案完成后，国家林业和草原局野生动植物保护与自然保护区管理司在北京组织召开评审会，对区划方案及文本进行了评审。东北林业大学马建章院士、北京师范大学郑光美院士、中国科学院地理科学与资源研究所张荣祖先生、中国科学院动物研究所冯祚建先生和杨奇森研究员、中国科学院昆明动物研究所杨晓君研究员、西北大学李保国教授、安徽大学周立志教授、安徽师范大学吴孝兵教授、黑龙江省野生动物研究所钟立成研究员等参加了会议并提出许多宝贵的意见及建议，对本书的形成和完善发挥了重要作用。

在本书“生态地理单元”区划的基础上，为方便各省野生动物资源调查及管理，主要依据行政省边界进行切割划分，可形成全国陆生野生动物资源调查的调查单元。因此，本书主要讨论了“生态地理单元”，而没有对“调查单元”进行讨论。

动物地理区划工作十分复杂，涉及动物学、地理学、生态学、地理信息系统等学科，囿于我们水平有限、时间仓促，书中难免存在不足，敬请批评指正。

# 目　　录

# 第一章 绪 论

## 一、动物地理区划概述

动物地理区是历史发展过程中形成并在现代生态条件下聚集在一定地域的动物集合（Nelson，1978；Morrone，2015；Kreft et al.，2010），是各地动物对地质历史过程及现今生态环境适应的结果。生物地理学之父阿尔弗雷德·拉塞尔·华莱士（Alfred Russel Wallace）在 1876 年提出了全球的动物地理区划方案，并在此基础上分析物种的时空分布规律，探讨不同动物区系的起源、发生及分化机制。他根据生物地理学上的发现，与达尔文共同创建了“进化论”。直到今天，华莱士发表的全球动物地理区划图一直是人们理解全球动物地理分布格局及分异过程的基础之一。

中国现代动物区系的分布格局与新生代以来的自然环境变化密切相关（Qiu et al.，2005）。中国位于欧亚板块的东侧，由于青藏高原的抬升极大地改变了欧亚板块的地形格局和大气环流系统（Zhang et al.，2000），中国西北部地区逐渐变得干旱及荒漠化，东南部和西南部受印度洋和太平洋季风的影响逐渐变得湿润，青藏高原地区形成高寒干燥的环境，动物的分布也随环境发生分异而逐渐形成现代动物区系（邱铸鼎等，2004）。第四纪冰期期间，中国受气候变化的影响较小（Sandel et al.，2011），使中国广阔的东部地区形成冰川期动物的避难所（Nogues-Bravo et al.，2010；张荣祖，2011），保留了许多古老的特有种；同时也存有多个物种分化中心（Lei et al.，2003；Fritz et al.，2012），分布着大量的特化物种。

在现代自然环境方面，中国在纬度上跨越赤道热带到寒温带等 9 个温度带（郑度，2008），经度上跨越湿润区到干旱区等 4 个干湿地区，海拔上从太平洋西岸滨海到“世界屋脊”青藏高原及世界最高峰珠穆朗玛峰，形成多样的环境梯度。受自然环境影响，中国东南及西南部地区分布着喜湿、喜热的动物，西北地区分布着耐旱动物，青藏地区分布着耐寒动物。中国独特的自然环境演变历史和多样的环境梯度使区内形成了丰富的物种多样性和复杂的动物区系。

现代中国陆生脊椎动物的多样性分布呈现纬度梯度格局，热带和亚热带是物种多样性最为丰富的热点地区（雷富民等，2002；林鑫等，2009），如海南中南部、台湾中部、滇南地区、横断山区及秦岭地区等。不同类群间物种多样性的热点地区分布格局有所差异，其分布大体受气候（张荣祖，1999）、植被（林鑫等，2009）和地形（Zhao et al.，2006）等因素的影响。动物地理区划通过分析动物的现今分布格局以追溯及探讨动物起源发生及演变过程，其对探索生物多样性的起源、发展及维持机制具有重要的意义，对保护生物多样性的进化潜力具有重要的科学价值。

由于中国疆域辽阔，横跨古北界和东洋界，区内地形、气候条件复杂，物种区系及多样性丰富，因此中国被认为是验证大尺度物种分布格局假说的天然实验室（Wang et al.，2012）。此外，中国地质历史特殊、动物区系复杂，使这里成为全球动物地理区划中最具争议的地区之一（Wallace，1876；Smith，1983a，1983b；Cox，2001；Kreft et al.，2010；Holt et al.，2013）。中国动物地理区划研究不仅可为以往研究的争论提供重要线索，也可以为中国的野生动物保护提供系统保护规划的框架及思路。

我国的动物地理区划研究始于20世纪50年代。由于全国各地动物区系调查资料缺乏，区域间调查强度不平衡等，过去关于我国动物区系格局及其分布规律方面的研究有限，动物地理区划的方案也主要依靠专家知识、经验或者是以特征种、指示种分布作为主要依据。此外，区划方案的“动物地理省”内动物生态成分（如动物栖息地）差异仍较大，区划界线精度不足，给省级尺度的生产实践带来诸多困难（郜二虎等，2017）。全国各地动物区系调查成果的不断补充和更新，计算机技术和数理统计方法的发展，陆域生态监测研究信息的完善、精度的提高，全国及不同区域的动物区系格局及其分布规律研究的不断深入，使利用定量化的数据分析结果进行全国性中、小尺度的动物生态地理区划成为可能（张荣祖，2012）。本次动物地理区划，是以全国第二次陆生野生动物调查作为契机，在遵循自然规律、遵从动物分布规律的前提下，在张荣祖先生区划方案的基础上，对全国野生动物调查单元进行进一步的划分。

因此，本书研究的目的是在张荣祖（2011）区划方案的基础上，对区划方案的边界进行细化并增加“生态地理单元”的区划单位，使其服务全国第二次陆生野生动物资源调查及全国的动物保护管理（郜二虎等，2017）。具体的内容包括：①在前人区划方案（郑作新等，1956；张荣祖，1999；张荣祖，2011）的基础上，结合定量化的陆域生态数据集（气候、植被和动物等）对区划界线进行精细化制图；②在前人区划方案的基础上，从生态生物地理学的角度，根据“动物地理省”内动物栖息地的差异，增加“生态地理单元”的区划单位。

## 二、动物地理区划研究历史

动物地理区划，可以了解不同动物区系的起源及其关系，由此探讨物种的时空分布规律。其在生物地理学、进化生态学和保护生物学等领域得到广泛的研究和应用（Morrone，2008；Kreft et al.，2010）。在过去几十年，随着物种信息的完善、系统发育研究的深入及多元统计算法的革新（Kreft et al.，2010；Holt et al.，2013；Vilhena et al.，2015），动物地理区划研究得到了快速的发展。目前，动物地理区划的研究范围已从区域尺度覆盖到全球尺度，研究对象由无脊椎动物到脊椎动物，从物种水平延伸至分子水平（Rueda et al.，2010；Kreft et al.，2010；Linder et al.，2012；Procheş et al.，2012；Rueda et al.，2013；Holt et al.，2013；Ribeiro et al.，2014），这都展示了这一学科持续的生命力（Beck，2013）。

### 1. 世界动物地理区划

20世纪以前，是动物地理区划理论的创立时期及区划研究的初级阶段。基于物种分布的生物地理区划研究最早可追溯到18世纪，博物学家开始描述全球的植被地带性及其与气候、植物和动物分布的关系（Buffon，1761；von Humboldt，1806；de Candolle，1820；Engler，1879）。第一次基于动物区系相似性的全球动物地理区划是Sclater（1858）

关于鸟类的全球区划，他根据全球雀形目鸟类分布的研究，将全球分为6界，并为其赋予了动物地理区经典的名称（Sclater，1858）。Günther（1858）基于Sclater的区划方案，根据对全球爬行动物的整理及统计，提出全球爬行动物区划方案。Wallace接受并修订了Sclater的区划方案及名称，并提出划分东洋界和澳洲界的“华莱士线”（Wallace's line）。他在1876年出版的《动物地理分布》（*The Geographic Distribution of Animals*）被认为是动物地理学的奠基之作，他也被推崇为“生物地理学之父”。这个时期的动物地理研究主要受进化论思想及起源中心学说的影响。由于当时大家普遍认为地球表面是固定不动的，所以生物地理学家们认为，物种是在起源中心发生的，但一些个体在对外扩散过程中经历自然选择而发生变异，由此形成生物地理分布及地域分异格局。例如，Darwin（1859）认为长距离扩散是物种间断分布的主要原因，Sclater（1858）认为6个动物地理界是鸟类各自的起源中心。

20世纪是经典动物地理区划的发展时期。随着物种分类及分布信息的不断完善和生物地理统计学的应用，动物地理区划研究逐渐走向定量研究。Smith（1983a，1983b）根据Wallace（1876）划分的24个动物地理亚区内115个科的哺乳动物的分布，通过建立相似性矩阵及非线性多维标度分析（non-metric multidimensional scaling，NMDS）等量化分析手段，把24亚区归并为4区和10亚区，但是这个方案与Wallace（1876）原始的区划方案差异较大（Whittaker et al.，2013）。在这期间，动物地理界线或者过渡区的研究引起广泛的讨论，特别是东洋界和澳洲界的界线（Mayr，1944；Simpson，1977；Vane-wright，1991）、新北界和新热带界的界线（Bennett，1966；Halffter，1987；Ortega et al.，1998）。此外，地区性的动物地理区划工作得到了飞速发展。其中，北美洲的动物地理区划工作最为全面，研究的类群涵盖了鱼类（Rostlund，1952）、两栖类、爬行类（Savage，1960）和兽类（Hagmeier et al.，1964）。这个时期另外一个显著的标志是大陆漂移学说（Wegener，1912）和板块构造学说（Dietz，1961；Hess，1962；Wilson，1965）被广泛地接受（Cox，2001）。这些学说的发展动摇了达尔文-华莱士“大陆永恒”与起源中心学说的理论基础，促进了隔离分化生物地理学（vicariance biogeography）学派的发展。1958年，Croizat提出泛生物地理学（panbiogeography）的研究方法，并批评了传统的动物区系形成的“起源中心和扩散”模式。1965年，Henning提出了分支系统学说，并促进了这一学说在生物地理学上的应用。Nelson等（1981）发表生物地理著作*Systematics and Biogeography*，标志着分支生物地理学（cladistic biogeography）理论的确立。至今，隔离分化生物地理学学派已经成为历史生物地理学研究中的热点和主体（应俊生等，2011）。

20世纪末至今，是动物地理区划的革新时期。随着大尺度物种分布信息的完善（如IUCN、BirdLife、GBIF），物种基因信息数据的共享（如GenBank），地理信息系统（如ArcGIS、PostGIS）和多元数学运算工具（如RStudio、SAS、SPSS）的广泛应用，动物地理区划研究得到了迅猛的发展。Kreft等（2010）提出了生物地理区划方法的框架，并以哺乳动物为例，基于全球1°×1°网格内哺乳动物的分布信息，以非加权组平均法（UPGMA）进行聚类分析，划分了6个全球哺乳动物地理区。Procheş等（2012）运用陆生脊椎动物（两栖类、爬行类、鸟类和哺乳类）分别进行聚类分析，在比较4个结果的异同的基础上提出全球动物地理区划方案（11个物种丰富地理区和3个物种匮乏地理区），并就其区划结果讨论各地理区的脊椎动物多样性及特有性。随着物种系统进化树的构建日趋完善（Bininda-Emonds et al.，2007；Fritz et al.，2012；Jetz et al.，2012），Holt 等（2013）利用全球 2 万多种两栖类、鸟类和兽类物种在全球范围的分布及其系统发育信息进行生物地理区划。该区划以 2°×2°网格作为最小区划单元，以网格内所有物种的亲缘关系做系统发育 β 多样性分析（phylogenetic beta diversity），得到 11 个全球动物地理区。与以往的分析方法不同，他们用两个类群在系统发育树中共有的分支数作为依据，克服了不同类群间种、属、科中分类等级差异的问题。但因其数据精度不足、不同类群之间系统发育时间差异的不确定及聚类方法的不完备，该方案也存在一定的争议（Kreft et al.，2013）。Mazel 等（2017）结合鸟类、哺乳类的系统发育树和分布数据，追溯了现代动物地理分异的历史，为探讨当今动物地理分异的过程提供了全新的视角。

此外，随着人们对生态环境问题的关注及保护管理实践的开展，动物地理区划的目标从纯粹的基础理论探索向生产实践发展。Udvardy（1969）基于保护实践的开展，根据植物、动物区系及生态系统类型的差异提出全球生物地理区划方案，把全球陆地划分为 8 界和 193 个动物地理省。Olson（2001）根据物种及群落的分布、生态因子（降水量、温度）、植被结构、遥感光谱、地质事件（冰期陆桥）等因素的综合分析，将全球划分为 8 个生物地理界 14 个生物群系及 867 个生态区。这个阶段的动物地理区划的理论基础是生态生物地理学，区划的主要方法是类型区划，即从地学出发，以动物分布的环境要素及变化为依据，按照不同地域动物群落所处的环境差异进行地理区划。

### 2. 中国动物地理区划

（1）朴素认识阶段

中国古代对动植物分布的记载很早，《晏子春秋·杂下之十》记载了春秋时期（公元前 770～前 476 年），齐国上大夫晏婴面对楚王的诘问，“婴闻之：橘生淮南则为橘，生于淮北则为枳，叶徒相似，其实味不同。所以然者何？水土异也”。同一时期的《周礼·冬官考工记》也记载了“橘逾淮而北为枳，鸜鹆不逾济，貉逾汶则死，此地气然也”的论述。根据现代分类学，虽然“橘”为柑橘属（*Citrus*），“枳”为枳属（*Poncirus*），二者不为同一个属，但说明古人对淮南和淮北生物地理差异已经有了初步的认识。公元前 500～前 300 年，《尚书·禹贡》依据中国的河流、山脉和大海等自然分界，把中国当时的地理疆土分为冀、兖、青、徐、扬、荆、豫、梁和雍等九州，并对各州的山川、湖泽、土壤、植被等自然条件和特产进行了描述。这些划分具有明显的地理学意义，带有自然地理区划思想的萌芽。西汉年间，《史记·货殖列传》记载“夫山西饶材、竹、谷、纑、旄、玉石；山东多鱼、盐、漆、丝、声色；江南出柟、梓、姜、桂、金、锡、连、丹沙、犀、玳瑁、珠玑、齿革；龙门、碣石北多马、牛、羊、旃裘、筋角”，概括地描述了中国动物地理分布的地区差异。此后，包括汉代的《汉书·地理志》、北魏的《水经注》、唐代的《括地志》、明代的《徐霞客游记》《本草纲目》和清代的《读史方舆纪要》都有关于中国动物分布及地域差异的记载。虽然这些历史古籍的记载缺乏科学的动物分类学基础（张荣祖，2011），但代表了我国古代人们对中国动物地理分布状况及地域差异的朴素认识。

（2）经验定性阶段

我国具有现代科学意义的动物地理区划研究始于20世纪50年代，郑作新（1950）根据鸟类的分布，把我国划分为“蒙藏区”“华北区”和“华南区”3个鸟类分布区，并统计了各区内的鸟类分布状况及数量，但是并没有绘出分区的边界。寿振黄（1955）整理分析了我国71种毛皮兽的地理分布，依据各地区种类和毛皮质量将我国毛皮兽的分布划分为8个区，并在地图上绘制了边界，这是我国最早的一张陆生脊椎动物地理区划图。随后，郑作新等（1956）按照各地鸟类和兽类区系组成差异将中国划分为7个动物地理区。后经张荣祖（1978，1998）多次修改，将“中国动物地理区划（草案）”修订为2界7区19亚区和54个动物地理省。此区划方案至今得到广泛应用，被认为对填补空白、推动我国生物地理学的研究起到重要的历史作用（张荣祖，2011）。自张荣祖（1978）对“中国动物地理区划（草案）”进行修改后，不少省份陆续讨论了各省区范围内各类动物的地理分布问题，如山东（林育真，1995）、内蒙古（杨贵生，1998）、四川（赵尔宓，2002）和黑龙江（赵文阁，2002）等。特别在两栖动物方面，《四川动物》在1995年专门增加特刊《中国两栖动物地理区划》，对我国当时的两栖动物区系研究和省级区划进行了总结（陈领，2006）。

在鱼类区系方面，张春霖（1954）认为我国淡水鱼类的分布主要受气候、地形位置等的影响，并划分了黑龙江区、西北高原区、江河平原区、东洋区和怒江区5个淡水鱼类分布区。李思忠（1981）对中国淡水鱼类的地理分布格局进行了系统研究，将中国淡水鱼类划分为北方区、华西区、宁蒙区、华东区和华南区5个区，并提出古北界和东洋界的分界线位于喜马拉雅山脉和南岭山脉。但陈宜瑜等（1986）通过对珠江淡水鱼类区系组成的调查研究，否定了南岭山脉作为东洋界和古北界在东亚的分界线的观点，认为该界线应位于秦岭山脉。陈宜瑜等（1996）从历史时空的角度分析了青藏高原地区发生的鱼类区系的变化过程，以及高原鱼类区系演化的相对独立性，并提出将青藏高原作为一个与古北区和东洋区等具有同等地位的独立区划单元。

在昆虫区系方面，马世骏（1959）将我国划分为中国-喜马拉雅山亚区、中亚细亚亚区和中国缅甸亚区3个一级区，下分9个二级区和32个三级区。他认为，我国昆虫区系有4处起源，包括中国-喜马拉雅区系、中亚细亚区系、欧洲-西伯利亚区系和印度马来区系，但由于受冰期-间冰期的影响，我国原有的昆虫区系被打乱，造成了南北穿插、东西交混的昆虫地理分布格局。在生产实践方面，章士美（1998）根据农林业生产布局及主要害虫的种类组成等对全国各省区进行了农林昆虫区划。

现代动物分布的地域差异是历史变迁至今的产物（张荣祖，2011）。随着考古学的发展，在古脊椎动物方面，裴文中（1957）、周明镇（1964）、薛祥煦等（1994）等探讨了我国第四纪动物区系的地理分异及演变。Du等（1992）提出我国古近纪哺乳类化石区系6个区的划分方案。Qiu等（2005）分析了中国新生代以来（65Ma）哺乳动物区系及环境变化的关系，指出青藏高原的隆起和东亚季风的形成深刻地影响着我国动物区系的演变，而中国的现生动物分布及地域差异可能起源于中渐新世（16Ma～11.6Ma）。

这个阶段动物地理研究最重要的发展是引入了动物“分布型”的概念。与植物地理中“分布区类型”（吴征镒，1991）的概念相似，张荣祖（1999）指出，动物“分布型”是指不同的类群具有相似的分布区，反映了不同动物类群因为历史起源、环境条件和扩散能力形成的地理分布上的趋同演化。在物种"分布型"系统建立的基础上,"动物区系的地区差异构成了动物地理分区"(张荣祖,2011)。动物"分布型"的划分系统主要基于专家知识归纳的,仍有待进一步整理和完善(张荣祖,2011)。此外,这个时期的动物地理区划也主要依据物种分布边缘、特有种的分布和具有明显阻隔作用的地理界线,定量分析手段不足,区划结果的可重复性较低。

(3)数值定量阶段

随着计算机数理统计模型的发展和地理信息系统的应用,我国学者在逐步探索定量的研究与分析方法在生物地理区划和生态地理区划等方面的应用。解焱等(2002)根据171种哺乳类和509种植物的分布信息,利用GIS技术和定量方法把全国划分为4个亚区27个生物地理区和124个生物地理单元。Xiang等(2004)根据557种哺乳类在中国及中南半岛12个地理单元的物种相似性,运用聚类分析重新厘定了这些地理单元的相互关系。陈领(2006)利用Sørensen相似性系数对中国两栖类进行动物地理区划,并对部分省区进行了三级地理区划。黄薇等(2008)结合青藏高原的地貌、植被和气候等环境因素,以自然地理条件分异和主要的地理阻隔为依据,将青藏高原划分为24个自然地理单元,统计单元内250种兽类的分布信息,根据单元内物种相似性进行聚类分析,将青藏高原划分为2个I级区、4个II级区、7个III级区和16个IV级区。Chen(2008)基于两栖类的物种相似性探讨了古北界和东洋界在我国西段的走向,认为两界的界线并不是一条明显的分界,而是一条渐变的过渡带。此外,在中国一些省区,如海南(陈盼,2011)等也开始利用数值分类的方法进行动物地理区划。在昆虫地理方面,申效诚等(2015)在对各省区昆虫分布生态小区划分的基础上,将生态条件相同的生态小区组成全国64个昆虫分布基础地理单元。他用64个地理单元为基础,基于多元相似性聚类分析(multivariate similarity clustering analysis,MSCA)方法进行全国昆虫地理区划,共确定3界(东古北界、西古北界和东洋界)和9区的区划系统。Meng等(2008)基于958种蜘蛛在2°×2°的网格分布,利用特有性简约性分析(parsimony analysis of endemicity,PAE)的方法将我国划分了7个区域:西北区,东北区,华北区,华中区,东南区,西南区和中南区。

这个阶段的量化研究发展较为迅速,为中国动物地理区划的量化研究做了很好的尝试。物种相似性指数的运用,可以克服对特征种、优势种等的加权影响;聚类方法的使用也使地理区内的动物组成差异最小化,地理区之间的差异最大化,符合动物地理区划的假设。但是,我国这时期的定量研究中主要采用预先设定的地理单元,由于地理单元的面积大小不一致,导致面积较大的单元拥有较多物种,对物种相似性指数的测算造成影响。此外,与国外动物地理区划研究相比,我国动物地理区划定量研究仍较为落后,定量化的研究手段目前尚未在全国尺度上进行多类群融合的区划分析。

## 三、动物地理区划研究方法进展

目前生物地理区划的技术方法已经从基于经验的专家集成法转为基于计算机技术和计量统计学方法。对于区划的定量技术方法,主要体现在区划单位、相似性测度和分类方法3个方面(表1-1)。

**表 1-1 动物地理区划方法比较**

| 区划方法 | 项目 | A | B | C | D | E | F | G | H | I | J | K | L | M | N | O | P | Q | R | 参考文献 |
|---|---|---|---|---|---|---|---|---|---|---|---|---|---|---|---|---|---|---|---|---|
| 区划单位 | 网格 | | | | | | √ | | | √ | √ | √ | | | √ | | √ | √ | √ | A：Hagmeier et al.（1964）；<br>B：Hagmeier（1966）；<br>C：Smith（1983a）；<br>D：da Silva et al.（1996）；<br>E：How et al.（1997）；<br>F：Williams et al.（1999）；<br>G：Peterson et al.（2000）；<br>H：Ron（2000）；<br>I：de Klerk et al.（2002）；<br>J：Morrone et al.（2002）；<br>K：Rojas-Soto et al.（2003）；<br>L：Xie et al.（2004）；<br>M：Procheş（2005）；<br>N：Heikinheimo et al.（2007）；<br>O：Patten et al.（2008）；<br>P：Kreft et al.（2010）；<br>Q：Holt et al.（2013）；<br>R：Vilhena et al.（2015） |
| | 地理单元 | √ | √ | √ | √ | | | | √ | | | | √ | √ | | | | | | |
| | 岛屿 | | | | | √ | | √ | | | | | | | | | | | | |
| | 其他 | | | | | | | | | | | | | | | √ | | | | |
| 相似性测度 | Bray-Curtis | | | | | | | | | √ | | | | √ | | √ | | | | |
| | Euclidean | | | | | | | | | | | | | | √ | | | | | |
| | Jaccard | √ | √ | | | | | | | | | | | | | √ | | | | |
| | Simplified association measure | | | √ | | | | | | | | | | | | | | | | |
| | Simpson | | | | | √ | | √ | | | | | | | | | √ | √ | √ | |
| | Sørensen | | | | | √ | | | | | | | √ | | | | | | | |
| | None | | | | √ | | √ | | √ | | √ | √ | | | | | | | | |
| 区划方法 | Decorana 排序法 | | | | | | √ | | | | | | | | | | | | | |
| | 概率最大期望法 | | | | | | | | | | | | | | √ | | | | | |
| | k-means 聚类法 | | | | | | | | | | | | | | √ | | | | | |
| | 非线性多维标度分析法 | | | √ | | | | | | | | | | | | | √ | √ | | |
| | 特有性俭约分析法 | | | | √ | | | | √ | | √ | √ | | | | | | | | |
| | 主成分分析法 | | | | | √ | | | | | | | | | | | | | | |
| | 双向指示种分析法 | | | | | | √ | | | | | | | | | | | | | |
| | 非加权组平均法 | | | | | √ | | √ | | | | | | √ | | √ | √ | √ | | |
| | 非加权配对算术平均法 | | | | | | | | | √ | | | | | | | | | | |
| | Ward 聚类法 | | | | | | | | | | | | √ | | | | | | | |
| | 加权成对分组平均法 | √ | √ | | | | | | | | | | | | | | | | | |
| | 网络分析法 | | | | | | | | | | | | | | | | | | √ | |

### 1. 区划单位

根据区划目标、物种调查强度、数据精度和研究尺度的差异，前人研究的区划单位主要有网格（grid cell）、地理单元（geographical unit）或岛屿（island）。以网格作为区划单元越来越受重视，因为它可以避免不同面积单元之间的取样误差（Kreft et al.，2010）。例如，张荣祖（1995）首次提出在“中国综合自然区划图”的基础上划分“景观系统网格”以探索我国动物分布与自然条件之间的关系。

### 2. β 相似性测度

β 相似性测度反映了不同群落间物种组成的相似性程度（Whittaker，1960），表明了时空尺度上物种组成的变化，近年来被广泛用于生物地理区划研究。区划单位（网格、生态地理单元等）之间物种组成的相似性测度方法很多（表 1-2），在生物地理学和生态学中，学者们提出不同的 β 相似性指数测度方法（Baroni-Urbani et al.，1976；Hubalek，1982；Wilson et al.，1984；Koleff et al.，2003）。这些 β 相似性指数无论是统计方法还是物种成分变化测度的内涵都有所差异（Koleff et al.，2003）。这些指数测度方法可分为 3 类（Koleff et al.，2003）：测量物种镶嵌（nestedness）、物种周转（turnover）或二者的综合。过去的研究中使用最多的测度方法是 Sørensen/Bray-Curtis 指数测度和 Jaccard 指数测度等，但这些指数在很大程度上受不同地域物种丰度的影响（Lennon et al.，2001；Leprieur et al.，2014）。也就是说在物种匮乏的区域，这些指数得出来的物种组成变化会明显高于物种丰富的区域，这显然不符合动物地理区划的实际（Kreft et al.，2010）。因此，在动物地理区划中，不受物种丰富度影响的测度指数，例如，辛普森（Simpson）指数能更好地反映物种组成变化的真实情况（Lennon et al.，2001；Koleff et al.，2003；Baselga et al.，2007）。

**表 1-2　常用的物种 β 相似性测度指数**

| β 相似性测度指数 | 符号 | 运算公式* | 参考文献 |
|---|---|---|---|
| Jaccard | $\beta_{jac}$ | $\frac{b+c}{a+b+c}$ | Jaccard（1912），Koleff et al.（2003） |
| Sørensen | $\beta_{sor}$ | $\frac{b+c}{2a+b+c}$ | Sørensen（1948），Koleff et al.（2003） |
| Simpson | $\beta_{sim}$ | $\frac{\min(b,c)}{a+\min(b,c)}$ | Simpson（1943），Lennon et al.（2001），Koleff et al.（2003） |

*其中 $a$ 是在两个区域共有的物种数量，$b$ 和 $c$ 分别是每个区域独有的物种数量

### 3. 分类方法

（1）排序

排序（ordination）是一种常用的降维技术，在动物地理区划中可以将不同地区之间动物组成的相似性直观地在二维空间可视化，并以此分析各地理区之间的相互关系。排序法已经在大尺度的动物地理区划中得到广泛运用（Kreft et al.，2010），例如，Smith（1983a）根据哺乳类分布信息分析了全球 24 个亚区（Wallace，1876）之间的动物区系关系，Williams et al.（1999）分析了非洲热带鸟类的生物地理过渡区，等等。

（2）聚类

聚类（clustering）分析是探索性数据分析中非监督学习方法的一种，其核心目标是将相似的对象分为相应的集群。这样的一个集群（地理区）的命名是基于聚类结果而并非是预先设定的（Legendre et al.，1998）。

Ⅰ. 非系统聚类

非系统聚类（non-hierarchical clustering）算法将数据集划分为若干个集群。常用的算法有 K-均值（K-mean）或围绕中心点的分割算法（partitioning around medoids algorithms，

PAMS）。但这些算法有明显的限制，它们需要预先设定分类的组数，而且这些算法并不会产生拓扑（等级）关系。

Ⅱ. 系统聚类

系统聚类（hierarchical clustering）可以容易地构建集群的拓扑（等级）关系（表 1-3）。这对动物地理区划而言十分重要，因为动物地理区划的分层关系和地区之间的相对关系可以非常清晰地反映动物地理区之间的相互关系及其动物群的演化进程（Kreft et al., 2010）。

**表 1-3 常见的系统聚类方法比较**

| 系统聚类方法 | 缩写 | 描述 |
|---|---|---|
| 非加权组平均法 | UPGMA | 集群间的距离是每个集群的所有对象的平均距离 |
| 非加权配对算术平均法 | UPGMC | 集群间的距离是每个集群质心（中心点或重心）之间的距离 |
| 加权成对分组平均法 | WPGMA | 集群间的距离是通过每个集群中对象的数量对每个聚类的对象之间加权的算术平均距离 |
| 中值连锁法 | WPGMC | 集群间的距离是加权质心之间的欧几里得距离 |
| Ward 聚类法 | Ward | 使用方差分析法，并最大限度地减少两两集群间的平方和 |
| 单联凝聚层次聚类法 | SL | 集群之间的距离是每个集群中的所有对象之间的最小距离 |
| 全联凝聚层次聚类法 | CL | 集群之间的距离是每个集群中的所有对象之间的最大距离 |
| 邻接聚类法 | NJ | 首先通过最小距离法确定网格配对并构建节点；计算出的每一配对里每一个对象与新节点的距离；计算出的每一配对外每一个对象与新节点的距离。最后，把每一邻近组作为单一对象并用前一步的距离进行重复的迭代算法 |
| 集结式聚类法 | DIANA | 所有对象先形成一个单一的大集群，集群被重复地划分，直到每个集群只包含一个单一的观察对象。在每个阶段中，选择最大直径内最大观测差异的集群组合 |

# 第二章 原理及方法

## 一、区划原则

1）历史发展、生态适应、生产实践相结合的原则。作为全国自然区划的重要组成部分，中国动物地理区划在全国自然区划工作的指导思想下，遵循“历史发展”“生态适应”与“生产实践”3项原则，并力求与其他主要区划相协调（张荣祖，2011）。

2）地带性与非地带性结合原则。地带性与非地带性是地表自然界最基本的地域分异规律。地表自然界的地域分异规律是地带性因素和非地带性因素相互制约、共同作用的结果，故野生动物及其自然环境的地带性与非地带性结合原则是本区划的基本原则。

3）相似性与异质性结合原则。区划中考虑相对一致性和区域间的异质性，即任一动物生态地理单元内，其动物区划或动物栖息地特征相对一致，相邻单元则存在一定差异。

4）区域空间连续性原则。空间连续性原则即各个分区保持空间的完整性，不可分离，也不可重复。

5）综合性与主导性结合原则。在生态地理单元划分时，综合分析各生态因子对动物分布的影响，并重点分析某些生态因子对特定动物类群分布的主导作用。

6）与行政区划边界相结合原则。动物生态地理区划最终服务于动物保护和动物生态建设。因此，在动物生态地理单元区划时，对部分单元边界进行适当调整，使之与相应的行政区域界线吻合，以方便管理和调查。

## 二、区划原理

在高级区划单位（区、亚区）的区划中，主要根据动物区系成分的差异，利用区域（区系）区划的方法进行区划，而在中级和低级区划单位（动物地理省、生态地理单元）的区划中，主要根据自然环境的不同形成动物群及栖息地的差异，利用类型区划的方法进行区划（表2-1）。在边界确定时，除考虑山脉和河流的阻隔作用外，还考虑气候、植被和土壤等因子对动物分布的影响。

**表2-1 各区划等级关系**

| 区划等级 | 主导因素 | 区划方法 |
| --- | --- | --- |
| 界 | 动物区系 | 区系区划 |
| 区 | 动物区系 | 区域区划 |
| 亚区 | 动物区系 | 区域区划 |
| 动物地理省 | 动物区系和动物群落 | 混合区划 |
| 生态地理单元 | 动物群落、植被、地貌 | 类型区划 |

1）在区（亚区）的区划过程中，因为各区（亚区）之间动物成分的相互渗透，难以找到一条单纯从动物分布格局的角度划分的界线，此时往往需借助于起限制或阻隔作用的自然地理界线。区划的各区（亚区）中都应具有至少一组主要适应于该地区的动物区系成分，并与少量渗透的其他成分共同组成动物地理区（亚区）。

2）在动物地理省的区划过程中，由于亚区内动物区系成分相对一致，各地区间动物历史成分差异较小，分区界线模糊，需要同时考虑动物区系和自然环境的差异。一方面需要服从全国性高级区划，另一方面也要考虑区域条件的实际情况。

3）在生态地理单元的区划过程中，由于动物地理省内动物的区系成分差异甚微，影响动物分布格局的主要是在气候、地貌和植被等条件下形成的动物群及栖息地的差异。在生态地理单元一级，动物群始终体现了它对环境条件的适应性，故先采取自然环境的类型划分，然后根据动物群的指示物种的分布界限确定动物生态地理单元。

## 三、区划指标

20 世纪 90 年代以来，随着对地观测手段的发展、多源数据的丰富及定量化区划方法的成熟，国内区划工作突破了经典地理学的范畴，在生态学和环境科学领域迅速展开，区划指标也从以前的定性指标逐渐转为定量化指标。

从生态地理区划角度，气候是大尺度下生态区划的主要指标，而地形和地貌对水热因子的分布起着重要的作用，它们在区划的过程中也往往被确定为主要的指标（图 2-1）。在国内众多自然地理和生态地理区划中，均以气候（温度带、干湿区）作为高级区划单位划分的首要参考指标（黄秉维，1958；侯学煜等，1963；赵松乔，1983；郑度，2008）。以植被为基础的生态系统在中尺度环境下可以表现出异质性，其在中低级区划中具有重要的参考意义。

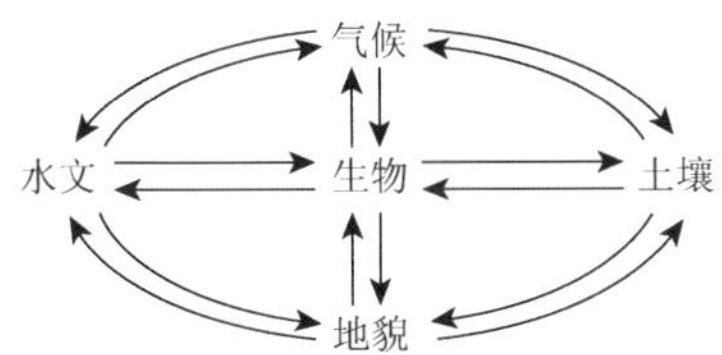


图 2-1　生态及生物地理区划指标间的关系

本区划是以中国陆生野生动物为研究客体，依据中国不同地域动物区系的成分及其动物群结构的差异进行的生物地理区划，因此在区划指标选取方面主要以动物区系成分和分布边缘作为主要依据。在高级区划单元，如界、区和亚区中主要以动物区系成分作为区划指标，并同时参考大尺度的自然区划界线；在中低级区划单元，如动物地理省和生态地理单元，则主要以动物群或动物栖息地差异作为区划依据，以地貌、植被、生态系统等作为具体区划指标。

### 1. 动物区系

动物区系是指在共同的历史与生态条件下形成和发展的动物的整体（张荣祖，1978）。

其包含 3 层含义：①自然的或人为的任何生态地理单元中，整个动物群的物种名录；②地理区域中某一高级分类单元的物种名录，如鸟类区系、爬行动物区系、昆虫区系等；③单一生态单位如生物群落及类似单位的物种名录（Udvardy，1969；周红章，2000）。动物区系是自然形成的产物，是动物与自然地理环境长期相互作用、相互影响的结果。它是一个不断发展和长期演化的过程，与自然地理条件、古地质、古气候的变迁和变化紧密相连，在一定程度上反映了区域自然地理条件的时空演变。

（1）分布型

物种的分布型是指具有相似空间分布的物种群组，它们不仅具有相同的空间分布，还具有相似的起源、迁徙能力，甚至是演化历史（Birks，1976）。动物分布型能在很大程度上反映中国现代动物区系地域分化的特点（张荣祖，1978），它们之间的关系能反映动物区系及系统发育与地理环境在时空上的同步演化。它是生物地理学历来所寻求的、具有普遍意义的、动物地理区划系统的基础（张荣祖，2011）。中国已有陆生脊椎动物种的分布型（中尺度分布格局）的分类（张荣祖，1999），本书采用张荣祖（2011）对中国陆生脊椎动物物种分布型的分类系统作为动物区系的主要参照（表 2-2）。

**表 2-2　中国陆生脊椎动物基本分类单元——种的主要分布型**

| 分布型 | 主要地质-古地理事件及现代自然条件 |
|---|---|
| Ⅰ. 世界性地带性 | 联合古陆及分裂后的环球气候带 |
| 1. 北方（全北-古北）型 | 劳亚古陆及其后来的分裂，第四纪后冰期波动，泛北方（北半球或欧亚大陆）寒-温气候带 |
| 2. 东洋型 | 第三纪以来欧亚-中国-印度板块联合后的热带-亚热带 |
| 3. 旧大陆热带-亚热带型 | 第三纪以来欧亚-非洲板块联合后的热带-亚热带 |
| Ⅱ. 中国为主区域型 | 第三纪至第四纪以来，古地中海消失后欧亚板块联合，青藏高原的抬升，冰期波动，自然环境的区域性分异 |
| 4. 东北型 | 欧亚大陆更新世冰盖消失后，在其东部形成的以寒湿为中心的环境 |
| 5. 中亚型 | 更新世以来，青藏高原抬升导致亚洲中部干旱化进一步发展的环境 |
| 6. 高地型 | 更新世以来，青藏高原及其毗连山地所形成的高寒环境 |
| 7. 喜马拉雅山-横断山区型 | 上新世以来，青藏高原东南缘基带维持暖热气候的高山峡谷地区 |
| 8. 南中国型 | 更新世以来中国东南部秦岭-淮河一线以南亚热带-热带环境 |
| 9. 岛屿型 | 晚第三纪以来与大陆有过连接的陆缘岛和没有连接的大洋岛 |

资料来源：张荣祖（2011）

（2）物种分布

本区划所用的物种分布信息均为县域的物种记录，主要来源：①各类动物志：主要为《中国动物志》和各省级的地方动物志，公开发表的文献和历年的调查数据，共收录了 1899 个物种的县域分布信息；②《中国重点陆生野生动物资源调查》：该书根据国家林业和草原局（原林业部）1995～2003 年进行的全国第一次陆生野生动物资源调查成果，共收录 252 种野生动物的分布及数量信息，区划时从中选取了 227 个物种的县域分布信息；③自然保护区科考报告：各级保护地科考报告提供的陆生脊椎动物名录信息，目前已收录 77 个保护地物种名录。

根据资料（张孟闻等，1998；赵尔宓等，1998，1999；郑光美，2011；王应祥，2003；

费梁等，2006，2009a，2009b）整理，中国陆生脊椎动物共4纲41目178科2668种（表2-3）。对这些物种进行筛选，主动去除516个物种（包括分布型信息不明确的物种、哺乳纲的翼手目、鸟纲中繁殖地不清晰的候鸟），还有368个物种由于分布资料不详而不参与本区划（表2-4）。因此，用于本区划的物种共4纲37目154科1784种。

不参与区划分析的物种隶属4目24科。其中爬行纲食鱼鳄科的马来切喙鳄（*Tomistoma schlegelii*）只在宋代留有鳄骨资料，现今不见分布（张孟闻等，1998）；瘰鳞蛇科的瘰鳞蛇（*Acrochordus granulatus*）仅在海南三亚偶然捕获1条，其后再无记录（赵尔宓等，1998）。鸟纲中戴胜目的戴胜（*Upupa epops*）广泛分布于中国，文献资料未作详细县域信息记录；红鹳目的大红鹳（*Phoenicopterus ruber*）在中国属于旅鸟或迷鸟，边缘分布，仅在新疆发现；鹱形目的海燕科（Hydrobatidae）、鹱科（Procellariidae）和信天翁科（Diomedeidae）的鸟类一般在海洋上飞行和捕猎，只有繁殖和育雏时才上陆，故亦不作为区划物种。哺乳纲中奇蹄目犀科的双角犀（*Dicerorhinus sumatraensis*）和爪哇犀（*Rhinoceros sondaicus*）分别于1948年和1957年在中国云南省绝迹后，再无记录（王应祥，2003）；翼手目由于其具有迁徙性、分布不确定性及调查的局限性（Rueda et al.，2013），不作为区划物种。

**表2-3　参与区划的物种统计***

| 全国 | | | | | 本研究 | | | | | | | |
|---|---|---|---|---|---|---|---|---|---|---|---|---|
| 纲 | 目 | 科 | 属 | 种 | 目 | | 科 | | 属 | | 种 | |
| | | | | | 数量 | 比例 | 数量 | 比例 | 数量 | 比例 | 数量 | 比例 |
| 两栖纲 | 3 | 11 | 59 | 353 | 3 | 100.0 | 11 | 100.0 | 59 | 100.0 | 262 | 74.2 |
| 爬行纲 | 3 | 23 | 113 | 378 | 3 | 100.0 | 21 | 91.3 | 109 | 96.5 | 358 | 94.7 |
| 鸟纲 | 24 | 101 | — | 1372 | 21 | 87.5 | 87 | 86.1 | — | — | 814 | 59.3 |
| 哺乳纲 | 11 | 43 | 205 | 565 | 10 | 90.9 | 35 | 81.4 | 164 | 80.0 | 350 | 61.9 |
| 总计 | 41 | 178 | 377 | 2668 | 37 | 90.2 | 154 | 86.5 | 332 | 88.1 | 1784 | 66.9 |

*两栖纲依据费梁等（2006，2009a，2009b）和张孟闻等（1998），爬行纲依据赵尔宓等（1998，1999），鸟纲依据郑光美（2011），哺乳纲依据王应祥（2003）

**表2-4　未参与区划物种统计**

| 纲 | 主动扣除* | 资料不详 | 总计 |
|---|---|---|---|
| 两栖纲 | 80 | 11 | 91 |
| 爬行纲 | 9 | 11 | 20 |
| 鸟纲 | 229 | 329 | 558 |
| 哺乳纲 | 198 | 17 | 215 |
| 总计 | 516 | 368 | 884 |

*主要依据以下3个原因主动扣除部分物种：①缺分布型信息；②哺乳纲翼手目；③不在我国繁殖的候鸟

### 2. 环境因子

（1）温度

温度对动物分布的影响分为直接影响和间接影响（Buckley et al.，2008）。温度直接影响动物生长发育速度、新陈代谢强度和行为特征，从而对动物起限制作用，影响动物的分布格局。例如，低温条件要求增加体温调节的能量消耗超过环境能提供的食物供应量，从而限制了某些物种的分布。间接影响如温度影响植物生长等，从而影响动物的栖息地类型及质量的分布。温度的变化通常分为水平变化和垂直变化，水平变化会影响动物分布的南限和北限；垂直变化影响动物分布的海拔上限与下限。

（2）降水

降水主要通过影响动物栖息地进而影响动物的分布（Buckley et al.，2008）。降水量的多少、雨季的长短、降水与温度的时间配合都会影响植物生长的好坏、果实成熟的时间，这些因素的叠加影响着动物的分布格局。对于两栖类动物而言，由于其繁殖需要水环境和适宜的湿度，降水对其地理分布存在显著影响（张荣祖，2011）。对于荒漠动物而言，降水的梯度变化影响其分布格局。

（3）地形

越复杂的地形环境，物种多样性越高（Badgley，2010）。地形主要通过影响区域水热条件、植被类型与长势等影响动物分布格局（Badgley，2010）。地形因子中，对动物分布最具影响的主要是高山与河流。高山往往伴随着气候的变化，其陡峻的山体不仅制约动物的扩散，低温和缺氧的环境更是许多动物活动的禁区，如青藏高原。河流可以限制某些动物的扩散，但是多数的情况下难以起到地理阻隔的作用。除了像亚马孙河这样的大河流可以对森林兽类、鸟类和蝴蝶的扩散起到阻隔作用外，小的河流和湖泊一般难以具有这样的阻隔作用（Allee et al.，1951）。

此外，高山的走向也会对动物的分布产生影响（Allee et al.，1951）。如果高山与纬度走向大致相同，这些高山一般会成为温度带及动物分布的分界线；反之，南北走向的山脉会成为动物扩散的“高速路”，使动物自热带沿山脉分布至寒带。

（4）地貌

地貌是生态地理系统中的一个主要要素（郑度，2008），其空间组合会影响区域内水热条件的空间分异，从而影响动物分布，其地貌走向也对动物分布格局产生影响。如我国南方喀斯特地区，由于喀斯特地貌处于不同的发育阶段，区内小气候类型多样、地势变化多端，其多样化的喀斯特生境为此处的物种提供了良好的保存和分化发育场所（Luo et al.，2016）。

（5）植被

作为动物栖息地最重要的组成部分，植物为动物提供食物和隐蔽场所等生存条件，例如，鸟类的分布就与特定的植被结构具有显著相关性（Cody，1985）。动物和植物存在相互依存、协同进化的关系，二者在空间分布上存在相关性（Jetz et al.，2009），因此，植物的空间分布格局影响着动物的空间分布格局。例如，滇西-川西、滇东南及华南地区是我国种子植物特有属分布的典型和核心地区（王荷生，1989），而这个区域也是我国陆生脊椎动物特有种分布的主要地区（张荣祖，2011）。因此，在动物地理省以下的生态地理单元划分过程中，作为动物栖息地主要构成部分的植被是重要的参考依据。

（6）土壤

土壤是陆地生态系统的一个“基底”。土壤类型影响其上的植物群落和动物群落（Wardle，2006）。一方面，土壤有其自身的生物链，植食性消费者、捕食性消费者等的分布会影响如鼹鼠、鼩鼱等更高一级消费者动物的分布（孙儒泳，2006）。另一方面，土壤影响植物的长势和植被的分布，从而影响动物的分布。

本研究区划指标及数据来源见表 2-5。

**表 2-5　区划指标及数据来源**

| 序号 | 指标类型 | 几何属性 | 精度 | 数据来源 | 指标 |
|---|---|---|---|---|---|
| 1 | 动物区系 | 表格 | — | 张荣祖（2011） | 分布型 |
| 2 | 温度 | 栅格 | 1 km | http://www.worldclim.org/ | 年均气温、极端高温、极端低温、夏季均温、冬季均温、≥0 ℃积温 |
| 3 | 降水 | 栅格 | 1 km | http://www.worldclim.org/ | 年降水量、雨季降水量、旱季降水量、夏季降水量、冬季降水量 |
| 4 | 地形 | 栅格 | 90 m | 国际农业研究磋商组织空间信息协会 | 海拔、坡度 |
| 5 | 地貌 | 矢量 | 1∶400 万 | 地球系统科学数据共享网 | 地貌类型、海拔区间、地表起伏 |
| 6 | 植被 | 矢量 | 1∶100 万 | 中国科学院中国植被图编辑委员会 | 植被类型 |
| 7 | 土壤 | 栅格 | 1∶100 万 | 地球系统科学数据共享网 | 土壤类型、含沙量、淤泥含量、黏土含量、有机碳含量 |

## 四、区划方法

本区划首先将中国划分为 5 km×5 km 的网格，并以此为最小统计分析单元；统计网格内所有动物的分布型比例（动物区系成分），对动物区系成分进行聚类分析，按照不同地域的动物区系成分差异，划分界、区和亚区。在亚区以下，分别对每个亚区网格内的自然环境因子进行聚类分析，划分不同的动物栖息地类型，并结合不同栖息地类型间指示物种的分布趋势及界线，划分动物地理省和生态地理单元。该方法的优点是在高级区划单元中考虑动物的起缘发生，在中级、低级区划单元中考虑动物对自然环境的响应，反映了历史和生态因素对我国动物分布的影响。本区划在大尺度上基于动物区系成分进行划分，延续了广为各生产实践部门所接受的中国动物地理区划方案（张荣祖，1999），在中小尺度上基于生态动物群进行划分，以满足省级及以下生产部门的实际需求。

### 1. 物种适生栖息地模型

由于中国的县级行政区面积差距较大，特别是西部的县级行政区面积可达 200 000 $km^2$，以物种的县域记录作为其分布范围将会夸大某些物种的分布范围。因此，首先采用物种适生栖息地模型（Rondinini et al.，2011）以提高物种分布的精度。

首先根据《中国动物志》对每一物种栖息地的描述，以 1∶100 万中国植被图（张新时，2007）的植被型组分类为依据对物种的生境进行分类归并，并整理各物种主要分布的海拔区间，形成物种适生栖息地信息库。

然后将全国陆地划分为面积相等的 5 km×5 km 的网格，提取每个网格所处的县级行政区名称、植被类型和海拔区间等基础信息。对各县域有记录的每一物种，通过对比区内网格的基础信息和物种适生栖息地信息，确定各个网格的物种组成（图 2-2）。

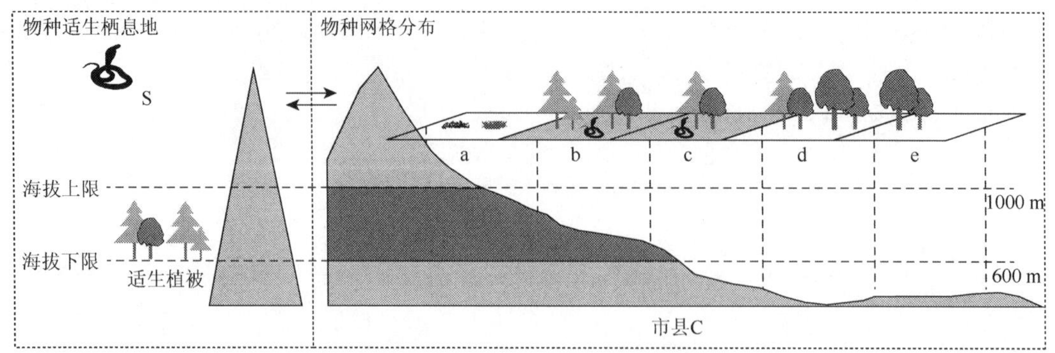


图 2-2　物种适生栖息地模型示意图

注：假设物种 S 的适生栖息地为针叶林和针阔混交林，分布海拔为 600～1000 m，并在 C 县市（网格 a，b，c，d 和 c）有分布记录。网格 a，b 和 c 部分介于 600～1000 m 之间，网格 b，c 和 d 分布有针叶林或针阔混交林 2 种植被，而只有网格 b 和网格 c 同时符合物种 S 的栖息地环境及海拔分布范围，故物种 S 在网格 a，d 和 e 将被剔除

**2. 系统聚类分析**

以 5 km×5 km 的网格为基本区划单位，统计网格内动物的区系成分（即动物分布型的比例），对网格进行聚类分析，按照不同地域的动物区系成分差异，划分界、区和亚区（图 2-3）。

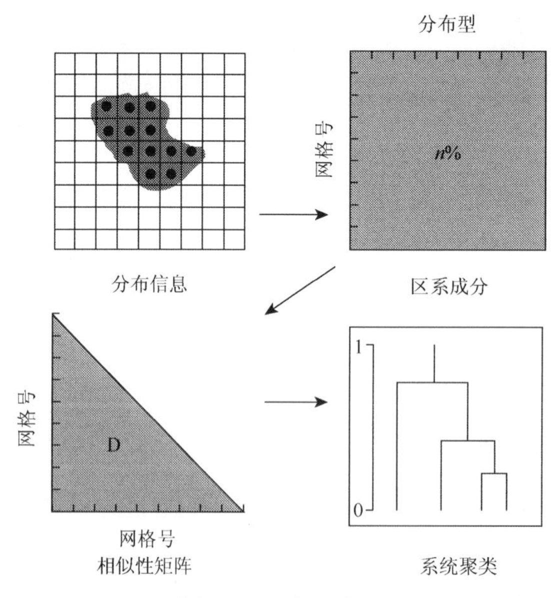


图 2-3　研究思路图

在各个亚区以下，对各网格的自然环境因子进行聚类分析，划分不同的动物栖息地类型，并结合不同栖息地类型间指示物种的分布趋势及界线，划分动物地理省和生态地理单元。

## 五、区划系统及命名

### 1. 区划系统

区划系统的区划单位有 3 级，即区（高级区划单位）、动物地理省（中级区划单位）和生态地理单元（基本单位）。另外，区以上设立“界”，作为与世界动物地理区划衔接的区划单位，区以下设亚区。本区划等级系统及例子如下：

界··········古北界

　区···········东北区

　　亚区··········大兴安岭亚区

　　　动物地理省··········大兴安岭北部省

　　　　生态地理单元··········大兴安岭北部山地

### 2. 命名原则

1）尊重历史，与已有区划系统衔接；

2）能表明各单元所处位置；

3）要体现各单元的主要特征；

4）命名简明扼要、易于接受。

### 3. 命名方法

本区划方案的区划结果在界、区、亚区和动物地理省的数量上与中国动物地理区划方案（张荣祖，1999）基本一致，故界、区、亚区的命名延续后者的命名，除原来东北山地省（西南区、西南山地亚区）修改为岷山-大雪山省外，其余动物地理省的命名与张荣祖（1999）的方案基本一致。

对于生态地理单元的命名，则主要考虑各单元的地理位置和地形地貌。地貌特征包括高原、盆地、山地、丘陵、平原、草原、荒漠和峡谷等。

此命名方法可在高级区划单位上与中国动物地理区划承接，避免不同方案对同一地域的描述不一致，有利于社会生产实践和学术交流讨论。在低级区划单位上采用地理位置和地形地貌特征命名，既符合大家对生态地理单元的空间定位，又可以体现单元内动物的栖息地特点（表 2-6）。

**表 2-6　各级区划单位命名原则与方法**

| 区划单位 | 命名原则 | 命名方法 | 举例 |
| --- | --- | --- | --- |
| 界 | 参照《世界动物地理分区》 | | 古北界 |
| 区 | 参照《中国动物地理》 | | 东北区 |
| 亚区 | 参照《中国动物地理》 | | 大兴安岭亚区 |
| 动物地理省 | 参照《中国动物地理》 | | 大兴安岭北部省 |
| 生态地理单元 | ①表明各单元所处位置<br>②体现各单元的主要特征<br>③简明扼要、易于接受 | 地理位置（地貌） | 大兴安岭北部山地 |

# 第三章　区 划 结 果

## 一、界、区总述

### （一）古北界与东洋界的分界

由于我国地跨世界动物地理区划的古北界（Palaearctic realm）和东洋界（Oriental realm）两大动物地理区（Wallace，1876；张荣祖，1999），其界线的位置不仅影响我国动物地理区划的格局，也影响全球动物地理区划格局。其界线与全球动物地理区划界线是衔接的。

我国秦岭所在的东部季风区在历史上发生过数次自然地带的南北推移（Norton et al.，2011），在此形成了两大区系的广泛过渡带（张荣祖，2002；He et al.，2017）。在第四纪冰期期间，中国东部成为温带和热带-亚热带喜温动物的避难所（张荣祖，2005），某些物种甚至向南退至海南岛、台湾地区或中国与东南亚边境地带。而进入冰消期后，寒带和亚寒带的物种在北移过程中在中国东部地区形成残留分布。这些物种残留现象表明了古北界和东洋界在中国东部存在广泛过渡区（张荣祖，2005）。

古北界和东洋界的界线除在中国东部呈现过渡性特征外，在中国西部地区成为了动物发生与扩散的避难地，特别在横断山区的西段更为明显。由于青藏高原隆起引起的气候变化和第四纪冰期的发生，青藏高原东部边缘地区因其特殊的地形条件和地理位置受的影响最小，使其成为高原古老动物在冰期中的避难所。同时又由于现代自然条件的复杂性和南北走向山脉相对隔离的环境，为新的种类的发生与发展提供了良好的条件（张荣祖，2011）。

#### 1. 东段：秦岭–伏牛山–淮河

东亚被认为是动物区系复杂交错的过渡区（张荣祖，1999；Morrone，2008；Procheş et al.，2012），由于前人研究基于不同的方法、类群、分类阶元、网格大小和空间精度，古北界和东洋界之间的分界存在诸多争议（Wallace，1876；Hoffmann，2001；Heiser et al.，2013；Kreft et al.，2010；Holt et al.，2013），关于古北界和东洋界在我国东部地区分界的不同意见就有 19 种之多（张荣祖，2011），最北的界线超过 40°N（Kreft et al.，2010），最南的可至 20°N（Procheş et al.，2012），两者间的距离超过 2000 km（He et al.，2017）。

张荣祖（2011）认为，此界线应为古北界和东洋界动物区系成分优势转换的分野，在我国东部动物分布广泛过渡的情况下，秦岭-伏牛山-淮河一线的影响相对最为明显。热带代表性类群的分布不越过或只稍越过此界（张荣祖，2011）。这条线大致与现有常绿阔叶林的北界线一致。

南方陆生脊椎动物群主要以 30°N（即我国东部季风区常绿阔叶林的北界）为其北限，在南方间断交替分布。在 30°N 以北，动物群组成发生明显变化，主要以北方动物群为主。此外，各类的地理区划和生态区划都以秦岭-淮河一线作为南北分界（罗开富，1954；黄秉维，1958；赵松乔，1983；任美锷，1999；郑度，2008），可见此界线作为地理屏障的阻隔作用。因此，本书区划方案采用前人的研究结果，以秦岭、伏牛山主脊至淮河一线作为古北界与东洋界的东段分界。

### 2. 西段：喜马拉雅山–横断山–邛崃山–岷山

古北界和东洋界西段大体穿过横断山区，两界动物区系在东段水平方向上的差异在西段转为垂直方向上的差异。例如，两栖动物在该区域的分布就受海拔的显著影响（Chen et al.，2008）。受青藏高原隆起的影响，横断山区犬牙交错的山脉–峡谷地貌具有独特的小气候（如焚风）和植被（如稀树灌草丛），并形成了南北动物区系交流的通道。在海拔较高的地方，有不少古北界的种类沿山脊部分向南伸展；不少热带种类则沿河谷向北分布，两界动物成分混杂（张荣祖，2011）。

在横断山区，不同海拔区间的动物区系存在很大差异，随着海拔升高，南方类型动物的比例减少，而分布中心在青藏高原的高地型动物的比例增加。海拔3000～3500 m的区间成为两大动物区系的分水岭，这与龚正达等（1999）对云南苍山蚤类分布研究（2900～3300 m）、孙治宇等（2007）对四川海子山大中型兽类分布研究（3800～4400 m），以及涂飞云等（2012）对四川夹金山小型兽类分布研究（3600 m）结论相似。因此，虽然古北界和东洋界在横断山区的分界难以用水平方向上的界线表达，但在海拔上似乎可以找到古北界和东洋界的分界：海拔3000～3500 m古北界动物占主要优势，海拔3000 m以下东洋界动物占主要优势。据此，本书区划方案根据两大动物区系在海拔3000～3500 m的分野，将高原山脉向南延伸的区域划入古北界，河流山谷向北延伸的区域划入东洋界。

## （二）动物地理分区

本书区划方案将中国划分为2个界7个区19个亚区54个地理地理省239个生态地理单元（表3-1、图3-1、附录1）。

表3-1 中国陆生野生动物生态地理区划

| 界 | 区 | 亚区 | 动物地理省 |
| --- | --- | --- | --- |
| Ⅰ 古北界 | Ⅰ1 东北区 | Ⅰ1A 大兴安岭亚区 | Ⅰ1Aa 大兴安岭北部省 |
| | | | Ⅰ1Ab 大兴安岭南部省 |
| | | Ⅰ1B 长白山亚区 | Ⅰ1Ba 小兴安岭省 |
| | | | Ⅰ1Bb 长白山地省 |
| | | | Ⅰ1Bc 三江平原省 |
| | | Ⅰ1C 松辽平原亚区 | Ⅰ1Ca 山前台地省 |
| | | | Ⅰ1Cb 嫩江平原省 |
| | | | Ⅰ1Cc 辽河平原省 |
| | Ⅰ2 华北区 | Ⅰ2D 黄淮平原亚区 | Ⅰ2Da 华北平原省 |
| | | | Ⅰ2Db 山东丘陵省 |
| | | | Ⅰ2Dc 淮北平原省 |

续表

| 界 | 区 | 亚区 | 动物地理省 |
|---|---|---|---|
| Ⅰ 古北界 | Ⅰ2 华北区 | Ⅰ2E 黄土高原亚区 | Ⅰ2Ea 冀晋陕北部省 |
| | | | Ⅰ2Eb 晋南-渭河-伏牛省 |
| | | | Ⅰ2Ec 甘南六盘省 |
| | Ⅰ3 蒙新区 | Ⅰ3F 东部草原亚区 | Ⅰ3Fa 呼伦贝尔-辽西省 |
| | | | Ⅰ3Fb 内蒙古东部省 |
| | | Ⅰ3G 西部荒漠亚区 | Ⅰ3Ga 河套-河西省 |
| | | | Ⅰ3Gb 阿拉善-北山省 |
| | | | Ⅰ3Gc 东疆戈壁省 |
| | | | Ⅰ3Gd 准噶尔盆地省 |
| | | | Ⅰ3Ge 塔里木盆地省 |
| | | | Ⅰ3Gf 柴达木盆地省 |
| | | Ⅰ3H 天山山地亚区 | Ⅰ3Ha 天山山地省 |
| | | | Ⅰ3Hb 阿尔泰山地省 |
| | | | Ⅰ3Hc 准噶尔界山省 |
| | Ⅰ4 青藏区 | Ⅰ4I 羌塘高原亚区 | Ⅰ4Ia 羌塘荒漠省 |
| | | | Ⅰ4Ib 昆仑省 |
| | | | Ⅰ4Ic 高原湖盆山地省 |
| | | | Ⅰ4Id 帕米尔高原省 |
| | | Ⅰ4J 青海藏南亚区 | Ⅰ4Ja 藏南高原谷地省 |
| | | | Ⅰ4Jb 青藏东部省 |
| | | | Ⅰ4Jc 祁连湟南省 |
| Ⅱ 东洋界 | Ⅱ5 西南区 | Ⅱ5K 西南山地亚区 | Ⅱ5Ka 岷山-大雪山地省 |
| | | | Ⅱ5Kb 三江横断省 |
| | | | Ⅱ5Kc 云南高原省 |
| | | Ⅱ5L 喜马拉雅亚区 | Ⅱ5La 喜马拉雅省 |
| | | | Ⅱ5Lb 察隅-贡山省 |
| | Ⅱ6 华中区 | Ⅱ6M 东部丘陵平原亚区 | Ⅱ6Ma 桐柏山-大别山省 |
| | | | Ⅱ6Mb 长江沿岸平原省 |
| | | | Ⅱ6Mc 江南丘陵省 |
| | | Ⅱ6N 西部山地高原亚区 | Ⅱ6Na 秦巴-武当省 |
| | | | Ⅱ6Nb 四川盆地省 |
| | | | Ⅱ6Nc 贵州高原省 |
| | | | Ⅱ6Nd 黔桂湘低山丘陵省 |
| | Ⅱ7 华南区 | Ⅱ7O 闽广沿海亚区 | Ⅱ7Oa 东部丘陵省 |
| | | | Ⅱ7Ob 沿海低丘平地省 |
| | | | Ⅱ7Oc 滇桂山地丘陵省 |

续表

| 界 | 区 | 亚区 | 动物地理省 |
|---|---|---|---|
| Ⅱ 东洋界 | Ⅱ7 华南区 | Ⅱ7P 滇南山地亚区 | Ⅱ7Pa 滇西南山地省 |
| | | | Ⅱ7Pb 滇南边地省 |
| | | Ⅱ7Q 海南亚区 | Ⅱ7Qa 中部山地省 |
| | | | Ⅱ7Qb 沿海低地省 |
| | | Ⅱ7R 台湾亚区 | Ⅱ7Ra 中央山地省 |
| | | | Ⅱ7Rb 西部低地省 |
| | | Ⅱ7S 南海诸岛亚区 | Ⅱ7Sa 南海诸岛省 |

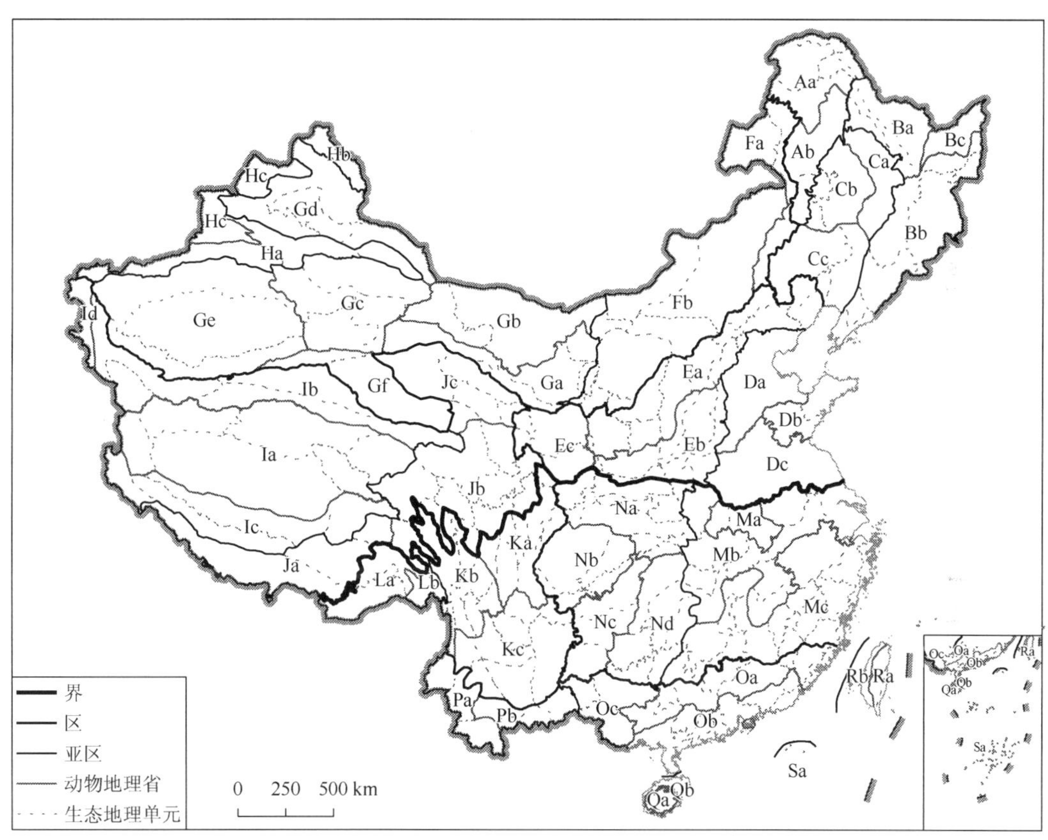


图 3-1 全国陆生脊椎动物生态地理单元区划方案

### 1. 区系成分

东北区的动物区系成分主要为古北型、全北型及东北型，其中东北型成分为本区的代表（图 3-2、图 3-3、表 3-2），如两栖类中的桓仁林蛙（*Rana huanrenensis*）、东北粗皮蛙（*Rugosa emeljanovi*）、史氏蟾蜍（*Bufo stejnegeri*）、爪鲵（*Onychodactylus fischeri*）、东方铃蟾（*Bombina orientalis*）；爬行类的东亚腹链蛇（*Amphiesma vibakari*）、黑龙江草蜥（*Takydromus amurensis*）、桓仁滑蜥（*Scincella huanrenensis*）；哺乳类的东北兔（*Lepus mandshuricus*）、大鼩鼱（*Sorex mirabilis*），鸟类的黑嘴松鸡（*Tetrao parvirostris*）、花尾榛

鸡（*Bonasa bonasia*）、黑琴鸡（*Lyrurus tetrix*）等。此外，本区还是众多夏候鸟的繁殖地，如鹤科（Gruidae）、鹬科（Scolopacidae）、鸭科（Anatidae）和鸻科（Charadriidae）等科的鸟类均在本区繁殖，秋冬季节迁徙至较温暖的地区越冬。

华北区处于南北动物区系的过渡带，区内陆生脊椎动物未形成典型独特的动物区系，相邻区的动物成分在本区相互渗透，西北部以中亚型占优，西部以高地型和喜马拉雅山-横断山区型占优，南部以南中国型和东洋型占优，在腹部地区南北方分布型达到基本平衡，并且以本区动物成分为主的华北型或季风区型的比例最高。与其动物区系的过渡性对应，属于本区特有或主要分布于本区的动物种类较少（张荣祖，2011），只有褐马鸡（*Crossoptilon mantchuricum*）、灰冠鸦雀（*Paradoxornis przewalskii*）、山地麻蜥（*Eremias brenchleyi*）、耳疣壁虎（*Gekko auriverrucosus*）和六盘齿突蟾（*Scutiger liupanensis*）等几个物种可以称为本区的特有种。由于自古至今的农垦开发，本区的原生栖息地受人类干扰最大，农垦地面积大，特别在黄淮平原，基本以农田生态系统为主，偶见一些田间稀疏林地，现今在本区只见某些田野常见及伴人居的动物。

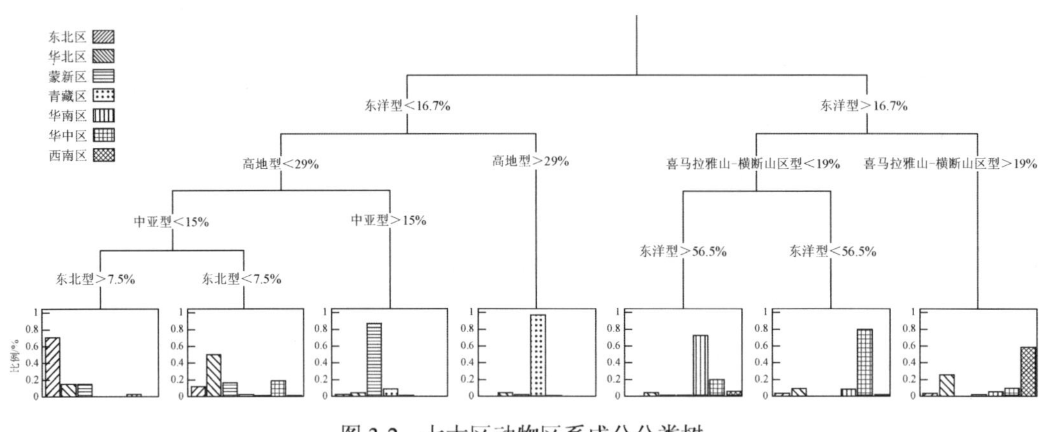


图 3-2　七大区动物区系成分分类树

蒙新区的动物区系成分主要为中亚型、古北型和全北型，其中中亚型和北方型（全北型和古北型）成分为本区的代表。区内两栖类种类非常贫乏化，只分布在本区天山、阿尔泰山、贺兰山等山地及众多的绿洲、农田中，如塔里木蟾蜍（*Bufo pewzowi*）、新疆北鲵（*Ranodon sibiricus*）、阿尔泰林蛙（*Rana altaica*）、中亚林蛙（*Rana asiatica*）和中亚侧褶蛙（*Pelophylax terentievi*）。爬行类主要以鬣蜥科（Agamidae）和蜥蜴科（Lacertidae）为主，如沙蜥属（*Phrynocephalus*）、麻蜥属（*Eremias*）等。哺乳类中，有蹄类如黄羊（*Procapra gutturosa*）、野双峰驼（*Camelus ferus*）、普氏原羚（*Procapra przewalskii*）、鹅喉羚（*Gazella subgutturosa*）等是本区的指示物种。此外，草原及半荒漠的啮齿类在本区广泛分布，如跳鼠科（Dipodidae）、沙鼠属（*Meriones*）和小毛足鼠（*Phodopus roborovskii*）、伊犁田鼠（*Microtus ilaeus*）、天山黄鼠（*Spermophilus relictus*）等。鸟类中，有主要以啮齿类为食的猛禽如苍鹰（*Accipiter gentilis*）、金雕（*Aquila chrysaetos*）；善于奔跑的鸟类如大鸨（*Otis tarda*）、毛腿沙鸡（*Syrrhaptes paradoxus*）、松鸡（*Tetrao urogallus*）、阿尔泰雪鸡（*Tetraogallus altaicus*）；还有众多过境和繁殖的候鸟，如鹤科（Gruidae）、鸭科（Anatidae）、鹬科

（Scolopacidae）、鸻科（Charadriidae）、鸥科（Laridae）的一些鸟类。

青藏区动物区系成分主要以高地型为主，代表物种有兽类中的野牦牛（*Bos mutus*）、藏羚（*Pantholops hodgsoni*）和藏野驴（*Equus kiang*）；还有部分适应高原环境的啮齿类，如白尾松田鼠（*Pitymys leucurus*）；鸟类中的雪鸽（*Columba leuconota*）、黑颈鹤（*Grus nigricollis*）、藏雀（*Kozlowia roborowskii*）和黑头角雉（*Tragopan melanocephalus*）；爬行类中有本区特有的温泉蛇（*Thermophis baileyi*）和蜥蜴亚目（Sauria）的西藏沙蜥（*Phrynocephalus theobaldi*）、青海沙蜥（*Phrynocephalus vlangalii*）、红尾沙蜥（*Phrynocephalus erythrurus*）、泽当沙蜥（*Phrynocephalus zetangensis*）、拉萨岩蜥（*Laudakia sacra*）、拉达克滑蜥（*Scincella ladacensis*）等。两栖类十分匮乏，仅见有西藏齿突蟾（*Scutiger boulengeri*）、西藏蟾蜍（*Bufo tibetanus*）和高山倭蛙（*Nanorana parkeri*）等几种。

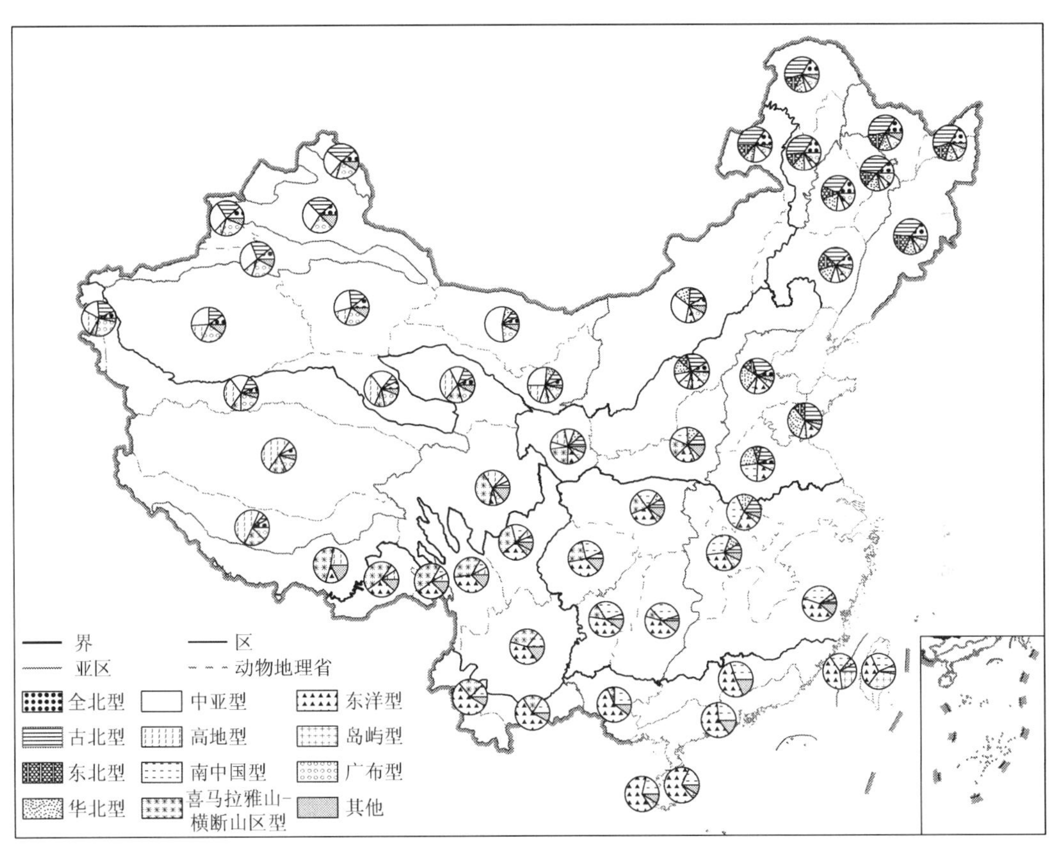


图 3-3 各动物地理省动物区系组成

西南区动物区系成分有北方成分的高地型，南方成分的南中国型和东洋型，其自身也有独特的喜马拉雅山-横断山区型。其中，兽类中的大熊猫（*Ailuropoda melanoleuca*）、小熊猫（*Ailurus fulgens*）、滇金丝猴（*Rhinopithecus bieti*）和鸟类中的血雉（*Ithaginis cruentes*）是本区的典型代表。两栖类中，角蟾科（Megophryidae）分化明显，在本区分布的角蟾科共 35 种，其中本区特有种 13 种。本区的动物区系成分主要属东洋区成分，这是由本区历史起源和现代生态条件所决定的。就历史发生而言，本区有许多物种的分布属于喜马拉雅山-横断山区型，如红胸角雉（*Tragopan satyra*）、白腹锦鸡（*Chrysolophus amherstiae*）、灰腹角雉（*Tragopan blythii*）、白尾梢虹雉（*Lophophorus sclateri*）、羚牛（*Budorcas taxicolor*）、小熊猫（*Ailurus fulgens*）、大熊猫（*Ailuropoda melanoleuca*）和仰鼻猴属（*Rhinopithecus*）等。这些种类的分布大多数以横断山区为中心，向西到喜马拉雅山区，向东可达秦岭一带。根据地质学、古冰川学及古生物学的资料，这一地区陆地形成很早，在更新世时又无大面积的冰盖发生，复杂的山地自然环境又为当地物种的保存与分化提供了有利的条件。因此，从历史动物地理学的观点看，这些种类应是本区特有的和固有的历史成分。

华中区动物区系成分较为简单，以南中国型和东洋型为主。本区动物区系是华南区的贫乏化，绝大多数分布于本区的动物成分与华南区共有（张荣祖，2011）。代表物种有兽类中的黔金丝猴（*Rhinopithecus brelichi*）、牙獐（*Hydropotes inermis*）、黑麂（*Muntiacus crinifrons*），鸟类中的灰胸竹鸡（*Bambusicola thoracica*）、红腹锦鸡（*Chrysolophus pictus*），爬行类中的扬子鳄（*Alligator sinensis*）、莽山烙铁头（*Ermia mangshanensis*）、崇安石龙子（*Eumeces popei*）、井冈山脊蛇（*Achalinus jinggangensis*），两栖类中的镇海棘螈（*Echinotriton chinhaiensis*）、中国小鲵（*Hynobius chinensis*）、安吉小鲵（*Hynobius amjiensis*）和合征姬蛙（*Microhyla mixtura*），等等。

华南区动物区系成分以东洋型为主，岛屿型和南中国型次之。其中很多物种所属科皆以南亚热带北缘为界，如兽类中的树鼩科（Tupaiidae）、懒猴科（Lorisidae）、长臂猿科（Hylobatidae），鸟类中的三趾鹑科（Turnicidae）、鹦鹉科（Psittacidae）、咬鹃科（Trogonidae）、阔嘴鸟科（Eurylaimidae）、八色鸫科（Pittidae）、雀鹎科（Aegithinidae）、叶鹎科（Chloropseidae）和卷尾科（Dicruridae），爬行类的睑虎科（Eublepharidae）、鳄蜥科（Shinisauridae）、巨蜥科（Varanidae）、闪鳞蛇科（Xenopeltidae）、盾尾蛇科（Uropeltidae），两栖类的鱼螈科（Ichthyophiidae），等等。此外，台湾岛和海南岛由于地理上的孤立，形成一些岛屿型的特有种。南海诸岛的动物区系主要由海鸟、候鸟和旅鸟组成。

**表 3-2　各亚区物种分布型的比例**　　（单位：%）

| 区 | 亚区 | a | b | c | d | e | f | g | h | i | j | k | l | m | n | o |
|---|---|---|---|---|---|---|---|---|---|---|---|---|---|---|---|---|
| NE | A | 40 | 23 | 14 | 1 | 4 | 3 | 0 | 3 | 0 | 0 | 0 | 3 | 0 | 9 | 0 |
| | B | 35 | 17 | 14 | 3 | 5 | 10 | 1 | 2 | 0 | 0 | 1 | 4 | 0 | 10 | 0 |
| | C | 31 | 15 | 13 | 1 | 6 | 6 | 2 | 10 | 0 | 0 | 0 | 3 | 0 | 14 | 0 |
| NC | D | 22 | 9 | 8 | 0 | 8 | 10 | 3 | 2 | 1 | 0 | 5 | 9 | 0 | 23 | 0 |
| | E | 22 | 10 | 5 | 0 | 7 | 8 | 4 | 8 | 3 | 7 | 6 | 8 | 0 | 13 | 0 |
| MX | F | 17 | 12 | 6 | 0 | 7 | 3 | 2 | 35 | 2 | 0 | 0 | 3 | 0 | 12 | 0 |
| | G | 22 | 15 | 2 | 0 | 1 | 1 | 0 | 23 | 10 | 2 | 0 | 2 | 0 | 24 | 0 |
| | H | 27 | 16 | 3 | 0 | 0 | 1 | 0 | 20 | 6 | 1 | 0 | 2 | 0 | 25 | 0 |
| QZ | I | 12 | 14 | 1 | 0 | 0 | 1 | 0 | 11 | 33 | 8 | 1 | 3 | 0 | 16 | 0 |
| | J | 12 | 11 | 1 | 0 | 1 | 2 | 1 | 6 | 31 | 18 | 3 | 6 | 0 | 8 | 0 |
| SW | K | 8 | 4 | 2 | 0 | 0 | 3 | 0 | 0 | 4 | 27 | 14 | 31 | 1 | 6 | 0 |
| | L | 5 | 5 | 0 | 0 | 0 | 2 | 0 | 1 | 11 | 39 | 6 | 28 | 0 | 3 | 0 |

续表

| 区 | 亚区 | a | b | c | d | e | f | g | h | i | j | k | l | m | n | o |
|---|---|---|---|---|---|---|---|---|---|---|---|---|---|---|---|---|
| CC | M | 9 | 4 | 3 | 0 | 1 | 7 | 0 | 1 | 0 | 0 | 33 | 35 | 0 | 7 | 0 |
| | N | 9 | 3 | 1 | 0 | 1 | 7 | 0 | 0 | 1 | 9 | 26 | 34 | 1 | 7 | 0 |
| SC | O | 5 | 2 | 1 | 0 | 0 | 3 | 0 | 0 | 0 | 1 | 24 | 59 | 0 | 4 | 0 |
| | P | 3 | 1 | 1 | 0 | 0 | 1 | 0 | 0 | 0 | 14 | 11 | 66 | 0 | 3 | 0 |
| | Q | 6 | 1 | 1 | 0 | 0 | 1 | 0 | 0 | 0 | 0 | 15 | 66 | 0 | 2 | 7 |
| | R | 5 | 0 | 0 | 0 | 0 | 2 | 0 | 0 | 0 | 0 | 28 | 35 | 0 | 0 | 30 |

注：1）NX=东北区（A. 大兴安岭亚区；B. 长白山亚区；C. 松辽平原亚区）；NC=华北区（D. 黄淮平原亚区；E. 黄土高原亚区）；MX=蒙新区（F. 东部草原亚区；G. 西部荒漠亚区；H. 天山山地亚区）；QZ=青藏区（I. 羌塘高原亚区；J. 青海藏南亚区）；SW=西南区（K. 西南山地亚区；L. 喜马拉雅亚区）；CC=华中区（M. 东部丘陵平原亚区；N. 西部山地高原亚区）；SC=华南区（O. 闽广沿海亚区；P. 滇南山地亚区；Q. 海南亚区；R. 台湾亚区，南海诸岛亚区资料暂缺）。本书余同

2）a=古北型；b=全北型；c=东北型；d=东北型（以东部为主）；e=东北-华北型；f=季风型；g=华北型；h=中亚型；i=高地型；j=喜马拉雅山-横断山区型；k=南中国型；l=东洋型；m=云贵高原型；n=较广泛，未定；o=岛屿型

## 2. 环境特征

同一区的动物，在地质史上有密切的关系，同时与现代自然条件有较明显的联系（He et al.，2017），通常表现为对区域气候条件的适应；而地形和植被的地区分化导致的区内动物差异是亚区划分的依据，二者的区划分界线和我国相应的自然分界线相当或大体相当（张荣祖，2011）。各区和亚区的区划虽然主要以动物区系成分进行划分，但是各区（亚区）间的自然环境亦存在明显差异（图 3-4、图 3-5）。

东北区处于寒温带和中温带，是我国最冷的区域，冬季寒冷漫长，年均气温−5～5 ℃；年降水量约为 800 mm，大部分集中在夏季，东部降水量较为丰沛。在这样的气候条件下，土壤呈弱酸性淋溶作用，且有机质分解缓慢，主要分布有棕色针叶林土、暗棕色森林土、黑土和黑钙土等土壤类型。主要植被类型为寒温带和温带山地针叶林、落叶阔叶林，在松嫩平原和三江平原分布有较大面积的人工植被（表 3-3、表 3-4）。

**表 3-3 各区主要植被组成***

| 区 | 针叶林 | 针阔混交林 | 阔叶林 | 灌丛 | 荒漠 | 草原 | 草丛 | 草甸 | 沼泽 | 高山植被 | 人工植被 |
|---|---|---|---|---|---|---|---|---|---|---|---|
| 东北区 | ++ | + | +++ | + | – | + | – | ++ | + | – | ++++ |
| 华北区 | + | – | + | ++ | – | + | + | + | – | – | +++++ |
| 蒙新区 | – | – | – | + | +++++ | +++ | – | ++ | – | + | + |
| 青藏区 | – | – | – | + | + | ++++ | – | ++++ | – | ++ | – |
| 西南区 | +++ | – | ++ | +++ | – | – | + | + | – | + | ++ |
| 华中区 | +++ | – | ++ | ++ | – | – | + | – | – | – | +++++ |
| 华南区 | ++ | – | ++ | +++ | – | – | ++ | – | – | – | ++++ |

* “+”和“–”代表数量级，共分 6 级，“+++++”代表最大，“–”代表最小

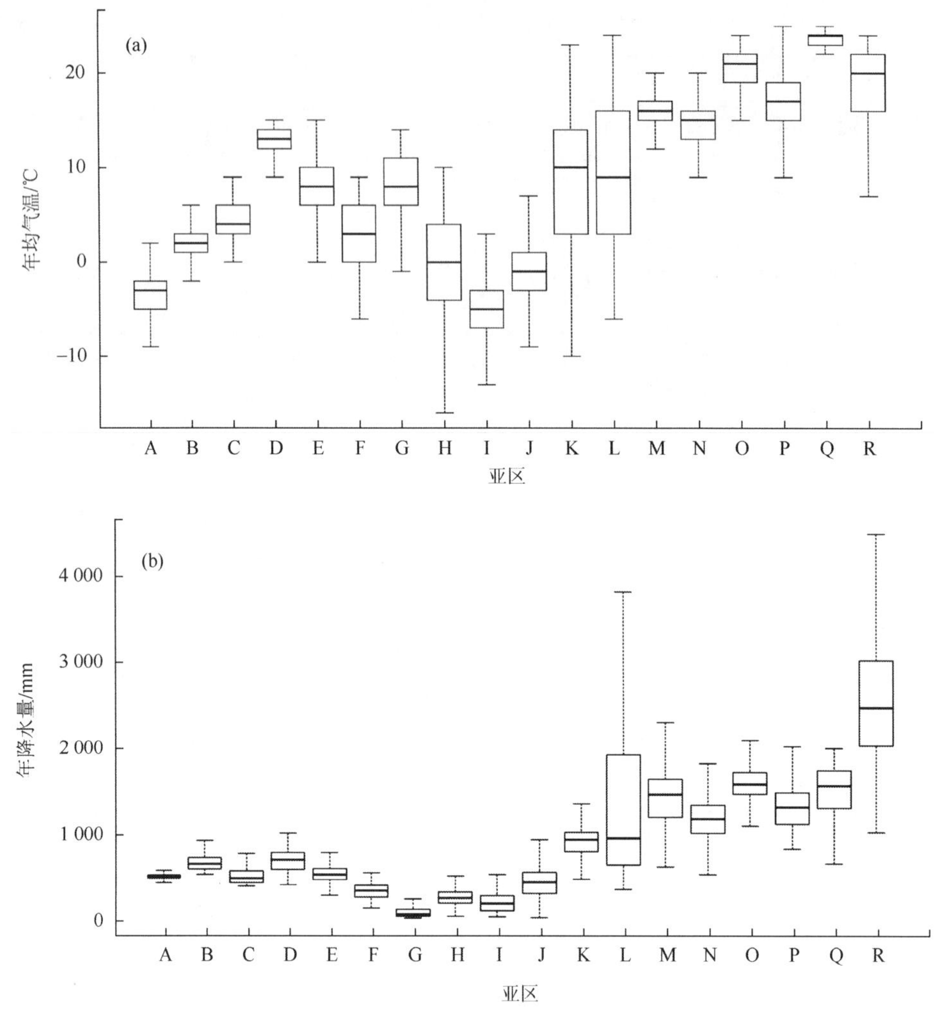


图 3-4　各亚区内气候特点

注：东北区（A. 大兴安岭亚区；B. 长白山亚区；C. 松辽平原亚区）；华北区（D. 黄淮平原亚区；E. 黄土高原亚区）；蒙新区（F. 东部草原亚区；G. 西部荒漠亚区；H. 天山山地亚区）；青藏区（I. 羌塘高原亚区；J. 青海藏南亚区）；西南区（K. 西南山地亚区；L. 喜马拉雅亚区）；华中区（M. 东部丘陵平原亚区；N. 西部山地高原亚区）；华南区（O. 闽广沿海亚区；P. 滇南山地亚区；Q. 海南亚区；R. 台湾亚区）

华北区处于暖温带，雨季变化显著，春季干旱，年均气温 8～12 ℃，年降水量约为 800 mm。土壤有强烈的黏化作用和明显的淋溶作用，主要分布有褐土和棕壤等土壤类型，在华北平原和黄河及其支流河谷平原则分布有潮土和绵土等人为土壤。区内主要原生植被类型为温带落叶灌丛、落叶阔叶林，但大部分地区已被开垦为人工植被。

蒙新区处于中温带和暖温带，是我国最干旱的地区，年均气温 0～8 ℃，年降水量在 200 mm 以下，干燥风化作用明显。土壤以腐殖质累积和钙化过程为主，主要分布有栗钙土、灰棕漠土、棕漠土和风沙土等。主要植被为温带典型草原、半灌木荒漠。

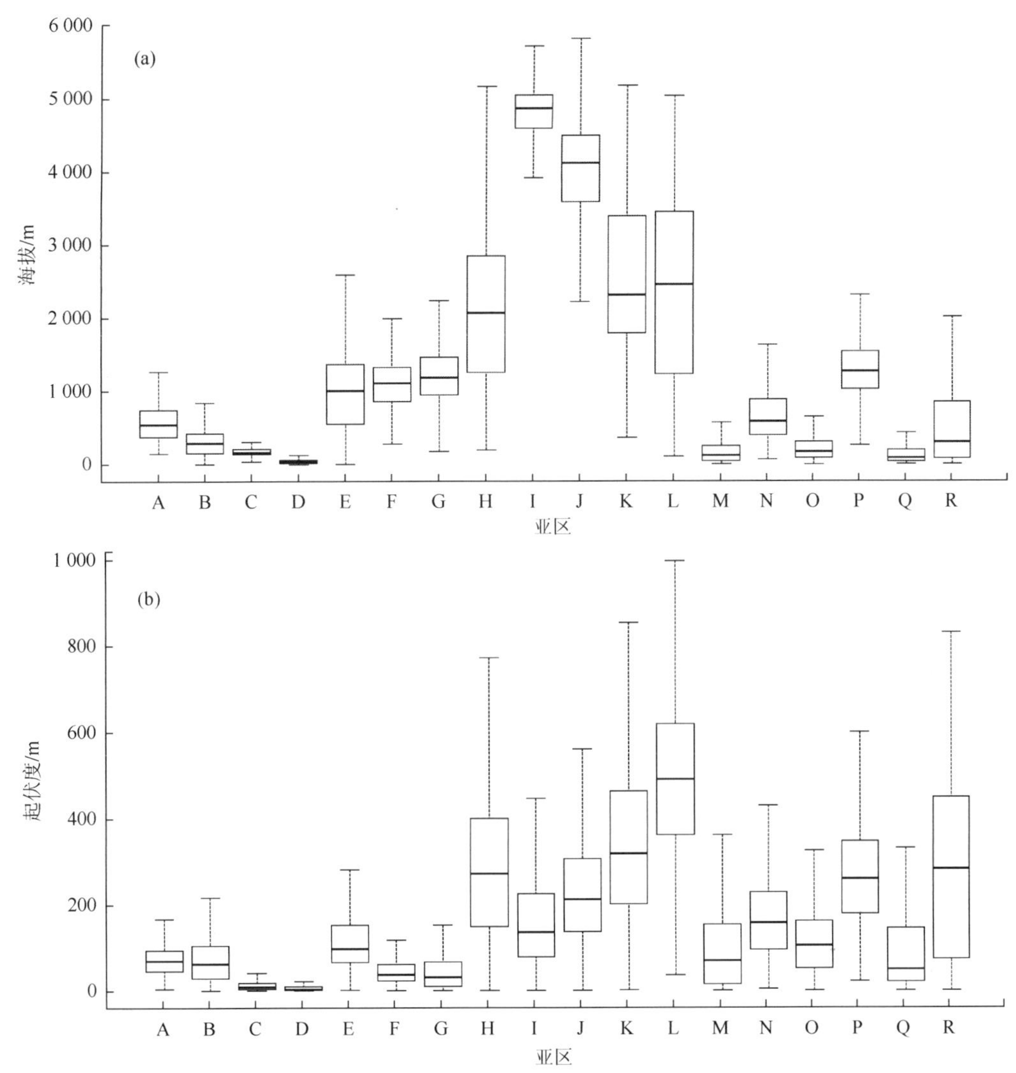


图 3-5 各亚区地形特点

注：东北区（A. 大兴安岭亚区；B. 长白山亚区；C. 松辽平原亚区）；华北区（D. 黄淮平原亚区；E. 黄土高原亚区）；蒙新区（F. 东部草原亚区；G. 西部荒漠亚区；H. 天山山地亚区）；青藏区（I. 羌塘高原亚区；J. 青海藏南亚区）；西南区（K. 西南山地亚区；L. 喜马拉雅亚区）；华中区（M. 东部丘陵平原亚区；N. 西部山地高原亚区）；华南区（O. 闽广沿海亚区；P. 滇南山地亚区；Q. 海南亚区；R. 台湾亚区）

**表 3-4 各区内自然环境的特点**

| 区 | 气候 | 地形地貌 | 土壤 | 植被 | 动物 | 动物区系 |
|---|---|---|---|---|---|---|
| 东北区 | 全国最冷 | 东西两侧高地，中央平原 | 黑土、黑钙土、暗棕色森林土 | 寒温带和温带山地针叶林、落叶阔叶林 | 毛皮兽（麝、貂、熊） | 古北型、全北型、东北型 |
| 华北区 | 雨季变化显著、春旱显著 | 西高东低 | 棕壤、褐土、潮土 | 温带落叶灌丛、落叶阔叶林 | 田间动物、啮齿类（仓鼠、田鼠） | 古北型、华北型 |
| 蒙新区 | 全国最干 | 干燥剥蚀的高原山地 | 栗钙土、灰棕漠土、棕漠土、风沙土 | 温带典型草原、半灌木荒漠 | 沙漠动物、啮齿类（双峰驼） | 中亚型、古北型 |
| 青藏区 | 高寒、缺氧、干旱 | 冰川、冰缘作用的高原山地 | 高山草原土、高山漠土、亚高山草甸土 | 高寒草原、高寒草甸 | 高原动物（牦牛、藏羚） | 高地型、喜马拉雅山-横断山区型、古北型、 |

续表

| 区 | 气候 | 地形地貌 | 土壤 | 植被 | 动物 | 动物区系 |
|---|---|---|---|---|---|---|
| 西南区 | 西南季风影响显著，气候带垂直分布 | 山脊山谷犬牙交错 | 亚高山草甸土、黄棕壤、红壤 | 亚高山硬叶常绿阔叶灌丛；亚热带山地针叶林和季风常绿阔叶林 | 两栖动物特有性显著（角蟾） | 喜马拉雅山-横断山区型、东洋型、南中国型 |
| 华中区 | 夏季炎热，冬季多雨 | 山地丘陵、盆地平原交错 | 黄棕壤、黄壤、紫色土、红壤、水稻土 | 亚热带针叶林；常绿阔叶、落叶阔叶灌丛 | 亚热带动物（藏酋猴） | 南中国型、东洋型 |
| 华南区 | 全国热季最长，台风影响显著 | 丘陵平原交错 | 赤红壤、石灰土、砖红壤 | 热带雨林和亚热带常绿、落叶阔叶林、灌丛及针叶林 | 热带树栖动物（长臂猿） | 东洋型、南中国型、岛屿型 |

资料来源：仿罗开富（1954）

青藏区处于高原寒带和高原温带，以高寒、缺氧、干旱环境为特点，年均气温−5～0 ℃，年降水量在 600 mm 以下，冰川、冰缘作用强烈。土壤成土年龄最短，生物作用和化学风化过程都很微弱，以腐殖质积累作用和钙化作用为主，主要分布有高山草原土、高山漠土和亚高山草甸土等土壤类型。主要植被类型为高寒草原和高寒草甸。

西南区处于高原温带、高原亚热带和中亚热带，受西南季风影响显著，气候带呈垂直分布，年均气温 12～18 ℃，年降水量 1000～1500 mm。土壤的黏化作用强烈且有较明显的淋溶作用，主要分布有红壤、黄壤、棕壤、紫色土和燥红土等土壤类型。主要植被类型有亚高山硬叶常绿阔叶灌丛、亚热带山地针叶林和季风常绿阔叶林。

华中区处于北亚热带和中亚热带，夏季炎热，冬季多雨，年均气温 5～15 ℃，年降水量 500～1800 mm，土壤有明显的黏化作用、淋溶作用和富铝化作用，主要分布有黄棕壤、黄壤、紫色土和红壤等，在长江中下游平原则广泛分布有水稻土。主要植被类型为亚热带针叶林和亚热带常绿阔叶、落叶阔叶灌丛。

华南区处于热带和南亚热带，是我国热季最长的地区，夏秋季节受台风影响显著，年均气温在 15 ℃以上，年降水量在 1000 mm 以上。土壤有明显的脱硅富铝过程和生物富集作用，主要分布有赤红壤、石灰土、砖红壤等土壤类型，在平原台地地区则分布有人工改造后的水稻土。主要植被类型为热带雨林和亚热带常绿、落叶阔叶林，灌丛及针叶林，以及人类开垦后的人为植被。

## 二、东北区（Ⅰ1）

### （一）大兴安岭亚区（Ⅰ1A）

大兴安岭亚区地处我国的最北端，范围包括黑龙江省西部和内蒙古自治区的大兴安岭地区。共划分为 2 个动物地理省 7 个生态地理单元（图 3-6、表 3-5）。

本亚区属于寒温带季风性针叶林气候。冬长夏短，冬季长达 7 个月以上，夏季只有 2 个月左右，且年日照时间非常短。年均降水量 40～580 mm，年均气温−9.2～2.0 ℃，极端高温 27.2 ℃，极端低温−39.9 ℃，≥0 ℃年积温为 1300～3000 ℃。这种严寒的气候环境使该亚区的动物种类较少，但适应此环境的动物种类在数量上却比较丰富，冬眠、羽毛丰满、储藏冬粮、雪地生活等生态特征十分突出（张荣祖，2011）。

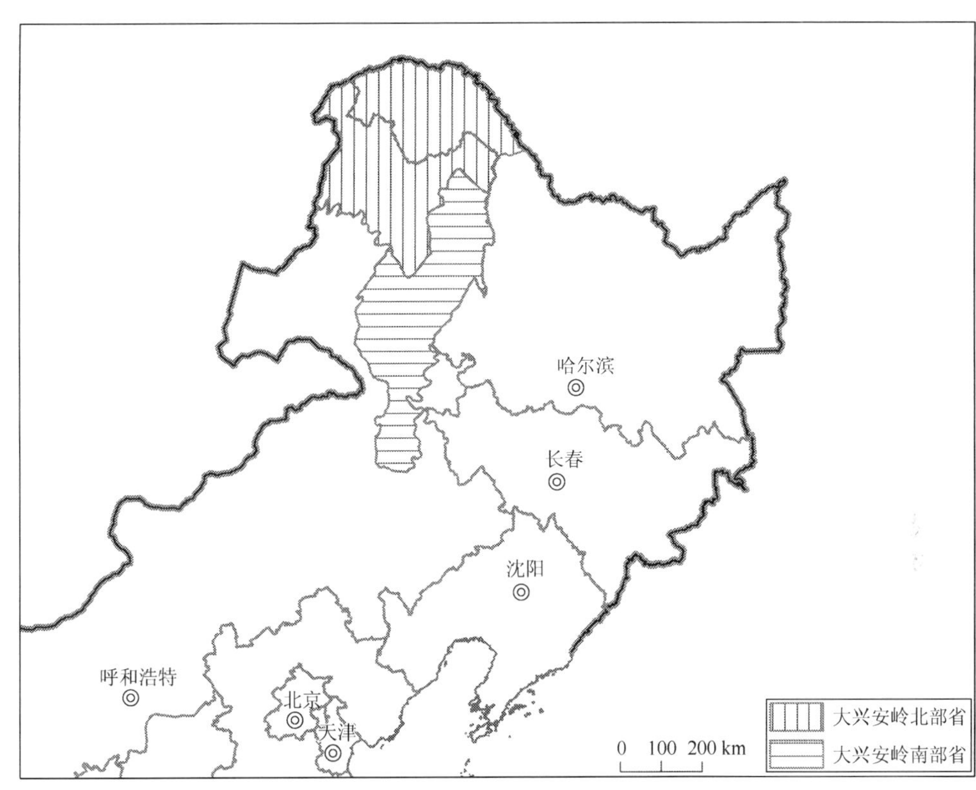


图 3-6 大兴安岭亚区图

**表 3-5 大兴安岭亚区 2 个动物地理省代表动物与生态因子比较**

| 动物地理省 | | Aa 大兴安岭北部省 | Ab 大兴安岭南部省 |
|---|---|---|---|
| 概况 | 位置 | 黑龙江西北部和内蒙古东北部 | 内蒙古东北部 |
| | 地貌 | 侵蚀性丘陵 | 侵蚀性山地 |
| | 海拔 | 300～1200 m | 300～1500 m |
| | 土壤 | 棕色森林土、沼泽土、草甸土 | 暗棕色森林土、灰色森林土、黑钙土 |
| 气候 | 气候类型 | 寒温带季风性气候 | 中温带季风性气候 |
| | 平均气温 | −8～−2 ℃ | −4～5 ℃ |
| | 夏季均温 | 12～18 ℃ | 13～21 ℃ |
| | 冬季均温 | −29～−22 ℃ | −25～−13 ℃ |
| | 年降水量 | 420～560 mm | 410～530 mm |
| | 雨季降水量 | 280～360 mm | 300～360 mm |
| | 旱季降水量 | 10～20 mm | 10～20 mm |

续表

| 动物地理省 | | Aa 大兴安岭北部省 | Ab 大兴安岭南部省 |
|---|---|---|---|
| 植被 | 植被类型 1 | 寒温带和温带山地针叶林（+++++） | 温带落叶阔叶林（+++++） |
| | 植被类型 2 | 寒温带、温带沼泽（++） | 寒温带、温带沼泽（++） |
| | 植被类型 3 | 温带落叶阔叶林（+） | 温带禾草、杂类草草甸（+） |
| | 植被类型 4 | 温带禾草、苔草及杂类草沼泽化草甸（+） | 寒温带和温带山地针叶林（+） |
| 动物 | 动物群 | 典型亚寒带针叶林、沼池动物群 | 落叶松为主针阔混交林动物群 |
| | 代表物种 | 驯鹿、貂熊、长尾黄鼠、林鹬、赤颈鸭、白眉鸫、青脚鹬、黑龙江草蜥、岩栖蝮、胎生蜥蜴、极北蝰、极北鲵 | 棕色毛足田鼠、东北鼢鼠、布氏毛足田鼠、中华攀雀、东方白鹳、白枕鹤、丹顶鹤、白条草蜥、虎斑颈槽蛇、东方铃蟾 |

本亚区主要土壤类型是棕色针叶林土和暗棕色森林土。其中最为典型的是棕色针叶林土，其地带性植被类型主要为寒温带和温带山地针叶林（兴安落叶松林+樟子松林+偃松矮曲林）、温带落叶阔叶林（蒙古栎林+白桦林）和寒温带、温带沼泽（塔头苔草、小叶章沼泽+泥炭藓沼泽）。动物种类较为匮乏，主要由耐寒性和广适性种类组成（表3-6），大型哺乳类有驼鹿（*Alces alces*）、驯鹿（*Rangifer tarandus*）、狗獾（*Meles meles*）、狍（*Capreiolus capreolus*）、棕熊（*Ursus arctos*）等；啮齿类常见有棕背鼾（*Clethrionomys rufocanus*）、北松鼠（*Sciurus vulgaris*）和花鼠（*Tamias sibiricus*）；鸟类有北方针叶林的典型鸟类黑嘴松鸡（*Tetrao parvirostris*），还有黑琴鸡（*Lyrurus tetrix*）、花尾榛鸡（*Bonasa bonasia*）、灰头绿啄木鸟（*Picus canus*）和沼泽山雀（*Parus palustris*）等；两栖类仅有黑龙江林蛙（*Rana amurensis*）和东北雨蛙（*Hyla ussuriensis*）等；爬行类十分少，以极北蝰（*Vipera berus*）和胎生蜥蜴（*Lacerta vivipara*）为典型代表。本亚区生命活动的季相变化显著，有些动物冬季进入冬眠，如黑熊；有些动物储存食物过冬，如松鼠；许多鸟类为迁徙物种。动物种群数量变化受天气条件和食物的影响，极不稳定，有周期性变化。

**表 3-6　大兴安岭亚区主要动物类群组成**

| 类别 | 目 | 种 |
|---|---|---|
| 哺乳类 | 食虫目（Insectivora） | 大齿鼩鼱（*Sorex daphaenodon*）、小鼩鼱（*Sorex minutus*）、长爪鼩鼱（*Sorex unguiculatus*） |
| | 食肉目（Carnivora） | 貂熊（*Gulo gulo*）、紫貂（*Martes zibellina*）、小艾鼬（*Mustela amurensis*）、棕熊（*Ursus arctos*） |
| | 偶蹄目（Artiodactyla） | 驼鹿（*Alces alces*）、原麝（*Moschus moschiferus*）、驯鹿（*Rangifer tarandus*） |
| | 啮齿目（Rodentla） | 普通田鼠（*Microtus arvalis*）、狭颅田鼠（*Microtus gregalis*）、莫氏田鼠（*Microtus maximowiczii*）、林旅鼠（*Myopus schisticolor*）、北松鼠（*Sciurus vulgaris*）、长尾蹶鼠（*Sicista caudata*）、长尾黄鼠（*Spermophilus undulatus*） |
| | 兔形目（Rodentla） | 雪兔（*Lepus timidus*）、高山鼠兔（*Ochotona alpina*） |

续表

| 类别 | 目 | 种 |
| --- | --- | --- |
| 鸟类 | 鸡形目（Galliformes） | 花尾榛鸡（*Bonasa bonasia*）、镰翅鸡（*Lagopus falcipennis*）、柳雷鸟（*Lagopus lagopus*）、黑琴鸡（*Lyrurus tetrix*）、黑嘴松鸡（*Tetrao parvirostris*） |
|  | 鸮形目（Strigiformes） | 毛腿渔鸮（*Ketupa blakistoni*） |
|  | 䴕形目（Piciformes） | 小斑啄木鸟（*Dendrocopos minor*） |
|  | 雀形目（Passeriformes） | 粉红腹岭雀（*Leucosticte arctoa*）、白翅交嘴雀（*Loxia leucoptera*）、北噪鸦（*Perisoreus infaustus*） |

### 1. 大兴安岭北部省（Ⅰ1Aa）

（1）概况

大兴安岭北部省的范围包括黑龙江西北部和内蒙古东北部，以侵蚀性丘陵地貌为主，海拔主要为 300～900 m，主要分布有典型亚寒带针叶林、沼池动物群。

（2）气候

大兴安岭北部省属于寒温带季风性气候，年均气温–8～–2 ℃，夏季（6～8 月）平均气温 12～18 ℃，冬季（12～2 月）平均气温–29～–22 ℃；年均降水量 420～560 mm，雨季降水量 280～360 mm，旱季降水量 10～20 mm（图 3-7）。

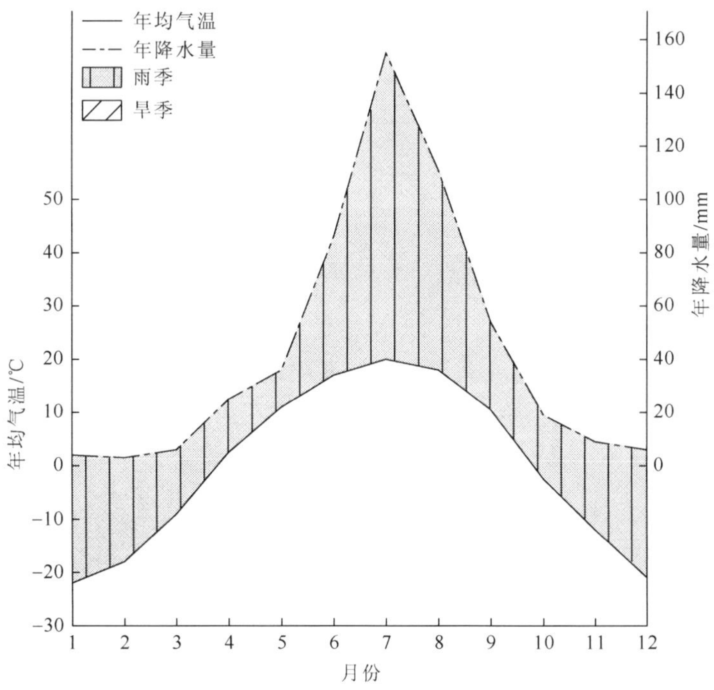


图 3-7　大兴安岭（124°04′E，51°47′N）气候图

（3）土壤

大兴安岭北部省的地带性土壤类型是棕色针叶林土，还分布有少量沼泽土和草甸土。

棕色针叶林土主要分布于大兴安岭北部和中部山地垂直带的上部，与大兴安岭东坡的暗棕色森林土、西坡的灰色森林土组成垂直带谱。由于土壤结冻期长，有机质分解缓慢，土壤呈强酸性。

沼泽土主要分布于大兴安岭山谷及低洼地区，由于季节性或长期积水，表层腐殖质化和泥灰化，下层潜育化。土壤呈微酸性，有机质含量高，但养分有效性低。

草甸土主要分布于大兴安岭中、低山草间低温湿润地区。由于茂密的草甸植被有较强的腐殖质积累、泥炭化有机质积累和冻融交替氧化还原作用，土壤微酸性，肥力较差。

（4）植被

大兴安岭北部省以寒温带和温带山地针叶林（兴安落叶松林，兴安落叶松、白桦林，樟子松林）为主要植被类型，约占 61%，其次为寒温带、温带沼泽（塔头苔草、小叶章沼泽；塔头苔草、小叶章沼泽+地榆、裂叶蒿、日荫苔草、禾草草甸；泥炭藓沼泽），约占 12%，还分布有温带落叶阔叶林和温带禾草、苔草及杂类草沼泽化草甸等植被类型。

（5）陆生脊椎动物

大兴安岭北部省共记录陆生脊椎动物 27 目 76 科 301 种（表 3-7）。

**表 3-7 大兴安岭北部省陆生脊椎动物种类组成**

| 纲 | | 目 | 科 | 种 |
|---|---|---|---|---|
| 两栖类 | | 2 | 4 | 7 |
| 爬行类 | | 2 | 4 | 13 |
| 鸟类* | 繁殖鸟 | 18 | 54 | 203 |
| | 非繁殖鸟 | 5 | 13 | 25 |
| 哺乳类 | | 5 | 14 | 53 |
| 总计* | | 27 | 76 | 301 |

*部分目或科的鸟类在该区域既有繁殖鸟也有非繁殖鸟，在进行目或科的统计时仅统计一次，下文余同

两栖类：极北鲵（*Salamandrella keyserlingii*）、黑龙江林蛙（*Rana amurensis*）等；

爬行类：极北蝰（*Vipera berus*）、胎生蜥蜴（*Lacerta vivipara*）、乌苏里蝮（*Gloydius ussuriensis*）、岩栖蝮（*Gloydius saxatilis*）、黑龙江草蜥（*Takydromus amurensis*）、红点锦蛇（*Elaphe rufodorsata*）等；

鸟类：白眉鸫（*Turdus obscurus*）、青脚鹬（*Tringa nebularia*）、赤颈鸭（*Anas penelope*）、林鹬（*Tringa glareola*）、棕眉山岩鹨（*Prunella montanella*）、针尾沙锥（*Gallinago stenura*）、小太平鸟（*Bombycilla japonica*）、黑嘴松鸡（*Tetrao parvirostris*）、猛鸮（*Surnia ulula*）、黄雀（*Carduelis spinus*）、巨嘴柳莺（*Phylloscopus schwarzi*）、红喉姬鹟（*Ficedula albicilla*）、北噪鸦（*Perisoreus infaustus*）、黄腹鹨（*Anthus rubescens*）、田鸫（*Turdus pilaris*）等；

哺乳类：驯鹿（*Rangifer tarandus*）、貂熊（*Gulo gulo*）、长爪鼩鼱（*Sorex unguiculatus*）、驼鹿（*Alces alces*）、长尾黄鼠（*Spermophilus undulatus*）、林旅鼠（*Myopus schisticolor*）、大齿鼩鼱（*Sorex daphaenodon*）、红背䶄（*Clethrionomys rutilus*）、原麝（*Moschus moschiferus*）、雪兔（*Lepus timidus*）、紫貂（*Martes zibellina*）、中鼩鼱（*Sorex caecutiens*）、东北兔（*Lepus mandshuricus*）等。

（6）自然保护区

大兴安岭北部省已建立国家级自然保护区 6 个，分别是绰纳河、呼中、南瓮河、黑龙江双河、额尔古纳和大兴安岭汗马国家级自然保护区（图 3-8）。

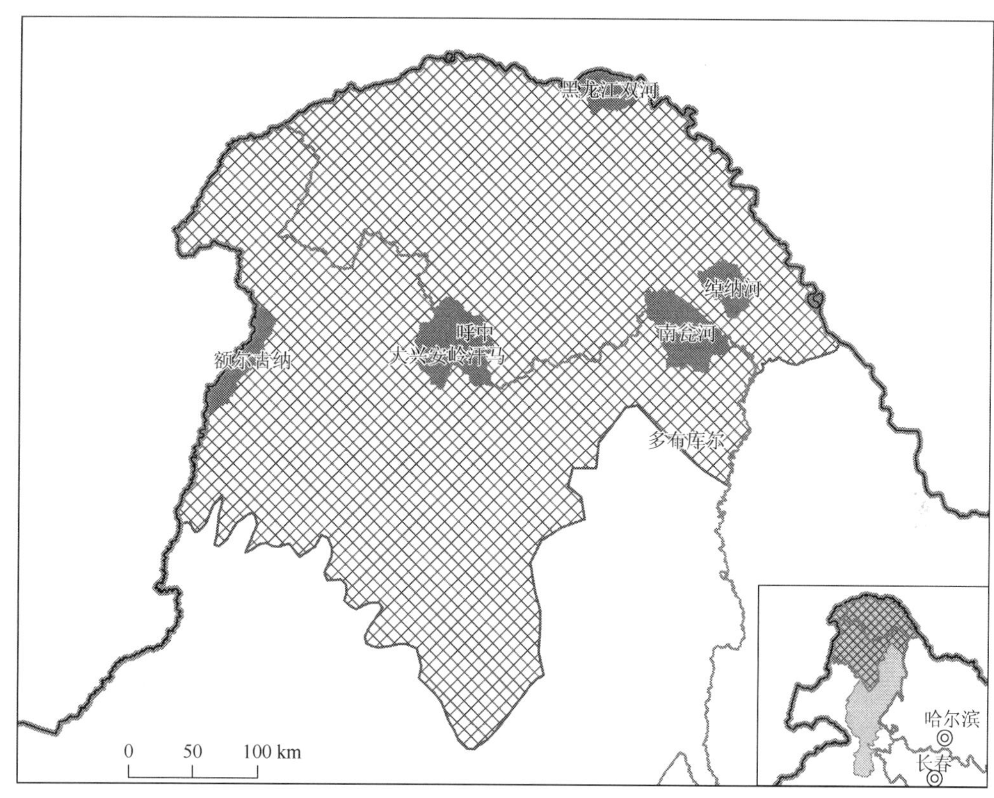


图 3-8　大兴安岭北部省主要自然保护区分布图

（7）生态地理单元划分

大兴安岭北部省共划分为 5 个生态地理单元（图 3-9、表 3-8）：

Ⅰ1Aa01　大兴安岭北部山地；

Ⅰ1Aa02　大兴安岭北部山前台地；

Ⅰ1Aa03　伊勒呼里山山地；

Ⅰ1Aa04　大兴安岭东部山前台地；

Ⅰ1Aa05　大兴安岭中部山地。

大兴安岭北部山地（Ⅰ1Aa01）和伊勒呼里山山地（Ⅰ1Aa03）位于黑龙江西北部及内蒙古东北部，是我国纬度最高的地区，以山地地形为主，海拔在 600 m 以上，主要土壤类型为棕色针叶林土，还分布有多年冻土，主要植被类型是寒温带山地落叶针叶林。大兴安岭北部山地为呼玛河和额尔古纳河的分水岭，伊勒呼里山山地为黑龙江和嫩江的分水岭。

大兴安岭中部山地（Ⅰ1Aa05）位于大兴安岭北部山地以南，土壤类型仍以棕色针叶林土为主，主要植被类型为寒温带山地落叶针叶林，但区内气温略高，土层下为季节性冻土。

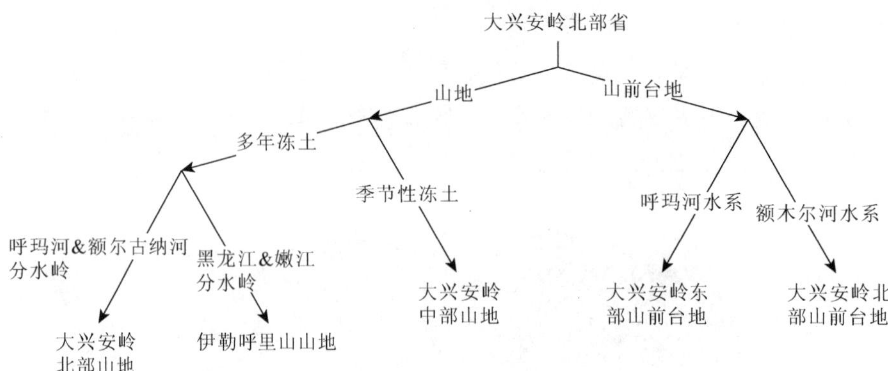


图 3-9　大兴安岭北部省各生态地理单元关系图

大兴安岭北部山前台地（Ⅰ1Aa02）和大兴安岭东部山前台地（Ⅰ1Aa04）位于黑龙江境内的大兴安岭北部东麓，两个单元均以山前台地地形为主，海拔在 600 m 以下，土壤类型以草甸土、沼泽土和棕色针叶林土为主，以寒温带山地落叶针叶林为主要植被类型。大兴安岭北部山前台地属于额木尔河水系，大兴安岭东部山前台地属于呼玛河水系。

**表 3-8　大兴安岭北部省 5 个生态地理单元生态因子与动物群**

| 生态地理单元 | | Aa01 大兴安岭北部山地 | Aa02 大兴安岭北部山前台地 | Aa03 伊勒呼里山山地 | Aa04 大兴安岭东部山前台地 | Aa05 大兴安岭中部山地 |
|---|---|---|---|---|---|---|
| 概况 | 地貌 | 侵蚀丘陵；侵蚀山地 | 冲积平原；侵蚀丘陵 | 侵蚀山地；侵蚀丘陵 | 冲积平原；侵蚀丘陵 | 侵蚀山地 |
| | 海拔 | 600～1200 m | 400～600 m | 400～1100 m | 300～500 m | 500～1200 m |
| | 土壤 | 棕色针叶林土、多年冻土 | 草甸土、沼泽土、棕色针叶林土 | 棕色针叶林土、多年冻土 | 草甸土、沼泽土、棕色针叶林土 | 棕色针叶林土 |
| | 水系 | 呼玛河、额尔古纳河 | 额木尔河 | 黑龙江、嫩江 | 呼玛河 | 嫩江、海拉尔河 |
| 气候 | 平均气温 | −8～−4 ℃ | −5～−3 ℃ | −7～−3 ℃ | −4～−2 ℃ | −7～−2 ℃ |
| | 夏季均温 | 12～16 ℃ | 15～17 ℃ | 13～17 ℃ | 16～18 ℃ | 12～17 ℃ |
| | 冬季均温 | −29～−26 ℃ | −28～−26 ℃ | −29～−25 ℃ | −26～−24 ℃ | −28～−22 ℃ |
| | 年降水量 | 420～550 mm | 430～510 mm | 480～560 mm | 470～520 mm | 440～540 mm |
| | 雨季降水量 | 280～360 mm | 280～310 mm | 310～360 mm | 300～330 mm | 300～360 mm |
| | 旱季降水量 | 10～20 mm | 10～20 mm | 10～20 mm | 10～20 mm | 10～20 mm |
| 植被 | 植被类型 1 | 寒温带和温带山地针叶林（+++++） | 寒温带和温带山地针叶林（+++++） | 寒温带和温带山地针叶林（+++++） | 寒温带和温带山地针叶林（+++++） | 寒温带和温带山地针叶林（+++++） |
| | 优势群系 1 | 兴安落叶松林 | 兴安落叶松林 | 兴安落叶松林 | 兴安落叶松林 | 兴安落叶松林 |
| | 优势群系 2 | 兴安落叶松、白桦林 | 樟子松林 | 兴安落叶松、白桦林 | 兴安落叶松、白桦林 | 兴安落叶松、白桦林 |

续表

| 生态地理单元 | | Aa01 大兴安岭北部山地 | Aa02 大兴安岭北部山前台地 | Aa03 伊勒呼里山山地 | Aa04 大兴安岭东部山前台地 | Aa05 大兴安岭中部山地 |
|---|---|---|---|---|---|---|
| 植被 | 植被类型 2 | 温带禾草、苔草及杂类草沼泽化草甸(+) | 温带禾草、苔草及杂类草沼泽化草甸(++) | 温带禾草、苔草及杂类草沼泽化草甸(++) | 温带落叶阔叶林(+++) | 寒温带、温带沼泽(+++) |
| | 优势群系 1 | 小叶章、苔草、柴桦(丛桦)沼泽化草甸 | 小叶章、苔草、柴桦(丛桦)沼泽化草甸 | 小叶章、苔草、柴桦(丛桦)沼泽化草甸 | 蒙古栎矮林 | 塔头苔草、小叶章沼泽 |
| | 优势群系 2 | 小叶章、苔草沼泽化草甸 | | | 白桦林 | 塔头苔草、小叶章沼泽+地榆、裂叶蒿、日荫苔草、禾草草甸 |
| 动物群 | | 寒温带针叶林动物群 | 寒温带针叶林动物群 | 寒温带针叶林动物群 | 寒温带针叶林、落叶阔叶林动物群 | 寒温带针叶林动物群 |

## 2. 大兴安岭南部省（Ⅰ1Ab）

（1）概况

大兴安岭南部省的范围包括内蒙古东北部，以侵蚀性山地地貌为主，海拔为 300～900 m，主要分布针阔混交林（以落叶松为主）动物群。

（2）气候

大兴安岭南部省属于中温带季风性气候，年均气温–4～5 ℃，夏季（6～8 月）平均气温 13～21 ℃，冬季（12～2 月）平均气温–25～–13 ℃；年均降水量 410～530 mm，雨季降水量 300～360 mm，旱季降水量 10～20 mm（图 3-10）。

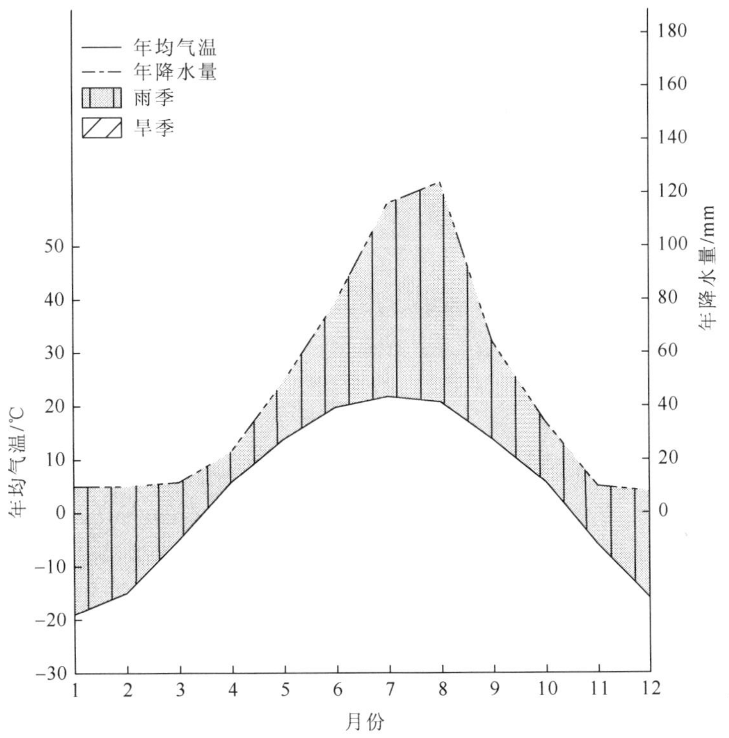


图 3-10 鄂伦春旗（123°53′E，49°12′N）气候图

（3）土壤

大兴安岭南部省的地带性土壤类型是暗棕色森林土，还分布有少量灰色森林土和黑钙土。

暗棕色森林土主要分布在大兴安岭东部及东南部的中低山针阔混交林区，是针阔混交林下发育的地带性土壤，因森林腐殖质积累和弱酸性淋溶作用形成。

灰色森林土主要分布在大兴安岭中西部和南部山地，是森林草原地区分布的地带性土壤，因森林草原腐殖质积累及弱酸性淋滤作用形成。

黑钙土主要分布于大兴安岭东西两侧山前台地，是温带半湿润半干旱地区草甸草原和草原植被下发育的地带性土壤，由土壤腐殖质累积和钙化作用形成。

（4）植被

大兴安岭南部省以温带落叶阔叶林（蒙古栎林；白桦林+山杨林；白桦林）为主要植被类型，约占 42%；其次是寒温带、温带沼泽（塔头苔草、小叶章沼泽；塔头苔草、小叶章沼泽+拂子茅高禾草草甸；塔头苔草、小叶章沼泽+春榆、水曲柳、核桃楸林），约占 13%；还分布有温带禾草、杂类草草甸及寒温带和温带山地针叶林等植被类型。

（5）陆生脊椎动物

大兴安岭南部省共记录陆生脊椎动物 26 目 77 科 299 种（表 3-9）。

**表 3-9　大兴安岭南部省陆生脊椎动物种类组成**

| 纲 | | 目 | 科 | 种 |
|---|---|---|---|---|
| 两栖类 | | 2 | 5 | 8 |
| 爬行类 | | 2 | 4 | 9 |
| 鸟类 | 繁殖鸟 | 17 | 53 | 192 |
| | 非繁殖鸟 | 6 | 16 | 37 |
| 哺乳类 | | 5 | 14 | 53 |
| 总计 | | 26 | 77 | 299 |

两栖类：东方铃蟾（*Bombina orientalis*）、黑龙江林蛙（*Rana amurensis*）、极北鲵（*Salamandrella keyserlingii*）、东北雨蛙（*Hyla ussuriensis*）、中华蟾蜍（*Bufo gargarizans*）、花背蟾蜍（*Bufo raddei*）等；

爬行类：乌苏里蝮（*Gloydius ussuriensis*）、胎生蜥蜴（*Lacerta vivipara*）、红点锦蛇（*Elaphe rufodorsata*）、白条锦蛇（*Elaphe dione*）、白条草蜥（*Takydromus wolteri*）等；

鸟类：中华攀雀（*Remiz consobrinus*）、北噪鸦（*Perisoreus infaustus*）、白枕鹤（*Grus vipio*）、半蹼鹬（*Limnodromus semipalmatus*）、丹顶鹤（*Grus japonensis*）、黄腹鹨（*Anthus rubescens*）、东方白鹳（*Ciconia boyciana*）、大鸨（*Otis tarda*）、黑尾塍鹬（*Limosa limosa*）、黄腰柳莺（*Phylloscopus proregulus*）、红腹灰雀（*Pyrrhula pyrrhula*）、白腰杓鹬（*Numenius arquata*）、东方鸻（*Charadrius veredus*）、震旦鸦雀（*Paradoxornis heudei*）等；

哺乳类：长爪鼩鼱（*Sorex unguiculatus*）、大齿鼩鼱（*Sorex daphaenodon*）、棕色毛足田鼠（*Lasiopodonmys mandarinus*）、雪兔（*Lepus timidus*）、大麝鼩（*Crocidura lasiura*）、

驼鹿（*Alces alces*）、莫氏田鼠（*Microtus maximowiczii*）、紫貂（*Martes zibellina*）、东北兔（*Lepus mandshuricus*）、白鼬（*Mustela erminea*）等。

（6）自然保护区

大兴安岭南部省已建立国家级自然保护区 2 个，分别是多布库尔和青山国家级自然保护区（图 3-11）。

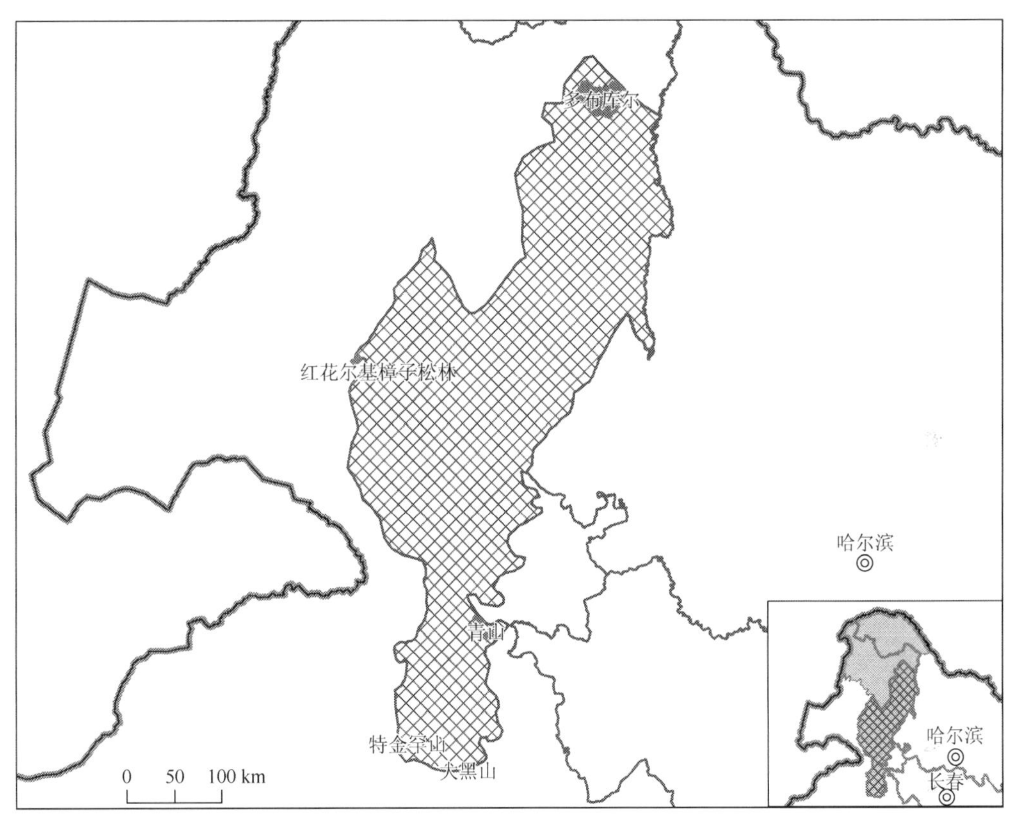


图 3-11 大兴安岭南部省主要自然保护区分布图

（7）生态地理单元划分

大兴安岭南部省共划分为 2 个生态地理单元（图 3-12、表 3-10）：

Ⅰ1Ab01 大兴安岭西部山前台地；

Ⅰ1Ab02 大兴安岭南部丘陵。

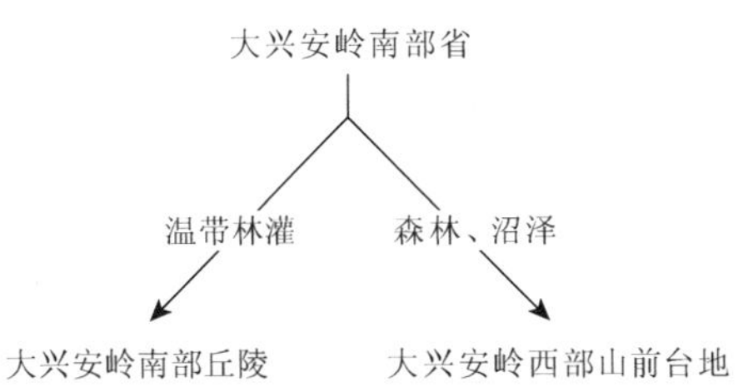


图 3-12 大兴安岭南部省各生态地理单元关系图

大兴安岭西部山前台地（Ⅰ1Ab01）位于大兴安岭中段的西部，包括部分大兴安岭山地及山前台地，主要土壤类型为暗棕色森林土，植被类型以温带落叶阔叶林及寒温带、温带沼泽为主。大兴安岭南部丘陵（Ⅰ1Ab02）位于内蒙古境内大兴安岭南部，以丘陵地形为主，主要土壤类型为暗棕色森林土，主要植被类型为温带落叶灌丛和落叶阔叶林。

**表 3-10　大兴安岭南部省 2 个生态地理单元生态因子与动物群**

| 生态地理单元 | | Ab01 大兴安岭西部山前台地 | Ab02 大兴安岭南部丘陵 |
|---|---|---|---|
| 概况 | 地貌 | 侵蚀山地；熔岩山地 | 侵蚀山地 |
| | 海拔 | 300～1500 m | 400～1100 m |
| | 土壤 | 暗棕色森林土 | 暗棕色森林土 |
| | 水系 | 嫩江 | 嫩江 |
| 气候 | 平均气温 | –4～2 ℃ | –1～5 ℃ |
| | 夏季均温 | 13～19 ℃ | 16～21 ℃ |
| | 冬季均温 | –25～–17 ℃ | –20～–13 ℃ |
| | 年降水量 | 440～530 mm | 410～480 mm |
| | 雨季降水量 | 300～360 mm | 300～340 mm |
| | 旱季降水量 | 10～20 mm | 10 mm |
| 植被 | 植被类型 1 | 温带落叶阔叶林（+++++） | 温带落叶灌丛（++++） |
| | 优势群系 1 | 蒙古栎林 | 虎榛子灌丛+绣线菊灌丛 |
| | 优势群系 2 | 白桦林+山杨林 | 山杏灌丛 |
| | 植被类型 2 | 寒温带、温带沼泽（++） | 温带落叶阔叶林（+++） |
| | 优势群系 1 | 塔头苔草、小叶章沼泽 | 蒙古栎林 |
| | 优势群系 2 | 塔头苔草、小叶章沼泽+拂子茅高禾草草甸 | 白桦林+山杨林 |
| 动物群 | | 台地落叶阔叶林、沼泽动物群 | 丘陵落叶阔叶林、林灌动物群 |

## （二）长白山亚区（Ⅰ1B）

长白山亚区包括 3 个动物地理省 11 个生态地理单元（图 3-13、表 3-11），范围包括小兴安岭、三江平原、长白山、完达山和辽东半岛。

本亚区属于中温带季风性针阔混交林气候。年均降水量 530～900 mm，年均气温 –2.0～6.1 ℃，极端高温 29.8 ℃，极端低温–33.4 ℃，≥0 ℃年积温为 1900～3680 ℃。主要的土壤是暗棕色森林土、棕壤、黑土和沼泽土。其中，本亚区暗棕色森林土腐殖质的累积过程明显，腐殖化作用强，灰分含量较多，盐基丰富。其地带性植被类型为温带落叶阔叶林（蒙古栎林+椴、槭林+白桦林）及寒温带和温带山地针叶林（鱼鳞云杉林+长白落叶松林）。动物区系主要是古北型、全北型和东北型，与本区其他两个亚区相比，本亚区动物区系组成和动物物种都较为丰富。例如，虎（*Panthera tigris*）、金钱豹（*Panthera pardus*）等在东北区现仅存于本亚区；本亚区两栖类和爬行类是东北区中最为丰富的，除拥有东北型的全部种类外，还拥有如桓仁林蛙（*Rana huanrensis*）、史氏蟾蜍（*Bufo stejnegeri*）和桓仁滑蜥（*Scincella huanrenensis*）等本区特有的地方土著种（张荣祖，2011）。

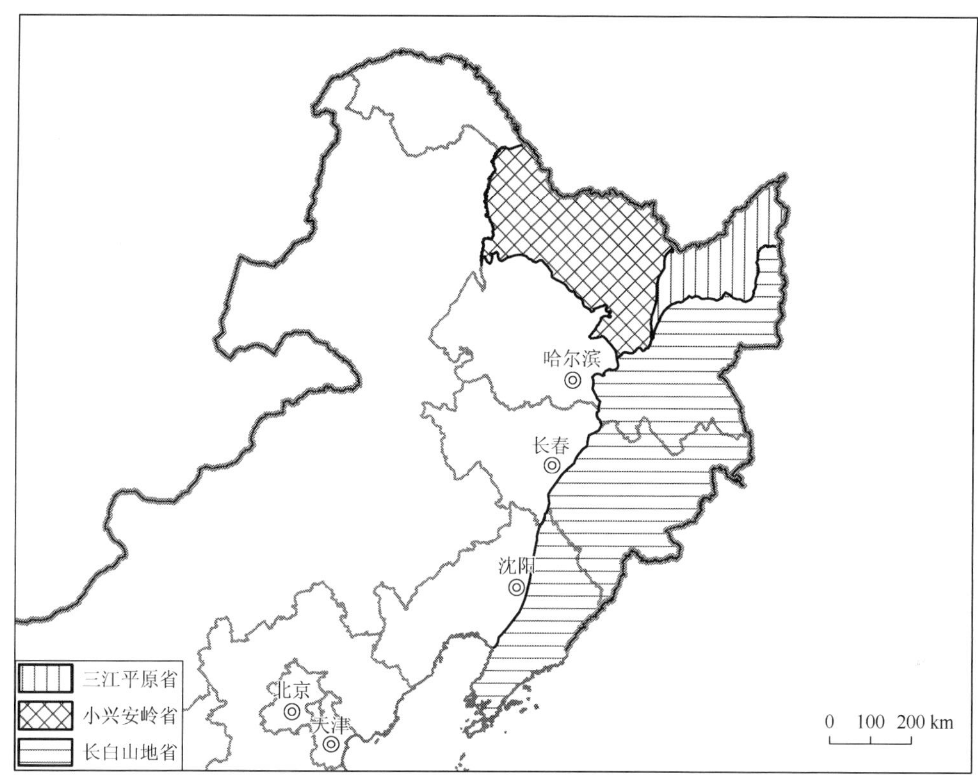


图 3-13 长白山亚区图

**表 3-11 长白山亚区 3 个动物地理省代表动物与生态因子比较**

| 动物地理省 | | Ba 小兴安岭省 | Bb 长白山地省 | Bc 三江平原省 |
|---|---|---|---|---|
| 概况 | 位置 | 黑龙江北部 | 黑龙江、吉林和辽宁东部山地 | 黑龙江东北部 |
| | 地貌 | 侵蚀性山地 | 侵蚀性山地 | 湖积、冲积平原 |
| | 海拔 | 200～900 m | 1400 m 以下 | 300 m 以下 |
| | 土壤 | 暗棕色森林土、黑土、沼泽土 | 暗棕色森林土、棕壤、白浆土、草甸土 | 沼泽土、白浆土、草甸土 |
| 气候 | 气候类型 | 中温带季风性气候 | 中温带季风性气候 | 中温带季风性气候 |
| | 平均气温 | −3～2 ℃ | −1～10 ℃ | 1～3 ℃ |
| | 夏季均温 | 16～20 ℃ | 15～23 ℃ | 19～20 ℃ |
| | 冬季均温 | −25～−19 ℃ | −20～−3 ℃ | −20～−16 ℃ |
| | 年降水量 | 490～690 mm | 540～1090 mm | 540～660 mm |
| | 雨季降水量 | 320～440 mm | 300～710 mm | 310～360 mm |
| | 旱季降水量 | 10～20 mm | 20～40 mm | 20～40 mm |
| 植被 | 植被类型 1 | 温带落叶阔叶林（+++++） | 温带落叶阔叶林（+++++） | 人工植被（+++++） |
| | 植被类型 2 | 人工植被（++） | 人工植被（+++） | 寒温带、温带沼泽（++） |

续表

| 动物地理省 | | Ba 小兴安岭省 | Bb 长白山地省 | Bc 三江平原省 |
|---|---|---|---|---|
| 植被 | 植被类型 3 | 温带禾草、杂类草草甸（++） | 温带落叶灌丛（+） | 温带禾草、苔草及杂类草沼泽化草甸（++） |
| | 植被类型 4 | 寒温带和温带山地针叶林（++） | 寒温带和温带山地针叶林（+） | 温带禾草、杂类草草甸（+） |
| 动物 | 动物群 | 红松为主针阔混交林动物群 | 温带山地垂直分布动物群 | 沼泽、草甸、农田动物群 |
| | 代表物种 | 驼鹿、貂熊、林旅鼠、长尾黄鼠、红尾歌鸲、灰背隼、绿翅鸭、白翅交嘴雀、胎生蜥蜴、白条草蜥 | 虎、大鼩鼱、水鼩鼱、黄嘴白鹭、杂色山雀、栗斑腹鹀、鳞头树莺、桓仁滑蜥、蛇岛蝮、东亚腹链蛇、黑龙江草蜥、爪鲵、东北小鲵、史氏蟾蜍、东北粗皮蛙 | 东方田鼠、莫氏田鼠、大仓鼠、黑嘴松鸡、丑鸭、花田鸡、白条草蜥、白条锦蛇、东北雨蛙、花背蟾蜍 |

**1. 小兴安岭省**（Ⅰ1Ba）

（1）概况

小兴安岭省的范围包括黑龙江北部，以侵蚀性山地地貌为主，海拔主要为 200～500 m。地表以砂砾岩、玄武岩和花岗岩为主，山中多台地和河谷，主要分布针阔混交林（以红松为主）动物群。

（2）气候

小兴安岭省属于中温带季风性气候，年均气温–3～2 ℃，夏季（6～8 月）平均气温 16～20 ℃，冬季（12～2 月）平均气温–25～–19 ℃；年均降水量 490～690 mm，雨季降水量 320～440 mm，旱季降水量 10～20 mm（图 3-14）。

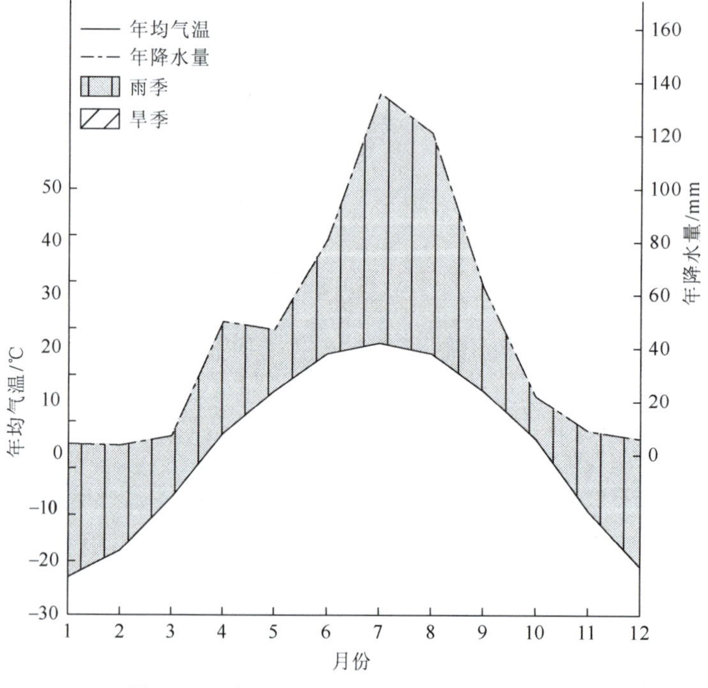


图 3-14 黑河（126°44′E，50°10′N）气候图

(3)土壤

小兴安岭省的地带性土壤类型是暗棕色森林土，还分布有少量黑土和沼泽土。

暗棕色森林土主要分布于小兴安岭山地，黑土主要分布于南部的山前台地，沼泽土主要分布于区内山谷及低洼地区。

(4)植被

小兴安岭省以温带落叶阔叶林（蒙古栎林；白桦林；蒙古栎、黑桦林）为主要植被类型，约占 56%，其次人工植被约占 14%，还分布有温带禾草、杂类草草甸及寒温带和温带山地针叶林等植被类型。

(5)陆生脊椎动物

小兴安岭省共记录陆生脊椎动物 26 目 79 科 311 种（表 3-12）。

**表 3-12 小兴安岭省陆生脊椎动物种类组成**

| 纲 | | 目 | 科 | 种 |
|---|---|---|---|---|
| 两栖类 | | 2 | 5 | 8 |
| 爬行类 | | 2 | 4 | 12 |
| 鸟类 | 繁殖鸟 | 17 | 56 | 213 |
| | 非繁殖鸟 | 5 | 14 | 29 |
| 哺乳类 | | 5 | 13 | 49 |
| 总计 | | 26 | 79 | 311 |

两栖类：极北鲵（*Salamandrella keyserlingii*）、黑龙江林蛙（*Rana amurensis*）、东北雨蛙（*Hyla ussuriensis*）、东方铃蟾（*Bombina orientalis*）、中国林蛙（*Rana chensinensis*）、中华蟾蜍（*Bufo gargarizans*）、花背蟾蜍（*Bufo raddei*）等；

爬行类：胎生蜥蜴（*Lacerta vivipara*）、白条草蜥（*Takydromus wolteri*）、岩栖蝮（*Gloydius saxatilis*）、黑龙江草蜥（*Takydromus amurensis*）、白条锦蛇（*Elaphe dione*）、乌苏里蝮（*Gloydius ussuriensis*）、赤链蛇（*Dinodon rufozonatum*）等；

鸟类：白翅交嘴雀（*Loxia leucoptera*）、白眉鹀（*Emberiza tristrami*）、黑头白鹮（*Threskiornis melanocephalus*）、红尾歌鸲（*Luscinia sibilans*）、灰背隼（*Falco columbarius*）、绿翅鸭（*Anas crecca*）、远东苇莺（*Acrocephalus tangorum*）、灰背鸫（*Turdus hortulorum*）、灰纹鹟（*Muscicapa griseisticta*）、中华攀雀（*Remiz consobrinus*）、红胸秋沙鸭（*Mergus serrator*）、灰头麦鸡（*Vanellus cinereus*）、红嘴鸥（*Larus ridibundus*）、绿头鸭（*Anas platyrhynchos*）、琵嘴鸭（*Anas clypeata*）、栗鹀（*Emberiza rutila*）、小太平鸟（*Bombycilla japonica*）等；

哺乳类：长尾黄鼠（*Spermophilus undulatus*）、林旅鼠（*Myopus schisticolor*）、红背䶄（*Clethrionomys rutilus*）、驼鹿（*Alces alces*）、东北兔（*Lepus mandshuricus*）、貂熊（*Gulo gulo*）、大齿鼩鼱（*Sorex daphaenodon*）、小飞鼠（*Pteromys volans*）等。

(6)自然保护区

小兴安岭省已建立国家级自然保护区 11 个，分别是友好、新青白头鹤、丰林、凉水、乌伊岭、红星湿地、茅兰沟、胜山、中央站黑嘴松鸡、五大连池和大沾河湿地国家级自然保护区（图 3-15）。

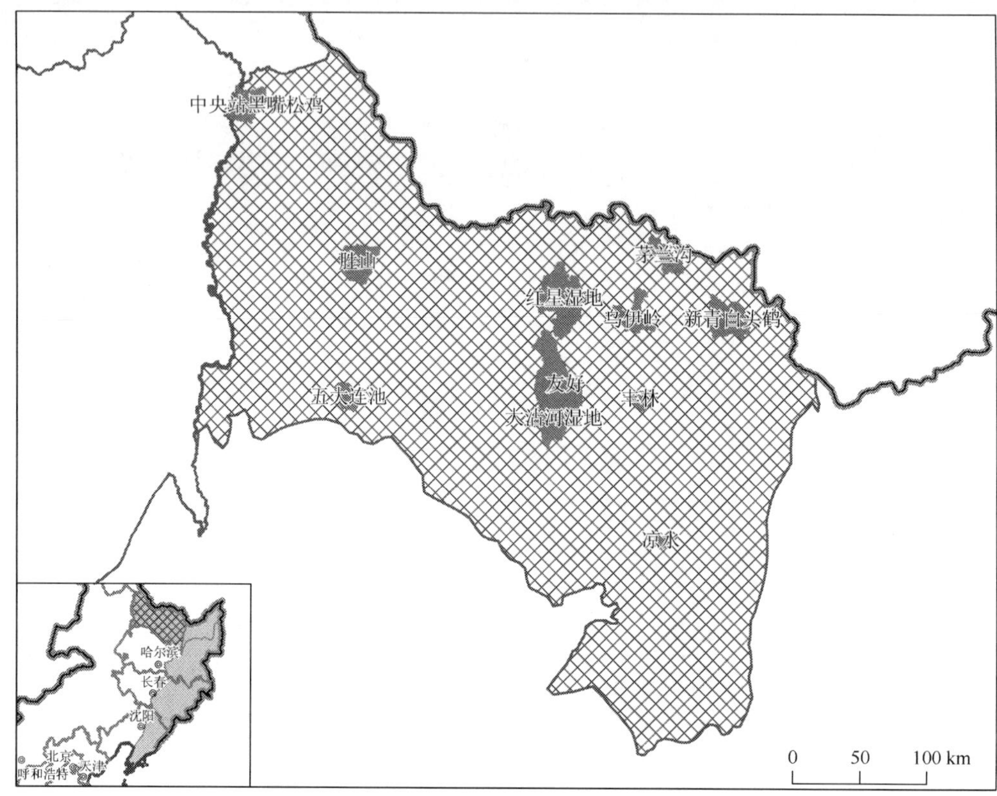


图 3-15　小兴安岭省主要自然保护区分布图

（7）生态地理单元划分

小兴安岭省共划分为 3 个生态地理单元（图 3-16、表 3-13）：

Ⅰ1Ba01　小兴安岭北坡山地；

Ⅰ1Ba02　小兴安岭南坡山地；

Ⅰ1Ba03　小兴安岭山前台地。

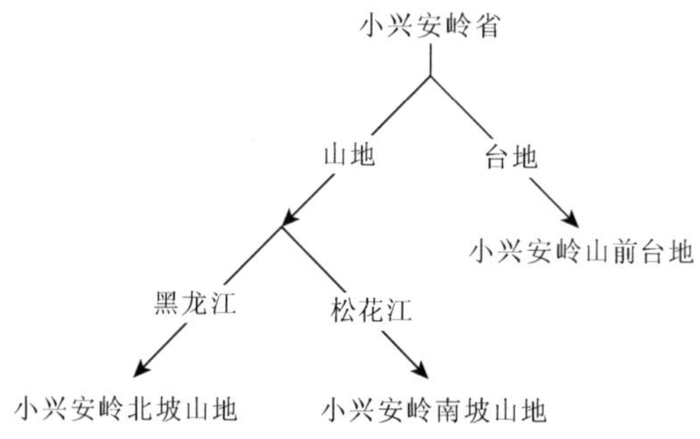


图 3-16　小兴安岭省各生态地理单元关系图

小兴安岭北坡山地（Ⅰ1Ba01）和小兴安岭南坡山地（Ⅰ1Ba02）以山地地形为主，海拔200 m以上，主要土壤类型为暗棕色森林土，二者以小兴安岭山脊为界，北坡山地属于黑龙江水系，南坡山地属于松花江水系。前者主要植被类型为温带落叶阔叶林及针阔混交林，后者主要植被类型为温带落叶阔叶林及温带禾草、杂类草草甸。小兴安岭山前台地（Ⅰ1Ba02）位于小兴安岭的西南部，以台地地形为主，海拔 500 m 以下，主要土壤类型为黑土，人类活动强度较大，种有粮食作物及耐寒经济作物。

**表 3-13 小兴安岭省 3 个生态地理单元生态因子与动物群**

| 生态地理单元 | | Ba01 小兴安岭北部山地 | Ba02 小兴安岭南部山地 | Ba03 小兴安岭山前台地 |
|---|---|---|---|---|
| 概况 | 地貌 | 侵蚀山地；侵蚀丘陵 | 侵蚀山地；侵蚀丘陵 | 熔岩台地；洪积、冲积平原 |
| | 海拔 | 200～900 m | 200～900 m | 300～500 m |
| | 土壤 | 暗棕色森林土 | 暗棕色森林土 | 黑土 |
| | 水系 | 黑龙江 | 松花江 | 松花江 |
| 气候 | 平均气温 | -3～2 ℃ | -3～2 ℃ | -2～1 ℃ |
| | 夏季均温 | 16～20 ℃ | 16～20 ℃ | 17～19 ℃ |
| | 冬季均温 | -25～-19 ℃ | -25～-19 ℃ | -24～-20 ℃ |
| | 年降水量 | 520～690 mm | 520～690 mm | 490～590 mm |
| | 雨季降水量 | 340～440 mm | 340～440 mm | 320～380 mm |
| | 旱季降水量 | 10～20 mm | 10～20 mm | 10 mm |
| 植被 | 植被类型 1 | 温带落叶阔叶林（+++++） | 温带落叶阔叶林（+++++） | 人工植被（+++++） |
| | 优势群系 1 | 蒙古栎林 | 蒙古栎林 | 春小麦、大豆、亚麻 |
| | 优势群系 2 | 白桦林 | 白桦林 | 马铃薯、包心菜 |
| | 植被类型 2 | 寒温带和温带山地针叶林（++） | 温带禾草、杂类草草甸（++） | 温带落叶阔叶林（++） |
| | 优势群系 1 | 兴安落叶松林 | 小白花地榆、金莲花、禾草草甸 | 蒙古栎林 |
| | 优势群系 2 | 鱼鳞云杉、臭冷杉、红皮云杉林 | 拂子茅高禾草草甸 | 蒙古栎矮林 |
| 动物群 | | 山地针阔混交林动物群 | 山地阔叶林、草甸动物群 | 台地农田、林缘动物群 |

### 2. 长白山地省（Ⅰ1Bb）

（1）概况

长白山地省的范围包括黑龙江、吉林和辽宁的东部山地，以侵蚀性山地地貌为主，海拔主要为 100～600 m。地表主要分布有花岗岩、玄武岩、片麻岩和片岩，其中花岗岩分布面积最广，熔岩地貌较为典型。主要分布有温带山地垂直分布动物群。

（2）气候

长白山地省属于中温带季风性气候，年均气温-1～10 ℃，夏季（6～8 月）平均气温15～23 ℃，冬季（12～2 月）平均气温-20～-3 ℃；年均降水量 540～1090 mm，雨季降水量 300～710 mm，旱季降水量 20～40 mm（图 3-17）。

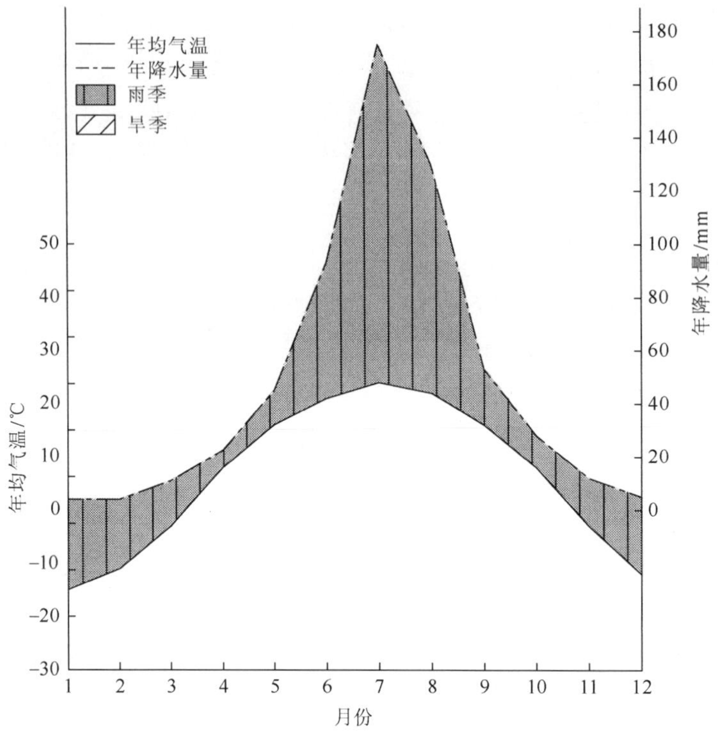


图 3-17　长春（125°31′E，43°39′N）气候图

（3）土壤

长白山地省的地带性土壤类型是暗棕色森林土和棕壤，还零星分布有白浆土和草甸土。

暗棕色森林土主要分布于长白山北部山地，草甸土主要分布于长白山的山间谷地和河谷阶地。

棕壤主要分布于长白山南部山地至辽东半岛，是暖温带落叶阔叶林和针阔叶混交林条件下发育的地带性土壤，因强烈的黏化作用和明显的淋溶作用形成。棕壤土层较厚，表层有机质含量较高，呈微酸性反应。

白浆土主要分布于长白山的熔岩台地和山前洪积台地，是在温带和暖温带湿润季风气候条件下，由于周期性滞水淋溶而发生白浆化过程的土壤。

（4）植被

长白山地省以温带落叶阔叶林（蒙古栎林；椴、槭林+春榆、水曲柳、核桃楸林；蒙古栎矮林）为主要植被类型，约占 52%，其次为人工植被，约占 27%，还分布有温带落叶灌丛及寒温带和温带山地针叶林等植被类型。

（5）陆生脊椎动物

长白山地省共记录陆生脊椎动物 29 目 89 科 356 种（表 3-14）。

两栖类：爪鲵（*Onychodactylus fischeri*）、东北粗皮蛙（*Rugosa emeljanovi*）、史氏蟾蜍（*Bufo stejnegeri*）、东北小鲵（*Hynobius leechii*）、东方铃蟾（*Bombina orientalis*）、东北雨蛙（*Hyla ussuriensis*）、黑龙江林蛙（*Rana amurensis*）、北方狭口蛙（*Kaloula borealis*）、极北鲵（*Salamandrella keyserlingii*）、黑斑侧褶蛙（*Pelophylax nigromaculatus*）等；

表 3-14 长白山地省陆生脊椎动物种类组成

| 纲 | | 目 | 科 | 种 |
|---|---|---|---|---|
| 两栖类 | | 2 | 6 | 13 |
| 爬行类 | | 2 | 5 | 22 |
| 鸟类 | 繁殖鸟 | 16 | 52 | 188 |
| | 非繁殖鸟 | 9 | 27 | 79 |
| 哺乳类 | | 5 | 15 | 54 |
| 总计 | | 29 | 89 | 356 |

爬行类：桓仁滑蜥（*Scincella huanrenensis*）、蛇岛蝮（*Gloydius shedaoensis*）、东亚腹链蛇（*Amphiesma vibakari*）、黑龙江草蜥（*Takydromus amurensis*）、岩栖蝮（*Gloydius saxatilis*）、乌苏里蝮（*Gloydius ussuriensis*）、赤峰锦蛇（*Elaphe anomala*）、红点锦蛇（*Elaphe rufodorsata*）、极北蝰（*Vipera berus*）、白条锦蛇（*Elaphe dione*）等；

鸟类：鳞头树莺（*Urosphena squameiceps*）、白腹鸫（*Turdus pallidus*）、淡脚柳莺（*Phylloscopus tenellipes*）、栗斑腹鹀（*Emberiza jankowskii*）、黑头蜡嘴雀（*Eophona personata*）、灰山椒鸟（*Pericrocotus divaricatus*）、小星头啄木鸟（*Dendrocopos kizuki*）、杂色山雀（*Parus varius*）、黄嘴白鹭（*Egretta eulophotes*）、黄眉柳莺（*Phylloscopus inornatus*）、灰纹鹟（*Muscicapa griseisticta*）、北鹨（*Anthus gustavi*）、大杓鹬（*Numenius madagascariensis*）、白腹蓝姬鹟（*Cyanoptila cyanomelana*）、红胸秋沙鸭（*Mergus serrator*）、花田鸡（*Coturnicops exquisitus*）等；

哺乳类：大鼩鼱（*Sorex mirabilis*）、水鼩鼱（*Neomys fodiens*）、大缺齿鼹（*Mogera robusta*）、小缺齿鼹（*Mogera wogura*）、东北兔（*Lepus mandshuricus*）、紫貂（*Martes zibellina*）、梅花鹿（*Cervus nippon*）、北松鼠（*Sciurus vulgaris*）、红背䶄（*Clethrionomys rutilus*）、小飞鼠（*Pteromys volans*）、大麝鼩（*Crocidura lasiura*）、原麝（*Moschus moschiferus*）等。

（6）自然保护区

长白山地省已建立国家级自然保护区 27 个，分别是黑龙江省的凤凰山、东方红湿地、珍宝岛湿地、兴凯湖、饶河东北黑蜂、牡丹峰、小北湖、穆棱东北红豆杉国家级自然保护区，吉林省松花江三湖、伊通火山群、龙湾、哈泥、白山原麝、靖宇、鸭绿江上游、黄泥河、雁鸣湖、珲春东北虎、天佛指山、汪清、长白山国家级自然保护区，辽宁省的蛇岛老铁山、成山头海滨地貌、仙人洞、桓仁老秃顶子、丹东鸭绿江口湿地和白石砬子国家级自然保护区（图 3-18）。

（7）生态地理单元划分

长白山地省共划分为 7 个生态地理单元（图 3-19、表 3-15）：

Ⅰ1Bb01 完达山山地；

Ⅰ1Bb02 穆兴平原；

Ⅰ1Bb03 长白山西部山前台地；

Ⅰ1Bb04 长白山北部山地；

Ⅰ1Bb05 长白山南部山地；

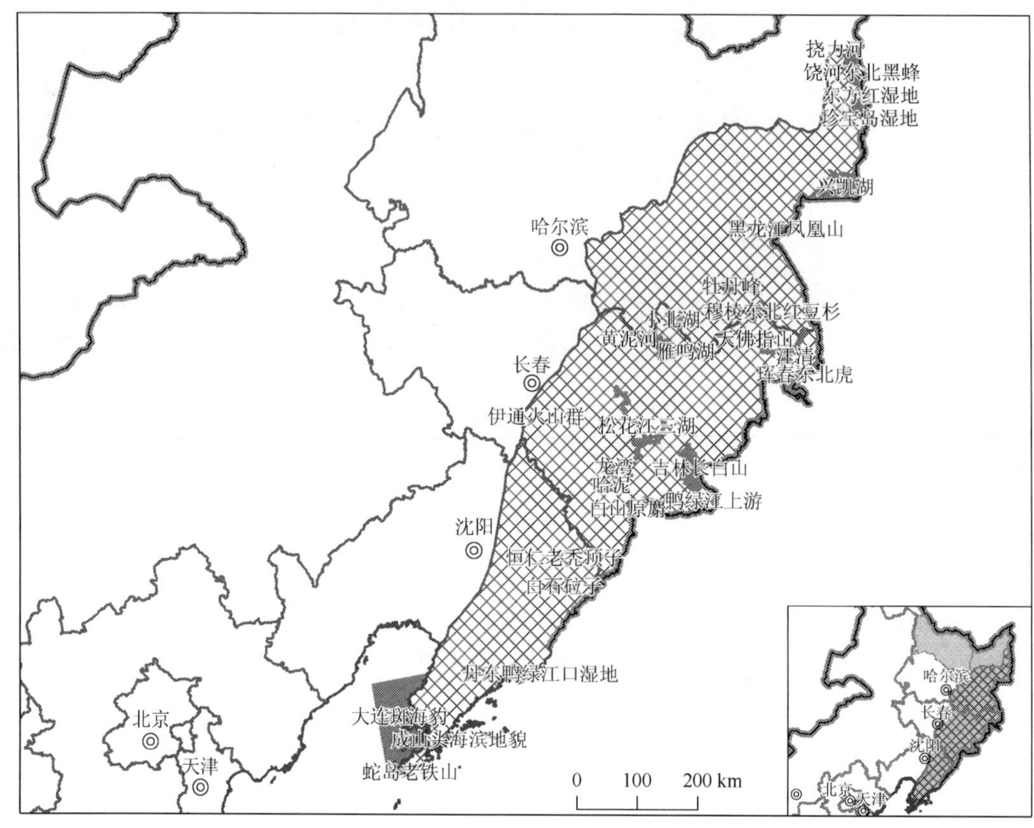

图 3-18　长白山地省主要自然保护区分布图

Ⅰ1Bb06　千山山地；
Ⅰ1Bb07　辽东半岛。

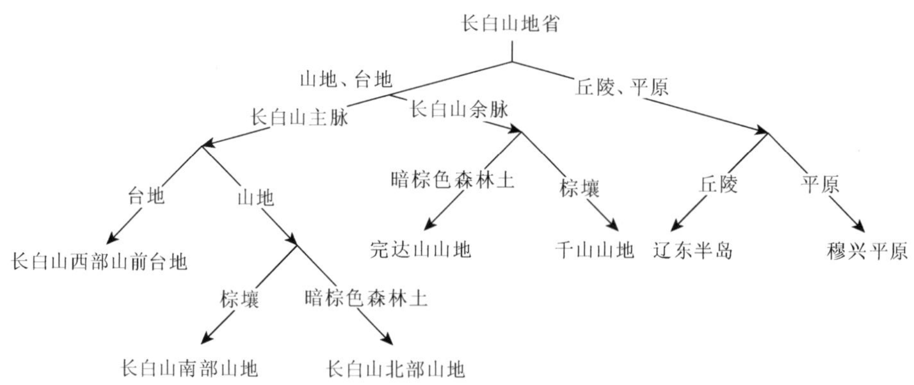

图 3-19　长白山地省各生态地理单元关系图

完达山山地（Ⅰ1Bb01）是长白山的余脉，位于黑龙江东北部，以山地地形为主，海拔在 100 m 以上，主要土壤类型为暗棕色森林土，以温带落叶阔叶林为主要植被类型。

**表 3-15 长白山地省 7 个生态地理单元生态因子与动物群**

| 生态地理单元 | | Bb01 完达山山地 | Bb02 穆兴平原 | Bb03 长白山西部山前台地 | Bb04 长白山北部山地 | Bb05 长白山南部山地 | Bb06 千山山地 | Bb07 辽东半岛 |
|---|---|---|---|---|---|---|---|---|
| 概况 | 地貌 | 侵蚀山地；侵蚀丘陵 | 湖积平原 | 侵蚀山地；侵蚀丘陵 | 侵蚀山地；熔岩山地；冲积平原 | 侵蚀山地 | 侵蚀山地 | 海蚀平原阶地；侵蚀丘陵 |
| | 海拔 | 100～700 m | 100～400 m | 200～900 m | 300～1400 m | 200～1200 m | 200～800 m | 0～600 m |
| | 土壤 | 暗棕色森林土 | 沼泽土、白浆土 | 黑土、暗棕色森林土、白浆土 | 棕壤 | 暗棕色森林土 | 棕壤 | 棕壤 |
| | 水系 | 松花江 | 乌苏里江 | 松花江 | 牡丹江、图们江 | 鸭绿江 | 辽河、辽东半岛诸河 | 辽东半岛诸河 |
| 气候 | 平均气温 | 1～3 ℃ | 3～4 ℃ | 1～5 ℃ | −1～4 ℃ | 1～8 ℃ | 5～8 ℃ | 7～10 ℃ |
| | 夏季均温 | 18～20 ℃ | 19～20 ℃ | 18～21 ℃ | 15～20 ℃ | 17～22 ℃ | 19～22 ℃ | 21～23 ℃ |
| | 冬季均温 | −19～−16 ℃ | −17～−14 ℃ | −19～−14 ℃ | −20～−12 ℃ | −18～−8 ℃ | −11～−7 ℃ | −9～−3 ℃ |
| | 年降水量 | 540～660 mm | 540～620 mm | 610～820 mm | 550～780 mm | 720～1090 mm | 730～950 mm | 610～980 mm |
| | 雨季降水量 | 310～360 mm | 300～320 mm | 380～510 mm | 330～480 mm | 450～710 mm | 450～600 mm | 390～620 mm |
| | 旱季降水量 | 20～30 mm | 20～40 mm | 20～30 mm | 20～30 mm | 20～40 mm | 30～40 mm | 20～40 mm |
| 植被 | 植被类型 1 | 温带落叶阔叶林（+++++） | 人工植被（+++++） | 人工植被（+++++） | 温带落叶阔叶林（+++++） | 温带落叶阔叶林（+++++） | 温带落叶阔叶林（+++++） | 人工植被（+++++） |
| | 优势群系 1 | 蒙古栎林 | 春小麦、大豆、玉米、高粱 | 春小麦、大豆、玉米、高粱 | 蒙古栎林 | 蒙古栎林 | 蒙古栎林 | 杂粮 |
| | 优势群系 2 | 紫椴、色木 | 水稻 | 水稻 | 椴、槭林+春榆、水曲柳、核桃楸林 | 椴、槭林+春榆、水曲柳、核桃楸林 | 蒙古栎矮林 | 春小麦、水稻、大豆 |
| | 植被类型 2 | 人工植被（+++） | 寒温带、温带沼泽（++） | 温带落叶阔叶林（+++++） | 人工植被（++） | 人工植被（+++） | 人工植被（+++） | 温带落叶阔叶林（+++） |
| | 优势群系 1 | 春小麦、大豆、玉米、高粱 | 乌拉苔草沼泽 | 蒙古栎林 | 春小麦、大豆、玉米、高粱 | 春小麦、大豆、玉米、高粱 | 杂粮 | 辽东栎矮林 |
| | 优势群系 2 | 春小麦、大豆、亚麻 | 塔头苔草、小叶章沼泽 | 椴、槭林+春榆、水曲柳、核桃楸林 | 水稻 | 杂粮 | 春小麦、大豆、玉米、高粱 | 麻栎矮林 |
| 动物群 | | 山地落叶阔叶林动物群 | 平原农田、沼泽动物群 | 台地农田、林缘动物群 | 山地落叶阔叶林动物群 | 山地落叶阔叶林动物群 | 山地落叶阔叶林动物群 | 丘陵农田、林缘动物群 |

穆兴平原（Ⅰ1Bb02）位于在黑龙江东部偏南，是典型的冲积–湖积平原，平均海拔 100～400 m，地势低平。穆兴平原主要的土壤类型为沼泽土和白浆土，前者主要分布于乌苏里江的两岸平原，后者广泛分布于穆兴平原其他区域。穆兴平原主要植被类型为寒温带、温带草本沼泽，还有被人类开发利用的人工植被。

长白山西部山前台地（Ⅰ1Bb03）位于黑龙江东南部及吉林中部，以台地地形为主，海拔为 200～900 m，主要的土壤类型为黑土和暗棕色森林土，还零星分布有白浆土。由于历史上的农垦，地形较为平缓的区域以人工植被为主，部分高地保留有原生的落叶阔叶林及针阔混交林。

长白山北部山地（Ⅰ1Bb04）和长白山南部山地（Ⅰ1Bb05）均是长白山的主脉，为典型的山地地形。长白山北部山地主要位于中温带，地带性土壤为暗棕色森林土；长白山南部山地主要位于暖温带，地带性土壤为棕壤，地带性植被为落叶阔叶林。

千山山地（Ⅰ1Bb06）是长白山的余脉，位于辽宁省境内，以山地地形为主，海拔为 200～800 m，主要土壤类型为棕壤，以温带落叶阔叶林为主要植被类型。

辽东半岛（Ⅰ1Bb07）位于辽宁东南部，以丘陵地形为主，海拔在 600 m 以下，主要土壤类型为棕壤，部分沿海平原因为农业开垦已被人工植被覆盖，丘陵上零星分布有温带落叶阔叶林等原生植被。

### 3. 三江平原省（Ⅰ1Bc）

（1）概况

三江平原省的范围包括黑龙江东北部，是黑龙江、乌苏里江和松花江汇流冲积而成的低地平原，是我国面积最大的沼泽分布区，海拔主要在 200 m 以下。区内主要分布有沼泽、草甸、农田动物群。

（2）气候

三江平原省属于中温带季风性气候，年均气温 1～3 ℃，夏季（6～8 月）平均气温 19～20 ℃，冬季（12～2 月）平均气温–20～–16 ℃；年均降水量 540～660 mm，雨季降水量 310～360 mm，旱季降水量 20～40 mm（图 3-20）。

（3）土壤

三江平原省的主要土壤类型有沼泽土、草甸土和白浆土。沼泽土主要分布于乌苏里江两岸的湖积和冲积平原；草甸土主要分布于松花江和黑龙江两岸的冲积平原；白浆土主要分布于完达山北部山前台地。

（4）植被

三江平原省以人工植被为主要植被类型，约占 55%；其次为寒温带、温带沼泽（毛果苔草沼泽；芦苇沼泽；飘筏苔草沼泽），约占 14%；还分布有温带禾草、苔草及杂类草沼泽化草甸和温带禾草、杂类草草甸等植被类型。

（5）陆生脊椎动物

三江平原省共记录陆生脊椎动物 26 目 75 科 272 种（表 3-16）。

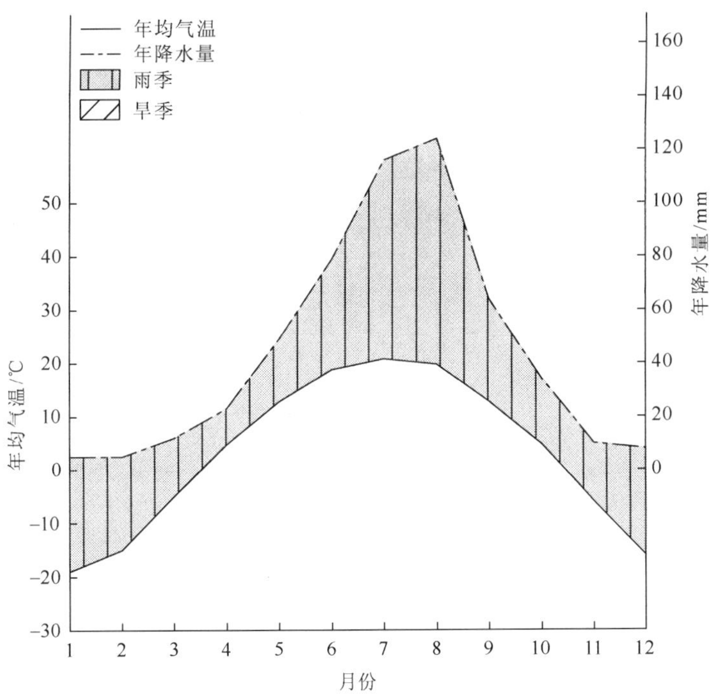


图 3-20 佳木斯（130°15′E，46°46′N）气候图

**表 3-16 三江平原省陆生脊椎动物种类组成**

| 纲 | | 目 | 科 | 种 |
|---|---|---|---|---|
| 两栖类 | | 2 | 4 | 7 |
| 爬行类 | | 2 | 4 | 8 |
| 鸟类 | 繁殖鸟 | 17 | 54 | 198 |
| | 非繁殖鸟 | 5 | 13 | 23 |
| 哺乳类 | | 5 | 12 | 36 |
| 总计 | | 26 | 75 | 272 |

两栖类：极北鲵（*Salamandrella keyserlingii*）、花背蟾蜍（*Bufo raddei*）、中华蟾蜍（*Bufo gargarizans*）、东北雨蛙（*Hyla ussuriensis*）、黑斑侧褶蛙（*Pelophylax nigromaculatus*）、黑龙江林蛙（*Rana amurensis*）、东北林蛙（*Rana dybowskii*）等；

爬行类：黑龙江草蜥（*Takydromus amurensis*）、丽斑麻蜥（*Eremias argus*）、白条锦蛇（*Elaphe dione*）、红点锦蛇（*Elaphe rufodorsata*）、棕黑锦蛇（*Elaphe schrenckii*）、乌苏里蝮（*Gloydius ussuriensis*）等；

鸟类：花田鸡（*Coturnicops exquisitus*）、丑鸭（*Histrionicus histrionicus*）、北鹨（*Anthus gustavi*）、灰山椒鸟（*Pericrocotus divaricatus*）、红颈苇鹀（*Emberiza yessoensis*）、东方白鹳（*Ciconia boyciana*）、黑嘴松鸡（*Tetrao parvirostris*）、黑头白鹮（*Threskiornis melanocephalus*）、大杓鹬（*Numenius madagascariensis*）、灰纹鹟（*Muscicapa griseisticta*）、远东苇莺（*Acrocephalus tangorum*）、灰背鸫（*Turdus hortulorum*）、黑头蜡嘴雀（*Eophona personata*）、黄眉柳莺（*Phylloscopus inornatus*）等；

哺乳类：东方田鼠（*Microtus fortis*）等。

（6）自然保护区

三江平原省已建立国家级自然保护区 6 个，分别是宝清七星河、三江、洪河、八岔岛、三环泡和挠力河国家级自然保护区（图 3-21）。

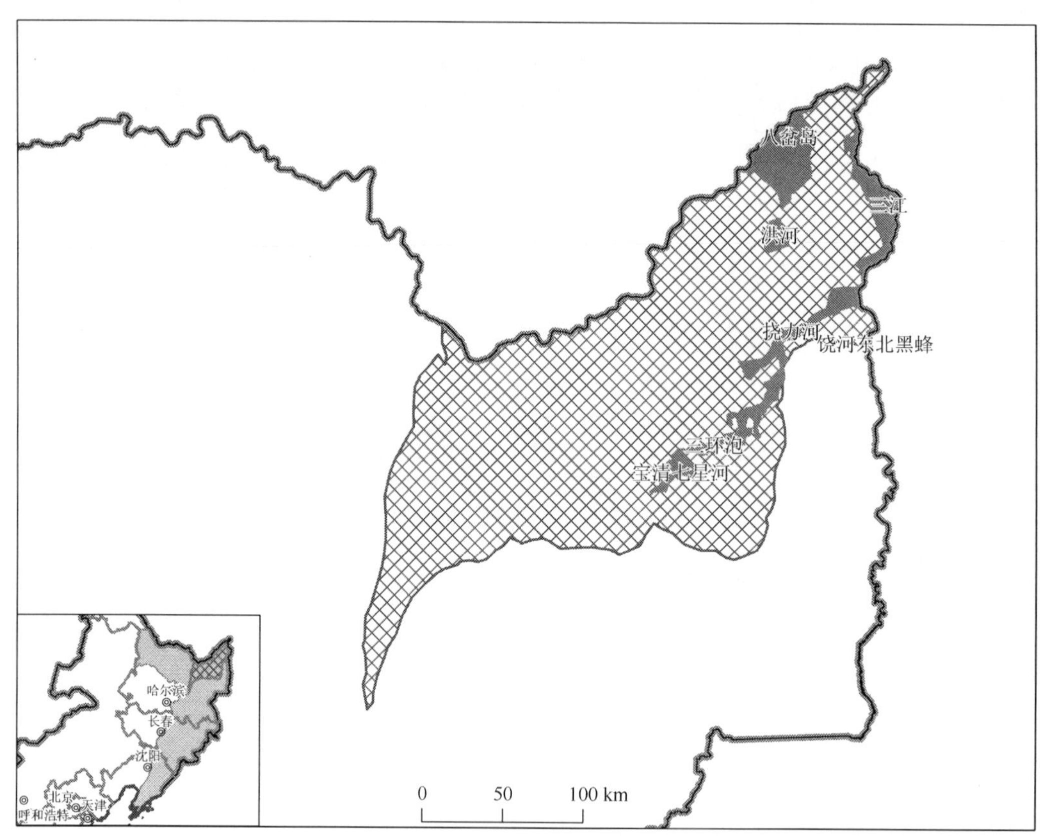


图 3-21　三江平原省主要自然保护区分布图

（7）生态地理单元划分

三江平原省仅有 1 个生态地理单元：

Ⅰ1Bc01　三江平原。

## （三）松辽平原亚区（Ⅰ1C）

松辽平原亚区包括 3 个动物地理省 6 个生态地理单元（图 3-22、表 3-17），包括松嫩平原和辽河平原。

本亚区属温带湿润、半湿润气候，年均降水量 380～770 mm，年均温–0.8～9.8 ℃，≥0 ℃年积温为 2500～3900 ℃。冬季气温低，封冻期长，极端低温–29.8 ℃，但夏季气温高，极端高温 29.8 ℃。

本亚区主要地貌类型有低海拔冲积台地、冲积（洪积）平原和冲积扇平原。主要的土壤类型有黑土、草甸土和黑钙土。其中黑土作为温带半湿润气候、草原化草甸植被下发育的土壤，是温带森林土壤向草原土壤过渡的一种草原土壤类型。黑土分布区是我国重要的粮食基地，本亚区地带性植被类型本应为温带禾草、杂类草草甸草原，但被开垦后转变为一年一熟粮食作物及耐寒经济作物、落叶果树。因此本亚区的动物除了在区系上具有古北型、东北型和全北型特征外，在生态特征上也具有农田和草地的适应特征。例如，农田中常见的鼠类如普通田鼠（*Microtus arvalis*）、东方田鼠（*Microtus fortis*）、莫氏田鼠（*Microtus maximowiczii*）和布氏毛足田鼠（*Lasiopodonmys brandti*）；鸟类如楔尾伯劳（*Lanius sphenocercus*）、灰喜鹊（*Cyanopica cyanus*）、田鹨（*Anthus richardi*）、红尾伯劳（*Lanius cristatus*）和喜鹊（*Pica pica*）等；蛇类如白条锦蛇（*Elaphe dione*）、虎斑颈槽蛇（*Rhabdophis tigrinus*）和红点锦蛇（*Elaphe rufodorsata*）；蛙类如东北雨蛙（*Hyla ussuriensis*）、北方狭口蛙（*Kaloula borealis*）和东方铃蟾（*Bombina orientalis*）等。

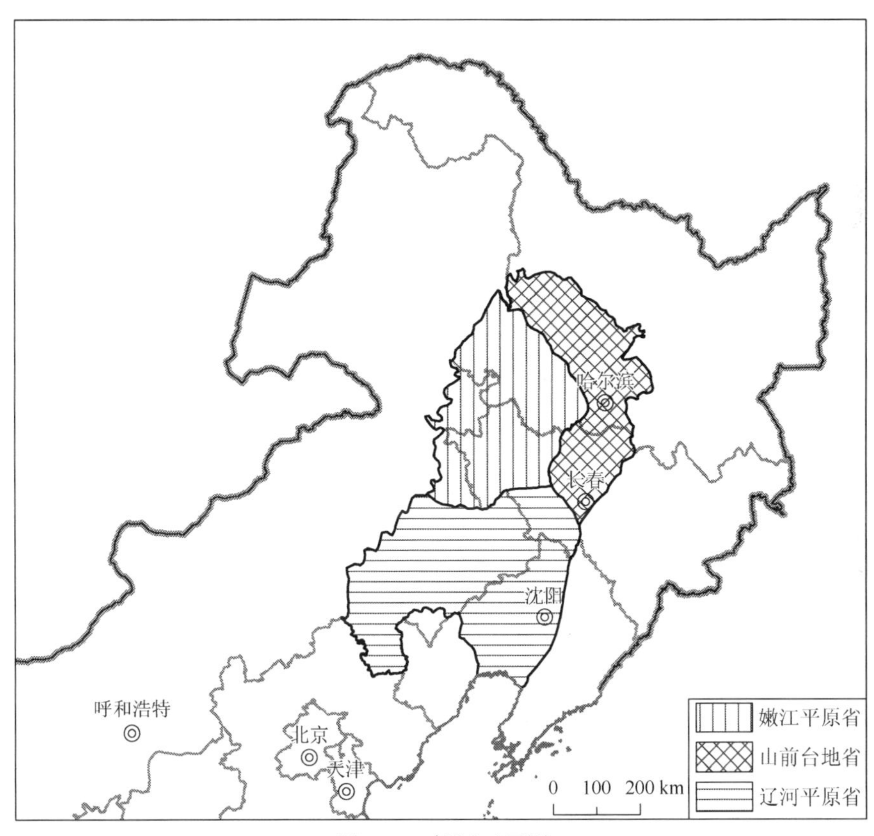


图 3-22 松辽亚区图

**表 3-17 松辽平原亚区 3 个动物地理省代表动物与生态因子比较**

| 动物地理省 | | Ca 山前台地省 | Cb 嫩江平原省 | Cc 辽河平原省 |
|---|---|---|---|---|
| 概况 | 位置 | 黑龙江中部和吉林中部 | 黑龙江中部和吉林西部平原 | 辽宁西部和内蒙古的科尔沁沙地 |
| | 地貌 | 洪积、冲积平原 | 冲积平原 | 冲积平原 |
| | 海拔 | 100～400 m | 100～600 m | 1500 m 以下 |
| | 土壤 | 黑土、草甸土 | 草甸土、黑钙土、沼泽土 | 草甸土、风沙土 |

续表

| 动物地理省 | | Ca 山前台地省 | Cb 嫩江平原省 | Cc 辽河平原省 |
|---|---|---|---|---|
| 气候 | 气候类型 | 中温带季风性气候 | 中温带季风性气候 | 中温带季风性气候 |
| | 平均气温 | 0～5 ℃ | 2～6 ℃ | 2～9 ℃ |
| | 夏季均温 | 19～21 ℃ | 19～22 ℃ | 17～23 ℃ |
| | 冬季均温 | –21～–14 ℃ | –19～–12 ℃ | –14～–7 ℃ |
| | 年降水量 | 470～630 mm | 390～490 mm | 370～750 mm |
| | 雨季降水量 | 320～420 mm | 290～330 mm | 270～460 mm |
| | 旱季降水量 | 10～20 mm | 10 mm | 0～30 mm |
| 植被 | 植被类型 1 | 人工植被（+++++） | 人工植被（+++++） | 人工植被（+++++） |
| | 植被类型 2 | 温带禾草、杂类草草甸（+） | 温带禾草、杂类草草甸草原（++） | 温带丛生禾草典型草原（+++） |
| | 植被类型 3 | 温带落叶阔叶林（–） | 温带禾草、杂类草盐生草甸（+） | 温带落叶小叶疏林（+） |
| | 植被类型 4 | 寒温带、温带沼泽（–） | 温带禾草、杂类草草甸（+） | 温带落叶阔叶林（+） |
| 动物 | 动物群 | 森林草原、草甸动物群 | 沼泽草、农田动物群 | 农田、草地动物群 |
| | 代表物种 | 红背䶄、东北兔、狗獾、红胸秋沙鸭、松雀、黑头蜡嘴雀、极北柳莺、白条锦蛇、岩栖蝮、虎斑颈槽蛇、胎生蜥蜴、东方铃蟾 | 普通田鼠、小飞鼠、雪兔、白枕鹤、鸿雁、半蹼鹬、东方白鹳、白条草蜥、鳖、花背蟾蜍、黑龙江林蛙、东北雨蛙、中华蟾蜍 | 东北鼢鼠、棕色毛足田鼠、草原鼢鼠、花鼠、黄嘴白鹭、黑头鳾、绿背鸬鹚、黑嘴鸥、赤峰锦蛇、团花锦蛇、乌苏里蝮、丽斑麻蜥、东北小鲵、东北粗皮蛙、史氏蟾蜍 |

### 1. 山前台地省（Ⅰ1Ca）

（1）概况

山前台地省的范围包括黑龙江中部和吉林中部，以洪积、冲积台地平原地貌为主，海拔主要为 300 m 以下，主要分布有森林草原、草甸动物群。

（2）气候

山前台地省属于中温带季风性气候，年均气温 0～5 ℃，夏季（6～8 月）平均气温 19～21 ℃，冬季（12～2 月）平均气温–21～–14 ℃；年均降水量 470～630 mm，雨季降水量 320～420 mm，旱季降水量 10～20 mm（图 3-23）。

（3）土壤

山前台地省的地带性土壤类型是黑土，还分布有少量草甸土。

黑土主要分布于小兴安岭南部与长白山西北部的山前台地，是温带半湿润气候、草原化草甸植被下发育的土壤，经过强烈的腐殖质累积和滞水潴积过程形成。

草甸土主要分布于山前台地的河谷阶地。

（4）植被

山前台地省以人工植被为主要植被类型，约占 84%，其次为温带禾草、杂类草草甸（小白花地榆、金莲花、禾草草甸；拂子茅高禾草草甸；野古草、大油芒、杂类草草甸），约占 7%，还分布有温带落叶阔叶林和寒温带、温带沼泽等植被类型。

（5）陆生脊椎动物

山前台地省共记录陆生脊椎动物 26 目 77 科 270 种（表 3-18）。

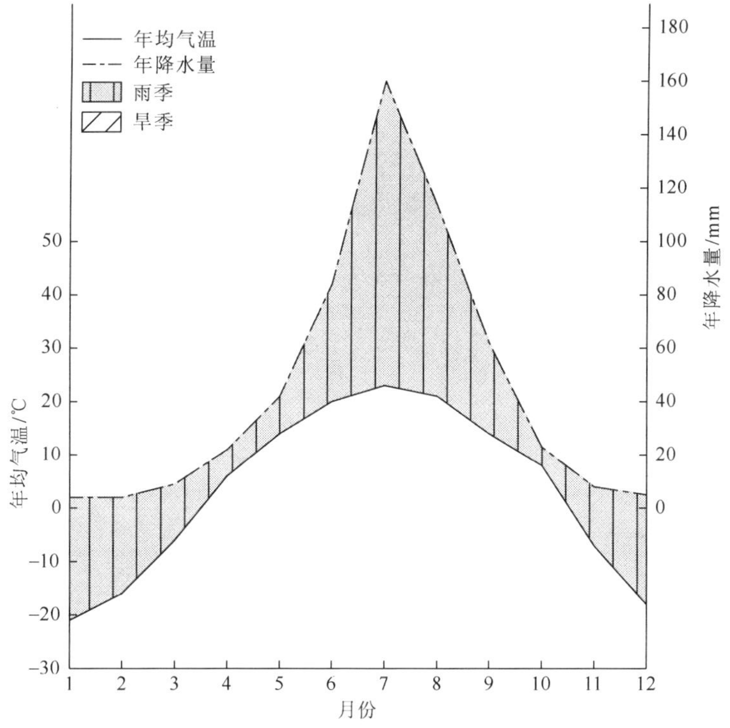


图 3-23　绥化（126°53′E，46°38′N）气候图

**表 3-18　山前台地省陆生脊椎动物种类组成**

| 纲 | | 目 | 科 | 种 |
|---|---|---|---|---|
| 两栖类 | | 2 | 6 | 9 |
| 爬行类 | | 2 | 4 | 9 |
| 鸟类 | 繁殖鸟 | 17 | 50 | 179 |
| | 非繁殖鸟 | 5 | 15 | 39 |
| 哺乳类 | | 5 | 12 | 34 |
| 总计 | | 26 | 77 | 270 |

两栖类：东北雨蛙（*Hyla ussuriensis*）、黑龙江林蛙（*Rana amurensis*）、北方狭口蛙（*Kaloula borealis*）、东方铃蟾（*Bombina orientalis*）、花背蟾蜍（*Bufo raddei*）、极北鲵（*Salamandrella keyserlingii*）等；

爬行类：白条锦蛇（*Elaphe dione*）、白条草蜥（*Takydromus wolteri*）、虎斑颈槽蛇（*Rhabdophis tigrinus*）、岩栖蝮（*Gloydius saxatilis*）等；

鸟类：灰头麦鸡（*Vanellus cinereus*）、红颈苇鹀（*Emberiza yessoensis*）、栗斑腹鹀（*Emberiza jankowskii*）、栗鹀（*Emberiza rutila*）、极北柳莺（*Phylloscopus borealis*）、鸳鸯（*Aix galericulata*）、中华秋沙鸭（*Mergus squamatus*）、震旦鸦雀（*Paradoxornis heudei*）、丹顶鹤（*Grus japonensis*）、矛斑蝗莺（*Locustella lanceolata*）、东方鸻（*Charadrius veredus*）、白腰杓鹬（*Numenius arquata*）、松雀（*Pinicola enucleator*）等；

哺乳类：东北鼢鼠（*Myospalax psilurus*）、大仓鼠（*Tscherskia triton*）、大缺齿鼹（*Mogera *robusta*）、东方田鼠（*Microtus fortis*）、草原鼢鼠（*Myospalax aspalax*）、大麝鼩（*Crocidura lasiura*）、莫氏田鼠（*Microtus maximowiczii*）、达乌尔黄鼠（*Spermophilus dauricus*）、黑线仓鼠（*Cricetulus barabensis*）等。

（6）自然保护区

山前台地省已建立国家级自然保护区 2 个，分别是明水湿地和波罗湖国家级自然保护区（图 3-24）。

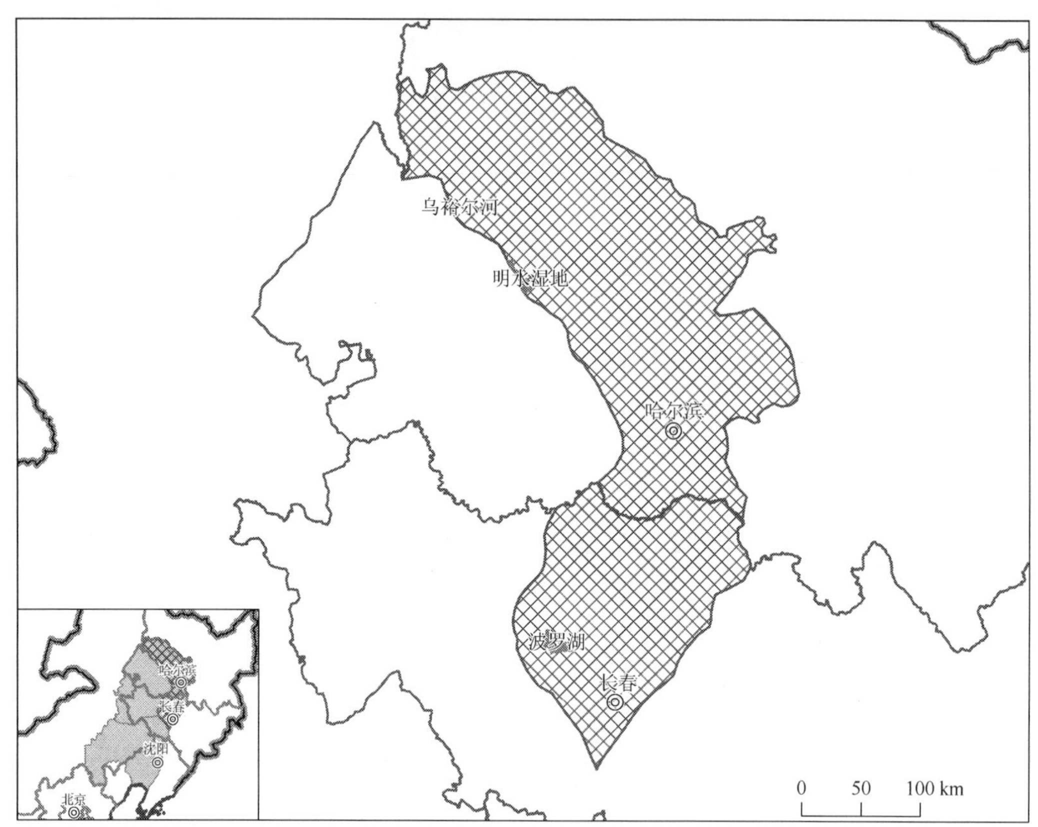


图 3-24　山前台地省主要自然保护区分布图

（7）生态地理单元划分

山前台地省仅有 1 个生态地理单元：

Ⅰ1Ca01　松花江平原台地。

**2. 嫩江平原省**（Ⅰ1Cb）

（1）概况

嫩江平原省的范围包括黑龙江中部和吉林西部平原，以冲积平原地貌为主，海拔主要在 200 m 以下，主要分布有沼泽草、农田动物群。

（2）气候

嫩江平原省属于中温带季风性气候，年均气温 2～6 ℃，夏季（6～8 月）平均气温 19～22 ℃，冬季（12～2 月）平均气温-19～-12 ℃；年均降水量 390～490 mm，雨季降水量

290～330 mm，旱季降水量 10 mm（图 3-25）。

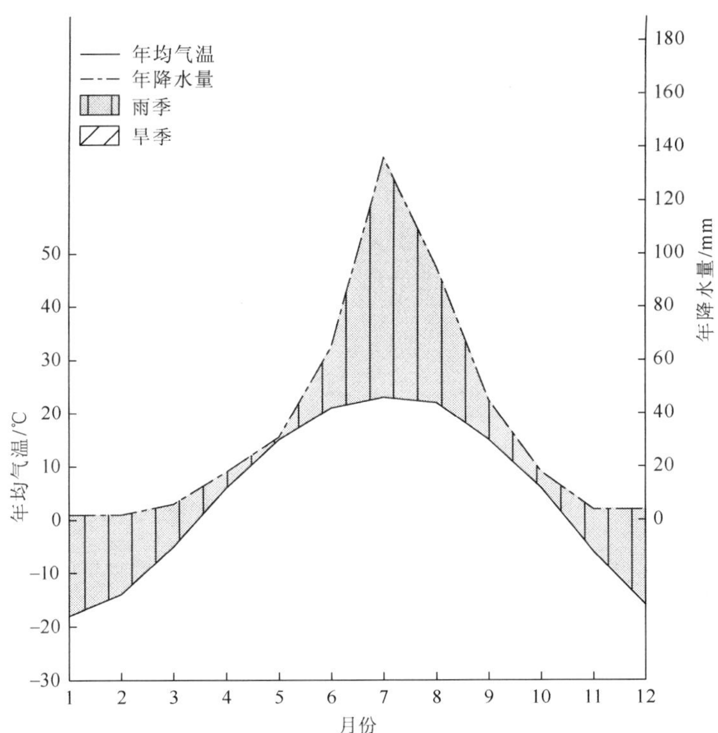


图 3-25　齐齐哈尔（123°55′E，47°23′N）气候图

（3）土壤

嫩江平原省主要土壤类型有草甸土和黑钙土，还零星分布有沼泽土。

草甸土主要分布于嫩江和松花江两岸的冲积平原，黑钙土主要分布于河流阶地及台地上，沼泽土零星分布于草甸土和黑钙土的过渡带。

（4）植被

嫩江平原省以人工植被为主要植被类型，约占 54%，其次为温带禾草、杂类草草甸草原（羊草、杂类草草甸草原；线叶菊、禾草、杂类草草甸草原；贝加尔针茅、杂类草草甸草原），约占 16%，还分布有温带禾草、杂类草盐生草甸和温带禾草、杂类草草甸等植被类型。

（5）陆生脊椎动物

嫩江平原省共记录陆生脊椎动物 25 目 74 科 254 种（表 3-19）。

**表 3-19　嫩江平原省陆生脊椎动物种类组成**

| 纲 | | 目 | 科 | 种 |
|---|---|---|---|---|
| 两栖类 | | 1 | 5 | 8 |
| 爬行类 | | 2 | 3 | 4 |
| 鸟类 | 繁殖鸟 | 17 | 52 | 166 |
| | 非繁殖鸟 | 5 | 18 | 45 |
| 哺乳类 | | 5 | 11 | 31 |
| 总计 | | 25 | 74 | 254 |

两栖类：东北雨蛙（*Hyla ussuriensis*）、东方铃蟾（*Bombina orientalis*）、花背蟾蜍（*Bufo raddei*）、黑龙江林蛙（*Rana amurensis*）、中华蟾蜍（*Bufo gargarizans*）等；

爬行类：白条草蜥（*Takydromus wolteri*）等；

鸟类：东方白鹳（*Ciconia boyciana*）、红颈苇鹀（*Emberiza yessoensis*）、中华秋沙鸭（*Mergus squamatus*）、半蹼鹬（*Limnodromus semipalmatus*）、震旦鸦雀（*Paradoxornis heudei*）、灰头麦鸡（*Vanellus cinereus*）、鸳鸯（*Aix galericulata*）、白腰杓鹬（*Numenius arquata*）、东方鸻（*Charadrius veredus*）、黑颈䴙䴘（*Podiceps nigricollis*）、矛斑蝗莺（*Locustella lanceolata*）、栗鹀（*Emberiza rutila*）、丹顶鹤（*Grus japonensis*）、灰脸鵟鹰（*Butastur indicus*）等；

哺乳类：大仓鼠（*Tscherskia triton*）、东方田鼠（*Microtus fortis*）、大缺齿鼹（*Mogera robusta*）、东北鼢鼠（*Myospalax psilurus*）、草原鼢鼠（*Myospalax aspalax*）、大麝鼩（*Crocidura lasiura*）、达乌尔黄鼠（*Spermophilus dauricus*）、普通田鼠（*Microtus arvalis*）、艾鼬（*Mustela eversmannii*）、大林姬鼠（*Apodemus peninsulae*）等。

（6）自然保护区

嫩江平原省已建立国家级自然保护区 9 个，分别是扎龙、乌裕尔河、明水湿地、查干湖、大布苏、莫莫格、向海、科尔沁和图牧吉国家级自然保护区（图 3-26）。

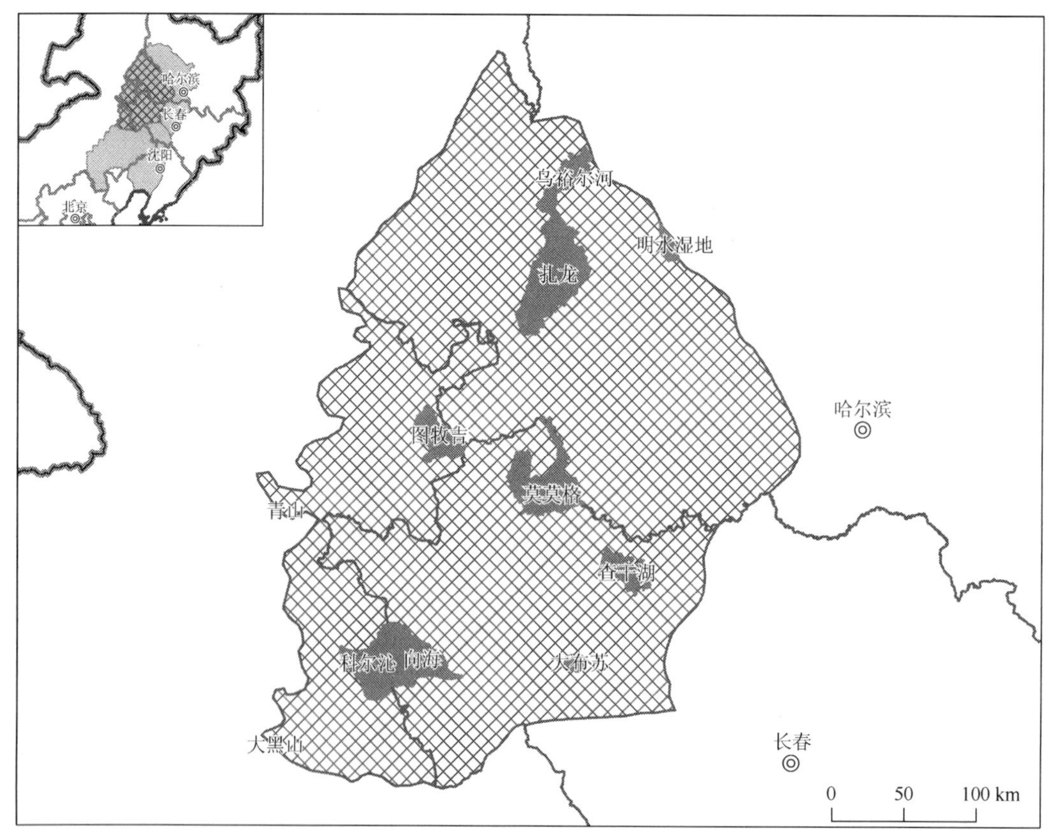


图 3-26　嫩江平原省主要自然保护区分布图

（7）生态地理单元划分

嫩江平原省共划分为 2 个生态地理单元（图 3-27、表 3-20）：

Ⅰ1Cb01 嫩江平原；

Ⅰ1Cb02 大兴安岭南部山前台地。

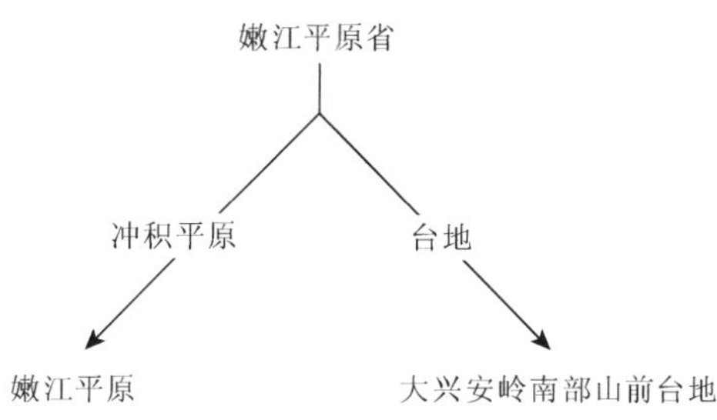


图 3-27 嫩江平原省各生态地理单元关系图

嫩江平原（Ⅰ1Cb01）位于黑龙江西南部及吉林西部，是嫩江的冲积平原，河网密度大。区内的主要土壤类型为草甸土和黑钙土，土壤潜在肥力高。除低洼地区仍有草甸分布外，大部分地区已被开垦为粮食作物区，区内动物以农田及湿地动物群为主。大兴安岭南部山前台地（Ⅰ1Cb02）位于内蒙古乌兰浩特一带，以台地地形为主，海拔为 100～600 m，主要土壤类型为栗钙土，原生植被主要为温带丛生禾草典型草原，现已被大面积开垦为人工植被。

**表 3-20 嫩江平原省 2 个生态地理单元生态因子与动物群**

| 生态地理单元 | | Cb01 嫩江平原 | Cb02 大兴安岭南部山前台地 |
|---|---|---|---|
| 概况 | 地貌 | 湖积、冲积平原 | 侵蚀山地；侵蚀平原 |
| | 海拔 | 100～300 m | 100～600 m |
| | 土壤 | 草甸土、黑钙土 | 栗钙土 |
| | 水系 | 嫩江 | 嫩江 |
| 气候 | 平均气温 | 2～5 ℃ | 2～6 ℃ |
| | 夏季均温 | 20～22 ℃ | 19～22 ℃ |
| | 冬季均温 | −19～−13 ℃ | −16～−12 ℃ |
| | 年降水量 | 400～490 mm | 390～440 mm |
| | 雨季降水量 | 290～330 mm | 290～320 mm |
| | 旱季降水量 | 10 mm | 10 mm |
| 植被 | 植被类型 1 | 人工植被（+++++） | 人工植被（+++++） |
| | 优势群系 1 | 春小麦、大豆、亚麻 | 春小麦、大豆、玉米、高粱 |
| | 优势群系 2 | 春小麦、大豆、玉米、高粱 | 春小麦、大豆、亚麻 |
| | 植被类型 2 | 温带禾草、杂类草草甸草原（++） | 温带丛生禾草典型草原（++） |
| | 优势群系 1 | 羊草、杂类草草甸草原 | 大针茅草原 |
| | 优势群系 2 | 线叶菊、禾草、杂类草草甸草原 | 羊草、丛生禾草典型草原 |
| 动物群 | | 平原农田、草原动物群 | 台地农田、草原动物群 |

**3. 辽河平原省（Ⅰ1Cc）**

（1）概况

辽河平原省的范围包括辽宁西部和内蒙古的科尔沁沙地，以冲积平原地貌为主，海拔主要在 200 m 以下，主要分布有农田、草地动物群。

（2）气候

辽河平原省属于中温带季风性气候，年均气温 2～9 ℃，夏季（6～8 月）平均气温 17～23 ℃，冬季（12～2 月）平均气温–14～–7 ℃；年均降水量 370～750 mm，雨季降水量 270～460 mm，旱季降水量 30 mm 以下（图 3-28）。

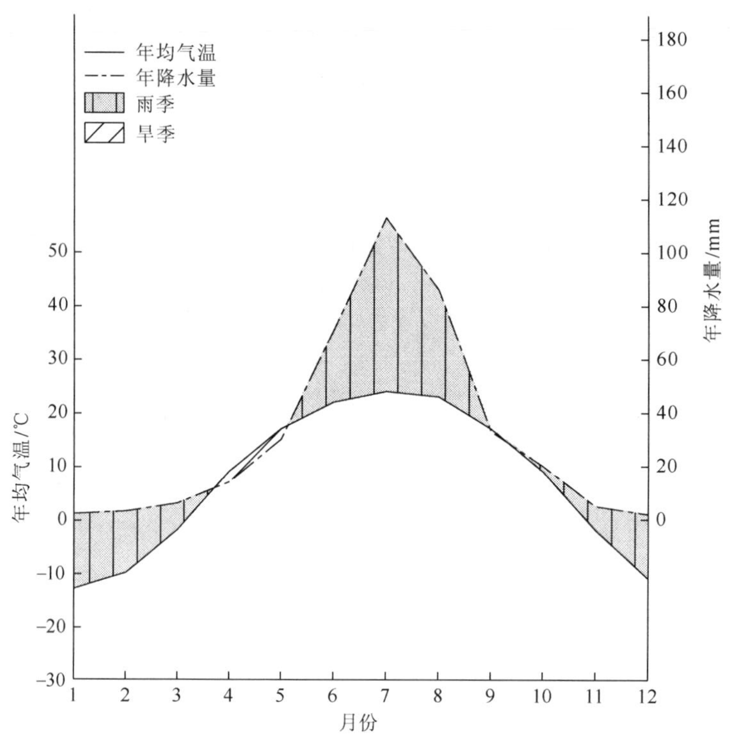


图 3-28　通辽（122°21′E，43°41′N）气候图

（3）土壤

辽河平原省主要的土壤类型有草甸土和风沙土。草甸土主要分布于辽河中下游两岸的冲积平原，风沙土主要分布于西辽河上游科尔沁沙地。

（4）植被

辽河平原省以人工植被为主要植被类型，约占 48%；其次为温带丛生禾草典型草原（沙蓬、雾水藜、虫实沙地先锋植物群落；大针茅草原；长芒草草原），约占 22%；还分布有温带落叶小叶疏林和温带落叶阔叶林等植被类型。

（5）陆生脊椎动物

辽河平原省共记录陆生脊椎动物 27 目 90 科 324 种（表 3-21）。

表 3-21 辽河平原省陆生脊椎动物种类组成

| 纲 | | 目 | 科 | 种 |
|---|---|---|---|---|
| 两栖类 | | 2 | 6 | 13 |
| 爬行类 | | 2 | 7 | 21 |
| 鸟类 | 繁殖鸟 | 17 | 57 | 170 |
| | 非繁殖鸟 | 7 | 23 | 71 |
| 哺乳类 | | 5 | 15 | 49 |
| 总计 | | 27 | 90 | 324 |

两栖类：东北小鲵（*Hynobius leechii*）、东北雨蛙（*Hyla ussuriensis*）、花背蟾蜍（*Bufo raddei*）、东方铃蟾（*Bombina orientalis*）、北方狭口蛙（*Kaloula borealis*）、黑龙江林蛙（*Rana amurensis*）等；

爬行类：团花锦蛇（*Elaphe davidi*）、赤峰锦蛇（*Elaphe anomala*）、白条锦蛇（*Elaphe dione*）、乌苏里蝮（*Gloydius ussuriensis*）等；

鸟类：白腹蓝姬鹟（*Cyanoptila cyanomelana*）、黑嘴鸥（*Larus saundersi*）、白翅浮鸥（*Chlidonias leucopterus*）、绿背鸬鹚（*Phalacrocorax capillatus*）、黑颈䴙䴘（*Podiceps nigricollis*）、灰脸鵟鹰（*Butastur indicus*）、毛腿渔鸮（*Ketupa blakistoni*）、栗斑腹鹀（*Emberiza jankowskii*）、鸲姬鹟（*Ficedula mugimaki*）、白尾鹞（*Circus cyaneus*）、淡脚柳莺（*Phylloscopus tenellipes*）、花尾榛鸡（*Bonasa bonasia*）、灰头麦鸡（*Vanellus cinereus*）、小斑啄木鸟（*Dendrocopos minor*）等；

哺乳类：东北鼢鼠（*Myospalax psilurus*）、大缺齿鼹（*Mogera robusta*）、草原鼢鼠（*Myospalax aspalax*）、棕色毛足田鼠（*Lasiopodonmys mandarinus*）、大仓鼠（*Tscherskia triton*）、大麝鼩（*Crocidura lasiura*）、达乌尔黄鼠（*Spermophilus dauricus*）、黑线仓鼠（*Cricetulus barabensis*）等。

（6）自然保护区

辽河平原省已建立国家级自然保护区 9 个，分别是四平山门中生代火山、医巫闾山、海棠山、章古台、双台河口、阿鲁科尔沁、黑里河、大黑山和大青沟国家级自然保护区（图 3-29）。

（7）生态地理单元划分

辽河平原省共划分为 3 个生态地理单元（图 3-30、表 3-22）：

Ⅰ1Cc01 科尔沁沙地；

Ⅰ1Cc02 辽河平原；

Ⅰ1Cc03 医巫闾山山地。

科尔沁沙地（Ⅰ1Cc01）位于内蒙古东部西辽河中下游赤峰市和通辽市附近，以平原地形为主，海拔为 100～1500 m，主要土壤类型为风沙土和草甸土。由于历史上人类的过度放牧，加上气候干旱，原生的草原植被退化，区内的主要植被类型为温带丛生禾草典型草原。

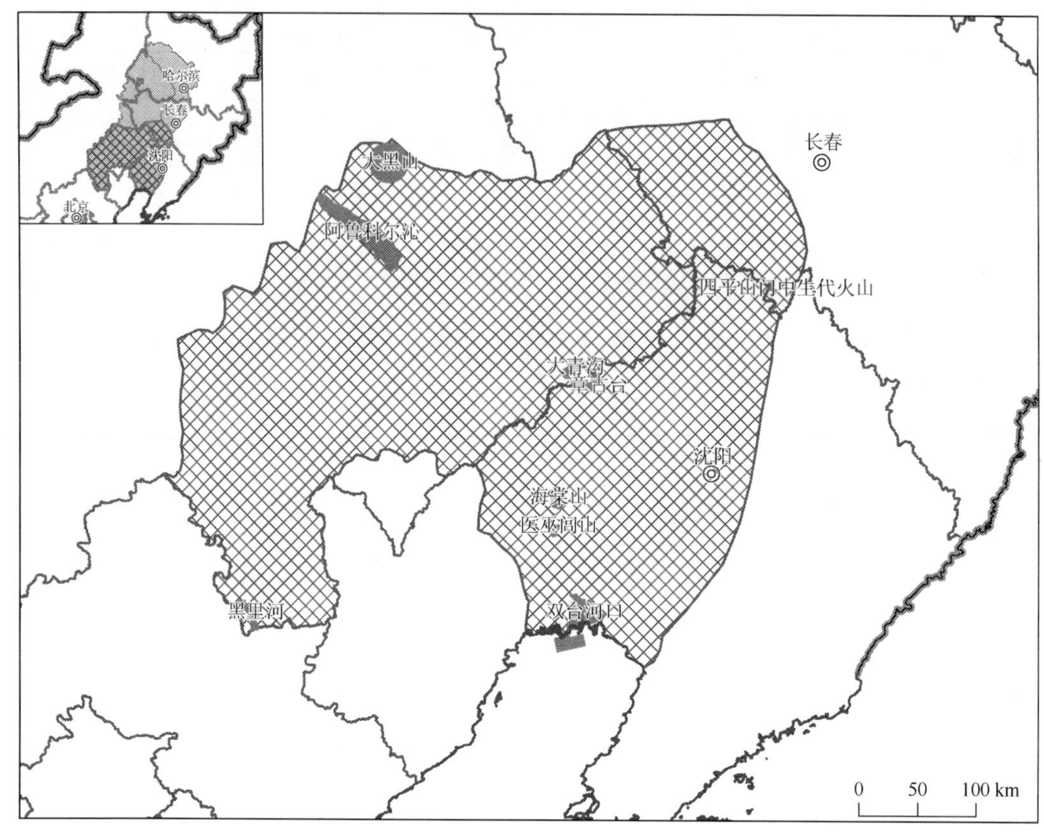


图 3-29　辽河平原省主要自然保护区分布图

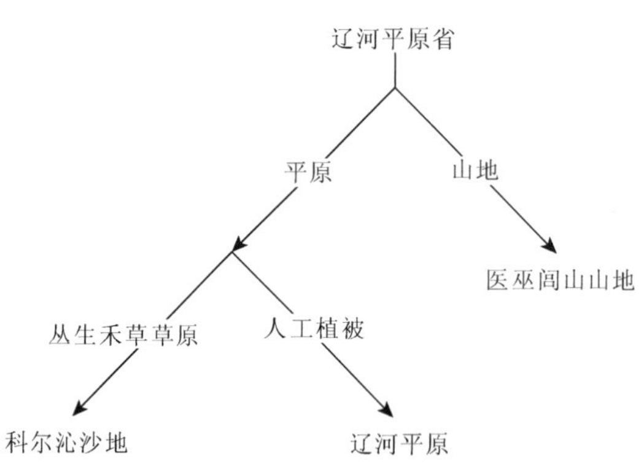


图 3-30　辽河平原省各生态地理单元关系图

辽河平原（Ⅰ1Cc02）位于辽宁中西部，是辽河的中下游地区，以平原地形为主，海拔在 300 m 以下，主要土壤类型为草甸土和水稻土。由于农业开发活动，区内的原生植被基本被破坏殆尽，以人工植被为主要植被类型。

医巫闾山山地（Ⅰ1Cc03）位于辽宁的西南部，以山地丘陵地形为主，海拔为 100～700 m，主要土壤类型为褐土，区内的原生植被以温带落叶灌丛为主，但也有大面积的人工植被分布。

**表 3-22 辽河平原省 3 个生态地理单元生态因子与动物群**

| 生态地理单元 | | Cc01 科尔沁沙地 | Cc02 辽河平原 | Cc03 医巫闾山山地 |
|---|---|---|---|---|
| 概况 | 地貌 | 冲积平原；侵蚀平原；沙丘覆盖平原 | 冲积、海积平原 | 侵蚀山地；洪积、冲积平原 |
| | 海拔 | 100～1500 m | 0～300 m | 100～700 m |
| | 土壤 | 风沙土和草甸土 | 草甸土和水稻土 | 褐土 |
| | 水系 | 西辽河 | 辽河 | 大凌河 |
| 气候 | 平均气温 | 2～7 ℃ | 6～9 ℃ | 6～9 ℃ |
| | 夏季均温 | 17～22 ℃ | 22～23 ℃ | 21～23 ℃ |
| | 冬季均温 | −14～−9 ℃ | −12～−7 ℃ | −11～−7 ℃ |
| | 年降水量 | 370～530 mm | 500～750 mm | 470～590 mm |
| | 雨季降水量 | 270～360 mm | 330～460 mm | 320～380 mm |
| | 旱季降水量 | 0～10 mm | 10～30 mm | 10 mm |
| 植被 | 植被类型 1 | 温带丛生禾草典型草原（++++） | 人工植被（+++++） | 人工植被（+++++） |
| | 优势群系 1 | 沙蓬、雾水藜、虫实沙地先锋植物群落 | 杂粮 | 杂粮 |
| | 优势群系 2 | 大针茅草原 | 春小麦、大豆、玉米、高粱 | 核桃、粮间作 |
| | 植被类型 2 | 人工植被（+++） | 温带落叶阔叶林（+） | 温带落叶灌丛（++） |
| | 优势群系 1 | 春小麦、大豆、玉米、高粱 | 杨、柳、榆林 | 荆条、酸枣灌丛 |
| | 优势群系 2 | — | 蒙古栎林 | 绣线菊灌丛 |
| 动物群 | | 平原农田、草原动物群 | 平原农田、林缘动物群 | 丘陵农田、林灌动物群 |

## 三、华北区（Ⅰ2）

### （一）黄淮平原亚区（Ⅰ2D）

黄淮平原亚区包括 3 个动物地理省 4 个生态地理单元（图 3-31、表 3-23），范围包括海河平原、黄泛平原、山东丘陵和淮北平原。

本亚区属于暖温带季风性落叶阔叶林气候，年均降水量 400～1000 mm，年均温 9.0～15.1 ℃，极端高温 34.2 ℃，极端低温−17.1 ℃，≥0 ℃年积温为 4000～5600 ℃。

本亚区主要地貌类型有低海拔冲积（洪积）平原和低河漫滩。主要土壤有棕壤、褐土、潮土和盐土。在平原地区主要以潮土为主，其地带性植被是暖温带落叶阔叶林，原生植被早被农作物所取代，仅在局部沟谷或山麓丘陵阴坡出现小片落叶阔叶林。因此本亚区的动物除了在区系上具有古北型、华北型、季风区型和东洋型等成分的过渡特点外，在生态特征上也具有农田和草地的适应特征。例如，农田中常见的兽类如黑线仓鼠（*Cricetulus barabensis*）、大仓鼠（*Tscherskia triton*）、东北鼢鼠（*Myospalax psilurus*）和黄胸鼠（*Rattus tanezumi*）等；鸟类如灰喜鹊（*Cyanopica cyanus*）、白颈鸦（*Corvus pectoralis*）、秃鼻乌鸦（*Corvus frugilegus*）和八哥（*Acridotheres cristatellus*）等；爬行类如虎斑颈槽蛇（*Rhabdophis tigrinus*）、棕黑锦蛇（*Elaphe schrenckii*）、红点锦蛇（*Elaphe rufodorsata*）和丽斑麻蜥（*Eremias argus*）、山地麻蜥（*Eremias brenchleyi*）等；两栖类如北方狭口蛙（*Kaloula borealis*）、金线侧褶蛙（*Pelophylax plancyi*）、东方铃蟾（*Bombina orientalis*）等。在山东丘陵地区，土壤主要以棕壤为主，并保留有少量的暖温带落叶阔叶林（刺槐林+旱柳林+杨、柳、榆林），与平原地区动物群相比，此处的动物具有较为明显的森林特征。如爬行类的双斑锦蛇（*Elaphe bimaculata*）；鸟类中的银喉长尾山雀（*Aegithalos caudatus*）、灰林鸮（*Strix aluco*）、金翅雀（*Carduelis sinica*）和灰头绿啄木鸟（*Picus canus*）；哺乳类的黄鼬（*Mustela sibirica*）等。

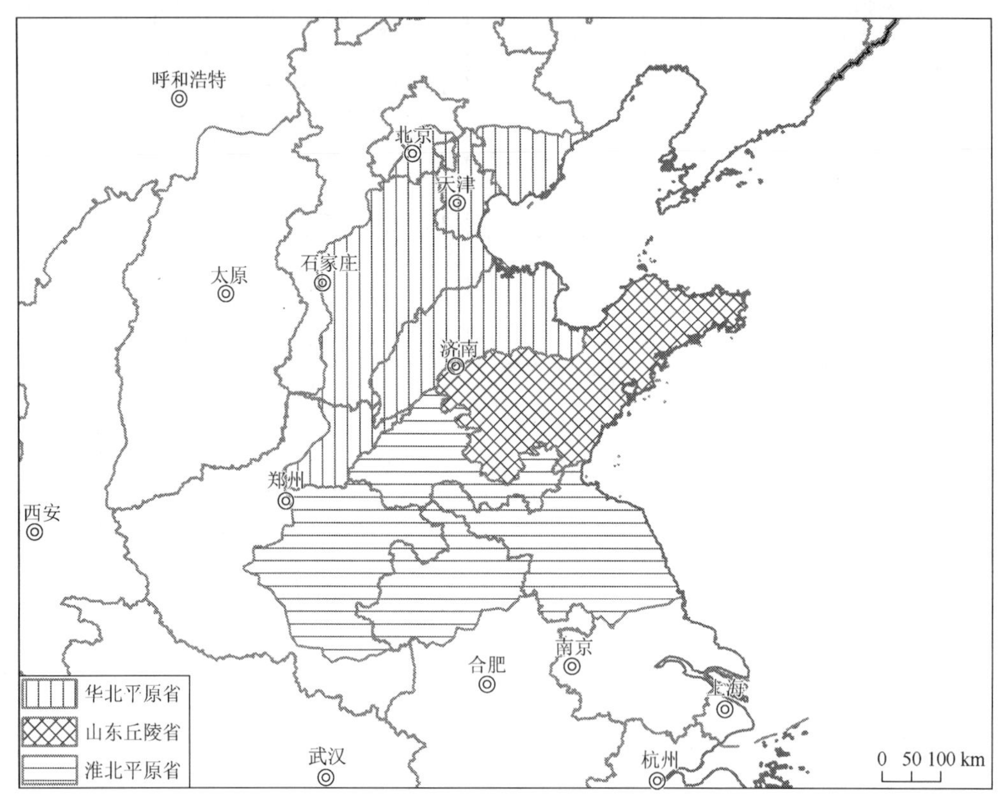


图 3-31 黄淮平原亚区图

**表 3-23 黄淮平原亚区 3 个动物地理省代表动物与生态因子比较**

| 动物地理省 | | Da 华北平原省 | Db 山东丘陵省 | Dc 淮北平原省 |
|---|---|---|---|---|
| 概况 | 位置 | 河北南部及河南和山东北部 | 山东中东部 | 山东南部及河南、安徽和江苏的北部 |
| | 地貌 | 冲积平原 | 侵蚀性山地和侵蚀性平原 | 洪积、冲积平原 |
| | 海拔 | 300 m 以下 | 800 m 以下 | 200 m 以下 |
| | 土壤 | 潮土、盐土 | 棕壤、褐土、潮土 | 潮土、盐土 |
| 气候 | 气候类型 | 暖温带季风性气候 | 暖温带季风性气候 | 暖温带季风性气候 |
| | 平均气温 | 10～14 ℃ | 10～14 ℃ | 13～15 ℃ |
| | 夏季均温 | 23～27 ℃ | 22～26 ℃ | 25～27 ℃ |

续表

| 动物地理省 | | Da 华北平原省 | Db 山东丘陵省 | Dc 淮北平原省 |
|---|---|---|---|---|
| 气候 | 冬季均温 | −5～1 ℃ | −3～1 ℃ | 0～3 ℃ |
| | 年降水量 | 420～650 mm | 600～900 mm | 620～980 mm |
| | 雨季降水量 | 310～480 mm | 360～560 mm | 360～530 mm |
| | 旱季降水量 | 10～30 mm | 20～50 mm | 30～90 mm |
| 植被 | 植被类型 1 | 人工植被（+++++） | 人工植被（+++++） | 人工植被（+++++） |
| | 植被类型 2 | 温带禾草、杂类草草甸（−） | 温带针叶林（++） | 温带落叶灌丛（+） |
| | 植被类型 3 | 温带落叶阔叶林（−） | 温带落叶阔叶林（+） | 无植被地段（+） |
| | 植被类型 4 | | 温带草丛（+） | 温带落叶阔叶林（−） |
| 动物 | 动物群 | 平原农田、林灌、草地动物群 | 丘陵林灌、草地、湖沼动物群 | 农田、林灌、草地、湖沼动物群 |
| | 代表物种 | 小缺齿鼹、大仓鼠、达乌尔黄鼠、毛腿渔鸮、大麻鳽、黄眉姬鹟、小星头啄木鸟、红点锦蛇、中国林蛙 | 猪獾、大林姬鼠、绿背鸬鹚、黑尾鸥、扁嘴海雀、山地麻蜥、团花锦蛇、双斑锦蛇、丽斑麻蜥、东方铃蟾、北方狭口蛙 | 牙獐、东北鼢鼠、黄胸鼠、红翅凤头鹃、乌灰鸫、白冠长尾雉、远东树莺、黄缘闭壳龟、乌梢蛇、白条草蜥、花尾斜鳞蛇、泽陆蛙、饰纹姬蛙 |

### 1. 华北平原省（Ⅰ2Da）

（1）概况

华北平原省的范围包括河北南部及河南和山东北部，主要由黄河、海河、淮河、滦河冲积而成。海拔多在 100 m 以下，地势平缓，由燕山、太行山和大别山山麓向沿海分别形成洪积倾斜平原、洪积-冲积扇形平原、冲积平原、冲积-湖积平原、海积-冲积平原、海积平原等地貌类型。主要分布有平原农田、林灌、草地动物群。

（2）气候

华北平原省属于暖温带季风性气候，年均气温 10～14 ℃，夏季（6～8 月）平均气温 23～27 ℃，冬季（12～2 月）平均气温−5～1 ℃；年均降水量 420～650 mm，雨季降水量 310～480 mm，旱季降水量 10～30 mm（图 3-32）。

（3）土壤

华北平原省主要土壤类型有潮土和盐土。

潮土绝大部分分布于华北平原地区，其发育于富含碳酸盐或不含碳酸盐的河流冲积物土，受地下潜水作用，经过耕作熟化而形成的一种半水成土壤。土壤腐殖积累过程较弱，具有腐殖质层、氧化还原层及母质层等剖面层次，沉积层理明显。

盐土主要分布于华北平原省的沿海地区，自天津到山东半岛均有分布。由于滨海地区频繁的海潮带入大量盐类至土地中，在强烈蒸发作用下向地表积累而形成滨海盐土。

（4）植被

华北平原省以人工植被为主要植被类型，约占 91%；其次为温带禾草、杂类草草甸（早熟禾、羽衣草草甸；芦苇草甸；结缕草草甸），约占 3%；还分布有温带落叶阔叶林和无植被地段等植被类型。

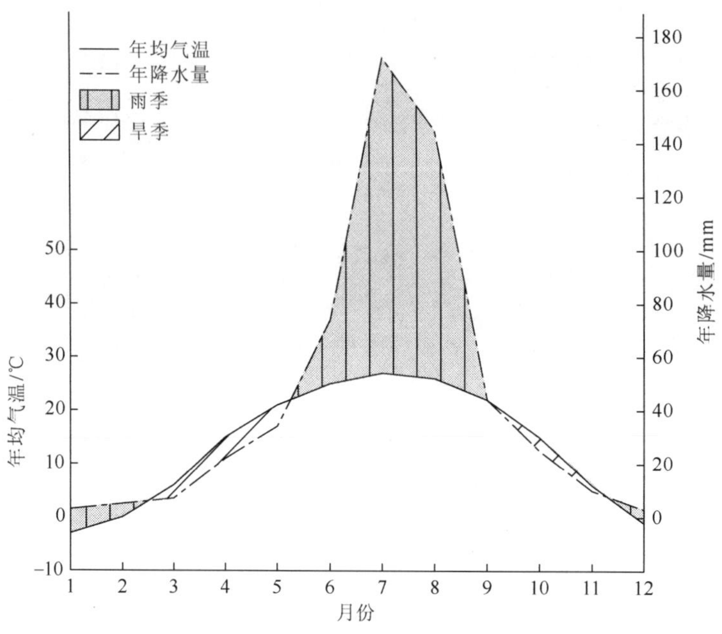


图 3-32　天津（117°38′E，39°02′N）气候图

（5）陆生脊椎动物

华北平原省共记录陆生脊椎动物 26 目 85 科 285 种（表 3-24）。

表 3-24　华北平原省陆生脊椎动物种类组成

| 纲 | | 目 | 科 | 种 |
|---|---|---|---|---|
| 两栖类 | | 1 | 4 | 8 |
| 爬行类 | | 2 | 6 | 16 |
| 鸟类 | 繁殖鸟 | 16 | 49 | 135 |
| | 非繁殖鸟 | 9 | 30 | 100 |
| 哺乳类 | | 5 | 12 | 26 |
| 总计 | | 26 | 85 | 285 |

两栖类：金线侧褶蛙（*Pelophylax plancyi*）等；

爬行类：黄纹石龙子（*Eumeces capito*）、团花锦蛇（*Elaphe davidi*）等；

鸟类：黑嘴鸥（*Larus saundersi*）、绿背鸬鹚（*Phalacrocorax capillatus*）、牛头伯劳（*Lanius bucephalus*）、小星头啄木鸟（*Dendrocopos kizuki*）、蛎鹬（*Haematopus ostralegus*）、白额燕鸥（*Sterna albifrons*）、黄嘴白鹭（*Egretta eulophotes*）、斑胁田鸡（*Porzana paykullii*）、沼泽山雀（*Parus palustris*）、钝翅苇莺（*Acrocephalus concinens*）、红脚隼（*Falco amurensis*）、白眉姬鹟（*Ficedula zanthopygia*）、长嘴剑鸻（*Charadrius placidus*）、黑眉苇莺（*Acrocephalus bistrigiceps*）等；

哺乳类：大仓鼠（*Tscherskia triton*）、东北鼢鼠（*Myospalax psilurus*）、小缺齿鼹（*Mogera wogura*）、黑线仓鼠（*Cricetulus barabensis*）、黑线姬鼠（*Apodemus agrarius*）、达乌尔黄

鼠（*Spermophilus dauricus*）等。

（6）自然保护区

华北平原省已建立国家级自然保护区 11 个，分别是昌黎黄金海岸、衡水湖、古海岸与湿地、蓟县中上元古界地层剖面、八仙山、黄河三角洲、滨州贝壳堤岛与湿地、新乡黄河湿地鸟类、盐城湿地珍禽、泗洪洪泽湖湿地和新乡黄河湿地鸟类国家级自然保护区（图 3-33）。

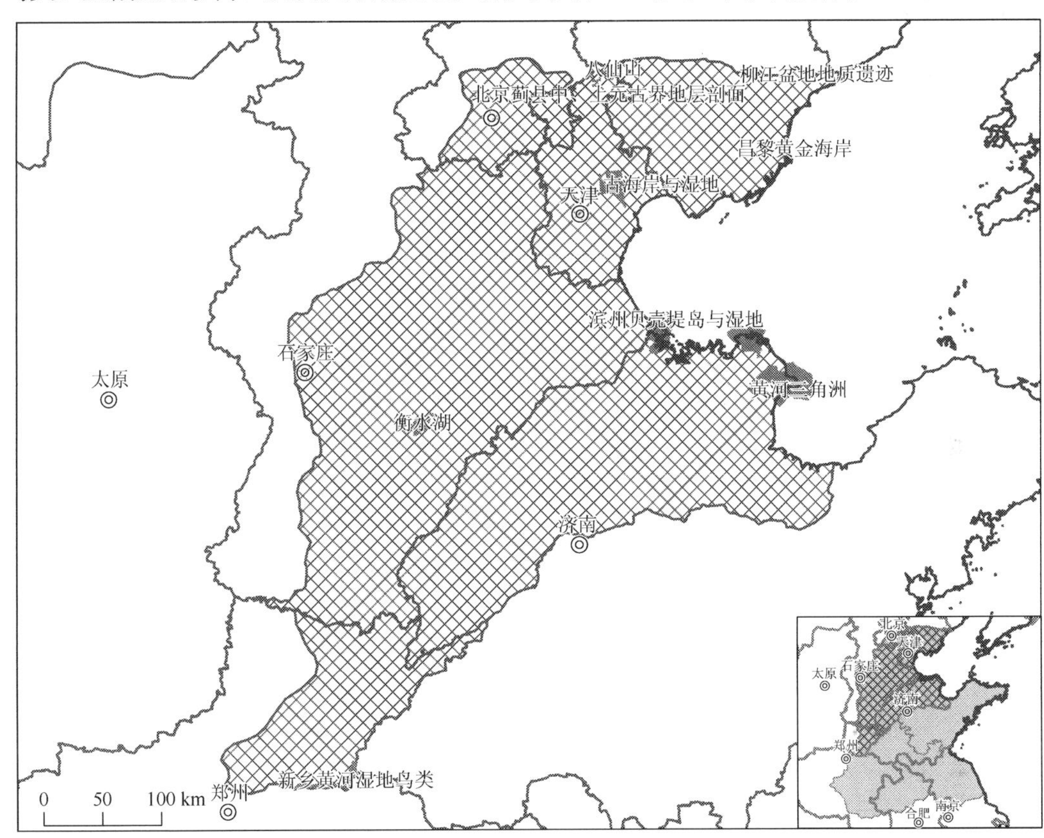


图 3-33 华北平原省主要自然保护区分布图

（7）生态地理单元划分

华北平原省仅有 1 个生态地理单元：

Ⅰ2Da01 海河平原。

## 2. 山东丘陵省（Ⅰ2Db）

（1）概况

山东丘陵省的范围包括山东中东部，以侵蚀性山地和侵蚀性平原地貌为主，海拔主要在 500 m 以下，主要分布有丘陵林灌、草地、湖沼动物群。

（2）气候

山东丘陵省属于暖温带季风性气候，年均气温 10～14 ℃，夏季（7～9 月）平均气温 22～26 ℃，冬季（12～2 月）平均气温–3～1 ℃；年均降水量 600～900 mm，雨季降水量 360～560 mm，旱季降水量 20～50 mm（图 3-34）。

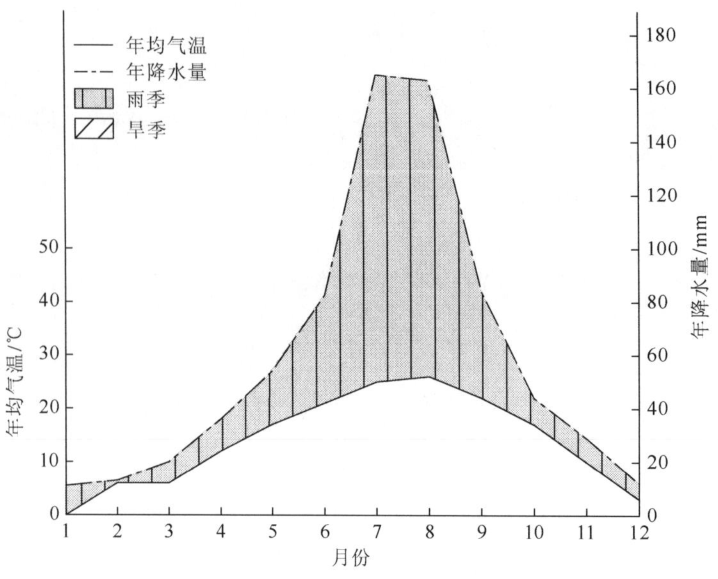


图 3-34　青岛（120°18′E，35°56′N）气候图

（3）土壤

山东丘陵省的地带性土壤类型是棕壤和褐土，还零星分布有潮土。

棕壤主要分布于泰山、鲁山和沂蒙山山区及山东半岛地区，褐土主要分布于山东丘陵省山地周边的丘陵地区，潮土分布于潍坊至青岛一带的低地平原区。

（4）植被

山东丘陵省以人工植被为主要植被类型，约占 73%；其次为温带针叶林（赤松林；油松林；侧柏林），约占 13%；还分布有温带落叶阔叶林和温带草丛等植被类型。

（5）陆生脊椎动物

山东丘陵省共记录陆生脊椎动物 25 目 78 科 236 种（表 3-25）。

**表 3-25　山东丘陵省陆生脊椎动物种类组成**

| 纲 | | 目 | 科 | 种 |
|---|---|---|---|---|
| 两栖类 | | 1 | 4 | 7 |
| 爬行类 | | 2 | 6 | 12 |
| 鸟类 | 繁殖鸟 | 15 | 42 | 100 |
| | 非繁殖鸟 | 10 | 31 | 100 |
| 哺乳类 | | 4 | 9 | 17 |
| 总计 | | 25 | 78 | 236 |

两栖类：金线侧褶蛙（*Pelophylax plancyi*）、北方狭口蛙（*Kaloula borealis*）、东方铃蟾（*Bombina orientalis*）、中华蟾蜍（*Bufo gargarizans*）、黑斑侧褶蛙（*Pelophylax nigromaculatus*）等；

爬行类：山地麻蜥（*Eremias brenchleyi*）、团花锦蛇（*Elaphe davidi*）、双斑锦蛇（*Elaphe bimaculata*）、乌龟（*Chinemys reevesii*）、赤峰锦蛇（*Elaphe anomala*）、无蹼壁虎（*Gekko *swinhonis*）、白条锦蛇（*Elaphe dione*）、赤链蛇（*Dinodon rufozonatum*）、岩栖蝮（*Gloydius saxatilis*）等；

鸟类：扁嘴海雀（*Synthliboramphus antiquus*）、黑尾鸥（*Larus crassirostris*）、绿背鸬鹚（*Phalacrocorax capillatus*）、黄嘴白鹭（*Egretta eulophotes*）、蛎鹬（*Haematopus ostralegus*）、牛头伯劳（*Lanius bucephalus*）、白额燕鸥（*Sterna albifrons*）、长尾林鸮（*Strix uralensis*）、钝翅苇莺（*Acrocephalus concinens*）、东方草鸮（*Tyto longimembris*）、沼泽山雀（*Parus palustris*）、红脚隼（*Falco amurensis*）、长嘴剑鸻（*Charadrius placidus*）、白眉姬鹟（*Ficedula zanthopygia*）等；

哺乳类：大仓鼠（*Tscherskia triton*）、大林姬鼠（*Apodemus peninsulae*）、东北鼢鼠（*Myospalax psilurus*）、猪獾（*Arctonyx collaris*）、黑线姬鼠（*Apodemus agrarius*）、黑线仓鼠（*Cricetulus barabensis*）、狗獾（*Meles meles*）、豹猫（*Prionailurus bengalensis*）等。

（6）自然保护区

山东丘陵省已建立国家级自然保护区 5 个，分别是马山、昆嵛山、长岛、山旺古生物化石和荣成大天鹅国家级自然保护区（图 3-35）。

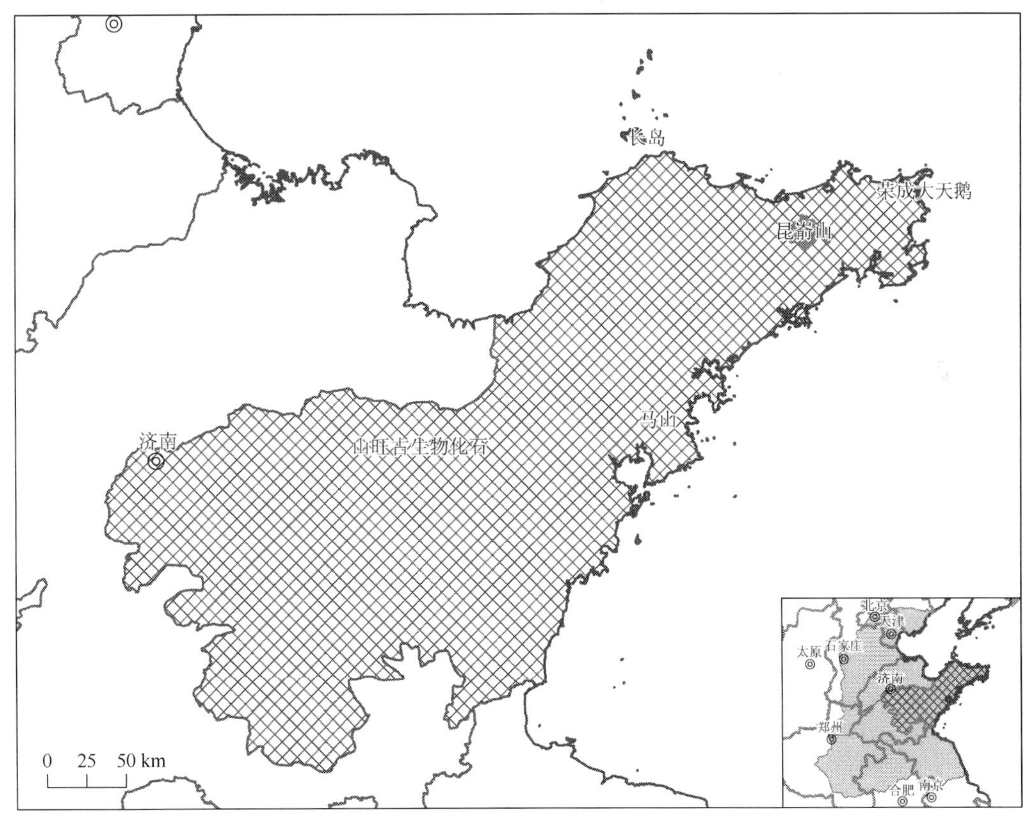


图 3-35　山东丘陵省主要自然保护区分布图

（7）生态地理单元划分

山东丘陵省共划分为 2 个生态地理单元（图 3-36、表 3-26）：

Ⅰ2Db01　山东半岛；

Ⅰ2Db02　鲁中南低山丘陵。

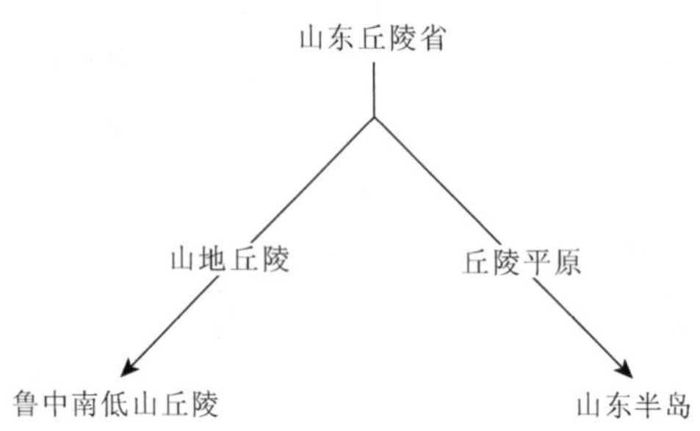


图 3-36　山东丘陵省各生态地理单元关系图

山东半岛（Ⅰ2Db01）位于山东省东部，以丘陵平原为主，海拔基本在 500 m 以下，主要岩石为片麻岩和片岩，主要植被类型是暖温带落叶阔叶林和温带针叶林。由于山东半岛农耕开发历史悠久，原生植物基本破坏殆尽，其动物群以农田动物群和滨海动物群（湿地鸟类）为主，如两栖类的中国林蛙（*Rana chensinensis*）、东方铃蟾（*Bombina orientalis*），爬行类的赤链蛇（*Dinodon rufozonatum*）、丽斑麻蜥（*Eremias argus*），鸟类的红腹滨鹬（*Calidris canutus*）、中华秋沙鸭（*Mergus squamatus*）、褐鲣鸟（*Sula leucogaster*），兽类的啮齿类及小型食肉兽等。

鲁中南低山丘陵（Ⅰ2Db02）位于山东中部，以山地丘陵为主，包括泰山、鲁山、蒙山和沂山等山地，主要由花岗岩和片麻岩组成，主要植被类型有人工植被和温带针叶林。鲁中南低山丘陵主要动物群为山地动物群，如爬行类的山地麻蜥（*Eremias brenchleyi*）、北草蜥（*Takydromus septentrionalis*）、红点锦蛇（*Elaphe rufodorsata*），鸟类的红角鸮（*Otus sunia*）、长尾雀（*Uragus sibiricus*），兽类的食虫类和食肉类等。

**表 3-26　山东丘陵省 2 个生态地理单元生态因子与动物群**

| 生态地理单元 | | Db01 山东半岛 | Db02 鲁中南低山丘陵 |
|---|---|---|---|
| 概况 | 地貌 | 侵蚀平原；冲积、海积平原 | 侵蚀山地；侵蚀平原 |
| | 海拔 | 0～500 m | 100～800 m |
| | 土壤 | 棕壤 | 棕壤、褐土 |
| | 水系 | 山东半岛诸河 | 泗沂沭水系、海河 |
| 气候 | 平均气温 | 10～12 ℃ | 11～14 ℃ |
| | 夏季均温 | 22～24 ℃ | 22.4～26 ℃ |
| | 冬季均温 | −3～1 ℃ | −3～0 ℃ |
| | 年降水量 | 600～770 mm | 620～900 mm |
| | 雨季降水量 | 360～480 mm | 410～560 mm |
| | 旱季降水量 | 30～50 mm | 20～40 mm |
| 植被 | 植被类型 1 | 人工植被（+++++） | 人工植被（+++++） |
| | 优势群系 1 | 小麦、玉米、花生 | 冬小麦、杂粮 |

续表

| 生态地理单元 | | Db01 山东半岛 | Db02 鲁中南低山丘陵 |
|---|---|---|---|
| | 优势群系 2 | 冬小麦、杂粮 | 小麦、玉米、花生 |
| 植被 | 植被类型 2 | 温带针叶林（++） | 温带针叶林（++） |
| | 优势群系 1 | 赤松林 | 油松林 |
| | 优势群系 2 | 黑松林 | 侧柏林 |
| 动物群 | | 丘陵农田、林缘动物群 | 山地针叶林、林缘动物群 |

### 3. 淮北平原省（Ⅰ2Dc）

（1）概况

淮北平原省的范围包括山东南部及河南、安徽和江苏的北部，以洪积、冲积平原地貌为主，海拔主要在 100 m 以下，主要分布有农田、林灌、草地、湖沼动物群。

（2）气候

淮北平原省属于暖温带季风性气候，年均气温 13～15 ℃，夏季（6～8 月）平均气温 25～27 ℃，冬季（12～2 月）平均气温 0～3 ℃；年均降水量 620～980 mm，雨季降水量 360～530 mm，旱季降水量 30～90 mm（图 3-37）。

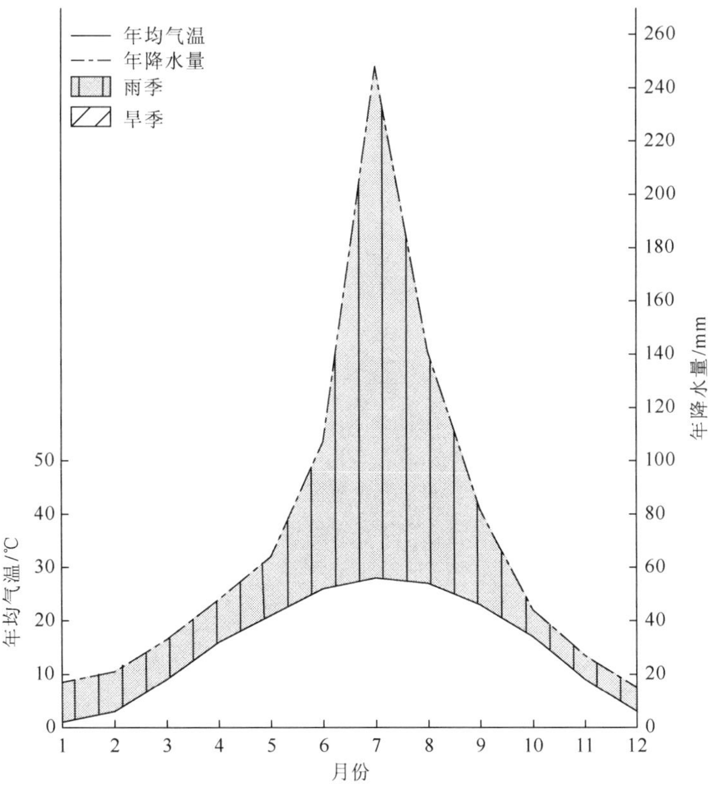


图 3-37 徐州（117°11′E，34°16′N）气候图

（3）土壤

淮北平原省主要土壤类型有潮土和盐土。

潮土分布于区内绝大部分的平原地区，盐土主要分布于连云港等一带的沿海地区。

（4）植被

淮北平原省以人工植被为主要植被类型，约占 89%；其次为温带落叶灌丛（虎榛子灌丛；黄栌灌丛；荆条、酸枣灌丛），约占 5%；还分布有温带落叶阔叶林等植被类型。

（5）陆生脊椎动物

淮北平原省共记录陆生脊椎动物 25 目 80 科 295 种（表 3-27）。

**表 3-27　淮北平原省陆生脊椎动物种类组成**

| 纲 | | 目 | 科 | 种 |
|---|---|---|---|---|
| 两栖类 | | 2 | 6 | 15 |
| 爬行类 | | 2 | 6 | 22 |
| 鸟类 | 繁殖鸟 | 16 | 49 | 130 |
| | 非繁殖鸟 | 9 | 31 | 111 |
| 哺乳类 | | 4 | 8 | 17 |
| 总计 | | 25 | 80 | 295 |

两栖类：金线侧褶蛙（*Pelophylax plancyi*）、北方狭口蛙（*Kaloula borealis*）、东方铃蟾（*Bombina orientalis*）、中华蟾蜍（*Bufo gargarizans*）、泽陆蛙（*Fejervarya multistriata*）、饰纹姬蛙（*Microhyla ornata*）、黑斑侧褶蛙（*Pelophylax nigromaculatus*）等；

爬行类：黄缘闭壳龟（*Cuora flavomarginata*）、乌梢蛇（*Zaocys dhumnades*）、山地麻蜥（*Eremias brenchleyi*）、白条草蜥（*Takydromus wolteri*）、白条锦蛇（*Elaphe dione*）、短尾蝮（*Gloydius brevicaudus*）、花尾斜鳞蛇（*Pseudoxenodon stejnegeri*）、虎斑颈槽蛇（*Rhabdophis tigrinus*）、中国石龙子（*Eumeces chinensis*）等；

鸟类：黑嘴鸥（*Larus saundersi*）、钝翅苇莺（*Acrocephalus concinens*）、远东树莺（*Cettia canturians*）、蛎鹬（*Haematopus ostralegus*）、白冠长尾雉（*Syrmaticus reevesii*）、乌灰鸫（*Turdus cardis*）、沼泽山雀（*Parus palustris*）、白眉姬鹟（*Ficedula zanthopygia*）、黑眉苇莺（*Acrocephalus bistrigiceps*）、斑胁田鸡（*Porzana paykullii*）、虎纹伯劳（*Lanius tigrinus*）、白额燕鸥（*Sterna albifrons*）、日本松雀鹰（*Accipiter gularis*）、灰翅浮鸥（*Chlidonias hybrida*）等；

哺乳类：牙獐（*Hydropotes inermis*）、大仓鼠（*Tscherskia triton*）、东北鼢鼠（*Myospalax psilurus*）、黄胸鼠（*Rattus tanezumi*）、黑线仓鼠（*Cricetulus barabensis*）、黑线姬鼠（*Apodemus agrarius*）、小缺齿鼹（*Mogera wogura*）、黄鼬（*Mustela sibirica*）等。

（6）自然保护区

淮北平原省已建立国家级自然保护区 3 个，分别是盐城湿地珍禽、泗洪洪泽湖湿地和新乡黄河湿地鸟类国家级自然保护区（图 3-38）。

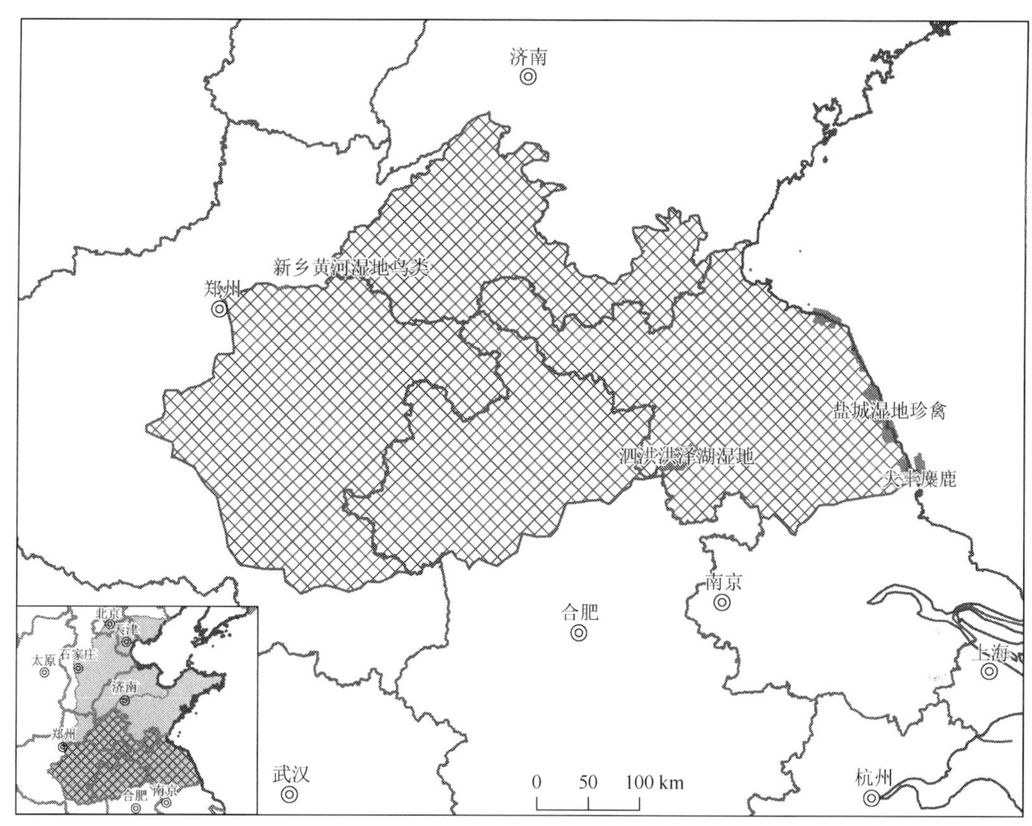


图 3-38 淮北平原省主要自然保护区分布图

（7）生态地理单元划分

淮北平原省仅有 1 个生态地理单元：

Ⅰ2Dc01 淮北平原。

## （二）黄土高原亚区（Ⅰ2E）

黄土高原亚区包含 3 个动物地理省 26 个生态地理单元（图 3-39、表 3-28），范围包括太行山地、山西高原、陕北高原、陇中高原和关中盆地等。

本亚区属于暖温带季风性森林草原气候，春冬季寒冷干燥多风沙，夏秋季炎热多暴雨。年均降水量 270～780 mm，年均气温 0.8～15.8 ℃，极端高温 35.0 ℃，极端低温–24.8 ℃，≥0 ℃年积温为 1500～5300 ℃。

本亚区主要地貌类型有中海拔中起伏山地、黄土梁峁、黄土塬和低海拔黄土台塬。主要的土壤是褐土、灰褐土、棕壤和潮土。其中褐土是在暖温带半湿润季风气候条件、干旱森林与灌木草原植被下，经过黏化作用和钙积过程发育而成的土壤，土层深厚，耕性良好，是本地区的主要耕作土壤。其地带性植被为温带落叶灌丛，此外还有经农业开发后形成的两年三熟或一年两熟旱作和落叶果树。

本亚区地处我国地势第二台阶，南接秦岭，北临长城一线，西接青藏高原，东临太行山脉，是北亚热带-暖温带-中温带的过渡区，湿润区-半湿润区半干旱区-干旱区的过渡区，其动

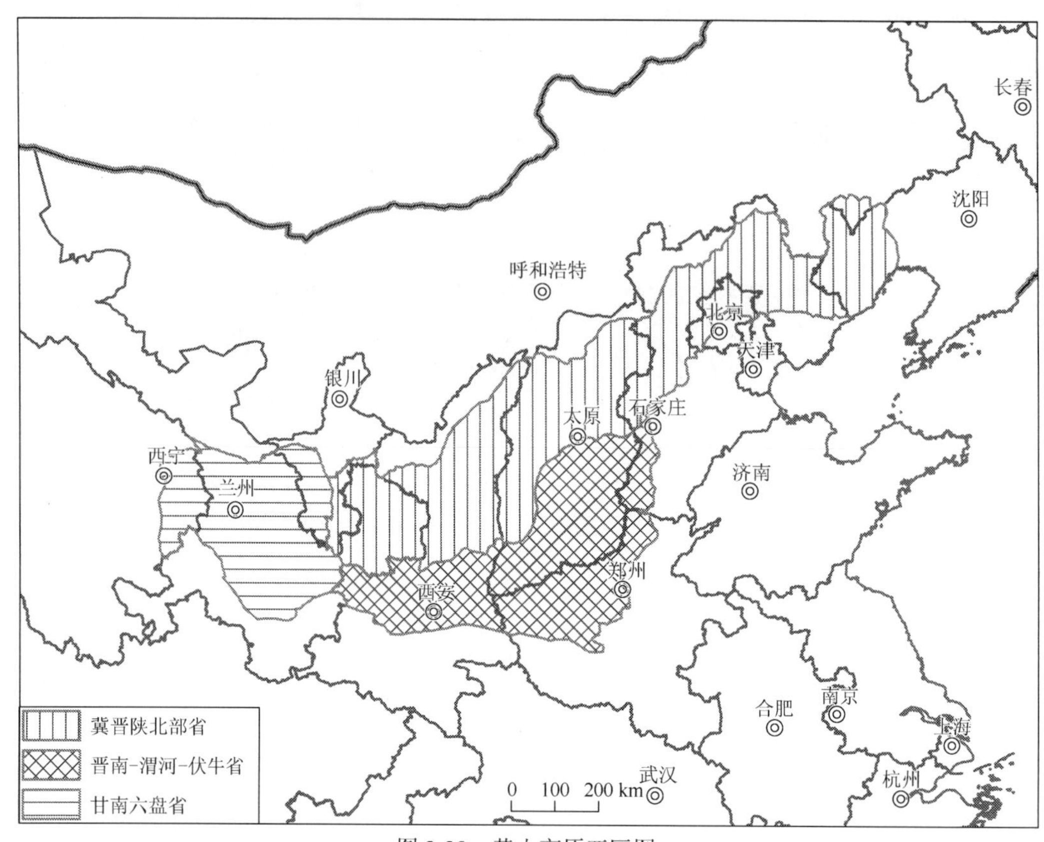


图 3-39　黄土高原亚区图

物区系也具有典型的过渡特征。张荣祖（2011）将该亚区哺乳动物分布特征概括如下：

1）在我国北方季风区广泛分布的长尾仓鼠（*Cricetulus longicaudatus*）、大仓鼠（*Tscherskia triton*）、黑线仓鼠（*Cricetulus barabensis*）、岩松鼠（*Sciurotamias davidianus*）和花鼠（*Tamias sibiricus*）等，在本区亦广泛分布；

2）北部与蒙新区接壤，气候上的差异虽相当明显，但地形上无明显的障碍，有些中亚型的种类渗入，如达尔乌黄鼠（*Spermophilus dauricus*）、长爪沙鼠（*Meriones unguiculatus*）、子午沙鼠（*Meriones meridianus*）和五趾跳鼠（*Allactaga sibirica*）；

3）秦岭-大别山-中条山-太行山一线，包括渭河和汾河各地，是一些南方种和喜湿成分渗入和分布比较集中的地带，如巢鼠（*Micromys minutus*）、大林姬鼠（*Apodemus peninsulae*）、黑线姬鼠（*Apodemus agrarius*）、黄胸鼠（*Rattus tanezumi*）、社鼠（*Niviventer confucianus*）、东方田鼠（*Microtus fortis*）和棕色毛足田鼠（*Lasiopodonmys mandarinus*）等。

**表 3-28　黄土高原亚区 3 个动物地理省代表动物与生态因子比较**

| 动物地理省 | | Ea 冀晋陕北部省 | Eb 晋南-渭河-伏牛省 | Ec 甘南六盘省 |
|---|---|---|---|---|
| 概况 | 位置 | 河北、山西和陕西的北部 | 山西南部、河南西北部及陕西中部 | 甘肃东南部、宁夏西南部和青海东部 |
| | 地貌 | 黄土地貌 | 侵蚀性山地和冲积平原 | 侵蚀性山地 |
| | 海拔 | 2800 m 以下 | 100～3300 m | 1600～4300 m |
| | 土壤 | 褐土、灰褐土、绵土 | 褐土、塿土、黑垆土、潮土 | 棕壤、褐土、潮土 |

续表

| 动物地理省 | | Ea 冀晋陕北部省 | Eb 晋南-渭河-伏牛省 | Ec 甘南六盘省 |
|---|---|---|---|---|
| 气候 | 气候类型 | 暖温带季风性气候 | 暖温带大陆性气候 | 暖温带大陆性气候 |
| | 平均气温 | 1～12 ℃ | 4～15 ℃ | -3～10.8 ℃ |
| | 夏季均温 | 13～26 ℃ | 13.7～28 ℃ | 6～21 ℃ |
| | 冬季均温 | -16～-2 ℃ | -8～2 ℃ | -13～-1 ℃ |
| | 年降水量 | 330～710 mm | 420～960 mm | 210～670 mm |
| | 雨季降水量 | 190～510 mm | 260～490 mm | 130～360 mm |
| | 旱季降水量 | 10～20 mm | 10～40 mm | 10～20 mm |
| 植被 | 植被类型 1 | 人工植被（+++++） | 温带落叶灌丛（+++++） | 人工植被（+++++） |
| | 植被类型 2 | 温带落叶灌丛（++） | 人工植被（++++） | 温带丛生禾草典型草原（++） |
| | 植被类型 3 | 温带丛生禾草典型草原（+） | 温带落叶阔叶林（++） | 温带丛生矮禾草、矮半灌木荒漠草原（++） |
| | 植被类型 4 | 温带落叶阔叶林（+） | 温带草丛（+） | 温带半灌木、矮半灌木荒漠（+） |
| 动物 | 动物群 | 森林草原、农田动物群 | 林灌、农田动物群 | 常绿、落叶林灌动物群 |
| | 代表物种 | 达乌尔猬、达乌尔鼠兔、棕色毛足田鼠、黄羊、黑嘴鸥、黄嘴白鹭、短趾雕、褐马鸡、棕黑锦蛇、草原沙蜥、赤峰锦蛇、宁波滑蜥、东北雨蛙 | 羚牛、甘肃仓鼠、罗氏鼢鼠、蓝鹀、灰冠鹟莺、白额燕鸥、耳疣壁虎、太白壁虎、米仓山龙蜥、宁陕小头蛇、大鲵、秦巴拟小鲵、隆肛蛙、淡肩角蟾 | 沟牙田鼠、甘肃鼹、高山鼠兔、五趾跳鼠、蓝马鸡、白眉山雀、斑翅朱雀、甘肃柳莺、横纹小头蛇、秦岭滑蜥、六盘齿突蟾、四川林跳鼠 |

### 1. 冀晋陕北部省（Ⅰ2Ea）

（1）概况

冀晋陕北部省的范围包括河北、山西和陕西的北部，以黄土地貌和干燥剥蚀山地高原地貌为主，海拔约 1500 m。区内主要分布有森林草原、农田动物群。

（2）气候

冀晋陕北部省属于暖温带季风性气候，年均气温 1～12 ℃，夏季（6～8 月）平均气温 13～26 ℃，冬季（12～2 月）平均气温-16～-2 ℃；年均降水量 330～710 mm，雨季降水量 190～510 mm，旱季降水量 10～20 mm（图 3-40）。

（3）土壤

冀晋陕北部省的地带性土壤类型是褐土，还分布有灰褐土和绵土等。

褐土在冀晋陕北部省主要分布于燕山、五台山和吕梁山一带，是在暖温带半干润季风区条件下发育的土壤类型，多发育于碳酸盐母质上，具有明显的黏化作用和钙化作用。褐土呈中性至碱性反应，土壤主体深厚，质地适中。

绵土在冀晋陕北部省主要分布于陕北高原和吕梁山之间的地区，是一种没有明显剖面发育、母质特征明显的黄土性土壤。由于长期受强烈侵蚀和局部堆积作用，土壤发育很弱，其基本性状仍接近黄土母质。

灰褐土在冀晋陕北部省主要分布于渭河、泾河和洛河的上游谷地，是在温带干旱半干旱地区山地旱生森林条件下形成的土壤。其淋溶作用比褐土弱，黏化作用不如褐土明显，土壤颜色比褐土灰暗，腐殖质积累作用比褐土强。

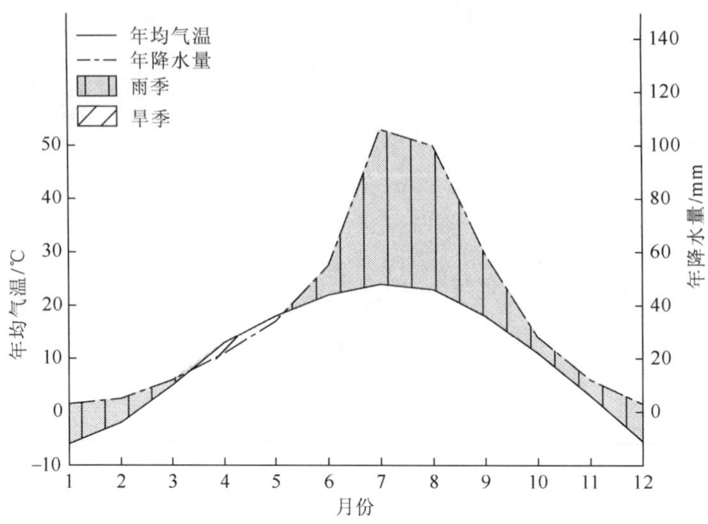


图 3-40　太原（112°30′E，37°49′N）气候图

（4）植被

冀晋陕北部省以人工植被为主要植被类型，约占 47%；其次为温带落叶灌丛（虎榛子灌丛；荆条、酸枣灌丛；绣线菊灌丛），约占 20%；还分布有温带丛生禾草典型草原和温带落叶阔叶林等植被类型。

（5）陆生脊椎动物

冀晋陕北部省共记录陆生脊椎动物 29 目 102 科 430 种（表 3-29）。

**表 3-29　冀晋陕北部省陆生脊椎动物种类组成**

| 纲 | | 目 | 科 | 种 |
|---|---|---|---|---|
| 两栖类 | | 2 | 7 | 12 |
| 爬行类 | | 2 | 8 | 39 |
| 鸟类 | 繁殖鸟 | 17 | 57 | 204 |
| | 非繁殖鸟 | 8 | 27 | 90 |
| 哺乳类 | | 7 | 22 | 85 |
| 总计 | | 29 | 102 | 430 |

两栖类：六盘齿突蟾（*Scutiger liupanensis*）、北方狭口蛙（*Kaloula borealis*）、中国林蛙（*Rana chensinensis*）、花背蟾蜍（*Bufo raddei*）、中华蟾蜍（*Bufo gargarizans*）、黑斑侧褶蛙（*Pelophylax nigromaculatus*）等；

爬行类：棕黑锦蛇（*Elaphe schrenckii*）、团花锦蛇（*Elaphe davidi*）、水游蛇（*Natrix natrix*）、山地麻蜥（*Eremias brenchleyi*）、无蹼壁虎（*Gekko swinhonis*）、赤峰锦蛇（*Elaphe anomala*）、耳疣壁虎（*Gekko auriverrucosus*）、黄纹石龙子（*Eumeces capito*）、中介蝮（*Gloydius intermedius*）、宁波滑蜥（*Scincella modesta*）、草原沙蜥（*Phrynocephalus frontalis*）、白条锦蛇（*Elaphe dione*）、青脊蛇（*Achalinus ater*）等；

鸟类：褐马鸡（*Crossoptilon mantchuricum*）、褐头鸫（*Turdus feae*）、云南柳莺（*Phylloscopus yunnanensis*）、黄眉姬鹟（*Ficedula narcissina*）、短趾雕（*Circaetus gallicus*）、山噪鹛（*Garrulax davidi*）、山鹛（*Rhopophilus pekinensis*）、黑头䴓（*Sitta villosa*）、勺鸡（*Pucrasia macrolopha*）、黄嘴白鹭（*Egretta eulophotes*）、黄腹山雀（*Parus venustulus*）、黑嘴鸥（*Larus saundersi*）、宝兴歌鸫（*Turdus mupinensis*）、钝翅苇莺（*Acrocephalus concinens*）等；

哺乳类：长尾仓鼠（*Cricetulus longicaudatus*）、岩松鼠（*Sciurotamias davidianus*）、麝鼹（*Scaptochirus moschatus*）、达乌尔猬（*Hemiechinus dauuricus*）、达乌尔鼠兔（*Ochotona daurica*）、花鼠（*Tamias sibiricus*）、达乌尔黄鼠（*Spermophilus dauricus*）、苛岚绒鼾（*Caryomys inez*）、褐家鼠（*Rattus norvegicus*）、棕色毛足田鼠（*Lasiopodonmys mandarinus*）、黄羊（*Procapra gutturosa*）等。

（6）自然保护区

冀晋陕北部省已建立国家级自然保护区 24 个，分别是太统-崆峒山、驼梁、柳江盆地地质遗迹、小五台山、大海陀、河北雾灵山、茅荆坝、围场红松洼、滦河上游、芦芽山、五鹿山、庞泉沟、黑茶山、百花山、北京松山、北票大黑山、努鲁儿虎山、北票鸟化石、白狼山、云雾山、六盘山、韩城黄龙山褐马鸡、陕西子午岭和延安黄龙山褐马鸡国家级自然保护区（图 3-41）。

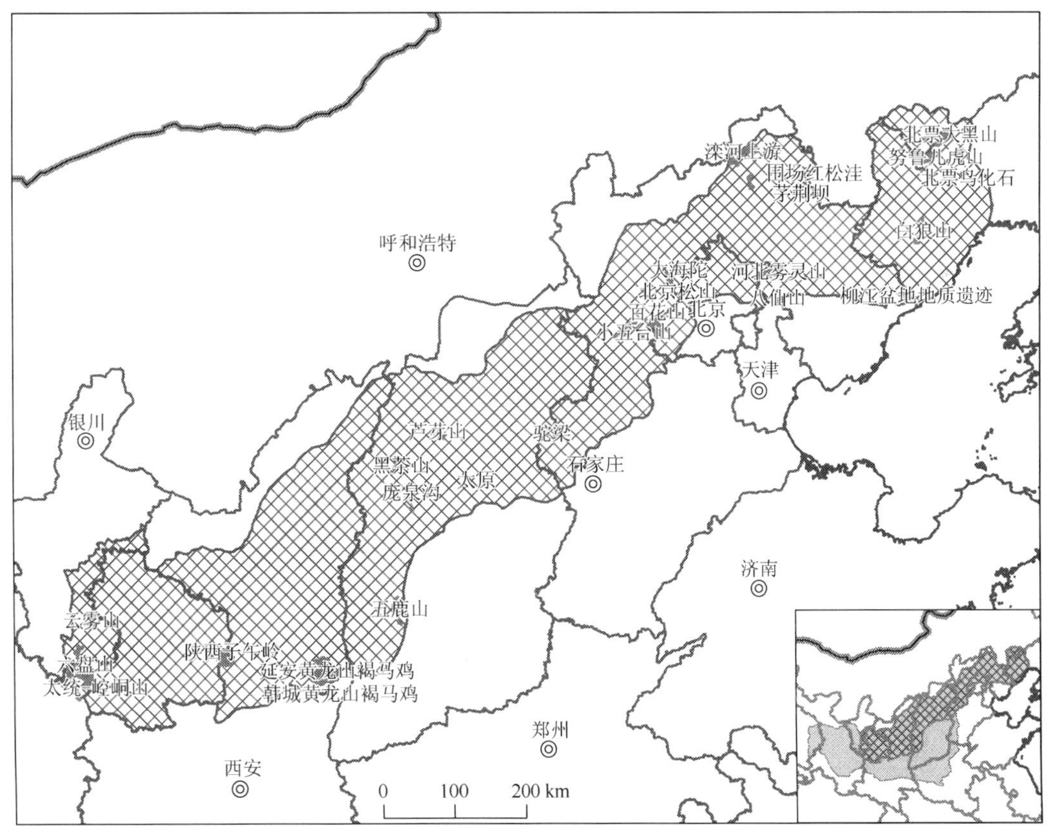


图 3-41　冀晋陕北部省主要自然保护区分布图

（7）生态地理单元划分

冀晋陕北部省共划分为 12 个生态地理单元（图 3-42、表 3-30）：

Ⅰ2Ea01　努鲁儿虎山山地；

Ⅰ2Ea02　辽西丘陵；

Ⅰ2Ea03　燕山山地；

Ⅰ2Ea04　坝上高原；

Ⅰ2Ea05　冀西北盆地；

Ⅰ2Ea06　太行山东坡北段；

Ⅰ2Ea07　恒山-五台山山地；

Ⅰ2Ea08　吕梁山山地；

Ⅰ2Ea09　陕北黄土高原；

Ⅰ2Ea10　陕北黄土切割塬；

Ⅰ2Ea11　陕北陇东切割塬；

Ⅰ2Ea12　六盘山山地。

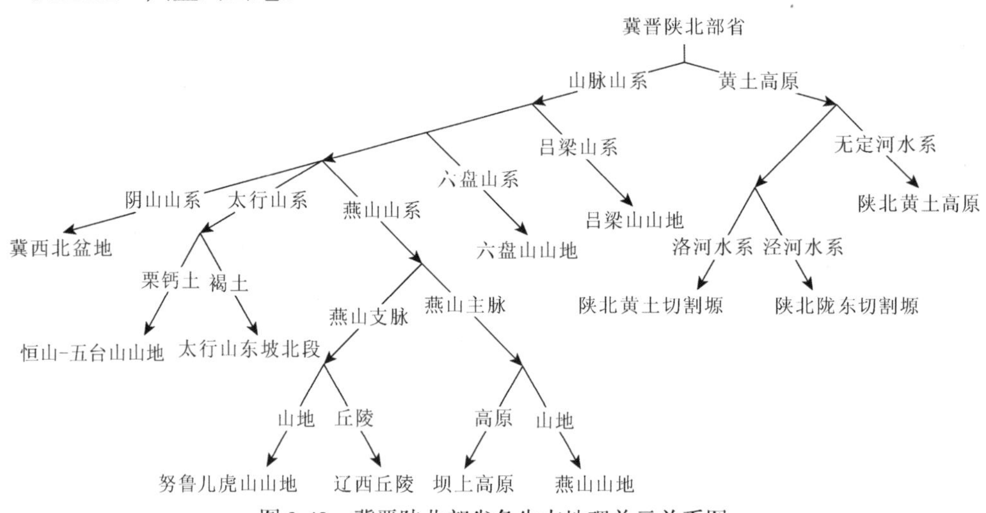

图 3-42　冀晋陕北部省各生态地理单元关系图

努鲁儿虎山山地（Ⅰ2Ea01）和辽西丘陵（Ⅰ2Ea02）位于辽宁西部，属于燕山山系的余脉，海拔在 1000 m 以下，其中分布有较大面积的人工植被。努鲁儿虎山山地以山地地形为主，主要的土壤类型为褐土，山上以温带落叶灌丛为主，山下基带以温带禾草、杂类草草原为主要原生植被类型；辽西丘陵以丘陵地形为主，主要的土壤类型为棕壤，主要原生植被类型为温带落叶灌丛。

燕山山地（Ⅰ2Ea03）和坝上高原（Ⅰ2Ea04）位于北京和河北北部，属于燕山山系的主脉，海拔为 300～1600 m，主要的土壤类型为褐土，以温带落叶灌丛为主要的原生植被类型，零星分布有温带山地落叶小叶林。坝上高原以高原地形为主，地势较为平坦；燕山山地以山地地形为主，地表起伏较大。

冀西北盆地（Ⅰ2Ea05）位于河北西北部，属于阴山山系，海拔为 700～1800 m，主要土壤类型为褐土，以温带草丛为主要的原生植被类型。

**表 3-30　冀晋陕北部省 12 个生态地理单元生态因子与动物群**

| 生态地理单元 | | Ea01 努鲁儿虎山山地 | Ea02 辽西丘陵 | Ea03 燕山山地 | Ea04 坝上高原 | Ea05 冀西北盆地 | Ea06 太行山东坡北段 |
|---|---|---|---|---|---|---|---|
| 概况 | 地貌 | 侵蚀山地 | 侵蚀山地 | 侵蚀山地；岩溶化山地 | 侵蚀山地 | 冲积平原；侵蚀山地 | 侵蚀山地 |
| | 海拔 | 300～1000 m | 0～800 m | 300～1600 m | 900～2000 m | 700～1800 m | 200～2000 m |
| | 土壤 | 褐土 | 褐土 | 褐土 | 褐土 | 褐土 | 褐土 |
| | 水系 | 大凌河、西辽河 | 大凌河、小凌河 | 海河、滦河 | 滦河 | 永定河 | 海河 |
| 气候 | 平均气温 | 5～8 ℃ | 6～9 ℃ | 5～11 ℃ | 1～7 ℃ | 3～10 ℃ | 1～12 ℃ |
| | 夏季均温 | 19～23 ℃ | 20～23 ℃ | 18～24 ℃ | 15～21 ℃ | 17～23 ℃ | 15～26 ℃ |
| | 冬季均温 | –12～–8 ℃ | –10～–6 ℃ | –11～–4 ℃ | –16～–9 ℃ | –13～–6 ℃ | –14～–2 ℃ |
| | 年降水量 | 410～560 mm | 520～680 mm | 490～710 mm | 400～530 mm | 370～500 mm | 440～570 mm |
| | 雨季降水量 | 280～400 mm | 370～480 mm | 350～510 mm | 250～370 mm | 240～340 mm | 290～420 mm |
| | 旱季降水量 | 10 mm | 10 mm | 10 mm | 10 mm | 10～20 mm | 10～20 mm |
| 植被 | 植被类型 1 | 人工植被（45.8%） | 人工植被（43.8%） | 人工植被（40.9%） | 人工植被（41.4%） | 人工植被（66.8%） | 温带落叶灌丛（54.8%） |
| | 优势群系 1 | 杂粮 | 杂粮 | 杂粮 | 杂粮 | 杂粮 | 虎榛子灌丛 |
| | 优势群系 2 | 春小麦、大豆、玉米、高粱 | 核桃、粮间作 | 冬小麦、杂粮 | 春小麦、莜麦、荞麦、马铃薯 | 苹果、梨园 | 荆条、酸枣灌丛 |
| | 植被类型 2 | 温带落叶灌丛（20.7%） | 温带落叶灌丛（28.4%） | 温带落叶灌丛（38.2%） | 温带落叶灌丛（23.3%） | 温带草丛（9.2%） | 温带草丛（31.5%） |
| | 优势群系 1 | 荆条、酸枣灌丛 | 荆条、酸枣灌丛 | 荆条、酸枣灌丛 | 榛子灌丛 | 荆条、酸枣、黄背草灌草丛 | 荆条、酸枣、白羊草灌草丛 |
| | 优势群系 2 | 虎榛子灌丛 | 榛子灌丛 | 绣线菊灌丛 | 虎榛子灌丛 | 白羊草草丛 | 白羊草草丛 |
| 动物群 | | 山地林灌动物群 | 丘陵农田、林灌动物群 | 山地林灌动物群 | 山地林灌动物群 | 盆地农田、草丛动物群 | 山地林灌、草丛动物群 |

续表

| 生态地理单元 | | Ea07 恒山-五台山山地 | Ea08 吕梁山山地 | Ea09 陕北黄土高原 | Ea10 陕北黄土切割塬 | Ea11 陕北陇东切割塬 | Ea12 六盘山山地 |
|---|---|---|---|---|---|---|---|
| 概况 | 地貌 | 侵蚀山地 | 侵蚀山地 | 侵蚀黄土丘陵 | 侵蚀黄土塬 | 侵蚀黄土塬 | 侵蚀山地 |
| | 海拔 | 900～2200 m | 1000～2300 m | 1000～1700 m | 1000～1700 m | 1200～2000 m | 2100～2800 m |
| | 土壤 | 栗钙土 | 褐土、绵土和黑垆土 | 绵土、灰褐土和黑垆土 | 绵土、灰褐土和黑垆土 | 绵土、灰褐土和黑垆土 | 灰褐土和棕壤 |
| | 水系 | 海河 | 黄河 | 无定河 | 洛河 | 泾河 | 泾河、渭河 |
| 气候 | 平均气温 | 1～9 ℃ | 2～11 ℃ | 6～10 ℃ | 7～11 ℃ | 6～10 ℃ | 2～8 ℃ |
| | 夏季均温 | 14～22 ℃ | 15～23 ℃ | 19～22 ℃ | 19～24 ℃ | 17.3～22 ℃ | 13～19 ℃ |
| | 冬季均温 | −13～−5 ℃ | −12～−3 ℃ | −9～−4 ℃ | −5～−2 ℃ | −7～−2 ℃ | −9～−4 ℃ |
| | 年降水量 | 370～550 mm | 450～560 mm | 400～520 mm | 480～620 mm | 360～620 mm | 480～610 mm |
| | 雨季降水量 | 240～350 mm | 290～330 mm | 240～310 mm | 290～340 mm | 210～350 mm | 280～340 mm |
| | 旱季降水量 | 10～20 mm | 10～20 mm | 10 mm | 10～20 mm | 10～20 mm | 10～20 mm |
| 植被 | 植被类型 1 | 人工植被（+++++） | 人工植被（+++++） | 人工植被（+++++） | 人工植被（++++） | 人工植被（+++++） | 人工植被（+++++） |
| | 优势群系 1 | 春小麦、水稻、大豆 | 春小麦、莜麦、荞麦、马铃薯 | 春小麦、莜麦、荞麦、马铃薯 | 春小麦、水稻、大豆 | 春小麦、水稻、大豆 | 春小麦、水稻、大豆 |
| | 优势群系 2 | 春小麦、糜子、马铃薯 | 春小麦、水稻、大豆 | 春小麦、水稻、大豆 | 冬小麦、玉米、高粱、谷子、甘薯 | 冬小麦、玉米、高粱、谷子、甘薯 | |
| | 植被类型 2 | 温带落叶灌丛（++） | 温带落叶灌丛（++） | 温带丛生禾草典型草原（+++） | 温带落叶阔叶林（+++） | 温带丛生禾草典型草原（+++） | 温带禾草、杂类草草甸（++） |
| | 优势群系 1 | 虎榛子灌丛 | 沙棘灌丛 | 长芒草草原 | 辽东栎林 | 长芒草草原 | 地榆、裂叶蒿、日荫苔草、禾草草甸 |
| | 优势群系 2 | 沙棘灌丛 | 虎榛子灌丛 | 大针茅草原 | 山杨林 | 茭蒿、禾草草原 | 小白花地榆、金莲花、禾草草甸 |
| 动物群 | | 山地林灌动物群 | 山地林灌动物群 | 高原农田、草原动物群 | 高原农田、林缘动物群 | 高原农田、草原动物群 | 山地草原动物群 |

太行山东坡北段（Ⅰ2Ea06）和恒山-五台山山地（Ⅰ2Ea07）属于太行山山系，海拔为 200～2000 m。太行山东坡北段位于河北西部，主要土壤类型为褐土，以温带落叶灌丛为主要植被类型；恒山-五台山山地位于山西省的东北部，主要土壤类型为栗钙土，自然植被以温带落叶灌丛为主，还分布有较大面积的人工植被。

吕梁山山地（Ⅰ2Ea08）位于山西西部，属于吕梁山系，海拔为 1000～2300 m，主要土壤类型为褐土、绵土和黑垆土，以温带落叶灌丛为主要原生植被类型。

陕北黄土高原（Ⅰ2Ea09）、陕北黄土切割塬（Ⅰ2Ea10）和陕北陇东切割塬（Ⅰ2Ea11）位于陕西中北部和甘肃东南部，同属于陕北高原，海拔为 1000～1700 m。主要土壤类型为绵土、灰褐土和黑垆土，以温带丛生禾草典型草原为主要植被类型，在陕北地区以人工植被为主。三个单元分属不同的水系，陕北黄土高原属于无定河水系，陕北黄土切割塬属于洛河水系，陕北陇东切割塬属于泾河水系。

六盘山山地（Ⅰ2Ea12）位于宁夏回族自治区的南部，属于六盘山系，海拔在 2100～2800 m。其主要土壤类型为灰褐土和棕壤，主要原生植被为温带禾草、杂类草草甸。

### 2. 晋南-渭河-伏牛省（Ⅰ2Eb）

（1）概况

晋南-渭河-伏牛省的范围包括山西南部、河南西北部及陕西中部，以侵蚀性山地和冲积平原地貌为主，海拔主要在 1200 m 以下，主要分布有林灌、农田动物群。

（2）气候

晋南-渭河-伏牛省属于暖温带大陆性气候，年均气温 4～15 ℃，夏季（6～8 月）平均气温 13.7～28 ℃，冬季（12～2 月）平均气温-8～2 ℃；年均降水量 420～960 mm，雨季降水量 260～490 mm，旱季降水量 10～40 mm（图 3-43）。

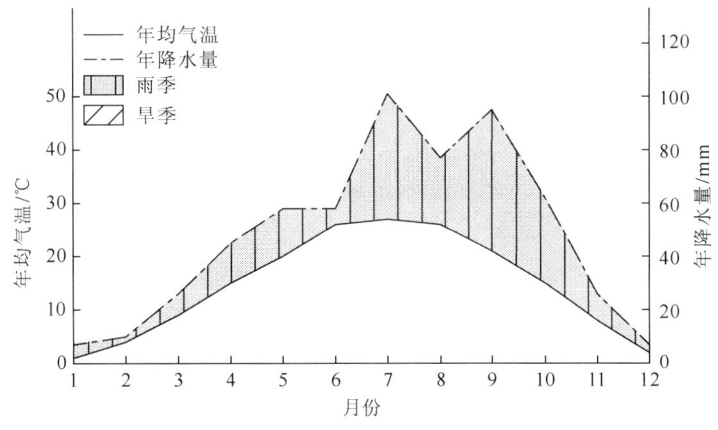


图 3-43　西安（109°07′E，34°18′N）气候图

（3）土壤

晋南-渭河-伏牛省的地带性土壤类型是褐土，还分布有塿土、黑垆土和潮土等。

塿土主要分布于渭河和汾河谷地，是较厚的人为土粪堆垫层基础上形成的土壤。其土粪堆垫层是由于长期施用大量土杂肥形成的。

黑垆土主要分布于泾河和洛河的中下游谷地，是发育于黄土母质上的具有残积黏化层的黑钙土型土壤。黑垆土虽然处于暖温带热量较高地区，但其成土母质的通透性良好，在一定程度上限制了有机物的合成和腐殖质的累积。

（4）植被

晋南-渭河-伏牛省以温带落叶灌丛（虎榛子灌丛；荆条、酸枣灌丛；二色胡枝子灌丛）为主要植被类型，约占 40%；其次为人工植被，约占 31%；还分布有温带落叶阔叶林和温带草丛等植被类型。

（5）陆生脊椎动物

晋南-渭河-伏牛省共记录陆生脊椎动物 29 目 98 科 439 种（表 3-31）。

**表 3-31 晋南-渭河-伏牛省陆生脊椎动物种类组成**

| 纲 | | 目 | 科 | 种 |
|---|---|---|---|---|
| 两栖类 | | 2 | 7 | 19 |
| 爬行类 | | 2 | 7 | 39 |
| 鸟类 | 繁殖鸟 | 16 | 51 | 208 |
| | 非繁殖鸟 | 9 | 27 | 73 |
| 哺乳类 | | 7 | 24 | 100 |
| 总计 | | 29 | 98 | 439 |

两栖类：秦巴拟小鲵（*Pseudohynobius tsinpaensis*）、隆肛蛙（*Feirana quadranus*）、北方狭口蛙（*Kaloula borealis*）、花背蟾蜍（*Bufo raddei*）、中华蟾蜍（*Bufo gargarizans*）、秦岭雨蛙（*Hyla tsinlingensis*）、大鲵（*Andrias davidianus*）、黑斑侧褶蛙（*Pelophylax nigromaculatus*）、淡肩角蟾（*Megophrys boettgeri*）、棘腹蛙（*Paa boulengeri*）等；

爬行类：耳疣壁虎（*Gekko auriverrucosus*）、黄脊游蛇（*Coluber spinalis*）、无蹼壁虎（*Gekko swinhonis*）、太白壁虎（*Gekko taibaiensis*）、山地麻蜥（*Eremias brenchleyi*）、中介蝮（*Gloydius intermedius*）、米仓山龙蜥（*Japalura micangshanensis*）、棕黑锦蛇（*Elaphe schrenckii*）、宁陕小头蛇（*Oligodon ningshaanensis*）、赤峰锦蛇（*Elaphe anomala*）、黄纹石龙子（*Eumeces capito*）、青脊蛇（*Achalinus ater*）等；

鸟类：黄眉姬鹟（*Ficedula narcissina*）、褐马鸡（*Crossoptilon mantchuricum*）、褐头鸫（*Turdus feae*）、白额燕鸥（*Sterna albifrons*）、山噪鹛（*Garrulax davidi*）、黄腹山雀（*Parus venustulus*）、钝翅苇莺（*Acrocephalus concinens*）、远东树莺（*Cettia canturians*）、山鹛（*Rhopophilus pekinensis*）、云南柳莺（*Phylloscopus yunnanensis*）、黑头䴓（*Sitta villosa*）、虎纹伯劳（*Lanius tigrinus*）、灰冠鹟莺（*Seicercus tephrocephalus*）、蓝鹀（*Latoucheornis siemsseni*）等；

哺乳类：苛岚绒鼠（*Caryomys inez*）、林猬（*Mesechinus hughi*）、麝鼹（*Scaptochirus moschatus*）、岩松鼠（*Sciurotamias davidianus*）、长尾仓鼠（*Cricetulus longicaudatus*）、滇攀鼠（*Vernaya fulva*）、黄河鼠兔（*Ochotona huangensis*）、甘肃仓鼠（*Cansumys canus*）、罗氏鼢鼠（*Myospalax rothschildi*）、纹背鼩鼱（*Sorex cylindricauda*）、鼩鼹（*Uropsilus *soricipes*)、复齿鼯鼠(*Trogopterus xanthipes*)、花鼠(*Tamias sibiricus*)、明纹花鼠(*Tamiops mcclellandi*)等。

(6)自然保护区

晋南-渭河-伏牛省已建立国家级自然保护区 13 个，分别是青崖寨、灵空山、阳城莽河猕猴、历山、周至、陇县秦岭细鳞鲑、太白山、韩城黄龙山褐马鸡、牛背梁、河南黄河湿地、小秦岭、伏牛山和太行山猕猴国家级自然保护区(图 3-44)。

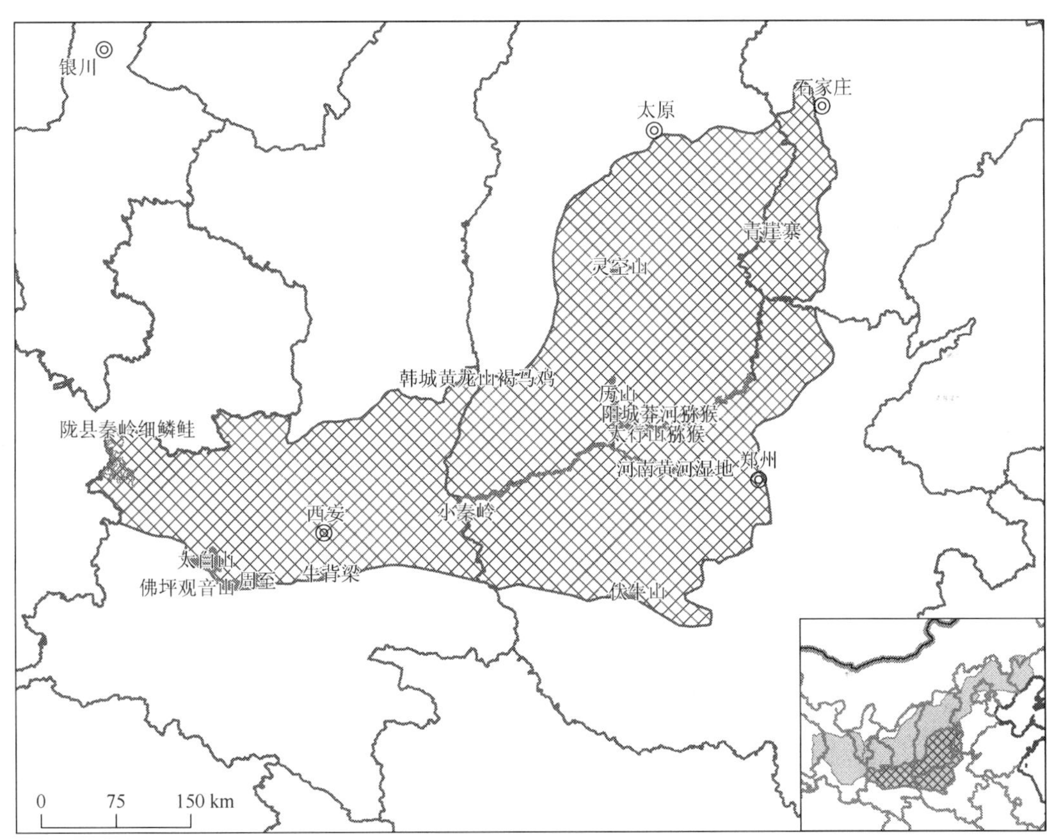


图 3-44 晋南-渭河-伏牛省主要自然保护区分布图

(7)生态地理单元划分

晋南-渭河-伏牛省共划分为 10 个生态地理单元(图 3-45、表 3-32):

Ⅰ2Eb01 太行山东坡南段;

Ⅰ2Eb02 嵩山山地;

Ⅰ2Eb03 太行山西坡;

Ⅰ2Eb04 晋中盆地;

Ⅰ2Eb05 晋南盆地;

Ⅰ2Eb06 中条山山地;

Ⅰ2Eb07 崤山-熊耳山山地;

Ⅰ2Eb08 渭河谷地;

Ⅰ2Eb09 秦岭北部山地；

Ⅰ2Eb10 陇山山地。

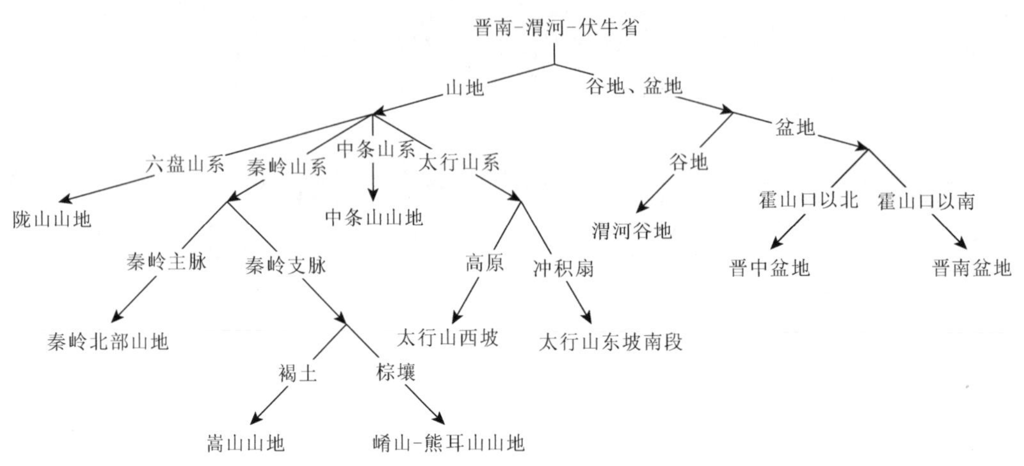

图 3-45 晋南-渭河-伏牛省各生态地理单元关系图

太行山东坡南段（Ⅰ2Eb01）和太行山西坡（Ⅰ2Eb03）同属太行山山系，以山地地形为主，地面起伏较大。主要土壤类型为褐土，主要植被类型为温带落叶灌丛和温带草丛。太行山西坡位于山西西部，是黄土高原的组成部分；太行山东坡南段位于河北西南部和河南西北部，区内多河流冲积扇。

嵩山山地（Ⅰ2Eb02）、崤山-熊耳山山地（Ⅰ2Eb07）和秦岭北部山地（Ⅰ2Eb09）同属秦岭山系，以山地地形为主，海拔多在 100 m 以上，主要原生植被类型为温带落叶灌丛和温带落叶阔叶林。秦岭北部山地是秦岭的主脉，海拔较高，多在 1000 m 以上；嵩山山地和崤山-熊耳山山地属于秦岭的支脉，二者大体以伊洛河为界，前者土壤以褐土为主，后者以棕壤为主。

晋中盆地（Ⅰ2Eb04）、晋南盆地（Ⅰ2Eb05）和渭河谷地（Ⅰ2Eb08）均为河流冲积形成的谷地和盆地地形，晋中盆地土壤以潮土为主，晋南盆地和渭河谷地土壤以塿土为主。晋中盆地和晋南盆地位于山西西南部，均由汾河冲积而成，二者大体以霍山口为界，晋中盆地海拔较高，多为 700～1800 m；晋南盆地海拔多在 1200 m 以下。渭河谷地位于陕西省中部，由渭河冲积而成，海拔多在 500 m 以下。

中条山山地（Ⅰ2Eb06）位于山西南部，地处黄河和涑水河之间，以山地地形为主，海拔多为 500～1800 m。其主要的土壤类型为褐土，以温带落叶灌丛和温带草丛为主要植被类型。

陇山山地（Ⅰ2Eb10）位于陕西西部，属于六盘山山系，海拔在 1300 m 以上，主要土壤类型为棕壤和褐土，以温带落叶阔叶林和温带落叶灌丛为主要植被类型。

### 3. 甘南六盘省（Ⅰ2Ec）

（1）概况

甘南六盘省的范围包括甘肃东南部、宁夏西南部和青海东部，以侵蚀性山地地貌为主，海拔主要为 1500～2500 m，主要分布有常绿、落叶林灌动物群。

**表 3-32 晋南-渭河-伏牛省 10 个生态地理单元生态因子与动物群**

| 生态地理单元 | | Eb01 太行山东坡南段 | Eb02 嵩山山地 | Eb03 太行山西坡 | Eb04 晋中盆地 | Eb05 晋南盆地 | Eb06 中条山山地 | Eb07 崤山-熊耳山山地 | Eb08 渭河谷地 | Eb09 秦岭北部山地 | Eb10 陇山山地 |
|---|---|---|---|---|---|---|---|---|---|---|---|
| 概况 | 地貌 | 侵蚀山地；洪积平原 | 侵蚀山地 | 侵蚀山地 | 冲积平原 | 冲积平原 | 侵蚀山地 | 侵蚀山地 | 冲积平原 | 侵蚀山地 | 侵蚀黄土丘陵、山地 |
| | 海拔 | 100～1500 m | 100～1200 m | 900～1900 m | 700～1800 m | 400～1200 m | 500～1800 m | 500～1800 m | 400～1600 m | 1100～3300 m | 1300～2300 m |
| | 土壤 | 褐土 | 褐土 | 褐土 | 潮土 | 塿土 | 褐土 | 棕壤 | 塿土 | 棕壤、褐土 | 棕壤和褐土 |
| | 水系 | 黄河、海河 | 黄河、淮河 | 淮河 | 汾河 | 汾河 | 黄河 | 洛河、汉江 | 渭河 | 渭河 | 渭河 |
| 气候 | 平均气温 | 8～13 ℃ | 10.5～14 ℃ | 5～11 ℃ | 7～10 ℃ | 10～14 ℃ | 7～14 ℃ | 8～13 ℃ | 9～15 ℃ | 4～12.3 ℃ | 6～12 ℃ |
| | 夏季均温 | 20～26 ℃ | 22～26 ℃ | 17～23 ℃ | 19～23 ℃ | 22～26 ℃ | 18～26 ℃ | 19～26 ℃ | 20～28 ℃ | 13.7～24 ℃ | 16～23 ℃ |
| | 冬季均温 | –6～–1 ℃ | –2～1 ℃ | –8～–2 ℃ | –7～–3 ℃ | –3～0 ℃ | –6～0 ℃ | –4～0 ℃ | –3～2 ℃ | –6～1 ℃ | –5～0 ℃ |
| | 年降水量 | 510～630 mm | 590～810 mm | 460～720 mm | 420～540 mm | 500～560 mm | 490～700 mm | 510～840 mm | 510～690 mm | 660～960 mm | 610～710 mm |
| | 雨季降水量 | 340～400 mm | 310～420 mm | 300～420 mm | 270～330 mm | 270～330 mm | 260～390 mm | 270～420 mm | 270～370 mm | 340～490 mm | 330～390 mm |
| | 旱季降水量 | 10～20 mm | 30～40 mm | 10～30 mm | 10～20 mm | 20 mm | 20～30 mm | 20～40 mm | 20 mm | 20～40 mm | 10～20 mm |
| 植被 | 植被类型 1 | 温带落叶灌丛（+++++） | 温带落叶灌丛（+++++） | 温带落叶灌丛（+++++） | 人工植被（+++++） | 温带落叶灌丛（+++++） | 温带落叶灌丛（+++++） | 人工植被（++++） | 人工植被（+++++） | 温带落叶阔叶林（+++++） | 温带落叶阔叶林（+++++） |
| | 优势群系 1 | 虎榛子灌丛 | 虎榛子灌丛 | 虎榛子灌丛 | 冬小麦、玉米、高粱、谷子、甘薯 | 虎榛子灌丛 | 虎榛子灌丛 | 小麦、玉米、花生 | 春小麦、水稻、大豆 | 锐齿槲栎林 | 锐齿槲栎林 |
| | 优势群系 2 | 荆条、酸枣灌丛 | 荆条、酸枣灌丛 | 荆条、酸枣灌丛 | 春小麦、水稻、大豆 | 二色胡枝子灌丛 | 荆条、酸枣灌丛 | 冬小麦、玉米、高粱、甘薯 | 冬小麦、玉米、高粱、谷子 | 栓皮栎林 | 栓皮栎林+杨、柳、榆林 |
| | 植被类型 2 | 温带草丛（+++） | 人工植被（+++） | 温带草丛（++） | 温带落叶灌丛（+） | 温带草丛（+） | 温带草丛（++） | 温带落叶灌丛（+++） | 温带落叶灌丛（+++） | 亚热带针叶林（++） | 温带落叶灌丛（++） |
| | 优势群系 1 | 白羊草草丛 | 小麦、玉米、花生 | 白羊草草丛 | 虎榛子灌丛 | 白羊草草丛 | 白羊草草丛 | 虎榛子灌丛 | 虎榛子灌丛 | 华山松林 | 二色胡枝子灌丛 |
| | 优势群系 2 | 荆条、酸枣、白羊草灌草丛 | 冬小麦、玉米、高粱、甘薯 | 荆条、酸枣、白羊草灌草丛 | 荆条、酸枣灌丛 | 荆条、酸枣、白羊草灌草丛 | 黄背草草丛 | 二色胡枝子灌丛 | 秦岭小檗灌丛 | 华山松、滇青冈林 | 沙棘灌丛 |
| 动物群 | | 山地林灌、草从动物群 | 山地林灌、农田动物群 | 山地林灌、草从动物群 | 谷地农田、林灌动物群 | 谷地林灌、草从动物群 | 山地林灌、草从动物群 | 山地林灌、农田动物群 | 谷地农田、林灌动物群 | 山地落叶阔叶林、针叶林动物群 | 山地落叶阔叶林、林灌动物群 |

（2）气候

甘南六盘省属于暖温带大陆性气候，年均气温-3～10.8 ℃，夏季（6～8 月）平均气温 6～21 ℃，冬季（12～2 月）平均气温-13～-1 ℃；年均降水量 210～670 mm，雨季降水量 130～360 mm，旱季降水量 10～20 mm（图 3-46）。

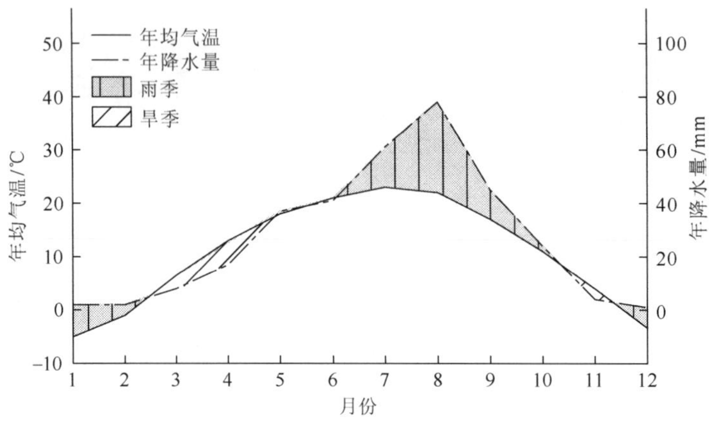


图 3-46　兰州（103°25′E，36°09′N）气候图

（3）土壤

甘南六盘省的地带性土壤类型是灰钙土，还零星分布有灌淤土。

灰钙土主要分布于陇中高原和六盘山山地，是暖温带荒漠草原区弱淋溶形成的干旱土，其表层具有明显的淡色腐殖质层而缺乏荒漠化的表层。成土过程以腐殖质累积和钙化过程为主，但具有漠境土壤形成过程的特点。

灌淤土主要分布于黄河的谷地。

（4）植被

甘南六盘省以人工植被为主要植被类型，约占 42%；其次为温带丛生禾草典型草原（长芒草草原；长芒草、赖草、蒿草原；铁杆蒿、禾草草原），约占 14%；还分布有温带丛生矮禾草、矮半灌木荒漠草原和温带半灌木、矮半灌木荒漠等植被类型。

（5）陆生脊椎动物

甘南六盘省共记录陆生脊椎动物 28 目 92 科 424 种（表 3-33）。

**表 3-33　甘南六盘省陆生脊椎动物种类组成**

| 纲 | | 目 | 科 | 种 |
|---|---|---|---|---|
| 两栖类 | | 2 | 6 | 12 |
| 爬行类 | | 1 | 5 | 24 |
| 鸟类 | 繁殖鸟 | 15 | 50 | 232 |
| | 非繁殖鸟 | 8 | 20 | 47 |
| 哺乳类 | | 8 | 25 | 109 |
| 总计 | | 28 | 92 | 424 |

两栖类：六盘齿突蟾（*Scutiger liupanensis*）、中国林蛙（*Rana chensinensis*）、西藏山溪鲵（*Batrachuperus tibetanus*）、秦岭雨蛙（*Hyla tsinlingensis*）等；

爬行类：横纹小头蛇（*Oligodon multizonatum*）、秦岭滑蜥（*Scincella tsinlingensis*）、黄脊游蛇（*Coluber spinalis*）、青脊蛇（*Achalinus ater*）、中介蝮（*Gloydius intermedius*）、康定滑蜥（*Scincella potanini*）、黄纹石龙子（*Eumeces capito*）等；

鸟类：甘肃柳莺（*Phylloscopus kansuensis*）、斑翅朱雀（*Carpodacus trifasciatus*）、白眉山雀（*Parus superciliosus*）、大石鸡（*Alectoris magna*）、云南柳莺（*Phylloscopus yunnanensis*）、蓝马鸡（*Crossoptilon auritum*）、红喉雉鹑（*Tetraophasis obscurus*）、白眶鸦雀（*Paradoxornis conspicillatus*）、贺兰山红尾鸲（*Phoenicurus alaschanicus*）、灰头鸫（*Turdus rubrocanus*）、赤朱雀（*Carpodacus rubescens*）、三趾啄木鸟（*Picoides tridactylus*）、山噪鹛（*Garrulax davidi*）、棕胸岩鹨（*Prunella strophiata*）等；

哺乳类：沟牙田鼠（*Microtus bedfordi*）、甘肃鼹（*Scapanulus oweni*）、洮州绒䶄（*Caryomys eva*）、高山鼠兔（*Ochotona alpina*）、五趾跳鼠（*Allactaga sibirica*）、红耳鼠兔（*Ochotona erythrotis*）、四川林跳鼠（*Eozapus setchuanus*）、黄河鼠兔（*Ochotona huangensis*）、间颅鼠兔（*Ochotona cansus*）、灰鼯鼠（*Petaurista xanthotis*）、狭颅鼠兔（*Ochotona thomasi*）、蹶鼠（*Sicista concolor*）、复齿鼯鼠（*Trogopterus xanthipes*）等。

（6）自然保护区

甘南六盘省已建立国家级自然保护区 8 个，分别是连城、兴隆山、甘肃漳县珍稀水生动物、太子山、甘肃莲花山、西吉火石寨、循化孟达和三江源国家级自然保护区（图 3-47）。

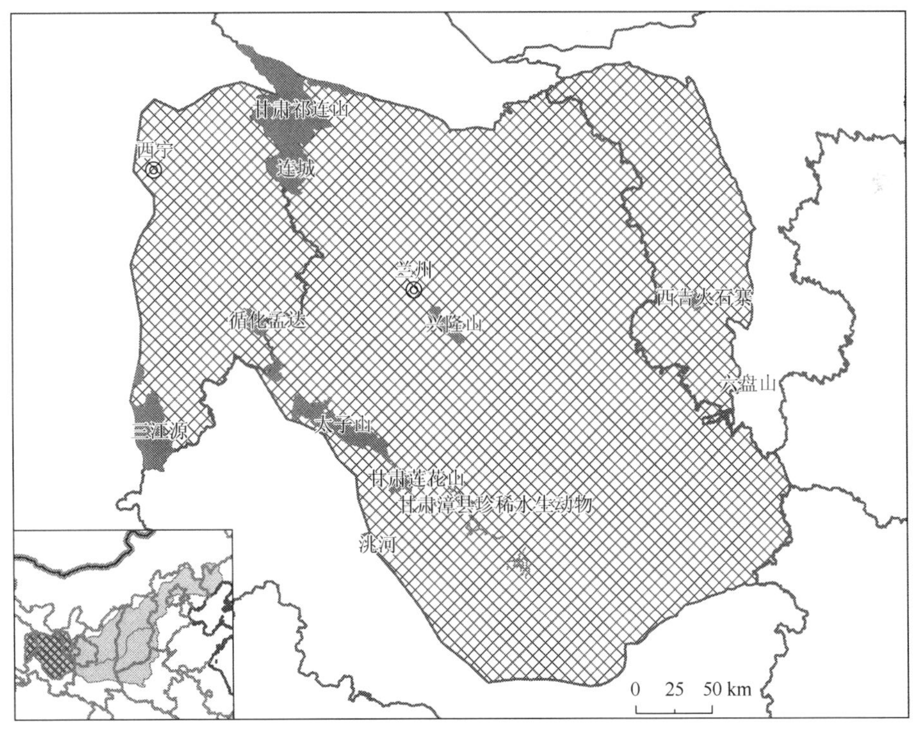


图 3-47 甘南六盘省主要自然保护区分布图

（7）生态地理单元划分

甘南六盘省共划分为 4 个生态地理单元（图 3-48、表 3-34）：

Ⅰ2Ec01　陇中切割山地；

Ⅰ2Ec02　渭河上游切割山地；

Ⅰ2Ec03　湟水下游谷地；

Ⅰ2Ec04　隆务河谷地。

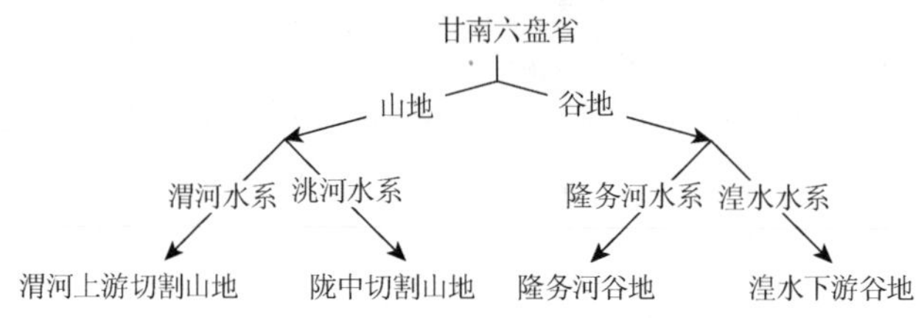


图 3-48　甘南六盘省各生态地理单元关系图

根据不同的水系划分为 4 个生态地理单元，其中湟水下游谷地（Ⅰ2Ec03）属于湟水水系，隆务河谷地（Ⅰ2Ec04）属于隆务河水系，陇中切割山地（Ⅰ2Ec01）属于洮河水系，渭河上游切割山地（Ⅰ2Ec02）属于渭河水系。

陇中切割山地（Ⅰ2Ec01）和渭河上游切割山地（Ⅰ2Ec02）位于甘肃中部，前者土壤类型以灰钙土和灰褐土为主，温带丛生矮禾草、矮半灌木荒漠草原是其主要的原生植被类型；后者土壤类型以绵土和灰褐土为主，原生植被为温带落叶阔叶林，河谷地区被农垦后以人工植被为主。

湟水下游谷地（Ⅰ2Ec03）和隆务河谷地（Ⅰ2Ec04）位于青海东部，前者土壤类型以灌淤土为主，温带丛生禾草典型草原是其主要的植被类型；后者土壤类型以栗钙土为主，高寒嵩草、杂类草草甸是主要的植被类型。

**表 3-34　甘南六盘省 4 个生态地理单元生态因子与动物群**

| 生态地理单元 | | Ec01 陇中切割山地 | Ec02 渭河上游切割山地 | Ec03 湟水下游谷地 | Ec04 隆务河谷地 |
|---|---|---|---|---|---|
| 概况 | 地貌 | 侵蚀黄土丘陵 | 侵蚀黄土丘陵；侵蚀山地 | 侵蚀黄土塬；干燥剥蚀山地 | 侵蚀山地；侵蚀黄土丘陵 |
| | 海拔 | 1600～3700 m | 1600～3600 m | 2300～4200 m | 2600～4300 m |
| | 土壤 | 灰钙土和灰褐土 | 绵土和灰褐土 | 灌淤土 | 栗钙土 |
| | 水系 | 洮河 | 渭河 | 湟水 | 隆务河 |
| 气候 | 平均气温 | 0～9 ℃ | 2～10.8 ℃ | −3～7 ℃ | −3～7 ℃ |
| | 夏季均温 | 9～21 ℃ | 11～21 ℃ | 6～18 ℃ | 6～17 ℃ |
| | 冬季均温 | −11～−5 ℃ | −8～−1 ℃ | −13～−5 ℃ | −13～−5 ℃ |
| | 年降水量 | 210～540 mm | 480～670 mm | 370～540 mm | 410～610 mm |
| | 雨季降水量 | 130～300 mm | 260～360 mm | 220～310 mm | 230～340 mm |
| | 旱季降水量 | 10 mm | 10～20 mm | 10 mm | 10 mm |

续表

| 生态地理单元 | | Ec01 陇中切割山地 | Ec02 渭河上游切割山地 | Ec03 湟水下游谷地 | Ec04 隆务河谷地 |
|---|---|---|---|---|---|
| 植被 | 植被类型 1 | 人工植被（+++++） | 人工植被（+++++） | 温带丛生禾草典型草原（++++） | 高寒嵩草、杂类草草甸（++++） |
| | 优势群系 1 | 春小麦、水稻、大豆 | 春小麦、水稻、大豆 | 长芒草、赖草、蒿草原 | 矮嵩草高寒草甸 |
| | 优势群系 2 | 青稞、春小麦、马铃薯、元根、豌豆、油菜 | 青稞、春小麦、马铃薯、元根、豌豆、油菜 | 短花针茅、长芒草草原 | 小嵩草草甸 |
| | 植被类型 2 | 温带丛生矮禾草、矮半灌木荒漠草原（+++） | 温带落叶阔叶林（++） | 温带丛生矮禾草、矮半灌木荒漠草原（++） | 温带丛生禾草典型草原（+++） |
| | 优势群系 1 | 短花针茅荒漠草原+灌木亚菊荒漠 | 山杨林 | 短花针茅荒漠草原 | 长芒草、赖草、蒿草原 |
| | 优势群系 2 | 短花针茅荒漠草原 | 辽东栎林 | — | 长芒草草原 |
| 动物群 | | 高原农田、草原动物群 | 山地农田、林缘动物群 | 谷地草原动物群 | 谷地草甸、草原动物群 |

## 四、蒙新区（Ⅰ3）

### （一）东部草原亚区（Ⅰ3F）

东部草原亚区包括 2 个动物地理省 11 个生态地理单元（图 3-49、表 3-35），范围包括呼伦贝尔高原、大兴安岭西南部、浑善达克沙地、阴山、大青山和鄂尔多斯高原。

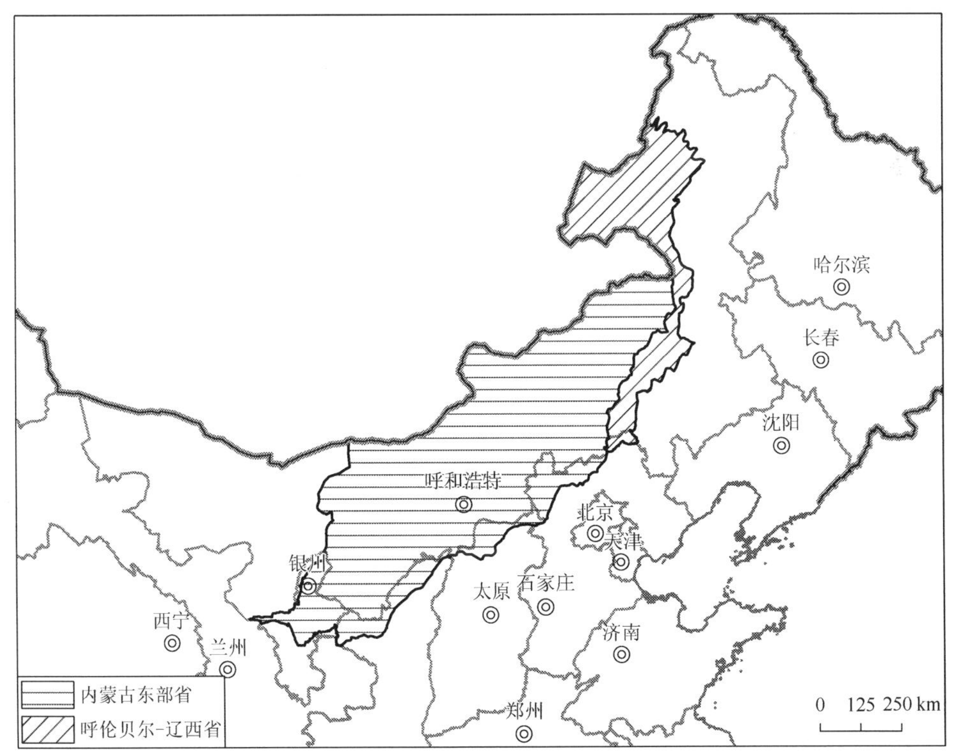


图 3-49 东部草原亚区图

本亚区属于中温带大陆性草原气候，年均降水量 140～540 mm，年均温–6.0～9.3 ℃，极端高温 31.0 ℃，极端低温–35.3 ℃，≥0 ℃年积温为 1400～3900 ℃。

本亚区主要地貌类型有中海拔剥蚀平原、风积地貌、丘陵和黄土梁峁。主要的土壤是栗钙土、黑钙土和风沙土。其中最为典型的是栗钙土，其地带性植被类型为温带丛生禾草典型草原（大针茅草原+戈壁针茅荒漠草原+克氏针茅草原）和温带禾草、杂类草草甸草原（线叶菊、禾草、杂类草草甸草原+羊草、杂类草草甸草原）。动物区系以古北型和中亚型为主，动物具有典型草原的生态特征。在开阔的草原上，啮齿动物发展了洞穴生活的能力；有蹄类具有迅速奔跑的能力，两者均有利于躲避食肉兽和猛禽等天敌的袭击，鸟类中有利用鼠洞栖居的现象（张荣祖，2011）。例如，哺乳类中的啮齿目如黑线仓鼠（*Cricetulus barabensis*）、花鼠（*Tamias sibiricus*）、布氏毛足田鼠（*Lasiopodonmys brandti*）、大林姬鼠（*Apodemus peninsulae*）、狭颅田鼠（*Microtus gregalis*）、莫氏田鼠（*Microtus maximowiczii*）、普通田鼠（*Microtus arvalis*）和长爪沙鼠（*Meriones unguiculatus*），食肉目如艾鼬（*Mustela eversmannii*）、伶鼬（*Mustela nivalis*）、白鼬（*Mustela erminea*）、香鼬（*Mustela altaica*）和沙狐（*Vulpes corsac*）等，偶蹄目如黄羊（*Procapra gutturosa*）等；鸟类中有以啮齿类动物为食的猛禽如大鵟（*Buteo hemilasius*）、苍鹰（*Accipiter gentilis*）、红隼（*Falco tinnunculus*）、红脚隼（*Falco amurensis*）、普通鵟（*Buteo buteo*）和草原雕（*Aquila nipalensis*）等，有以草食为主，善于在开阔的地面奔跑的大鸨（*Otis tarda*），有草原鸟类如蒙古百灵（*Melanocorypha mongolica*）、石鸡（*Alectoris chukar*）等；爬行类中有丽斑麻蜥（*Eremias argus*）、草原沙蜥（*Phrynocephalus frontalis*）和密点麻蜥（*Eremias multiocellata*）等蜥蜴类，黄脊游蛇（*Coluber spinalis*）、赤峰锦蛇（*Elaphe anomala*）、白条锦蛇（*Elaphe dione*）和中介蝮（*Gloydius intermedius*）等蛇类；两栖类种类较少，仅见中国林蛙（*Rana chensinensis*）、花背蟾蜍（*Bufo raddei*）和黑眶蟾蜍（*Bufo melanostictus*）等几种广布的蛙类。

**表 3-35　东部草原亚区 2 个动物地理省代表动物与生态因子比较**

| 动物地理省 | | Fa 呼伦贝尔-辽西省 | Fb 内蒙古东部省 |
|---|---|---|---|
| 概况 | 位置 | 内蒙古东北部 | 内蒙古东部以及宁夏、陕西、山西和河北的北部 |
| | 地貌 | 洪积、冲积平原和侵蚀平原 | 干燥剥蚀高原 |
| | 海拔 | 500～1800 m | 900～2100 m |
| | 土壤 | 栗钙土、黑钙土、草甸土 | 栗钙土、黑钙土、风沙土 |
| 气候 | 气候类型 | 中温带大陆性气候 | 中温带大陆性气候 |
| | 平均气温 | –5～4 ℃ | –1～9 ℃ |
| | 夏季均温 | 14～19 ℃ | 15～23 ℃ |
| | 冬季均温 | –26～–13 ℃ | –21～–5 ℃ |
| | 年降水量 | 190～480 mm | 110～470 mm |
| | 雨季降水量 | 130～320 mm | 70～300 mm |
| | 旱季降水量 | 0～20 mm | 0～20 mm |

续表

| 动物地理省 | | Fa 呼伦贝尔-辽西省 | Fb 内蒙古东部省 |
|---|---|---|---|
| 植被 | 植被类型 1 | 温带丛生禾草典型草原（++++） | 温带丛生禾草典型草原（+++++） |
| | 植被类型 2 | 温带禾草、杂类草草甸草原（+++） | 人工植被（++） |
| | 植被类型 3 | 温带落叶阔叶林（+） | 温带丛生矮禾草、矮半灌木荒漠草原（+） |
| | 植被类型 4 | 温带落叶灌丛（+） | 温带半灌木、矮半灌木荒漠（+） |
| 动物 | 动物群 | 森林草原、草甸草原动物群 | 干草原动物群 |
| | 代表物种 | 达乌尔猬、雪兔、中鼩鼱、根田鼠、小鸥、泽鹬、红尾歌鸲、灰背隼、岩栖蝮、极北蝰、黑龙江草蜥、东北雨蛙 | 麝鼹、草原兔尾鼠、帕氏鼠兔、穗鵙、蒙古百灵、黄爪隼、短趾雕、中介蝮、变色沙蜥、丽斑麻蜥、草原沙蜥、黑眶蟾蜍、中华蟾蜍、北方狭口蛙、黑斑侧褶蛙 |

### 1. 呼伦贝尔–辽西省（Ⅰ3Fa）

（1）概况

呼伦贝尔–辽西省的范围包括内蒙古东北部，以洪积、冲积平原和侵蚀平原地貌为主，海拔主要为 500～1000 m，主要分布有森林草原、草甸草原动物群。

（2）气候

呼伦贝尔–辽西省属于中温带大陆性气候，年均气温–5～4 ℃，夏季（6～8 月）平均气温 14～19 ℃，冬季（12～2 月）平均气温–26～–13 ℃；年均降水量 190～480 mm，雨季降水量 130～320 mm，旱季降水量 0～20 mm（图 3-50）。

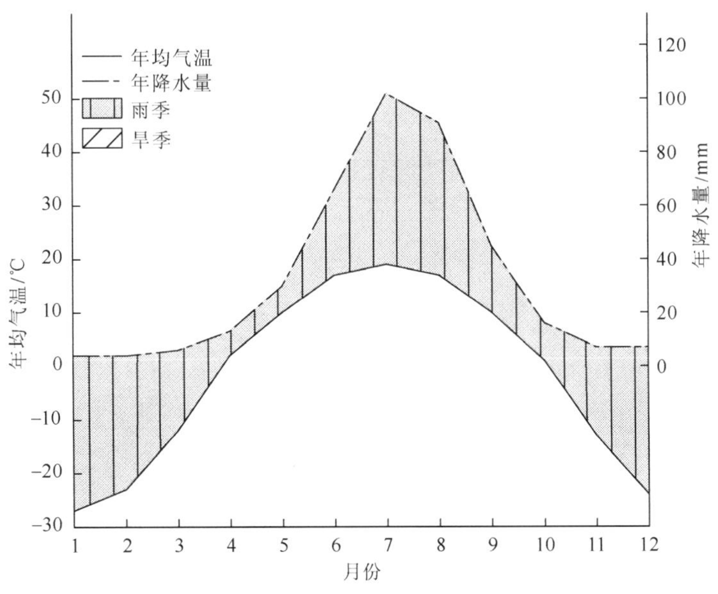


图 3-50 牙克石（121°28′E，49°19′N）气候图

（3）土壤

呼伦贝尔–辽西省的地带性土壤是栗钙土和黑钙土，还零星分布有草甸土。

栗钙土主要分布于大部分的呼伦贝尔草原，黑钙土主要分布于大兴安岭西部的山前台地，草甸土主要分布于海拉尔河和呼伦湖等沿岸的湖积、冲积平原。

（4）植被

呼伦贝尔-辽西省以温带丛生禾草典型草原（羊草、丛生禾草典型草原；大针茅草原；克氏针茅草原）为主要植被类型，约占 38%；其次为温带禾草、杂类草草甸草原（线叶菊、禾草、杂类草草甸草原；羊草、杂类草草甸草原；贝加尔针茅、杂类草草甸草原），约占 21%；还分布有温带落叶阔叶林和温带落叶灌丛等植被类型。

（5）陆生脊椎动物

呼伦贝尔-辽西省共记录陆生脊椎动物 27 目 81 科 335 种（表 3-36）。

**表 3-36　呼伦贝尔-辽西省陆生脊椎动物种类组成**

| 纲 | | 目 | 科 | 种 |
|---|---|---|---|---|
| 两栖类 | | 2 | 5 | 7 |
| 爬行类 | | 1 | 4 | 8 |
| 鸟类 | 繁殖鸟 | 19 | 55 | 217 |
| | 非繁殖鸟 | 6 | 17 | 46 |
| 哺乳类 | | 5 | 15 | 57 |
| 总计 | | 27 | 81 | 335 |

两栖类：东北雨蛙（*Hyla ussuriensis*）等；

爬行类：丽斑麻蜥（*Eremias argus*）、草原沙蜥（*Phrynocephalus frontalis*）、岩栖蝮（*Gloydius saxatilis*）等；

鸟类：小鸥（*Larus minutus*）、泽鹬（*Tringa stagnatilis*）、红尾歌鸲（*Luscinia sibilans*）、灰背隼（*Falco columbarius*）、绿翅鸭（*Anas crecca*）、银鸥（*Larus argentatus*）、红喉潜鸟（*Gavia stellata*）、翘鼻麻鸭（*Tadorna tadorna*）、白枕鹤（*Grus vipio*）、灰鹤（*Grus grus*）、黄雀（*Carduelis spinus*）、田鸫（*Turdus pilaris*）、红嘴鸥（*Larus ridibundus*）、绿头鸭（*Anas platyrhynchos*）等；

哺乳类：达乌尔猬（*Hemiechinus dauuricus*）、布氏毛足田鼠（*Lasiopodonmys brandti*）、达乌尔鼠兔（*Ochotona daurica*）、狭颅田鼠（*Microtus gregalis*）、棕色毛足田鼠（*Lasiopodonmys mandarinus*）、莫氏田鼠（*Microtus maximowiczii*）、雪兔（*Lepus timidus*）、中鼩鼱（*Sorex caecutiens*）、根田鼠（*Microtus oeconomus*）、小鼩鼱（*Sorex minutus*）、东北鼢鼠（*Myospalax psilurus*）、达乌尔黄鼠（*Spermophilus dauricus*）、东方田鼠（*Microtus fortis*）、伶鼬（*Mustela nivalis*）等；

（6）自然保护区

呼伦贝尔-辽西省已建立国家级自然保护区 8 个，分别是塞罕坝、高格斯台罕乌拉、赛罕乌拉、特金罕山、红花尔基樟子松林、辉河、达赉湖和古日格斯台国家级自然保护区（图 3-51）。

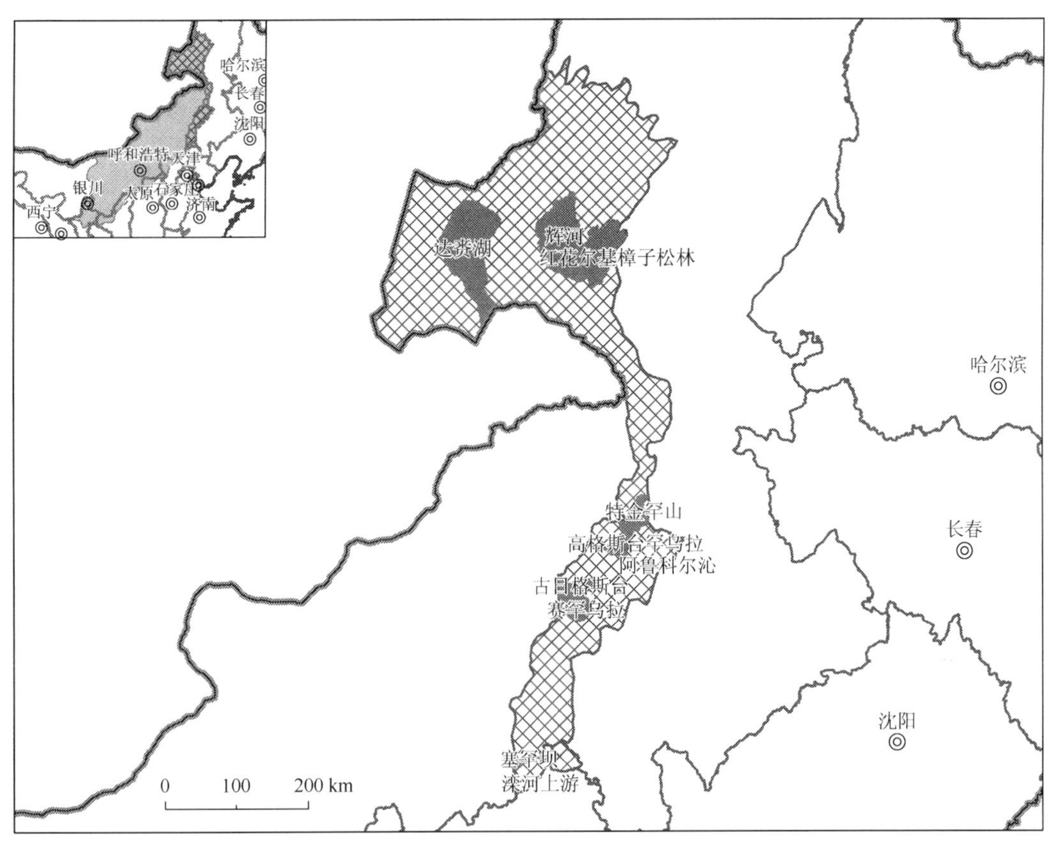


图 3-51 呼伦贝尔-辽西省主要自然保护区分布图

(7) 生态地理单元划分

呼伦贝尔-辽西省共划分为 3 个生态地理单元（图 3-52、表 3-37）：

Ⅰ3Fa01 大兴安岭西麓；

Ⅰ3Fa02 呼伦贝尔；

Ⅰ3Fa03 内蒙古高原东部山地。

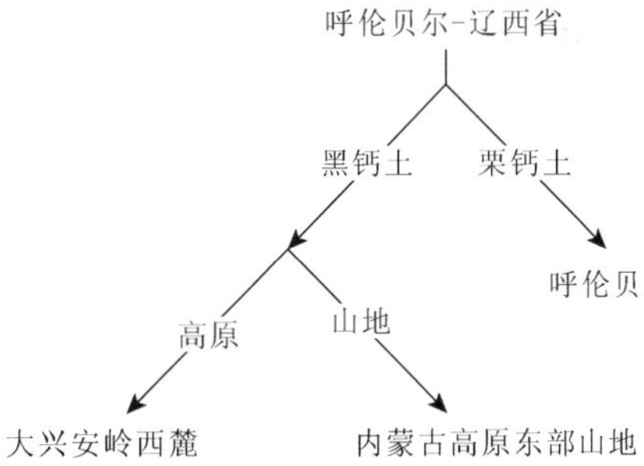

大兴安岭西麓（Ⅰ3Fa01）位于内蒙古东北部大兴安岭与呼伦贝尔草原的过渡带，以高原地形为主，地势平缓，海拔为 700～1300 m，主要的土壤类型是黑钙土，以温带禾草、杂类草草甸草原为主要植被类型。

呼伦贝尔（Ⅰ3Fa02）位于内蒙古呼伦贝尔草原地区，海拔为 500～800 m，主要的土壤类型是栗钙土，以温带丛生禾草典型草原为主要植被类型。



图 3-52 呼伦贝尔-辽西省各生态地理单元关系图

内蒙古高原东部山地（Ⅰ3Fa03）位于内蒙古东部草原和大兴安岭的交界处，以山地地形为主，海拔在 800 m 以上，主要的土壤类型是黑钙土，主要植被类型是温带落叶灌丛和温带禾草、杂类草草甸草原。

表 3-37　呼伦贝尔–辽西省 3 个生态地理单元生态因子与动物比较

| 生态地理单元 | | Fa01 大兴安岭西麓 | Fa02 呼伦贝尔 | Fa03 内蒙古高原东部山地 |
|---|---|---|---|---|
| 概况 | 地貌 | 侵蚀平原；侵蚀山地 | 湖积、冲积平原；侵蚀平原 | 侵蚀山地；干燥剥蚀山地 |
| | 海拔 | 700～1300 m | 500～800 m | 800～1800 m |
| | 土壤 | 黑钙土 | 栗钙土 | 黑钙土 |
| | 水系 | 海拉尔河 | 海拉尔河 | 西辽河 |
| 气候 | 平均气温 | –5～0 ℃ | –2～1 ℃ | –1～4 ℃ |
| | 夏季均温 | 14～17 ℃ | 17～19 ℃ | 14～19 ℃ |
| | 冬季均温 | –26～–19 ℃ | –24～–18 ℃ | –19～–13 ℃ |
| | 年降水量 | 360～480 mm | 190～370 mm | 380～480 mm |
| | 雨季降水量 | 250～320 mm | 130～260 mm | 270～320 mm |
| | 旱季降水量 | 10～20 mm | 0～10 mm | 10 mm |
| 植被 | 植被类型 1 | 温带禾草、杂类草草甸草原（+++++） | 温带丛生禾草典型草原（+++++） | 温带落叶灌丛（+++） |
| | 优势群系 1 | 线叶菊、禾草、杂类草草甸草原 | 羊草、丛生禾草典型草原 | 虎榛子灌丛+绣线菊灌丛 |
| | 优势群系 2 | 羊草、杂类草草甸草原 | 大针茅草原 | 虎榛子灌丛 |
| | 植被类型 2 | 温带禾草、杂类草草甸（++） | 温带禾草、杂类草草甸草原（+） | 温带禾草、杂类草草甸草原(++） |
| | 优势群系 1 | 地榆、裂叶蒿、日荫菅草、禾草草甸 | 羊草、杂类草草甸草原 | 线叶菊、禾草、杂类草草甸草原 |
| | 优势群系 2 | 小白花地榆、金莲花、禾草草甸 | 线叶菊、禾草、杂类草草甸草原 | 贝加尔针茅、杂类草草甸草原 |
| 动物群 | | 山地草原动物群 | 典型草甸草原动物群 | 山地林灌、草甸动物群 |

## 2. 内蒙古东部省（Ⅰ3Fb）

（1）概况

内蒙古东部省的范围包括内蒙古东部及宁夏、陕西、山西和河北的北部，以干燥剥蚀高原地貌为主，海拔主要为 1000～1500 m，主要分布有干草原动物群。

（2）气候

内蒙古东部省属于中温带大陆性气候，年均气温–1～9 ℃，夏季（6～8 月）平均气温 15～23 ℃，冬季（12～2 月）平均气温–21～–5 ℃；年均降水量 110～470 mm，雨季降水量 70～300 mm，旱季降水量 20 mm 以下（图 3-53）。

（3）土壤

内蒙古东部省的地带性土壤类型是栗钙土、黑钙土和棕钙土，还分布有少量风沙土。

栗钙土主要分布于大兴安岭以西、阴山以东的大部地区，是温带半干旱气候、干草原自然植被下发育的土壤。土壤具有较明显的腐殖质累积和石灰的淋溶淀积过程，并多存在弱度的石膏化和盐化过程。

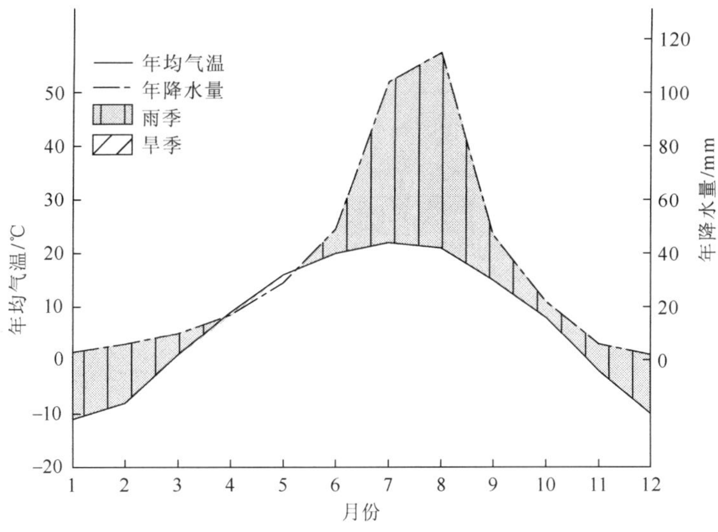


图 3-53　呼和浩特（111°48′E，40°50′N）气候图

棕钙土主要分布于狼山和鄂尔多斯高原一带，是温带荒漠草原植被下发育的土壤。棕钙土的形成以草原土壤腐殖质积累作用和钙积作用为主，并有荒漠成土过程的部分特点；自然植被组成趋于旱化，生物量低，土壤腐殖质积累作用弱，有机质含量低，钙积作用强。

黑钙土主要分布于大兴安岭西麓，风沙土主要分布于浑善达克沙地、库布齐沙漠和毛乌素沙地等区域。

（4）植被

内蒙古东部省以温带丛生禾草典型草原（戈壁针茅荒漠草原+石生针茅荒漠草原；沙蒿、禾草草原；大针茅草原）为主要植被类型，约占 52%；其次为人工植被，约占 15%；还分布有温带丛生矮禾草、矮半灌木荒漠草原和温带半灌木、矮半灌木荒漠等植被类型。

（5）陆生脊椎动物

内蒙古东部省共记录陆生脊椎动物 25 目 79 科 321 种（表 3-38）。

**表 3-38　内蒙古东部省陆生脊椎动物种类组成**

| 纲 | | 目 | 科 | 种 |
|---|---|---|---|---|
| 两栖类 | | 1 | 3 | 6 |
| 爬行类 | | 1 | 4 | 15 |
| 鸟类 | 繁殖鸟 | 16 | 51 | 179 |
| | 非繁殖鸟 | 8 | 24 | 52 |
| 哺乳类 | | 5 | 14 | 69 |
| 总计 | | 25 | 79 | 321 |

两栖类：花背蟾蜍（*Bufo raddei*）、中国林蛙（*Rana chensinensis*）、黑斑侧褶蛙（*Pelophylax nigromaculatus*）等；

爬行类：草原沙蜥（*Phrynocephalus frontalis*）、丽斑麻蜥（*Eremias argus*）、变色沙蜥（*Phrynocephalus versicolor*）、中介蝮（*Gloydius intermedius*）、密点麻蜥（*Eremias multiocellata*）、棕黑锦蛇（*Elaphe schrenckii*）、荒漠麻蜥（*Eremias przewalskii*）、黄脊游蛇（*Coluber spinalis*）、荒漠沙蜥（*Phrynocephalus przewalskii*）、花条蛇（*Psammophis lineolatus*）等；

鸟类：短趾雕（*Circaetus gallicus*）、大天鹅（*Cygnus cygnus*）、大鸨（*Otis tarda*）、黄爪隼（*Falco naumanni*）、蒙古百灵（*Melanocorypha mongolica*）、穗䳭（*Oenanthe oenanthe*）、草原雕（*Aquila nipalensis*）、白顶䳭（*Oenanthe pleschanka*）、毛腿沙鸡（*Syrrhaptes paradoxus*）、白背矶鸫（*Monticola saxatilis*）、遗鸥（*Larus relictus*）、厚嘴苇莺（*Acrocephalus aedon*）、凤头麦鸡（*Vanellus vanellus*）、黄鹡鸰（*Motacilla flava*）等；

哺乳类：帕氏鼠兔（*Ochotona pallasi*）、长爪沙鼠（*Meriones unguiculatus*）、布氏毛足田鼠（*Lasiopodonmys brandti*）、草原鼢鼠（*Myospalax aspalax*）、达乌尔鼠兔（*Ochotona daurica*）、短尾仓鼠（*Allocricetulus eversmanni*）、黄羊（*Procapra gutturosa*）、草原兔尾鼠（*Lagurus lagurus*）、麝鼹（*Scaptochirus moschatus*）、棕色毛足田鼠（*Lasiopodonmys mandarinus*）、鼹形田鼠（*Ellobius tancrei*）、小毛足鼠（*Phodopus roborovskii*）等。

（6）自然保护区

内蒙古东部省已建立国家级自然保护区 14 个，分别是泥河湾、内蒙古大青山、白音敖包、达里诺尔、鄂尔多斯遗鸥、鄂托克恐龙遗迹化石、西鄂尔多斯、哈腾套海、乌拉特梭梭林-蒙古野驴、锡林郭勒草原、灵武白芨滩、哈巴湖、宁夏罗山和沙坡头国家级自然保护区（图 3-54）。

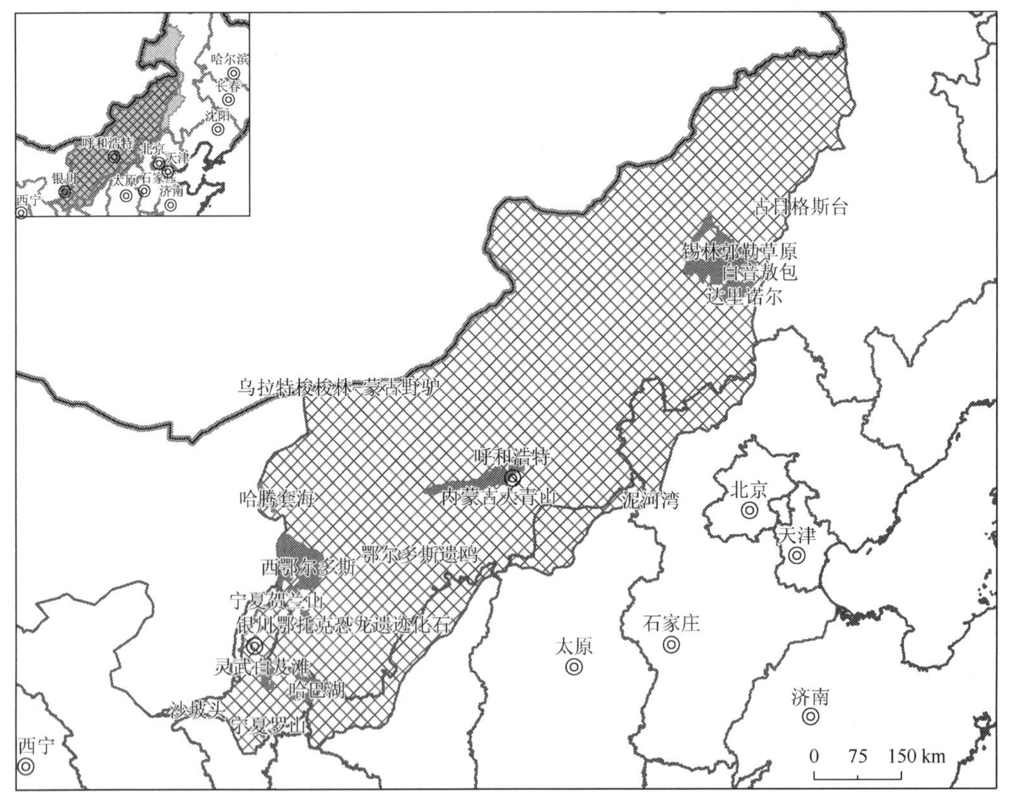


图 3-54　内蒙古东部省主要自然保护区分布图

（7）生态地理单元划分

内蒙古东部省共划分为8个生态地理单元（图3-55、表3-39）：

Ⅰ3Fb01 内蒙古高原东部草原；

Ⅰ3Fb02 阴山北部草原；

Ⅰ3Fb03 阴山南坡平原；

Ⅰ3Fb04 河套平原；

Ⅰ3Fb05 鄂尔多斯高原；

Ⅰ3Fb06 陕北高原西北部；

Ⅰ3Fb07 宁夏平原；

Ⅰ3Fb08 鄂尔多斯台地。

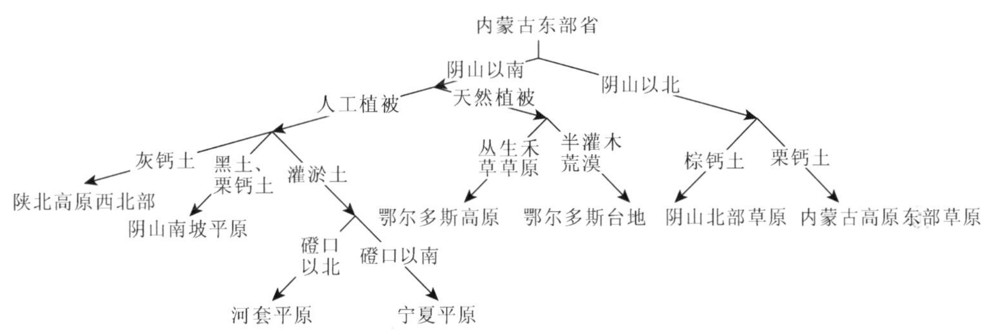


图3-55 内蒙古东部省各生态地理单元关系图

内蒙古东部省以阴山山脉为界分为南北两部分，南部为外流区，属黄河、海河水系，地貌以流水侵蚀为主；北部为内流区，河流稀少，地貌以风力侵蚀为主。

内蒙古高原东部草原（Ⅰ3Fb01）和阴山北部草原（Ⅰ3Fb02）位于阴山以北，以高原地形为主，海拔为900～1800 m。阴山北部草原的主要土壤类型为栗钙土和棕钙土，以温带丛生禾草典型草原植被为主；内蒙古高原东部草原的主要土壤类型为栗钙土和风沙土，以温带丛生禾草典型草原植被为主。

阴山南坡平原（Ⅰ3Fb03）、河套平原（Ⅰ3Fb04）和宁夏平原（Ⅰ3Fb07）同为平原地形，由于历史上的农垦，以人工植被为主要植被类型。宁夏平原和河套平原的土壤是经人为改造后的灌淤土，二者大体以磴口作为分界线，以南为宁夏平原，以北为河套平原。阴山南坡平原位于内蒙古与山西的交界，地势平坦，海拔为 1000～2100 m。主要的土壤类型为黑钙土、栗钙土和绵土，主要的原生植被类型为温带丛生禾型草原。

鄂尔多斯高原（Ⅰ3Fb05）和鄂尔多斯台地（Ⅰ3Fb08）均位于阴山以南，主要为温带大陆性气候，以天然植被为主。鄂尔多斯高原位于内蒙古南部，与宁夏、陕西和山西接壤，海拔为 1000～1500 m。主要土壤类型为栗钙土和风沙土，主要植被类型为温带丛生禾草典型草原植被。鄂尔多斯台地位于宁夏和陕西的交界处，海拔在1200 m以上，主要的土壤类型为灰钙土，以温带半灌木、矮半灌木荒漠植被为主。

陕北高原西北部（Fb06）位于黄土高原和鄂尔多斯高原的过渡区域，以侵蚀黄土丘陵地貌为主，海拔1400～1900 m，主要植被类型是人工植被和温带丛生禾草典型草原。

表 3-39 内蒙古东部省 7 个生态地理单元生态因子与动物群

| 生态地理单元 | | Fb01 内蒙古高原东部草原 | Fb02 阴山北部草原 | Fb03 阴山南坡平原 | Fb04 河套平原 | Fb05 鄂尔多斯高原 | Fb06 陕北高原西北部 | Fb07 宁夏平原 | Fb08 鄂尔多斯台地 |
|---|---|---|---|---|---|---|---|---|---|
| 概况 | 地貌 | 干燥剥蚀高原；沙丘覆盖平原；干燥剥蚀丘陵 | 干燥剥蚀高原 | 洪积、冲积平原；侵蚀丘陵；熔岩台地 | 冲积平原 | 沙丘覆盖平原；干燥剥蚀高原 | 侵蚀黄土丘陵 | 冲积平原 | 侵蚀黄土丘陵；干燥剥蚀高原 |
| | 海拔 | 900～1800 m | 1000～1700 m | 1000～2100 m | 1000～2100 m | 1000～1500 m | 1400～1900 m | 1100～1900 m | 1200～2000 m |
| | 土壤 | 栗钙土和风沙土 | 栗钙土和棕钙土 | 黑钙土、栗钙土和绵土 | 灌淤土 | 栗钙土和风沙土 | 灰钙土 | 灌淤土 | 灰钙土 |
| | 水系 | 内蒙古内流区 | 内蒙古内流区 | 海河、黄河 | 黄河 | 鄂尔多斯内流区 | 洛河、泾河 | 黄河 | 洛河、泾河 |
| 气候 | 平均气温 | -1～4 ℃ | 1～5 ℃ | 1～6 ℃ | 3～8 ℃ | 5～8 ℃ | 6～8 ℃ | 7～9 ℃ | 6～9 ℃ |
| | 夏季均温 | 16～20 ℃ | 18～21 ℃ | 15～21 ℃ | 17～23 ℃ | 19～22 ℃ | 18～21 ℃ | 20～22 ℃ | 18～21 ℃ |
| | 冬季均温 | -21～-12 ℃ | -19～-12 ℃ | -15～-10 ℃ | -13～-8 ℃ | -11～-7 ℃ | -8～-6 ℃ | -7～-5 ℃ | -8～-5 ℃ |
| | 年降水量 | 210～420 mm | 140～240 mm | 260～470 mm | 110～230 mm | 160～430 mm | 310～420 mm | 180～230 mm | 210～330 mm |
| | 雨季降水量 | 140～280 mm | 90～160 mm | 170～300 mm | 70～150 mm | 110～280 mm | 180～260 mm | 110～140 mm | 130～200 mm |
| | 旱季降水量 | 10 mm | 0～10 mm | 10～20 mm | 0～10 mm | 0～10 mm | 10 mm | 0～10 mm | 0～10 mm |
| 植被 | 植被类型 1 | 温带从生禾草典型草原（+++++） | 温带从生禾草典型草原（+++++） | 人工植被（+++++） | 人工植被（+++++） | 温带从生禾草典型草原（+++++） | 人工植被（+++++） | 人工植被（+++++） | 温带半灌木、矮半灌木荒漠（++++） |
| | 优势群系 1 | 大针茅草原 | 戈壁针茅荒漠草原 | 春小麦、莜麦、荞麦、马铃薯 | 春小麦、水稻、大豆 | 沙蒿、禾草草原 | 春小麦、水稻、大豆 | 春小麦、水稻、大豆 | 黑沙蒿（油蒿）荒漠 |
| | 优势群系 2 | 克氏针茅草原 | 石生针茅荒漠草原 | 春小麦、水稻、大豆 | | 沙蓬、雾水藜、虫实沙地先锋植物群落 | 春小麦、莜麦、荞麦、马铃薯 | | 红砂荒漠 |
| | 植被类型 2 | 人工植被（++） | 温带半灌木、矮半灌木荒漠（++） | 温带从生禾草典型草原（+++） | 温带多汁盐生矮半灌木荒漠（+++） | 人工植被（+） | 温带从生禾草典型草原（++++） | 温带半灌木、矮半灌木荒漠（+++） | 温带从生矮禾草、矮半灌木荒漠草原（+++） |
| | 优势群系 1 | 春小麦、莜麦、荞麦、马铃薯 | 红砂荒漠 | 铁杆蒿、禾草草原 | 盐爪爪荒漠 | 春小麦、水稻、大豆 | 沙蓬、雾水藜、虫实沙地先锋植物群落 | 红砂砾漠 | 短花针茅荒漠草原 |
| | 优势群系 2 | 春小麦、水稻、大豆 | 红砂沙漠 | 克氏针茅草原 | | 春小麦、莜麦、荞麦、马铃薯 | 长芒草草原 | 籽蒿荒漠+黑沙蒿荒漠 | 亚菊、矮禾草荒漠草原 |
| 动物群 | | 干草原动物群 | 干草原、荒漠动物群 | 平原农田、草原动物群 | 平原农田、荒漠动物群 | 干草原、荒漠动物群 | 高原农田、草原动物群 | 平原农田动物群 | 温带荒漠动物群 |

## （二）西部荒漠亚区（Ⅰ3G）

西部荒漠亚区包括 6 个动物地理省 20 个生态地理单元（图 3-56、表 3-40），范围包括阿拉善高原、河西走廊、哈顺戈壁、塔里木盆地和准噶尔盆地等。

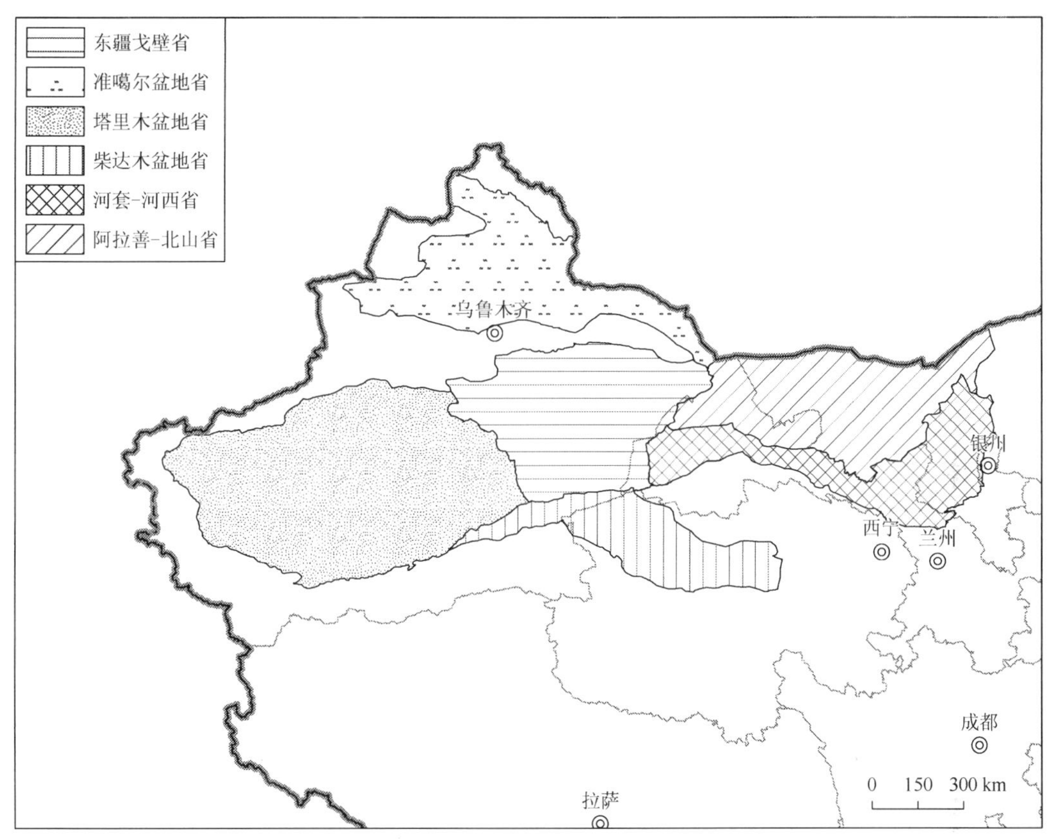


图 3-56 西部荒漠亚区图

本亚区属于中温带和暖温带大陆性荒漠气候，年均降水量 10～230 mm，年均温–1.0～14.4 ℃，极端高温 41.3 ℃，极端低温–31.4 ℃，≥0 ℃年积温为 1700～5700 ℃。

本亚区主要地貌类型有中海拔风积地貌、干燥洪积平原、丘陵和低海拔冲积平原。主要的土壤有灰棕漠土、风沙土、棕钙土和盐土等。其在成土过程中主要表现为钙化作用、石膏化与盐化作用、弱的铁质化作用，同时风成作用相当明显，具有多孔状的荒漠结皮层、腐殖质含量低、石灰含量高的特点。故其地带性植被类型主要为温带半灌木、矮半灌木荒漠（合头草荒漠+籽蒿荒漠）和温带灌木荒漠（塔里木沙拐枣荒漠+膜果麻黄荒漠+多枝柽柳荒漠），此外还有约 45 万 $km^2$ 以流动沙丘为主的沙漠地带。

其动物区系以中亚型和古北型为主。此外，为适应极端干旱的自然条件，保持水分收支平衡，区内的动物均具备抗旱的能力，其形态或生态适应高度专化。啮齿类的三趾心颅跳鼠（*Salpingotus kozlovi*）、长耳跳鼠（*Euchoreutes naso*）、小五趾跳鼠（*Allactaga elater*）、羽尾跳鼠（*Stylodipus telum*）、柽柳沙鼠（*Meriones tamariscinus*）

表 3-40　西部荒漠亚区 6 个动物地理省代表动物与生态因子比较

| 动物地理省 | | Ga 河套-河西省 | Gb 阿拉善-北山省 | Gc 东疆戈壁省 | Gd 准噶尔盆地省 | Ge 塔里木盆地省 | Gf 柴达木盆地省 |
|---|---|---|---|---|---|---|---|
| 概况 | 位置 | 内蒙古西部及甘肃西北部 | 内蒙古西部及甘肃西北部 | 新疆东部 | 新疆北部 | 新疆中部 | 青海西北部 |
| | 地貌 | 洪积、冲积平原和洪积倾斜平原 | 沙丘覆盖平原 | 干燥剥蚀高原 | 沙丘覆盖平原和冲积平原 | 沙丘覆盖平原 | 湖积、洪积、冲积平原 |
| | 海拔 | 1000～4200 m | 900～2300 m | 100～3100 m | 200～2500 m | 900～3200 m | 2700～5300 m |
| | 土壤 | 灰棕漠土、风沙土、灌淤土 | 灰棕漠土、风沙土、栗钙土 | 棕钙土、灰漠土、盐土 | 灰棕漠土、棕钙土、风沙土、灰漠土 | 风沙土、草甸土、盐土 | 灰棕漠土、棕漠土、盐土 |
| 气候 | 气候类型 | 暖温带大陆性气候 | 中温带大陆性气候 | 暖温带大陆性气候 | 中温带大陆性气候 | 暖温带大陆性气候 | 温带荒漠气候 |
| | 平均气温 | −3～10 ℃ | 2～9 ℃ | 2～14 ℃ | 1～10 ℃ | 3～13 ℃ | −8～5 ℃ |
| | 夏季均温 | 7～24 ℃ | 16～25 ℃ | 15～31 ℃ | 15～26 ℃ | 16～26 ℃ | 4～17 ℃ |
| | 冬季均温 | −14～−6 ℃ | −12～−7 ℃ | −12～−5 ℃ | −17～−9 ℃ | −13～−2 ℃ | −20～−8 ℃ |
| | 年降水量 | 20～500 mm | 40～130 mm | 20～150 mm | 30～300 mm | 20～180 mm | 20～280 mm |
| | 雨季降水量 | 20～290 mm | 20～90 mm | 10～80 mm | 20～140 mm | 20～100 mm | 20～160 mm |
| | 旱季降水量 | 0～10 mm | 0 mm | 0～10 mm | 0～30 mm | 0～10 mm | 0～20 mm |
| 植被 | 植被类型 1 | 温带半灌木、矮半灌木荒漠（+++++） | 温带半灌木、矮半灌木荒漠（+++++） | 温带灌木荒漠（++++） | 温带半灌木、矮半灌木荒漠（+++++） | 无植被地段（+++++） | 无植被地段（+++++） |
| | 植被类型 2 | 温带灌木荒漠（++） | 温带灌木荒漠（+++） | 无植被地段（++++） | 温带矮半乔木荒漠（++++） | 温带灌木荒漠（++） | 温带半灌木、矮半灌木荒漠（+++） |
| | 植被类型 3 | 人工植被（+） | 温带矮半乔木荒漠（+） | 温带半灌木、矮半灌木荒漠（++） | 温带灌木荒漠（+） | 温带半灌木、矮半灌木荒漠（++） | 温带禾草、杂类草盐生草甸（+） |
| | 植被类型 4 | 温带从生禾草典型草原（+） | 温带草原化灌木荒漠（+） | 温带禾草、杂类草草甸（−） | 温带从生矮禾草、矮半灌木荒漠草原（−） | 温带禾草、杂类草草甸（+） | 温带灌木荒漠（+） |
| 动物 | 动物群 | 半荒漠、农田动物群 | 荒漠动物群 | 戈壁荒漠动物群 | 中温带荒漠动物群 | 暖温带荒漠动物群 | 高原荒漠动物群 |
| | 代表物种 | 红耳鼠兔、长爪沙鼠、高山鼠兔、白眉山雀、红喉歌鸲、疣鼻天鹅、西域滑蜥、隐耳漠虎、山地麻蜥、乌梢蛇、黑斑侧褶蛙 | 沙狐、小毛足鼠、大沙鼠、短耳沙鼠、蒙古百灵、遗鸥、贺兰山岩鹨、快步麻蜥、荒漠沙蜥、东方沙蟒、长弯脚虎 | 子午沙鼠、红腹红尾鸲、沙色朱雀、新疆漠虎、喜山岩蜥、荒漠麻蜥、叶城沙蜥 | 河狸、小五趾跳鼠、红胸鸻、柳雷鸟、灰山鹑、云石斑鸭、奇台沙蜥、旱地沙蜥、敏麻蜥、乌拉尔沙蜥、中亚侧褶蛙、阿尔泰林蛙 | 帕米尔松田鼠、漠猫、天山黄鼠、东方叽喳柳莺、红背伯劳、中亚鸽、中亚夜鹰、宽鼻沙蜥、草原蜥、塔里木蟾蜍 | 高原松田鼠、大耳鼠兔、雪豹、白斑翅拟蜡嘴雀、大石鸡、卷羽鹈鹕、青海沙蜥、高原蝮、西藏蟾蜍、西藏齿突蟾 |

和短耳沙鼠（*Brachiones przewalskii*）等小型动物具有耐旱的生理特点，能直接自植物体中取得水分和依靠特殊的代谢方式获得所需的水分，并在减少水分消耗方面有一系列的生理生态适应机制（张荣祖，2011）。有蹄类的野双峰驼（*Camelus ferus*）、普氏原羚（*Procapra przewalskii*）和鹅喉羚（*Gazella subgutturosa*）具有长途跋涉及奔跑的能力，并能依靠灵敏的嗅觉识别远处水源飘来的水汽去寻找水源。许多蛇类、蜥蜴类营穴居生活，在白天高温时躲在荫蔽处或洞穴中休憩，减少水分消耗，入夜后出来啃食多汁植物或捕食其他动物而获得水分。此外，本亚区内的许多哺乳类、鸟类及爬行类均为浅色，利于反射阳光，少吸收热量。

本亚区蜥蜴的种类和数量都尤为丰富（表 3-41），亚区内的荒漠地带很可能是沙蜥属（*Phrynocephalus*）的起源中心（赵肯堂，1997）。据王跃招等（1993）对我国分布的沙蜥分类，本亚区是低海拔干旱荒漠种群组沙蜥的主要分布区，分布有荒漠沙蜥（*Phrynocephalus przewalskii*）、草原沙蜥（*Phrynocephalus frontalis*）、叶城沙蜥（*Phrynocephalus axillaris*）、奇台沙蜥（*Phrynocephalus grumgrzimailoi*）、白条沙蜥（*Phrynocephalus albolineatus*）、变色沙蜥（*Phrynocephalus versicolor*）、大耳沙蜥（*Phrynocephalus mystaceus*）等。这些沙蜥与分布于青藏高原的高寒荒漠种群组沙蜥基本沿 300～400 mm 等降水量线分离，前者沿旱化方向，适应荒漠、半荒漠生态环境，主要营卵生生殖；后者向高寒环境适应，卵胎生的生殖方式是对高寒环境的适应（李俊等，2010）。麻蜥属（*Eremias*）也是典型的干旱荒漠及半干旱动物（戴鑫等，2006），在我国分布的 8 种麻蜥中，本亚区内就分布有 7 种（表 3-40），分别是丽斑麻蜥（*Eremias argus*）、敏麻蜥（*Eremias arguta*）、山地麻蜥（*Eremias brenchleyi*）、网纹麻蜥（*Eremias grammica*）、密点麻蜥（*Eremias multiocellata*）、荒漠麻蜥（*Eremias przewalskii*）、快步麻蜥（*Eremias velox*）、虫纹麻蜥（*Eremias vermiculata*）。

**表 3-41 西部荒漠亚区典型蜥蜴类物种统计**

| 科 | 属 | 全国分布/种 | 区内分布/种 | 比例/% |
|---|---|---|---|---|
| 壁虎科 Gekkonidae | 漠虎属 *Alsophylax* | 2 | 2 | 100.0 |
| | 弯脚虎属 *Cyrtopodion* | 6 | 3 | 50.0 |
| | 沙虎属 *Teratoscincus* | 2 | 2 | 100.0 |
| 鬣蜥科 Agamidae | 沙蜥属 *Phrynocephalus* | 18 | 11 | 61.1 |
| 蜥蜴科 Lacertidae | 麻蜥属 *Eremias* | 8 | 7 | 87.5 |

### 1. 河套–河西省（Ⅰ3Ga）

（1）概况

河套-河西省的范围包括内蒙古西部及甘肃西北部，以洪积、冲积平原和洪积倾斜平原地貌为主，海拔主要为 1000～2000 m，主要分布有半荒漠、农田动物群。

（2）气候

河套-河西省属于暖温带大陆性气候，年均气温–3～10 ℃，夏季（6～8 月）平均气温

7～24 ℃，冬季（12～2 月）平均气温–14～–6 ℃；年均降水量 20～500 mm，雨季降水量 20～290 mm，旱季降水量 0～10 mm（图 3-57）。

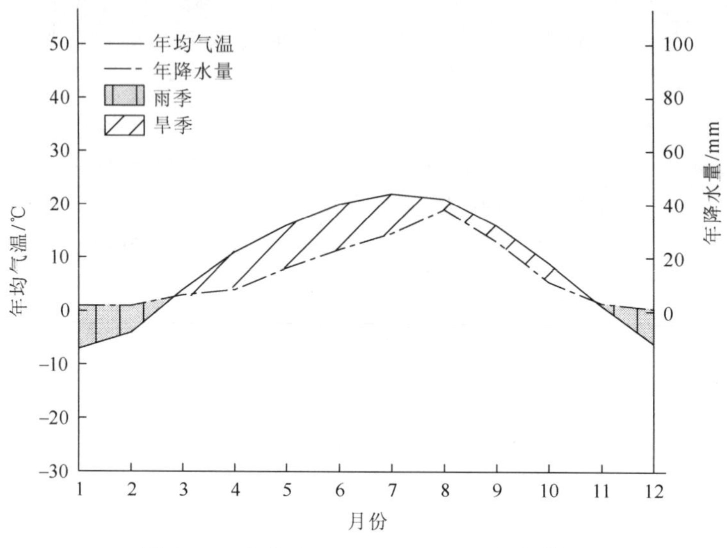


图 3-57　武威（102°42′E，37°47′N）气候图

（3）土壤

河套–河西省主要的土壤类型有灰棕漠土和风沙土，还零星分布有灌淤土和盐土。

灰棕漠土主要分布于河西走廊，风沙土主要分布于腾格里沙漠，盐土主要分布于民勤一带。

灌淤土主要分布于宁夏平原和河套平原一带，是中国半干旱地区平原中的主要土壤，地下水位较浅，水源充沛；因排水条件较差，有次生盐化现象。

（4）植被

河套–河西省以温带半灌木、矮半灌木荒漠（红砂荒漠；籽蒿荒漠；籽蒿荒漠+黑沙蒿荒漠）为主要植被类型，约占 50%；其次为温带灌木荒漠（西伯利亚白刺荒漠；泡泡刺荒漠；齿叶白刺荒漠），约占 17%；还分布有人工植被和温带丛生禾草典型草原等植被类型。

（5）陆生脊椎动物

河套–河西省共记录陆生脊椎动物 25 目 80 科 329 种（表 3-42）。

**表 3-42　河套–河西省陆生脊椎动物种类组成**

| 纲 | | 目 | 科 | 种 |
|---|---|---|---|---|
| 两栖类 | | 1 | 4 | 8 |
| 爬行类 | | 1 | 7 | 27 |
| 鸟类 | 繁殖鸟 | 15 | 45 | 164 |
| | 非繁殖鸟 | 8 | 18 | 35 |
| 哺乳类 | | 6 | 18 | 95 |
| 总计 | | 25 | 80 | 329 |

两栖类：中国林蛙（*Rana chensinensis*）、花背蟾蜍（*Bufo raddei*）等；

爬行类：西域滑蜥（*Scincella przewalskii*）、隐耳漠虎（*Alsophylax pipiens*）、荒漠沙蜥（*Phrynocephalus przewalskii*）、变色沙蜥（*Phrynocephalus versicolor*）、山地麻蜥（*Eremias brenchleyi*）、伊犁沙虎（*Teratoscincus scincus*）、东方沙蟒（*Eryx tataricus*）、虫纹麻蜥（*Eremias vermiculata*）、长弯脚虎（*Cyrtopodion elongatus*）、快步麻蜥（*Eremias velox*）、花条蛇（*Psammophis lineolatus*）等；

鸟类：疣鼻天鹅（*Cygnus olor*）、贺兰山红尾鸲（*Phoenicurus alaschanicus*）、贺兰山岩鹨（*Prunella koslowi*）、漠白喉林莺（*Sylvia minula*）、大石鸡（*Alectoris magna*）、水鹨（*Anthus spinoletta*）、荒漠林莺（*Sylvia nana*）、蒙古百灵（*Melanocorypha mongolica*）、草原雕（*Aquila nipalensis*）、甘肃柳莺（*Phylloscopus kansuensis*）、黄嘴山鸦（*Pyrrhocorax graculus*）、白背矶鸫（*Monticola saxatilis*）、黑顶麻雀（*Passer ammodendri*）、红喉歌鸲（*Luscinia calliope*）等；

哺乳类：黄兔尾鼠（*Lagurus luteus*）、五趾心颅跳鼠（*Cardiocranius paradoxus*）、巨泡五趾跳鼠（*Allactaga bullata*）、小地兔（*Pygeretmus pumilio*）、黄羊（*Procapra gutturosa*）、长耳跳鼠（*Euchoreutes naso*）、小毛足鼠（*Phodopus roborovskii*）、短尾仓鼠（*Allocricetulus eversmanni*）等。

（6）自然保护区

河套-河西省已建立国家级自然保护区 7 个，分别是民勤连古城、张掖黑河湿地、甘肃祁连山、敦煌西湖、敦煌阳关、内蒙古贺兰山和宁夏贺兰山国家级自然保护区（图 3-58）。

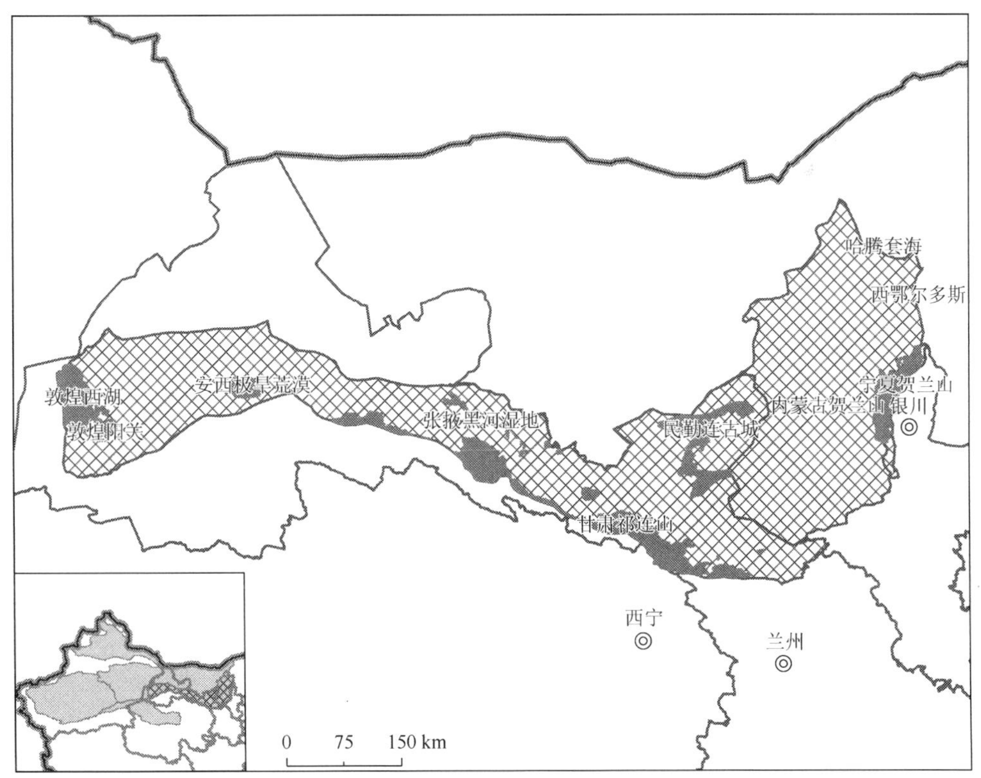


图 3-58 河套-河西省主要自然保护区分布图

（7）生态地理单元划分

河套-河西省共划分为 5 个生态地理单元（图 3-59、表 3-43）：

Ⅰ3Ga01 乌兰布和沙漠；

Ⅰ3Ga02 贺兰山山地；

Ⅰ3Ga03 腾格里沙漠；

Ⅰ3Ga04 河西走廊东段；

Ⅰ3Ga05 河西走廊西段。

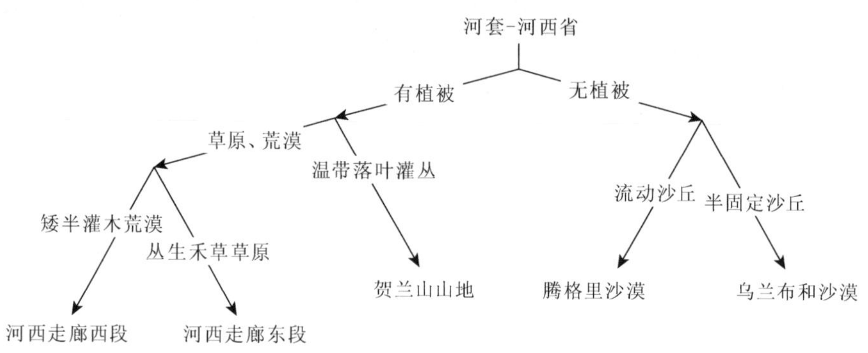


图 3-59　河套-河西省各生态地理单元关系图

乌兰布和沙漠（Ⅰ3Ga01）和腾格里沙漠（Ⅰ3Ga03）位于宁夏回族自治区与内蒙古自治区交界处，海拔为 1000～1700 m，均以沙漠植被为主。乌兰布和沙漠以半固定沙丘为主要的沙漠类型，腾格里沙漠以流动沙丘为主。

贺兰山山地（Ⅰ3Ga02）位于宁夏回族自治区与内蒙古自治区交界处，以山地地形为主，海拔多为 1300～3100 m。贺兰山山地是我国重要的自然地理分界线，它不但是季风气候和非季风气候的分界线，也是我国河流外流区与内流区的分水岭和 200 mm 等降水量线。贺兰山山地垂直自然带较为明显，主要土壤类型为灰钙土，植被从山下到山上依次为荒漠草原—山地草原—山地针叶林—山地灌丛草甸。

河西走廊东段（Ⅰ3Ga04）和河西走廊西段（Ⅰ3Ga05）以甘肃省张掖市为界划分为东西两端。河西走廊东段土壤以灰褐土和黑钙土为主，主要植被类型为温带丛生禾草典型草原；河西走廊西段土壤以栗钙土为主，主要植被类型为温带半灌木、矮半灌木荒漠。

**表 3-43　河套-河西省 5 个生态地理单元生态因子与动物群**

| 生态地理单元 | | Ga01 乌兰布和沙漠 | Ga02 贺兰山山地 | Ga03 腾格里沙漠 | Ga04 河西走廊东段 | Ga05 河西走廊西段 |
|---|---|---|---|---|---|---|
| 概况 | 地貌 | 沙丘覆盖平原 | 侵蚀山地 | 沙丘覆盖平原 | 洪积倾斜平原 | 洪积倾斜平原；冲积平原 |
| | 海拔 | 1000～1700 m | 1300～3100 m | 1200～2300 m | 1500～4200 m | 1100～3800 m |
| | 土壤 | 风沙土 | 灰钙土 | 风沙土 | 灰褐土和黑钙土 | 栗钙土 |
| | 水系 | 河西走廊-阿拉善内流区 | 黄河 | 河西走廊-阿拉善内流区 | 河西走廊-阿拉善内流区 | 河西走廊-阿拉善内流区 |

续表

| 生态地理单元 | | Ga01 乌兰布和沙漠 | Ga02 贺兰山山地 | Ga03 腾格里沙漠 | Ga04 河西走廊东段 | Ga05 河西走廊西段 |
|---|---|---|---|---|---|---|
| 气候 | 平均气温 | 5～9 ℃ | 1～8 ℃ | 5～8 ℃ | −3～8 ℃ | 0～10 ℃ |
| | 夏季均温 | 20～24 ℃ | 13～22 ℃ | 17～23 ℃ | 7～21 ℃ | 13～24 ℃ |
| | 冬季均温 | −11～−8 ℃ | −13～−6 ℃ | −10～−6 ℃ | −14～−7 ℃ | −13～−6 ℃ |
| | 年降水量 | 100～160 mm | 180～300 mm | 100～230 mm | 140～500 mm | 20～130 mm |
| | 雨季降水量 | 60～100 mm | 110～180 mm | 60～140 mm | 90～290 mm | 20～80 mm |
| | 旱季降水量 | 0 mm | 0～10 mm | 0～10 mm | 0～10 mm | 0～10 mm |
| 植被 | 植被类型 1 | 温带半灌木、矮半灌木荒漠（+++++） | 温带半灌木、矮半灌木荒漠（++++） | 温带半灌木、矮半灌木荒漠（+++++） | 温带丛生禾草典型草原（++++） | 温带半灌木、矮半灌木荒漠（+++++） |
| | 优势群系 1 | 红砂荒漠 | 红砂荒漠 | 籽蒿荒漠 | 克氏针茅草原 | 红砂荒漠 |
| | 优势群系 2 | 黑沙蒿（油蒿）荒漠 | 松叶猪毛菜荒漠+红砂荒漠 | 籽蒿荒漠+黑沙蒿（油蒿）荒漠 | 短花针茅、长芒草草原 | 合头草沙漠 |
| | 植被类型 2 | 温带灌木荒漠（++） | 温带落叶灌丛（++） | 温带灌木荒漠（++） | 人工植被（+++） | 温带灌木荒漠（+++） |
| | 优势群系 1 | 泡泡刺荒漠 | 蒙古扁桃灌丛 | 西伯利亚白刺荒漠 | 春小麦、水稻、大豆 | 西伯利亚白刺荒漠 |
| | 优势群系 2 | 西伯利亚白刺荒漠 | 虎榛子灌丛+绣线菊灌丛 | 齿叶白刺荒漠 | 青稞、春小麦、马铃薯、元根、豌豆、油菜 | 蒙古沙拐枣荒漠 |
| 动物群 | | 沙漠动物群 | 山地半荒漠、林灌动物群 | 沙漠动物群 | 半荒漠、农田动物群 | 半荒漠动物群 |

## 2. 阿拉善–北山省（Ⅰ3Gb）

（1）概况

阿拉善–北山省的范围包括内蒙古西部及甘肃西北部，以沙丘覆盖平原地貌为主，海拔主要为 1000～2000 m，主要分布有荒漠动物群。

（2）气候

阿拉善–北山省属于中温带大陆性气候，年均气温 2～9 ℃，夏季（6～8 月）平均气温 16～25 ℃，冬季（12～2 月）平均气温−12～−7 ℃；年均降水量 40～130 mm，雨季降水量 20～90 mm，旱季降水量 0 mm（图 3-60）。

（3）土壤

阿拉善–北山省主要的土壤类型有灰棕漠土、灰漠土和风沙土，还零星分布有栗钙土和棕钙土。

灰棕漠土分布于阿拉善–北山省的大部分地区，是温带荒漠气候条件下在粗骨母质上发育的地带性土壤，有机质含量低，介于灰漠土和棕漠土之间。其成土过程表现为石灰的表聚作用、石膏和易溶性盐的聚积、残积黏化和铁质化作用。腐殖质累积极不明显，土壤呈碱性或强碱性反应。

灰漠土主要分布于狼山和乌兰布和沙漠西侧一带，是在温带荒漠气候条件下发育的土壤，其所处地区热量接近暖温带，水分条件虽不及灰钙土地区好，但比其他漠土更为湿润。该土壤形成的生物气候条件与典型的荒漠气候相比较为优越，既有漠土成土过程的特点，

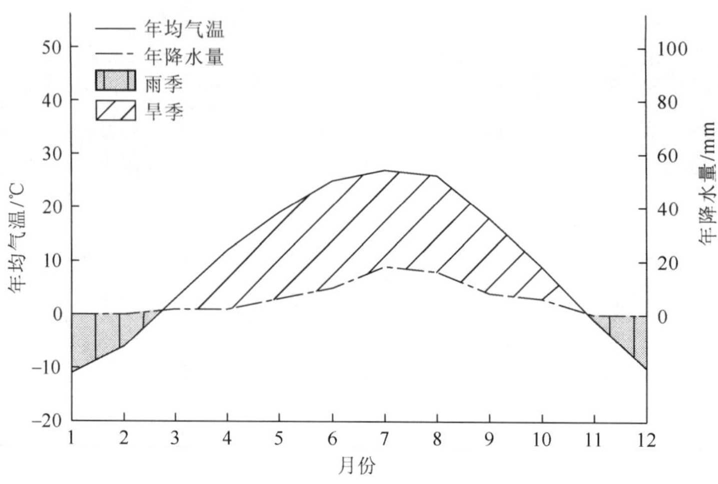


图 3-60　额济纳旗（100°05′E，40°22′N）气候图

又有草原土壤形成过程的雏形，如腐殖质积累过程略有表现，碳酸钙弱度淋溶。

风沙土主要分布于巴丹吉林沙漠，栗钙土和棕钙土主要分布于北山和马鬃山一带。

（4）植被

阿拉善-北山省以温带半灌木、矮半灌木荒漠（红砂荒漠；籽蒿荒漠；合头草荒漠）为主要植被类型，约占 57%；其次为温带灌木荒漠（泡泡刺荒漠；蒙古沙拐枣荒漠；膜果麻黄荒漠），约占 26%；还分布有温带矮半乔木荒漠和温带草原化灌木荒漠等植被类型。

（5）陆生脊椎动物

阿拉善-北山省共记录陆生脊椎动物 25 目 68 科 227 种（表 3-44）。

**表 3-44　阿拉善-北山省陆生脊椎动物种类组成**

| 纲 | | 目 | 科 | 种 |
|---|---|---|---|---|
| 两栖类 | | 1 | 1 | 1 |
| 爬行类 | | 1 | 6 | 15 |
| 鸟类 | 繁殖鸟 | 15 | 42 | 131 |
| | 非繁殖鸟 | 8 | 17 | 34 |
| 哺乳类 | | 6 | 12 | 46 |
| 总计 | | 25 | 68 | 227 |

两栖类：花背蟾蜍（*Bufo raddei*）；

爬行类：长弯脚虎（*Cyrtopodion elongatus*）、东方沙蟒（*Eryx tataricus*）、荒漠沙蜥（*Phrynocephalus przewalskii*）、虫纹麻蜥（*Eremias vermiculata*）、快步麻蜥（*Eremias velox*）、新疆沙虎（*Teratoscincus przewalskii*）、密点麻蜥（*Eremias multiocellata*）、荒漠麻蜥（*Eremias przewalskii*）等；

鸟类：贺兰山岩鹨（*Prunella koslowi*）、遗鸥（*Larus relictus*）、阿尔泰雪鸡（*Tetraogallus altaicus*）、黑顶麻雀（*Passer ammodendri*）、黑尾地鸦（*Podoces hendersoni*）、灰伯劳（*Lanius *excubitor*）、荒漠林莺（*Sylvia nana*）、蒙古百灵（*Melanocorypha mongolica*）、铁嘴沙鸻（*Charadrius leschenaultii*）、黄爪隼（*Falco naumanni*）、大天鹅（*Cygnus cygnus*）、毛腿沙鸡（*Syrrhaptes paradoxus*）、石雀（*Petronia petronia*）、漠白喉林莺（*Sylvia minula*）等；

哺乳类：肥尾心颅跳鼠（*Salpingotus crassicauda*）、短耳沙鼠（*Brachiones przewalskii*）、大沙鼠（*Rhombomys opimus*）、小毛足鼠（*Phodopus roborovskii*）、沙狐（*Vulpes corsac*）、三趾心颅跳鼠（*Salpingotus kozlovi*）、巨泡五趾跳鼠（*Allactaga bullata*）、大耳猬（*Hemiechinus auritus*）、灰仓鼠（*Cricetulus migratorius*）等。

（6）自然保护区

阿拉善-北山省已建立国家级自然保护区 3 个，分别是安西极旱荒漠、哈腾套海和额济纳胡杨林国家级自然保护区（图 3-61）。

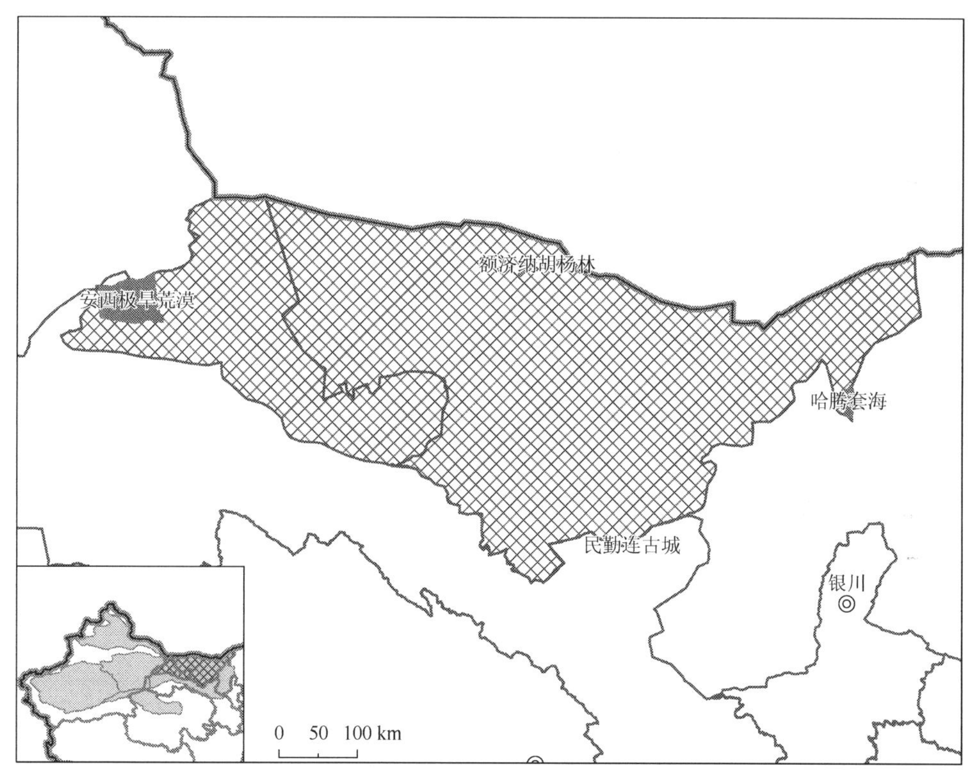


图 3-61 阿拉善-北山省主要自然保护区分布图

（7）生态地理单元划分

阿拉善-北山省共划分为 2 个生态地理单元（图 3-62、表 3-45）：

Ⅰ3Gb01 阿拉善沙漠；

Ⅰ3Gb02 北山山地。

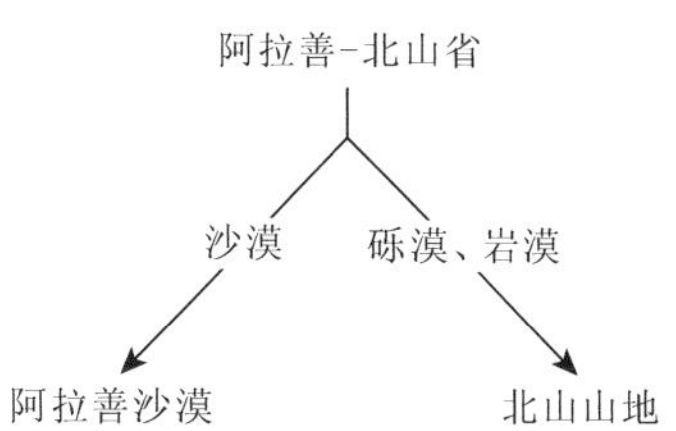


图 3-62 阿拉善-北山省各生态地理单元关系图

阿拉善沙漠（Ⅰ3Gb01）位于内蒙古自治区最西端，沙漠以流动沙丘为主，沙丘西高东低，具有明显的地域差异。

阿拉善沙漠长年降水稀少，地表径流不发育，沙漠中植被较少，动物主要为沙漠动物群。北山山地（Ⅰ3Gb02）位于甘肃西北部，最高峰为马鬃山（2583 m），以砾漠和石漠地被为主，无常年性河流与湖泊，分布有温带半灌木、矮半灌木荒漠。

**表 3-45　阿拉善–北山省 2 个生态地理单元生态因子与动物群**

| 生态地理单元 | | Gb01 阿拉善沙漠 | Gb02 北山山地 |
|---|---|---|---|
| 概况 | 地貌 | 沙丘覆盖平原；干燥剥蚀高原 | 干燥剥蚀高原；洪积、冲积平原 |
| | 海拔 | 900～1800 m | 1200～2300 m |
| | 土壤 | 风沙土 | 灰棕漠土、栗钙土、棕钙土 |
| | 水系 | 河西走廊–阿拉善内流区 | 河西走廊–阿拉善内流区 |
| 气候 | 平均气温 | 5～9 ℃ | 2～9 ℃ |
| | 夏季均温 | 19～25 ℃ | 16～23 ℃ |
| | 冬季均温 | –11～–8 ℃ | –12～–7 ℃ |
| | 年降水量 | 40～130 mm | 50～90 mm |
| | 雨季降水量 | 20～90 mm | 40～60 mm |
| | 旱季降水量 | 0 mm | 0 mm |
| 植被 | 植被类型 1 | 温带半灌木、矮半灌木荒漠（+++++） | 温带半灌木、矮半灌木荒漠（+++++） |
| | 优势群系 1 | 红砂荒漠 | 红砂荒漠 |
| | 优势群系 2 | 籽蒿荒漠 | 短叶假木贼荒漠 |
| | 植被类型 2 | 温带灌木荒漠（+++） | 温带灌木荒漠（+++） |
| | 优势群系 1 | 泡泡刺荒漠 | 泡泡刺荒漠 |
| | 优势群系 2 | 蒙古沙拐枣荒漠 | 膜果麻黄荒漠 |
| 动物群 | | 温带沙漠动物群 | 温带荒漠动物群 |

### 3. 东疆戈壁省（Ⅰ3Gc）

（1）概况

东疆戈壁省的范围包括新疆东部，以干燥剥蚀高原地貌为主，海拔主要为 500～2000 m，主要分布有戈壁荒漠动物群。

（2）气候

东疆戈壁省属于暖温带大陆性气候，年均气温 2～14 ℃，夏季（6～8 月）平均气温 15～31 ℃，冬季（12～2 月）平均气温–12～–5 ℃；年均降水量 20～150 mm，雨季降水量 10～80 mm，旱季降水量 0～10 mm（图 3-63）。

（3）土壤

东疆戈壁省主要的土壤类型有棕漠土和灰棕漠土，还零星分布有盐土。

棕漠土分布在东疆戈壁省的大部分地区，是暖温带极端干旱荒漠气候下发育的土壤类型，其母质为砂砾质洪积物和石质残积物或坡积残积物。灰棕漠土主要分布于艾丁湖至博斯腾湖一带，盐土主要分布于哈密盆地和吐鲁番盆地。

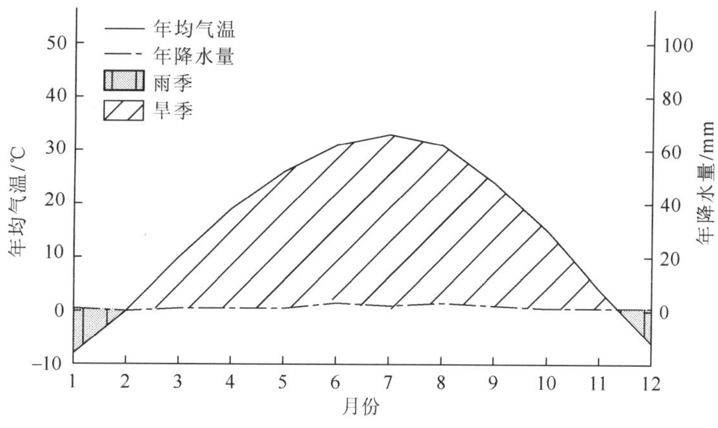


图 3-63 吐鲁番（89°08′E，41°28′N）气候图

（4）植被

东疆戈壁省以温带灌木荒漠（塔里木沙拐枣荒漠+多枝柽柳荒漠+膜果麻黄荒漠；膜果麻黄荒漠；多枝柽柳荒漠）为主要植被类型，约占 38%；其次为无植被地段（沙漠；高山岩屑；裸地），约占 37%；还分布有温带半灌木、矮半灌木荒漠和温带禾草、杂类草草甸等植被类型。

（5）陆生脊椎动物

东疆戈壁省共记录陆生脊椎动物 25 目 67 科 285 种（表 3-46）。

**表 3-46 东疆戈壁省陆生脊椎动物种类组成**

| 纲 | | 目 | 科 | 种 |
|---|---|---|---|---|
| 两栖类 | | 1 | 2 | 4 |
| 爬行类 | | 1 | 5 | 24 |
| 鸟类 | 繁殖鸟 | 17 | 42 | 140 |
| | 非繁殖鸟 | 6 | 14 | 32 |
| 哺乳类 | | 6 | 17 | 85 |
| 总计 | | 25 | 67 | 285 |

两栖类：塔里木蟾蜍（*Bufo pewzowi*）、花背蟾蜍（*Bufo raddei*）等；

爬行类：喜山岩蜥（*Laudakia himalayana*）、新疆岩蜥（*Laudakia stoliczkana*）、白梢沙蜥（*Phrynocephalus koslowi*）、叶城沙蜥（*Phrynocephalus axillaris*）、新疆沙虎（*Teratoscincus przewalskii*）、塔里木岩蜥（*Laudakia tarimensis*）、新疆漠虎（*Alsophylax przewalskii*）、伊犁沙虎（*Teratoscincus scincus*）、虫纹麻蜥（*Eremias vermiculata*）、荒漠麻蜥（*Eremias przewalskii*）、花条蛇（*Psammophis lineolatus*）、南疆沙蜥（*Phrynocephalus forsythii*）等；

鸟类：黑翅长脚鹬（*Himantopus himantopus*）、黑尾地鸦（*Podoces hendersoni*）、欧斑鸠（*Streptopelia turtur*）、赛氏篱莺（*Hippolais rama*）、白翅啄木鸟（*Dendrocopos leucopterus*）、黑顶麻雀（*Passer ammodendri*）、沙色朱雀（*Carpodacus synoicus*）、横斑林莺（*Sylvia *nisoria*)、灰伯劳（*Lanius excubitor*)、欧夜鹰（*Caprimulgus europaeus*)、赤嘴潜鸭（*Netta rufina*)、稻田苇莺（*Acrocephalus agricola*)、红背红尾鸲（*Phoenicurus erythronotus*）等；

哺乳类：红尾沙鼠（*Meriones libycus*)、虎鼬（*Vormela peregusna*)、塔里木兔（*Lepus yarkandensis*)、短耳沙鼠（*Brachiones przewalskii*)、长耳跳鼠（*Euchoreutes naso*)、野双峰驼（*Camelus ferus*)、三趾心颅跳鼠（*Salpingotus kozlovi*)、三趾跳鼠（*Dipus sagitta*)、柽柳沙鼠（*Meriones tamariscinus*)、大耳猬（*Hemiechinus auritus*)、野猫（*Felis silvestris*)、大沙鼠（*Rhombomys opimus*）等。

（6）自然保护区

东疆戈壁省已建立国家级自然保护区 3 个，分别是安南坝野骆驼、敦煌西湖和罗布泊野骆驼国家级自然保护区（图 3-64）。

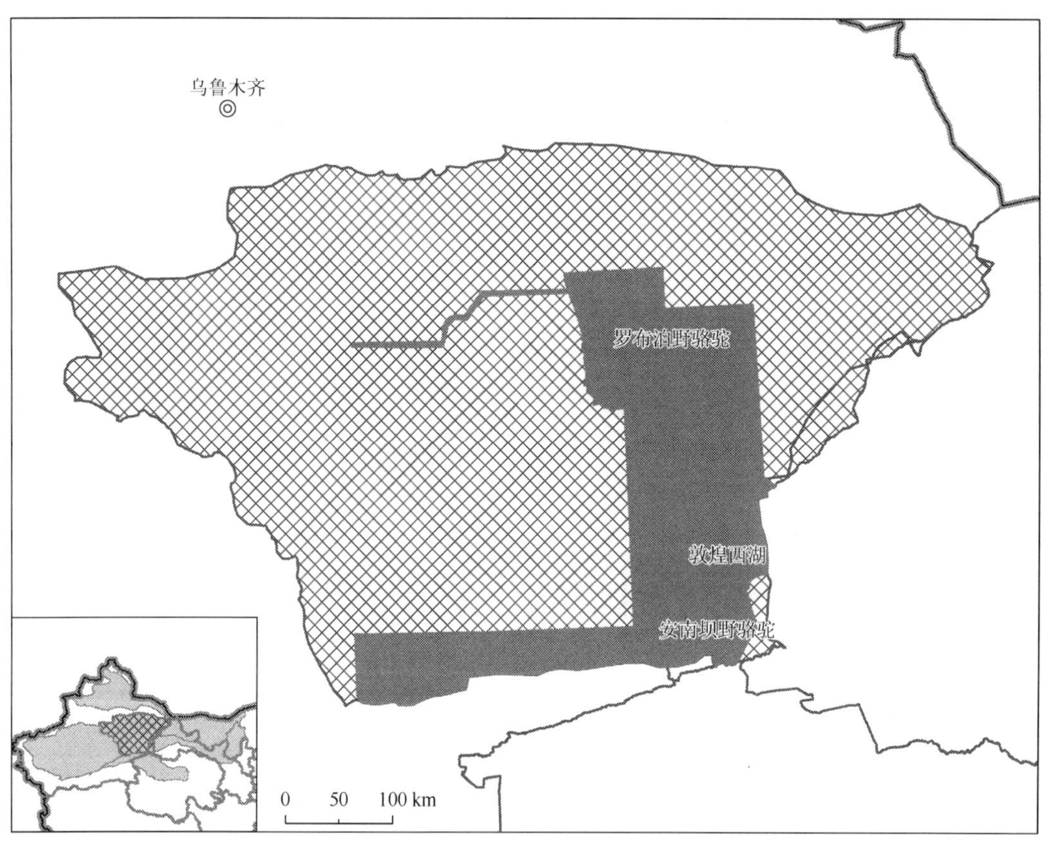


图 3-64 东疆戈壁省主要自然保护区分布图

（7）生态地理单元划分

东疆戈壁省共划分为 4 个生态地理单元（图 3-65、表 3-47)：

Ⅰ3Gc01 吐哈盆地；

Ⅰ3Gc02 白龙堆沙漠；

Ⅰ3Gc03 库鲁克塔格山山地；

Ⅰ3Gc04 罗布泊荒漠。

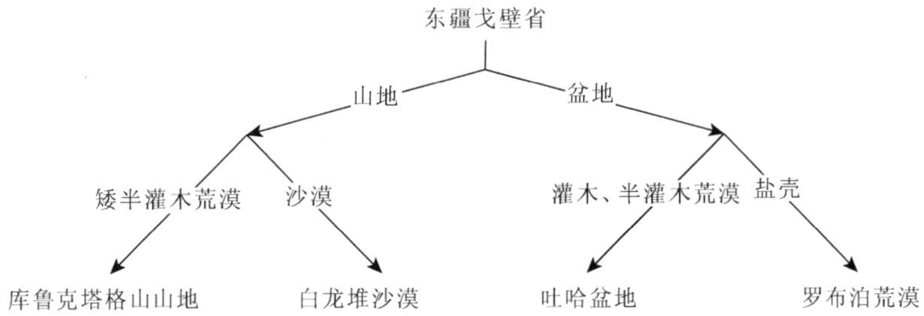

东疆戈壁省
山地
盆地
矮半灌木荒漠
沙漠
灌木、半灌木荒漠
盐壳
库鲁克塔格山山地
白龙堆沙漠
吐哈盆地
罗布泊荒漠

图 3-65 东疆戈壁省各生态地理单元关系图

吐哈盆地（Ⅰ3Gc01）和罗布泊荒漠（Ⅰ3Gc04）为盆地地形，白龙堆沙漠（Ⅰ3Gc02）和库鲁克塔格山山地（Ⅰ3Gc03）为山地地形。吐哈盆地位于新疆东部，包括哈密盆地和吐鲁番盆地，区内有我国大陆海拔最低点（–154 m）艾丁湖，主要植被类型为温带灌木荒漠，中部地区分布有土壤肥沃的冲积平原，此处的哈密绿洲分布有农业作物及经济林。罗布泊荒漠地处塔里木盆地东端，气候异常干燥，地表分布有大片的盐壳，栖息有毛腿沙鸡（*Syrrhaptes paradoxus*）、二斑百灵（*Melanocorypha bimaculata*）等荒漠动物，偶见赤麻鸭（*Tadorna ferruginea*）、白骨顶（*Fulica atra*）等候鸟过境，在干湖床盐壳上活动。白龙堆沙漠位于罗布泊地区的东北部，地表属硬土台盐碱地貌，地表基本不见有植物生长；库鲁克塔格山山地位于塔里木盆地东北缘，山地平均海拔 2000 m，大部分岩石裸露，植被稀少，分布有温带灌木荒漠植被类型。

**表 3-47 东疆戈壁省 4 个生态地理单元生态因子与动物群**

| 生态地理单元 | | Gc01 吐哈盆地 | Gc02 白龙堆沙漠 | Gc03 库鲁克塔格山山地 | Gc04 罗布泊荒漠 |
|---|---|---|---|---|---|
| 概况 | 地貌 | 干燥剥蚀高原；湖积、冲积平原；洪积倾斜平原 | 干燥剥蚀高原 | 干燥剥蚀山地 | 沙丘覆盖平原；湖积、冲积平原 |
| | 海拔 | 100～2300 m | 900～3100 m | 800～2400 m | 800～2900 m |
| | 土壤 | 棕漠土、盐土 | 棕漠土 | 灰棕漠土、棕漠土 | 盐壳 |
| | 水系 | 塔里木内流区 | 塔里木内流区 | 塔里木内流区 | 塔里木内流区 |
| 气候 | 平均气温 | 3～14 ℃ | 2～11 ℃ | 5～11 ℃ | 4～12 ℃ |
| | 夏季均温 | 17～31 ℃ | 15～26 ℃ | 18～26 ℃ | 16～26 ℃ |
| | 冬季均温 | –12～–5 ℃ | –11～–5 ℃ | –10～–5 ℃ | –10～–5 ℃ |
| | 年降水量 | 20～150 mm | 20～50 mm | 20～130 mm | 20～40 mm |
| | 雨季降水量 | 10～80 mm | 10～30 mm | 20～80 mm | 10～30 mm |
| | 旱季降水量 | 0～10 mm | 0 mm | 0 mm | 0 mm |
| 植被 | 植被类型 1 | 温带灌木荒漠（+++++） | 温带灌木荒漠（+++++） | 温带灌木荒漠（+++++） | 无植被地段（+++++） |
| | 优势群系 1 | 塔里木沙拐枣荒漠+多枝柽柳荒漠+膜果麻黄荒漠 | 塔里木沙拐枣荒漠+多枝柽柳荒漠+膜果麻黄荒漠 | 膜果麻黄荒漠 | 沙漠 |
| | 优势群系 2 | 膜果麻黄荒漠 | 西伯利亚白刺荒漠 | 塔里木沙拐枣荒漠+多枝柽柳荒漠+膜果麻黄荒漠 | 裸地 |
| | 植被类型 2 | 无植被地段（++++） | 温带半灌木、矮半灌木荒漠（+++） | 温带半灌木、矮半灌木荒漠（++） | 温带灌木荒漠（+） |
| | 优势群系 1 | 高山岩屑 | 红砂荒漠 | 合头草荒漠 | 多枝柽柳荒漠 |
| | 优势群系 2 | 戈壁 | 蒿叶猪毛菜荒漠 | 戈壁藜荒漠 | 膜果麻黄荒漠 |
| 动物群 | | 温带戈壁荒漠动物群 | 温带沙漠动物群 | 温带戈壁荒漠动物群 | 温带沙漠动物群 |

#### 4. 准噶尔盆地省（Ⅰ3Gd）

（1）概况

准噶尔盆地省的范围包括新疆北部，以沙丘覆盖平原和冲积平原地貌为主，海拔主要在 1500 m 以下，主要分布有中温带荒漠动物群。

（2）气候

准噶尔盆地省属于中温带大陆性气候，年均气温 1～10 ℃，夏季（6～8 月）平均气温 15～26 ℃，冬季（12～2 月）平均气温–17～–9 ℃；年均降水量 30～300 mm，雨季降水量 20～140 mm，旱季降水量 0～30 mm（图 3-66）。

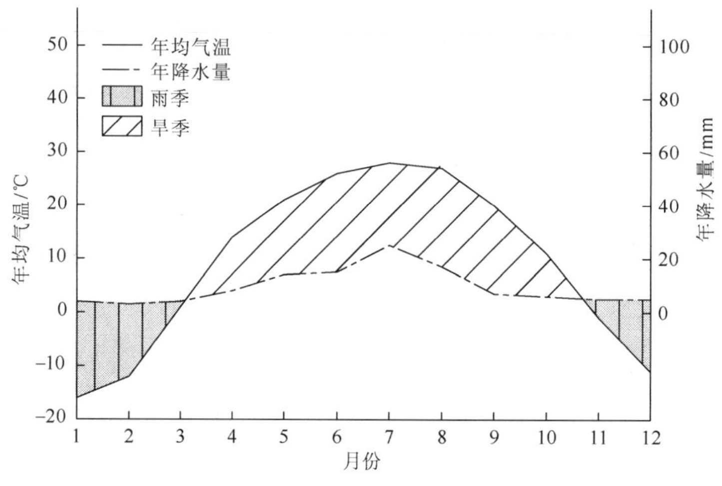


图 3-66　克拉玛依（85°18′E，45°42′N）气候图

（3）土壤

准噶尔盆地省主要的土壤类型有灰棕漠土、棕钙土和风沙土，还零星分布有灰漠土。

灰棕漠土主要分布于北塔山与博格达山一带，棕钙土主要分布于额尔齐斯河河谷两岸，风沙土主要分布于古尔班通古特沙漠中心地区，灰漠土主要分布于古尔班通古特沙漠周边地区。

（4）植被

准噶尔盆地省以温带半灌木、矮半灌木荒漠（盐生假木贼荒漠；红砂荒漠；白茎绢蒿荒漠）为主要植被类型，约占 42%；其次为温带矮半乔木荒漠（白琐琐荒漠；琐琐砾漠；琐琐沙漠），约占 38%；还分布有温带灌木荒漠和温带丛生矮禾草、矮半灌木荒漠草原等植被类型。

（5）陆生脊椎动物

准噶尔盆地省共记录陆生脊椎动物 28 目 85 科 373 种（表 3-48）。

两栖类：阿尔泰林蛙（*Rana altaica*）、中亚侧褶蛙（*Pelophylax terentievi*）、新疆北鲵（*Ranodon sibiricus*）等；

表 3-48 准噶尔盆地省陆生脊椎动物种类组成

| 纲 | | 目 | 科 | 种 |
|---|---|---|---|---|
| 两栖类 | | 2 | 3 | 5 |
| 爬行类 | | 1 | 7 | 27 |
| 鸟类 | 繁殖鸟 | 19 | 56 | 220 |
| | 非繁殖鸟 | 4 | 13 | 37 |
| 哺乳类 | | 6 | 17 | 84 |
| 总计 | | 28 | 85 | 373 |

爬行类：奇台沙蜥（*Phrynocephalus grumgrzimailoi*）、旱地沙蜥（*Phrynocephalus helioscopus*）、花脊游蛇（*Coluber ravergieri*）、水游蛇（*Natrix natrix*）、捷蜥蜴（*Lacerta agilis*）、敏麻蜥（*Eremias arguta*）、花条蛇（*Psammophis lineolatus*）、快步麻蜥（*Eremias velox*）、东方沙蟒（*Eryx tataricus*）、叶城沙蜥（*Phrynocephalus axillaris*）等；

鸟类：云石斑鸭（*Marmaronetta angustirostris*）、渔鸥（*Larus ichthyaetus*）、灰山鹑（*Perdix perdix*）、普通海鸥（*Larus canus*）、柳雷鸟（*Lagopus lagopus*）、红胸鸻（*Charadrius asiaticus*）、小苇鳽（*Ixobrychus minutus*）、宽尾树莺（*Cettia cetti*）、黄鹀（*Emberiza citrinella*）、平原鹨（*Anthus campestris*）、白眼潜鸭（*Aythya nyroca*）、白冠攀雀（*Remiz coronatus*）、白头鹞（*Circus aeruginosus*）、白喉林莺（*Sylvia curruca*）等；

哺乳类：河狸（*Castor fiber*）、小五趾跳鼠（*Allactaga elater*）、小地兔（*Pygeretmus pumilio*）、社田鼠（*Microtus socialis*）、柽柳沙鼠（*Meriones tamariscinus*）、红尾沙鼠（*Meriones libycus*）、黄兔尾鼠（*Lagurus luteus*）、肥尾心颅跳鼠（*Salpingotus crassicauda*）、虎鼬（*Vormela peregusna*）、羽尾跳鼠（*Stylodipus telum*）、原仓鼠（*Cricetus cricetus*）、鼹形田鼠（*Ellobius tancrei*）、大沙鼠（*Rhombomys opimus*）等。

（6）自然保护区

准噶尔盆地省已建立国家级自然保护区 3 个，分别是艾比湖湿地、甘家湖梭梭林和布尔根河狸国家级自然保护区（图 3-67）。

（7）生态地理单元划分

准噶尔盆地省共划分为 4 个生态地理单元（图 3-68、表 3-49）：

Ⅰ3Gd01 准噶尔盆地；

Ⅰ3Gd02 诺敏戈壁；

Ⅰ3Gd03 古尔班通古特沙漠；

Ⅰ3Gd04 天山北坡山前平原。

准噶尔盆地（Ⅰ3Gd01）、诺敏戈壁（Ⅰ3Gd02）和古尔班通古特沙漠（Ⅰ3Gd03）位于新疆维吾尔自治区的北部，为典型的温带大陆性荒漠气候，土壤以棕钙土、灰棕漠土和风沙土为主，植被以荒漠植被为主。其中准噶尔盆地和诺敏戈壁以砾漠为主，诺敏戈壁雅丹地貌较为发育，分布有温带矮半乔木荒漠；准噶尔盆地主要的植被类型为温带半灌木、矮半灌木荒漠植被。古尔班通古特沙漠是中国第二大沙漠，主要为固定和半固定沙漠，海拔为 300～800 m。

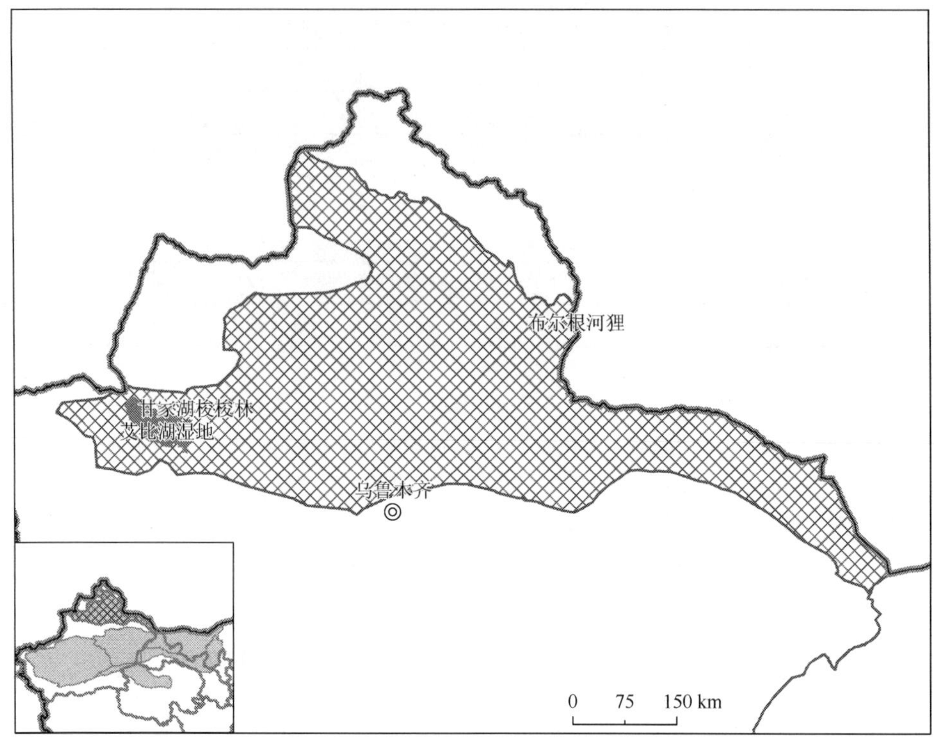


图 3-67　准噶尔盆地省主要自然保护区分布图

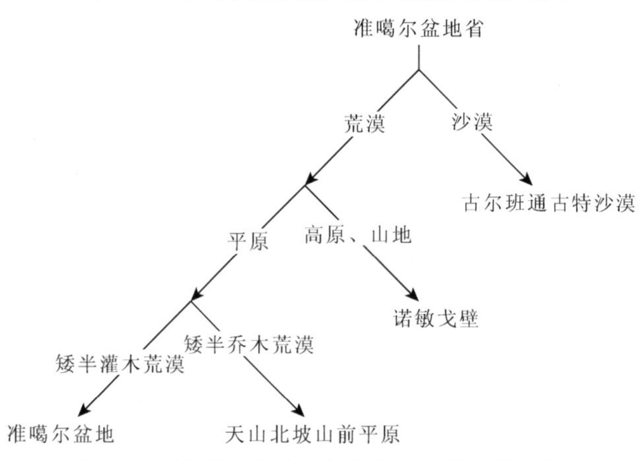


图 3-68　准噶尔盆地省各生态地理单元关系图

**表 3-49　准噶尔盆地省 4 个生态地理单元生态因子与动物群**

| 生态地理单元 | | Gd01 准噶尔盆地 | Gd02 诺敏戈壁 | Gd03 古尔班通古特沙漠 | Gd04 天山北坡山前平原 |
|---|---|---|---|---|---|
| 概况 | 地貌 | 湖积、洪积、冲积平原 | 干燥剥蚀高原；干燥剥蚀山地；洪积倾斜平原 | 沙丘覆盖平原 | 冲积平原 |
| | 海拔 | 300～1800 m | 500～1900 m | 300～800 m | 200～2500 m |
| | 土壤 | 灰棕漠土、棕钙土、灰漠土 | 灰棕漠土 | 风沙土 | 灰漠土和灰褐土 |
| | 水系 | 准噶尔内流区 | 准噶尔内流区 | 准噶尔内流区 | 准噶尔内流区 |

续表

| 生态地理单元 | | Gd01 准噶尔盆地 | Gd02 诺敏戈壁 | Gd03 古尔班通古特沙漠 | Gd04 天山北坡山前平原 |
|---|---|---|---|---|---|
| 气候 | 平均气温 | 1～9 ℃ | 4～10 ℃ | 6～9 ℃ | 1～9 ℃ |
| | 夏季均温 | 17～26 ℃ | 19～26 ℃ | 22～26 ℃ | 15～26 ℃ |
| | 冬季均温 | –17～–12 ℃ | –14～–9 ℃ | –14～–11 ℃ | –17～–10 ℃ |
| | 年降水量 | 110～200 mm | 30～120 mm | 110～180 mm | 110～300 mm |
| | 雨季降水量 | 50～90 mm | 20～70 mm | 50～70 mm | 40～140 mm |
| | 旱季降水量 | 10～30 mm | 10 mm 以下 | 10～20 mm | 10～30 mm |
| 植被 | 植被类型 1 | 温带半灌木、矮半灌木荒漠（59.5%） | 温带矮半乔木荒漠（47.7%） | 温带矮半乔木荒漠（41.1%） | 温带矮半乔木荒漠（35.7%） |
| | 优势群系 1 | 盐生假木贼荒漠 | 琐琐砾漠 | 白琐琐荒漠 | 白琐琐荒漠 |
| | 优势群系 2 | 白茎绢蒿荒漠（含沙砾质、壤质） | 琐琐沙漠 | 琐琐沙漠 | 琐琐砾漠 |
| | 植被类型 2 | 温带矮半乔木荒漠（21.3%） | 温带半灌木、矮半灌木荒漠（25.1%） | 温带半灌木、矮半灌木荒漠（36.6%） | 温带半灌木、矮半灌木荒漠（28.7%） |
| | 优势群系 1 | 琐琐沙漠 | 短叶假木贼荒漠 | 红砂荒漠 | 博乐塔绢蒿荒漠 |
| | 优势群系 2 | 白琐琐荒漠 | 盐生假木贼荒漠 | 盐生假木贼荒漠 | 红砂荒漠 |
| 动物群 | | 盆地荒漠动物群 | 温带戈壁荒漠动物群 | 温带沙漠动物群 | 温带荒漠动物群 |

天山北坡山前平原（Ⅰ3Gd04）位于准噶尔盆地南缘，区内冲积扇平原广阔，河流发源于天山冰川和融雪水，有较大的农垦区。主要土壤类型为灰漠土和灰褐土，以温带矮半乔木荒漠和温带半灌木、矮半灌木荒漠植被为主，并有人工植被分布。

### 5. 塔里木盆地省（Ⅰ3Ge）

（1）概况

塔里木盆地省的范围包括新疆中部，以沙丘覆盖平原地貌为主，海拔主要为 1500 m 以下，主要分布有暖温带荒漠动物群。

（2）气候

塔里木盆地省属于暖温带大陆性气候，年均气温 3～13 ℃，夏季（6～8 月）平均气温 16～26 ℃，冬季（12～2 月）平均气温–13～–2 ℃；年均降水量 20～180 mm，雨季降水量 20～100 mm，旱季降水量 10 mm 以下（图 3-69）。

（3）土壤

塔里木盆地省的地带性土壤类型是风沙土，还零星分布有草甸土和盐土。

风沙土分布于塔里木盆地省的大部分地区，是发育于干旱与半干旱地区风成沙性母质的土壤。其成土作用经常受到风蚀和沙压，很不稳定，致使成土过程十分微弱，土壤性状与风沙堆积物无多大改变。其主要特征是土壤矿质部分几乎全由细砂颗粒组成；剖面层次分化不明显，仅有淋溶层和母质层而缺乏淀积层；土壤风蚀严重，处于幼年阶段。

草甸土主要分布于塔里木河两岸，盐土主要分布于车尔臣河两岸。

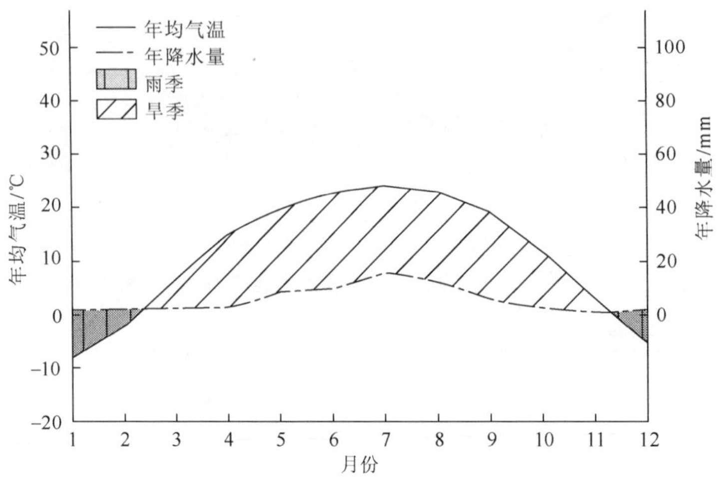


图 3-69　阿克苏（80°49′E，40°41′N）气候图

（4）植被

塔里木盆地省以沙漠、高山岩屑和裸地为主要地被类型，约占 53%；其次为温带灌木荒漠（多枝柽柳荒漠；膜果麻黄荒漠；刚毛柽柳荒漠），约占 13%；还分布有温带半灌木、矮半灌木荒漠和温带禾草、杂类草草甸等植被类型。

（5）陆生脊椎动物

塔里木盆地省共记录陆生脊椎动物 26 目 72 科 303 种（表 3-50）。

**表 3-50　塔里木盆地省陆生脊椎动物种类组成**

| 纲 | | 目 | 科 | 种 |
|---|---|---|---|---|
| 两栖类 | | 1 | 1 | 4 |
| 爬行类 | | 1 | 4 | 22 |
| 鸟类 | 繁殖鸟 | 18 | 44 | 163 |
| | 非繁殖鸟 | 8 | 17 | 40 |
| 哺乳类 | | 6 | 18 | 77 |
| 总计 | | 26 | 72 | 303 |

两栖类：塔里木蟾蜍（*Bufo pewzowi*）等；

爬行类：宽鼻沙蜥（*Trapelus sanguinolentus*）、草原蜥（*Alsophylax przewalskii*）、新疆漠虎（*Phrynocephalus koslowi*）、白梢沙蜥（*Laudakia tarimensis*）、塔里木岩蜥（*Laudakia himalayana*）、喜山岩蜥（*Teratoscincus scincus*）、伊犁沙虎（*Natrix tessellata*）、棋斑水游蛇（*Laudakia stoliczkana*）、新疆岩蜥（*Phrynocephalus forsythii*）、南疆沙蜥（*Phrynocephalus axillaris*）、叶城沙蜥（*Teratoscincus przewalskii*）等；

鸟类：中亚夜鹰（*Caprimulgus centralasicus*）、中亚鸽（*Columba eversmanni*）、赛氏篱莺（*Hippolais rama*）、白翅啄木鸟（*Dendrocopos leucopterus*）、红背伯劳（*Lanius collurio*）、淡眉柳莺（*Phylloscopus humei*）、黑腹沙鸡（*Pterocles orientalis*）、红背红尾鸲（*Phoenicurus *erythronotus*)、白头硬尾鸭(*Oxyura leucocephala*)、东方叽喳柳莺(*Phylloscopus sindianus*)、鹌鹑(*Coturnix coturnix*)、领燕鸻(*Glareola pratincola*)、休氏白喉林莺(*Sylvia althaea*)、欧夜鹰(*Caprimulgus europaeus*)等;

哺乳类:帕米尔松田鼠(*Lepus yarkandensis*)、塔里木兔(*Brachiones przewalskii*)、短耳沙鼠(*Salpingotus kozlovi*)、三趾心颅跳鼠(*Euchoreutes naso*)、长耳跳鼠(*Felis silvestris*)、野猫(*Apodemus sylvaticus*)、三趾跳鼠(*Hemiechinus auritus*)、大耳猬(*Mustela erminea*)、白鼬(*Felis chaus*)等。

(6)自然保护区

塔里木盆地省已建立国家级自然保护区2个,分别是塔里木胡杨和托木尔峰国家级自然保护区(图3-70)。

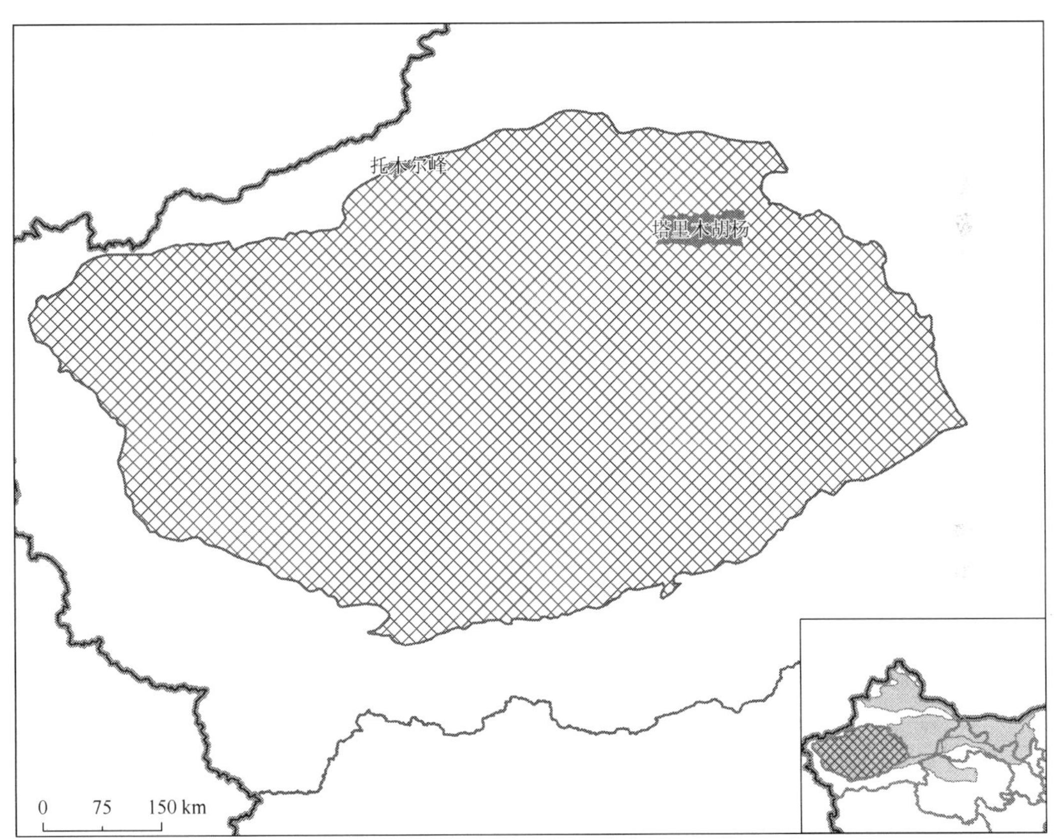


图3-70 塔里木盆地省主要自然保护区分布图

(7)生态地理单元划分

塔里木盆地省共划分为3个生态地理单元(图3-71、表3-51):

Ⅰ3Ge01 塔里木盆地北缘;

Ⅰ3Ge02 塔克拉玛干沙漠;

Ⅰ3Ge03 塔里木盆地南缘。

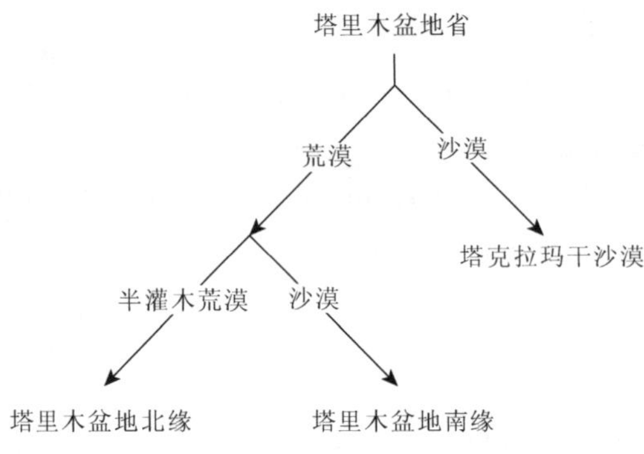


图 3-71　塔里木盆地省各生态地理单元关系图

塔克拉玛干沙漠（Ⅰ3Ge02）位于新疆维吾尔自治区南部的塔里木盆地中心，是中国最大的沙漠，世界第二大的流动沙漠。区内植被极端稀少，仅能偶见稀疏的柽柳、硝石灌丛和芦苇；沙漠的动物也极端稀少。由于塔里木盆地地域宽广，从南至北约跨 8 个纬度，气候与环境差异较大，尤其是塔里木盆地南、北缘干湿状况差别较大，故以塔里木盆地西部的叶尔羌河为界将盆地边缘分为塔里木盆地北缘（Ⅰ3Ge01）和塔里木盆地南缘（Ⅰ3Ge03）。塔里木盆地北缘湿度较高，主要植被类型为温带灌木荒漠，塔里木河沿岸绿洲分布有落叶小叶疏林，海拔较高处分布有温带草甸；塔里木盆地南缘湿度较为干燥，主要以荒漠植被为主。

**表 3-51　塔里木盆地 3 个生态地理单元生态因子与动物群**

| 生态地理单元 | | Ge01 塔里木盆地北缘 | Ge02 塔克拉玛干沙漠 | Ge03 塔里木盆地南缘 |
|---|---|---|---|---|
| 概况 | 地貌 | 洪积、冲积平原；冲积平原 | 沙丘覆盖平原 | 洪积倾斜平原；冲积平原；沙丘覆盖平原 |
| | 海拔 | 900～2800 m | 900～1400 m | 900～3200 m |
| | 土壤 | 草甸土、盐土 | 风沙土 | 棕漠土、盐土 |
| | 水系 | 塔里木内流区 | 塔里木内流区 | 塔里木内流区 |
| 气候 | 平均气温 | 3～12 ℃ | 10～12 ℃ | 4～13 ℃ |
| | 夏季均温 | 16～25 ℃ | 24～26 ℃ | 17～26 ℃ |
| | 冬季均温 | −13～−3 ℃ | −6～−3 ℃ | −10～−2 ℃ |
| | 年降水量 | 40～180 mm | 20～40 mm | 20～50 mm |
| | 雨季降水量 | 20～100 mm | 20～30 mm | 20～30 mm |
| | 旱季降水量 | 0～10 mm | 0 mm | 0 mm |
| 植被 | 植被类型 1 | 温带灌木荒漠（+++） | 无植被地段（+++++） | 无植被地段（+++） |
| | 优势群系 1 | 刚毛柽柳荒漠 | 沙漠 | 沙漠 |
| | 优势群系 2 | 多枝柽柳荒漠 | 高山岩屑 | 裸地 |
| | 植被类型 2 | 温带半灌木、矮半灌木荒漠(++) | 温带灌木荒漠（+） | 温带半灌木、矮半灌木荒漠（+++） |
| | 优势群系 1 | 无叶假木贼荒漠 | 多枝柽柳荒漠 | 红砂砾漠 |
| | 优势群系 2 | 红砂荒漠 | 刚毛柽柳荒漠 | 合头草石漠 |
| 动物群 | | 温带荒漠、绿洲动物群 | 温带沙漠动物群 | 温带荒漠、绿洲动物群 |

### 6. 柴达木盆地省（Ⅰ3Gf）

（1）概况

柴达木盆地省的范围包括青海西北部，以湖积、洪积、冲积平原地貌为主，海拔主要为 2700～3200 m，主要分布有高原荒漠动物群。

（2）气候

柴达木盆地省属于温带荒漠气候，年均气温–8～5 ℃，夏季（6～8 月）平均气温 4～17 ℃，冬季（12～2 月）平均气温–20～–8 ℃；年均降水量 20～280 mm，雨季降水量 20～160 mm，旱季降水量 0～20 mm（图 3-72）。

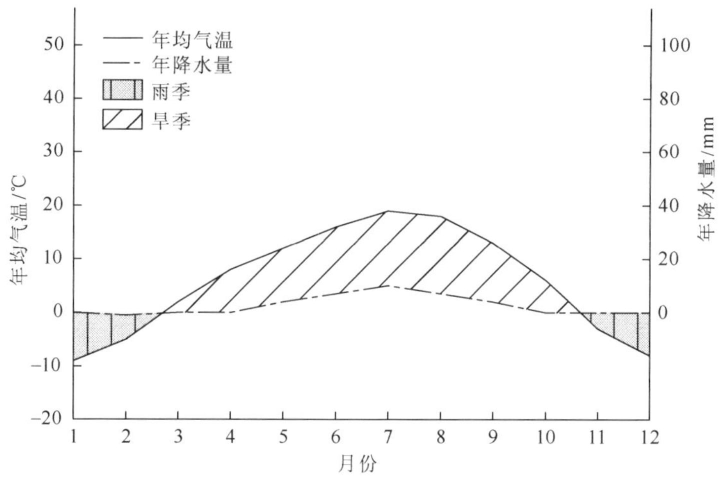


图 3-72 格尔木（93°36′E，36°39′N）气候图

（3）土壤

柴达木盆地省主要的土壤类型有灰棕漠土、棕漠土和盐土。

灰棕漠土主要分布于柴达木盆地省的大部分地区，棕漠土主要分布于柴达木盆地盆缘地区，盐土主要分布于盐湖的周边地区。

（4）植被

柴达木盆地省以风蚀残丘、砾漠和盐沼为主要地被类型，约占 43%；其次为温带半灌木、矮半灌木荒漠（蒿叶猪毛菜荒漠；五柱红砂荒漠；驼绒藜荒漠+红砂荒漠），约占 22%；还分布有温带禾草、杂类草盐生草甸和温带灌木荒漠等植被类型。

（5）陆生脊椎动物

柴达木盆地省共记录陆生脊椎动物 25 目 62 科 205 种（表 3-52）。

**表 3-52 柴达木盆地省陆生脊椎动物种类组成**

| 纲 | | 目 | 科 | 种 |
|---|---|---|---|---|
| 两栖类 | | 1 | 2 | 4 |
| 爬行类 | | 1 | 3 | 6 |
| 鸟类 | 繁殖鸟 | 17 | 40 | 117 |
| | 非繁殖鸟 | 4 | 11 | 23 |
| 哺乳类 | | 6 | 15 | 55 |
| 总计 | | 25 | 62 | 205 |

两栖类：西藏蟾蜍（*Bufo tibetanus*）、西藏齿突蟾（*Scutiger boulengeri*）、花背蟾蜍（*Bufo raddei*）等；

爬行类：青海沙蜥（*Phrynocephalus vlangalii*）、高原蝮（*Gloydius strauchii*）、密点麻蜥（*Eremias multiocellata*）等；

鸟类：卷羽鹈鹕（*Pelecanus crispus*）、大石鸡（*Alectoris magna*）、黑翅长脚鹬（*Himantopus himantopus*）、白斑翅拟蜡嘴雀（*Mycerobas carnipes*）、稻田苇莺（*Acrocephalus agricola*）、沙色朱雀（*Carpodacus synoicus*）、贺兰山红尾鸲（*Phoenicurus alaschanicus*）、地山雀（*Pseudopodoces humilis*）、黄嘴山鸦（*Pyrrhocorax graculus*）、欧斑鸠（*Streptopelia turtur*）、黑颈鹤（*Grus nigricollis*）、灰柳莺（*Phylloscopus griseolus*）、红腹红尾鸲（*Phoenicurus erythrogastrus*）、沙䳭（*Oenanthe isabellina*）等；

哺乳类：野双峰驼（*Camelus ferus*）、漠猫（*Felis bieti*）、红耳鼠兔（*Ochotona erythrotis*）、豺（*Cuon alpinus*）、普氏原羚（*Procapra przewalskii*）、高原松田鼠（*Pitymys irene*）、狭颅鼠兔（*Ochotona thomasi*）、子午沙鼠（*Meriones meridianus*）、兔狲（*Otocolobus manul*）、大耳鼠兔（*Ochotona macrotis*）、藏沙狐（*Vulpes ferrilata*）等。

（6）自然保护区

柴达木盆地省已建立国家级自然保护区 2 个，分别是柴达木梭梭林和罗布泊野骆驼国家级自然保护区（图 3-73）。

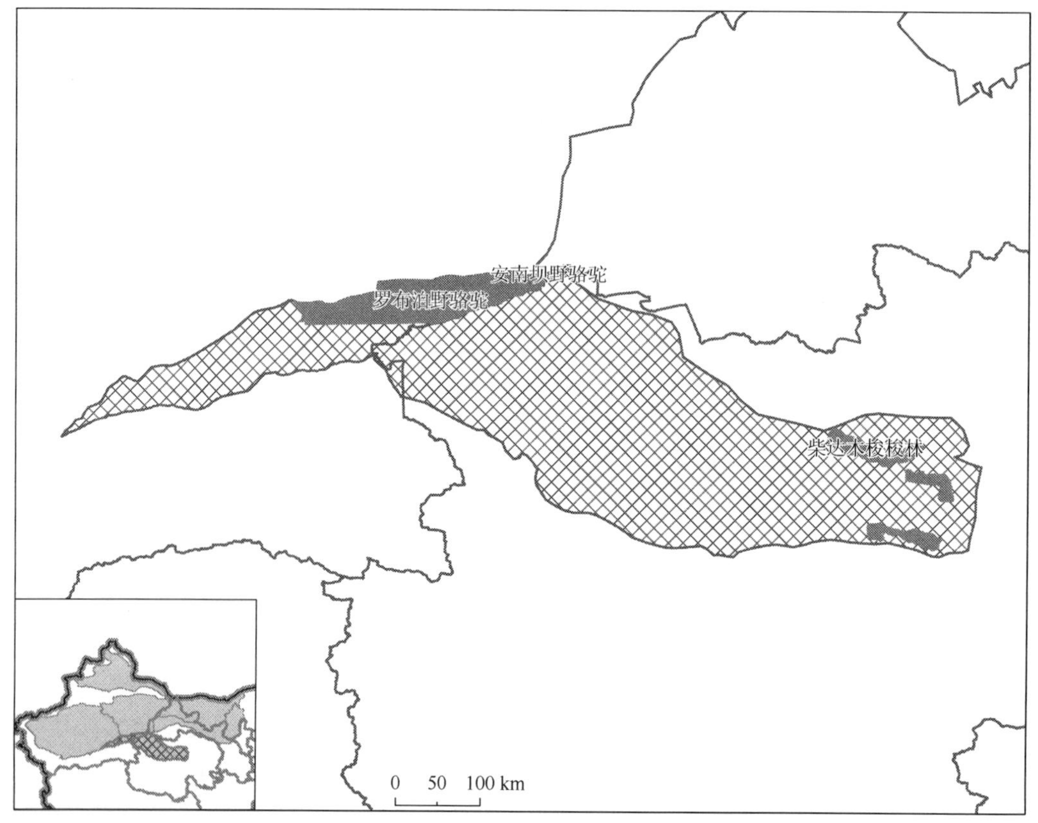


图 3-73 柴达木盆地省主要自然保护区分布图

（7）生态地理单元划分

柴达木盆地省共划分为2个生态地理单元（图3-74、表3-53）：

Ⅰ3Gf01 阿尔金山山脉；

Ⅰ3Gf02 柴达木盆地。

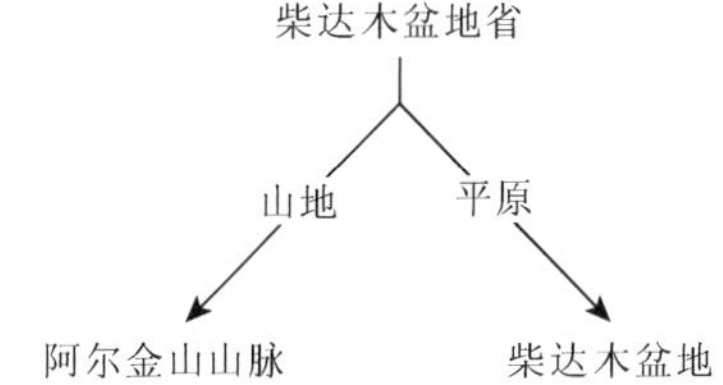


图3-74 柴达木盆地省各生态地理单元关系图

阿尔金山山脉（Ⅰ3Gf01）位于新疆维吾尔自治区东南部，是塔里木盆地和柴达木盆地的界山。区内海拔3000 m以上，气候干旱，无常年有水河流，以温带半灌木、矮半灌木荒漠和高寒禾草、苔草草原植被为主，区内的有蹄类动物集中分布。柴达木盆地（Ⅰ3Gf02）位于青海省西北部，属高原型盆地，海拔为2700～4000 m，土壤以灰棕漠土、盐土和盐壳为主，植被稀少，偶有温带半灌木、矮半灌木荒漠植被分布，区内分布有有蹄类和食肉目动物，但由于垦殖等人为活动干扰，野生动物密度较低。

**表3-53 柴达木盆地省2个生态地理单元生态因子与动物群**

| 生态地理单元 | | Gf01 阿尔金山山脉 | Gf02 柴达木盆地 |
|---|---|---|---|
| 概况 | 地貌 | 干燥剥蚀山地 | 湖积、洪积、冲积平原 |
| | 海拔 | 3000～5300 m | 2700～4000 m |
| | 土壤 | 棕漠土、灰棕漠土 | 灰棕漠土、盐土和盐壳 |
| | 水系 | 柴达木内流区 | 柴达木内流区 |
| 气候 | 平均气温 | −8～4 ℃ | −1～5 ℃ |
| | 夏季均温 | 4～17 ℃ | 10～17 ℃ |
| | 冬季均温 | −20～−10 ℃ | −14～−8 ℃ |
| | 年降水量 | 30～110 mm | 20～280 mm |
| | 雨季降水量 | 30～80 mm | 20～160 mm |
| | 旱季降水量 | 0 mm | 0～20 mm |
| 植被 | 植被类型1 | 温带半灌木、矮半灌木荒漠（+++++） | 无植被地段（+++++） |
| | 优势群系1 | 五柱红砂荒漠 | 风蚀残丘 |
| | 优势群系2 | 蒿叶猪毛菜荒漠 | 砾漠 |
| | 植被类型2 | 高寒禾草、苔草草原（+） | 温带半灌木、矮半灌木荒漠（++） |
| | 优势群系1 | 紫花针茅草原 | 蒿叶猪毛菜荒漠 |
| | 优势群系2 | 里氏早熟禾、糙点地梅高寒草原 | 驼绒藜荒漠+红砂荒漠 |
| 动物群 | | 山地荒漠、草原动物群 | 盆地荒漠动物群 |

## （三）天山山地亚区（Ⅰ3H）

天山山地亚区包括3个动物地理省6个生态地理单元（图3-75、表3-54），范围包括天山、阿尔泰山、准噶尔界山、塔尔巴哈台山、阿拉套山和帕米尔高原。

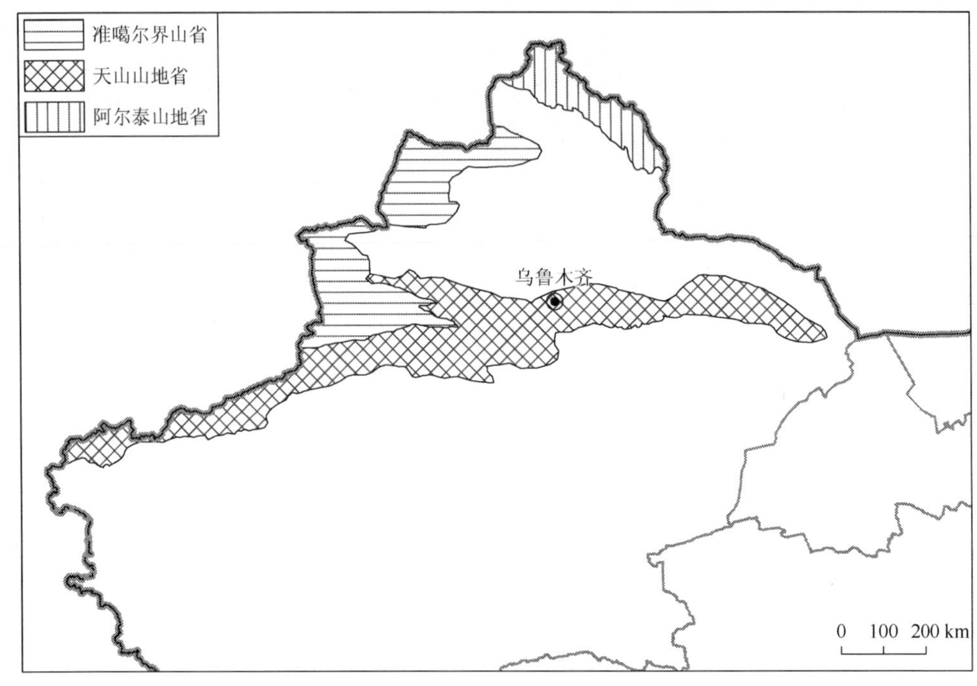


图3-75　天山山地亚区图

**表3-54　天山山地亚区3个动物地理省代表动物与生态因子比较**

| 动物地理省 | | Ha 天山山地省 | Hb 阿尔泰山地省 | Hc 准噶尔界山省 |
|---|---|---|---|---|
| 概况 | 位置 | 新疆中北部 | 新疆北部 | 新疆西北部 |
| | 地貌 | 冰川、冰原作用山地 | 侵蚀性山地 | 侵蚀性山地和洪积倾斜平原 |
| | 海拔 | 900～5100 m | 1200～3300 m | 500～3800 m |
| | 土壤 | 高山草甸土、亚高山草甸土、黑钙土、栗钙土 | 栗钙土、亚高山草甸土、寒漠土、黑钙土、暗棕色森林土 | 栗钙土、棕钙土、黑钙土、灰钙土 |
| 气候 | 气候类型 | 高山寒带荒漠气候 | 中温带大陆性气候 | 高山亚寒带草原气候 |
| | 平均气温 | −10～8 ℃ | −6～3 ℃ | −7～9 ℃ |
| | 夏季均温 | 2～23 ℃ | 7～19 ℃ | 6～22 ℃ |
| | 冬季均温 | −25～−7 ℃ | −21～−15 ℃ | −22～−7 ℃ |
| | 年降水量 | 70～430 mm | 140～360 mm | 150～570 mm |
| | 雨季降水量 | 50～250 mm | 60～180 mm | 70～270 mm |
| | 旱季降水量 | 0～40 mm | 10～30 mm | 10～50 mm |

续表

| 动物地理省 | | Ha 天山山地省 | Hb 阿尔泰山地省 | Hc 准噶尔界山省 |
|---|---|---|---|---|
| 植被 | 植被类型 1 | 高寒嵩草、杂类草草甸（++） | 温带丛生禾草典型草原（+++） | 温带丛生禾草典型草原（+++） |
| | 植被类型 2 | 温带丛生矮禾草、矮半灌木荒漠草原（++） | 高寒嵩草、杂类草草甸（+++） | 温带禾草、杂类草草甸（++） |
| | 植被类型 3 | 高山稀疏植被（++） | 温带禾草、杂类草草甸（++） | 温带丛生矮禾草、矮半灌木荒漠草原（++） |
| | 植被类型 4 | 温带半灌木、矮半灌木荒漠（+） | 寒温带和温带山地针叶林（++） | 温带半灌木、矮半灌木荒漠（++） |
| 动物 | 动物群 | 山地森林、草原动物群 | 山地泰加林、草原动物群 | 山地灌丛、荒漠草原动物群 |
| | 代表物种 | 雪豹、北山羊、蹶鼠、长尾旱獭、凤头雀莺、赛氏篱莺、姬田鸡、棕枕山雀、隐耳漠虎、南疆沙蜥、新疆岩蜥、花背蟾蜍 | 水鼩、高山鼠兔、棕背䶄、紫貂、松鸡、苇鹀、西红脚隼、燕雀、黄脊游蛇、极北蝰、阿尔泰林蛙 | 草原蹶鼠、羽尾跳鼠、斑尾林鸽、褐头鹀、黑额伯劳、蓝胸佛法僧、白条沙蜥、大耳沙蜥、网纹麻蜥、乌拉尔沙蜥、新疆北鲵、中亚侧褶蛙 |

本亚区属于寒带荒漠气候，年均降水量 40～500 mm，年均温−16.0～10.1 ℃，极端高温 34.2 ℃，极端低温−38.1 ℃，≥0 ℃年积温为 0～4500 ℃。

本亚区由天山山系构成，坐落于亚洲中部荒漠地带，山体高大，对南部两侧的自然景观及动物分布有很大的影响。天山山脉最高点海拔超过 7500 m，东西长约 2500 km，南北宽约 300 km，具有完整的植被垂直带谱，对亚洲中部干旱地区动物的水平和垂直分布规律有重要影响（阿布力米提·阿布都卡迪尔，2003）。

本亚区主要地貌类型有高海拔极大起伏山地、中高海拔大起伏山地、中起伏山地和低海拔冲积洪积平原。主要的土壤有高山草甸土、亚高山草甸土、黑钙土和栗钙土。主要植被类型为高寒嵩草、杂类草草甸（线叶嵩草高寒草甸+嵩草高寒草甸+苔草高寒草甸），温带丛生禾草典型草原（羊茅草原+针茅草原）及温带丛生矮禾草、矮半灌木荒漠草原（沙生针茅荒漠草原+博乐绢蒿、沟叶羊茅荒漠草原）。

动物区系主要由中亚型和古北型组成，其动物区系与西部荒漠亚区相一致，而其动物群与羌塘高原亚区的高原高山生态动物群亦比较相近。典型的天山亚区动物包括哺乳类的灰旱獭（*Marmota baibacina*）、雪豹（*Uncia uncia*）、北山羊（*Capra ibex*）和天山黄鼠（*Spermophilus relictus*）等；鸟类的斑尾林鸽（*Columba palumbus*）、松鸡（*Tetrao urogallus*）、蒲苇莺（*Acrocephalus schoenobaenus*）、岩雷鸟（*Lagopus mutus*）、西域山雀（*Parus bokharensis*）和阿尔泰雪鸡（*Tetraogallus altaicus*）等；爬行类的阿赖山裂脸蜥（*Asymblepharus alaicus*）、白条沙蜥（*Phrynocephalus albolineatus*）、大耳沙蜥（*Phrynocephalus mystaceus*）、网纹麻蜥（*Eremias grammica*）和乌拉尔沙蜥（*Phrynocephalus guttatus*）等；两栖类的新疆北鲵（*Ranodon sibiricus*）、中亚侧褶蛙（*Pelophylax terentievi*）和阿尔泰林蛙（*Rana altaica*）。

### 1. 天山山地省（Ⅰ3Ha）

（1）概况

天山山地省的范围包括新疆中北部，以冰川、冰原作用山地地貌为主，海拔主要为

1500～3500 m，主要分布有山地森林、草原动物群。

（2）气候

天山山地省属于高山寒带荒漠气候，年均气温–10～8 ℃，夏季（6～8 月）平均气温 2～23 ℃，冬季（12～2 月）平均气温–25～–7 ℃；年均降水量 70～430 mm，雨季降水量 50～250 mm，旱季降水量 0～40 mm（图 3-76）。

（3）土壤

天山山地省主要的土壤类型有高山草甸土和亚高山草甸土，还零星分布有黑钙土和栗钙土。

高山草甸土主要分布于天山山地，是发育于高山森林郁闭线以上、草甸植被下的土壤。其主要特征是：地表因常有冻裂和土滑作用而呈层状或小丘状；表层由草根交织成软韧的草皮层。

亚高山草甸土的分布比高山草甸土分布的海拔低，其所处的地形大多是比较平缓的分水岭和平坦开阔的高原面。成土母质主要是岩石风化的残积物和坡积物，也有一些土壤形成于冰碛物。

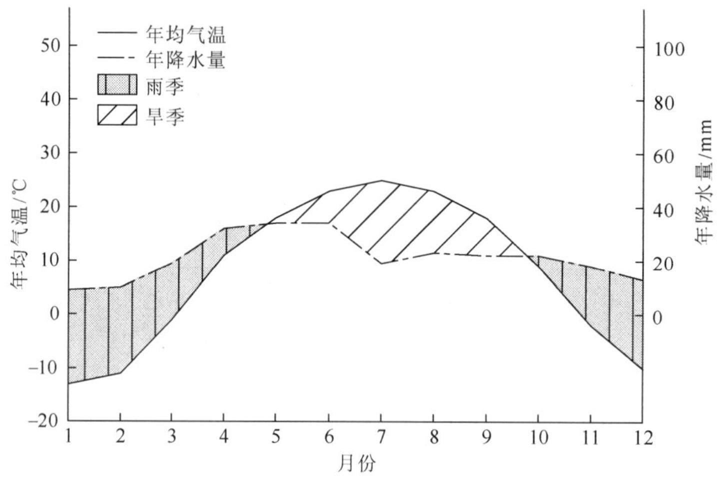


图 3-76　乌鲁木齐（87°53′E，42°49′N）气候图

栗钙土主要分布于亚高山草甸土以下的地区，黑钙土主要分布于博格达山的北坡。

（4）植被

天山山地省以高寒嵩草、杂类草草甸（线叶嵩草高寒草甸；白尖苔草高寒草甸；嵩草高寒草甸）为主要植被类型，约占 20%；其次为温带丛生矮禾草、矮半灌木荒漠草原（沙生针茅荒漠草原；镰芒针茅荒漠草原；针茅、矮半灌木荒漠草原），约占 15%；还分布有高山稀疏植被和温带半灌木、矮半灌木荒漠等植被类型。

（5）陆生脊椎动物

天山山地省共记录陆生脊椎动物 27 目 81 科 334 种（表 3-55）。

两栖类：花背蟾蜍（*Bufo raddei*）、中国林蛙（*Rana chensinensis*）；

表 3-55 天山山地省陆生脊椎动物种类组成

| 纲 | | 目 | 科 | 种 |
|---|---|---|---|---|
| 两栖类 | | 1 | 2 | 2 |
| 爬行类 | | 1 | 6 | 24 |
| 鸟类 | 繁殖鸟 | 19 | 51 | 193 |
| | 非繁殖鸟 | 8 | 16 | 42 |
| 哺乳类 | | 6 | 19 | 73 |
| 总计 | | 27 | 81 | 334 |

爬行类：隐耳漠虎（*Alsophylax pipiens*）、奇台沙蜥（*Phrynocephalus grumgrzimailoi*）、棋斑水游蛇（*Natrix tessellata*）、南疆沙蜥（*Phrynocephalus forsythii*）、花脊游蛇（*Coluber ravergieri*）、快步麻蜥（*Eremias velox*）、捷蜥蜴（*Lacerta agilis*）、旱地沙蜥（*Phrynocephalus helioscopus*）等；

鸟类：棕枕山雀（*Parus rufonuchalis*）、红翅沙雀（*Rhodopechys sanguineus*）、姬田鸡（*Porzana parva*）、欧鸽（*Columba oenas*）、灰颈鹀（*Emberiza buchanani*）、黑喉岩鹨（*Prunella atrogularis*）、靴隼雕（*Hieraaetus pennatus*）、长脚秧鸡（*Crex crex*）、灰白喉林莺（*Sylvia communis*）、金额丝雀（*Serinus pusillus*）、休氏白喉林莺（*Sylvia althaea*）、赛氏篱莺（*Hippolais rama*）、角䴙䴘（*Podiceps auritus*）、斑鹟（*Muscicapa striata*）等；

哺乳类：伊犁鼠兔（*Ochotona iliensis*）、灰旱獭（*Marmota baibacina*）、天山林䶄（*Clethrionomys frater*）、天山黄鼠（*Spermophilus relictus*）、伊犁田鼠（*Microtus ilaeus*）、五趾跳鼠（*Allactaga sibirica*）、蹶鼠（*Sicista concolor*）、林睡鼠（*Dryomys nitedula*）、根田鼠（*Microtus oeconomus*）、社田鼠（*Microtus socialis*）、长尾旱獭（*Marmota caudata*）等。

（6）自然保护区

天山山地省已建立国家级自然保护区 3 个，分别是天池、巴音布鲁克和托木尔峰国家级自然保护区（图 3-77）。

（7）生态地理单元划分

天山山地省共划分为 3 个生态地理单元（图 3-78、表 3-56）：

Ⅰ3Ha01 天山东部；

Ⅰ3Ha02 天山北坡山地；

Ⅰ3Ha03 天山南坡山地。

天山东部（Ⅰ3Ha01）位于新疆哈密盆地北部，是天山的东段，包括巴里坤山、北天山和哈尔里克山，海拔在 1500 m 以上。区内主要土壤类型为黑钙土，以高寒嵩草、杂类草草甸为主要植被类型，在海拔较高处还分布有高山稀疏植被。

天山北坡山地（Ⅰ3Ha02）和天山南坡山地（Ⅰ3Ha03）是天山的主脉。天山北坡山地受来自大西洋暖湿气流的影响，多有地形雨降水，其植被类型分布于南坡山地有所差异。天山北坡山地由山脚至山顶植被依次为山地草原—山地草甸草原—针叶林—高山草原—高山垫状植物—积雪冰川；而天山南坡山地由山脚至山顶依次为荒漠—荒漠草原—干旱山地草原—山地草原—剥蚀高山—积雪冰川。

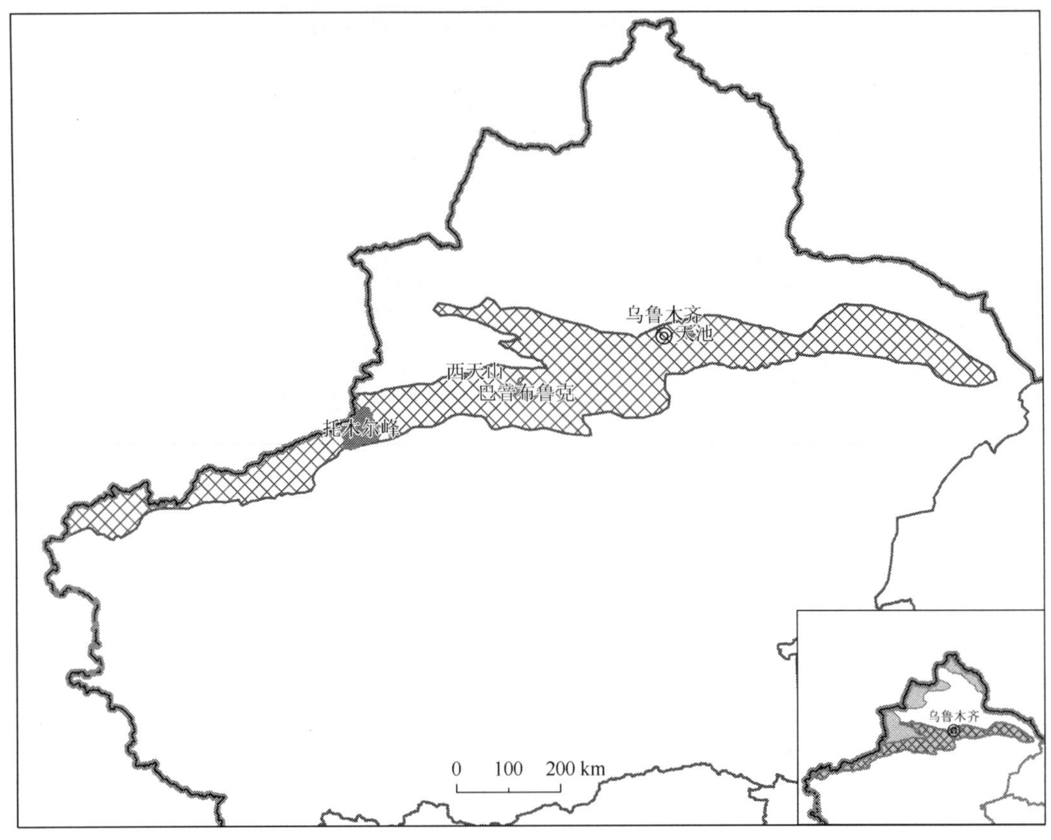


图 3-77　天山山地省主要自然保护区分布图

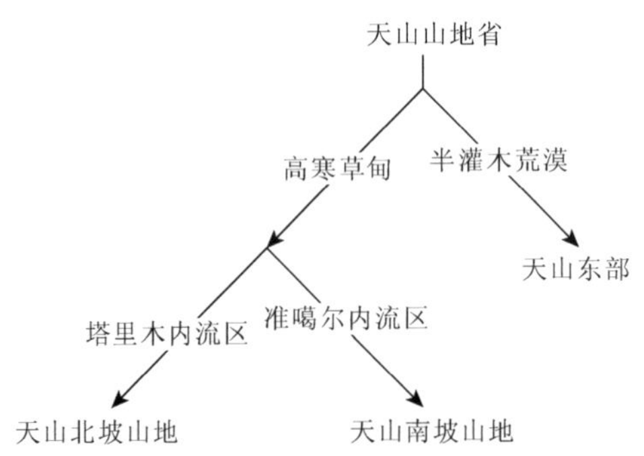


图 3-78　天山山地省各生态地理单元关系图

**表 3-56　天山山地省 3 个生态地理单元生态因子与动物群**

| 生态地理单元 | | Ha01 天山东部 | Ha02 天山北坡山地 | Ha03 天山南坡山地 |
|---|---|---|---|---|
| 概况 | 地貌 | 侵蚀山地；干燥剥蚀山地 | 冰川、冰缘作用山地；干燥剥蚀山地 | 冰川、冰缘作用山地；沙丘覆盖平原 |
| | 海拔 | 1500～4100 m | 900～4400 m | 2000～5100 m |
| | 土壤 | 黑钙土 | 栗钙土、黑钙土、亚高山草甸土、高山草甸土 | 棕漠土、灰棕漠土、栗钙土、高山草甸土 |
| | 水系 | 塔里木内流区 | 准噶尔内流区 | 塔里木内流区 |

续表

| 生态地理单元 | | Ha01 天山东部 | Ha02 天山北坡山地 | Ha03 天山南坡山地 |
|---|---|---|---|---|
| 气候 | 平均气温 | −6～5.9 ℃ | −10～6 ℃ | −10～8 ℃ |
| | 夏季均温 | 6.1～21 ℃ | 2～23 ℃ | 2～20 ℃ |
| | 冬季均温 | −17～−10 ℃ | −25～−11 ℃ | −25～−7 ℃ |
| | 年降水量 | 70～220 mm | 130～430 mm | 150～410 mm |
| | 雨季降水量 | 50～140 mm | 60～250 mm | 80～230 mm |
| | 旱季降水量 | 0～10 mm | 0～20 mm | 0～40 mm |
| 植被 | 植被类型 1 | 温带丛生矮禾草、矮半灌木荒漠草原（+++++） | 高寒嵩草、杂类草草甸（+++） | 高寒嵩草、杂类草草甸（+++） |
| | 优势群系 1 | 沙生针茅荒漠草原 | 线叶嵩草高寒草甸 | 线叶嵩草高寒草甸 |
| | 优势群系 2 | 针茅、矮半灌木荒漠草原 | 白尖苔草高寒草甸 | 鼠尾嵩草高寒草甸 |
| | 植被类型 2 | 温带半灌木、矮半灌木荒漠（++） | 高山稀疏植被（++） | 高山稀疏植被（++） |
| | 优势群系 1 | 合头草荒漠 | 风毛菊、红景天、垂头菊稀疏植被 | 风毛菊、红景天、垂头菊稀疏植被 |
| | 优势群系 2 | 短叶假木贼荒漠 | | 雪莲花、厚叶美花草稀疏植被 |
| 动物群 | | 山地草原、荒漠动物群 | 山地草甸、高山植被动物群 | 山地草甸、高山植被动物群 |

## 2. 阿尔泰山地省（Ⅰ3Hb）

（1）概况

阿尔泰山地省的范围包括新疆北部，以侵蚀性山地地貌为主，海拔主要为 1000～2500 m，主要分布有山地泰加林、草原动物群。

（2）气候

阿尔泰山地省属于中温带大陆性气候，年均气温−6～3 ℃，夏季（6～8 月）平均气温 7～19 ℃，冬季（12～2 月）平均气温−21～−15 ℃；年均降水量 140～360 mm，雨季降水量 60～180 mm，旱季降水量 10～30 mm（图 3-79）。

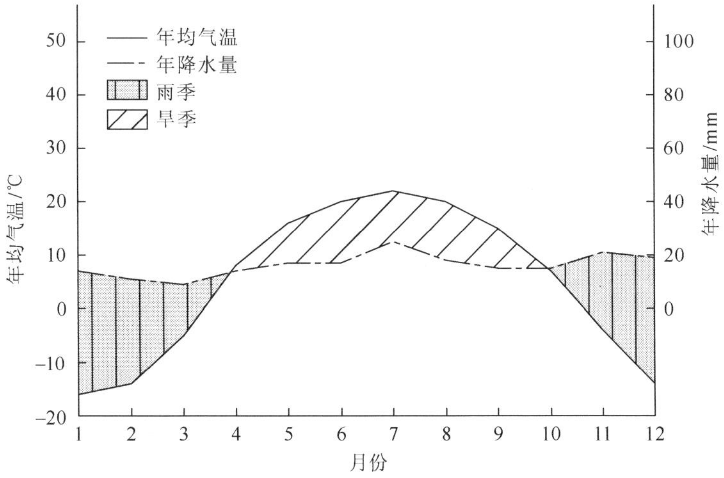


图 3-79 阿勒泰（87°49′E，47°57′N）气候图

（3）土壤

阿尔泰山地省主要的土壤类型有栗钙土和亚高山草甸土，还零星分布有寒漠土、黑钙土和暗棕色森林土等。

阿尔泰山地省土壤分布的垂直地带性明显，自山下往上分别是栗钙土—黑钙土—亚高山草甸土—灰色森林土—寒漠土。

（4）植被

阿尔泰山地省以温带丛生禾草典型草原（沟叶羊茅草原；针茅草原；针茅、冷蒿草原）为主要植被类型，约占 21%；其次为高寒嵩草、杂类草草甸（白尖苔草高寒草甸；鼠尾嵩草高寒草甸；青海早熟禾、扇穗茅高寒草甸），约占 20%；还分布有温带禾草、杂类草草甸及寒温带和温带山地针叶林等植被类型。

（5）陆生脊椎动物

阿尔泰山地省共记录陆生脊椎动物 27 目 75 科 316 种（表 3-57）。

两栖类：阿尔泰林蛙（*Rana altaica*）；

爬行类：黄脊游蛇（*Coluber spinalis*）、捷蜥蜴（*Lacerta agilis*）、水游蛇（*Natrix natrix*）、极北蝰（*Vipera berus*）、旱地沙蜥（*Phrynocephalus helioscopus*）、奇台沙蜥（*Phrynocephalus grumgrzimailoi*）等；

**表 3-57　阿尔泰山地省陆生脊椎动物种类组成**

| 纲 | | 目 | 科 | 种 |
|---|---|---|---|---|
| 两栖类 | | 1 | 1 | 1 |
| 爬行类 | | 1 | 5 | 19 |
| 鸟类 | 繁殖鸟 | 19 | 52 | 202 |
| | 非繁殖鸟 | 4 | 10 | 22 |
| 哺乳类 | | 6 | 16 | 72 |
| 总计 | | 27 | 75 | 316 |

鸟类：欧歌鸫（*Turdus philomelos*）、欧亚红尾鸲（*Phoenicurus phoenicurus*）、松鸡（*Tetrao urogallus*）、苇鹀（*Emberiza pallasi*）、西红脚隼（*Falco vespertinus*）、燕雀（*Fringilla montifringilla*）、高原岩鹨（*Prunella himalayana*）、圃鹀（*Emberiza hortulana*）、粉红腹岭雀（*Leucosticte arctoa*）、斑胸田鸡（*Porzana porzana*）、黄鹀（*Emberiza citrinella*）、柳雷鸟（*Lagopus lagopus*）、阿尔泰雪鸡（*Tetraogallus altaicus*）等；

哺乳类：水䶄（*Arvicola terrestris*）、高山鼠兔（*Ochotona alpina*）、棕背䶄（*Clethrionomys rufocanus*）、黑田鼠（*Microtus agrestis*）、林睡鼠（*Dryomys nitedula*）、原仓鼠（*Cricetus cricetus*）、灰旱獭（*Marmota baibacina*）、五趾跳鼠（*Allactaga sibirica*）、紫貂（*Martes zibellina*）等。

（6）自然保护区

阿尔泰山地省已建立国家级自然保护区 1 个：哈纳斯国家级自然保护区（图 3-80）。

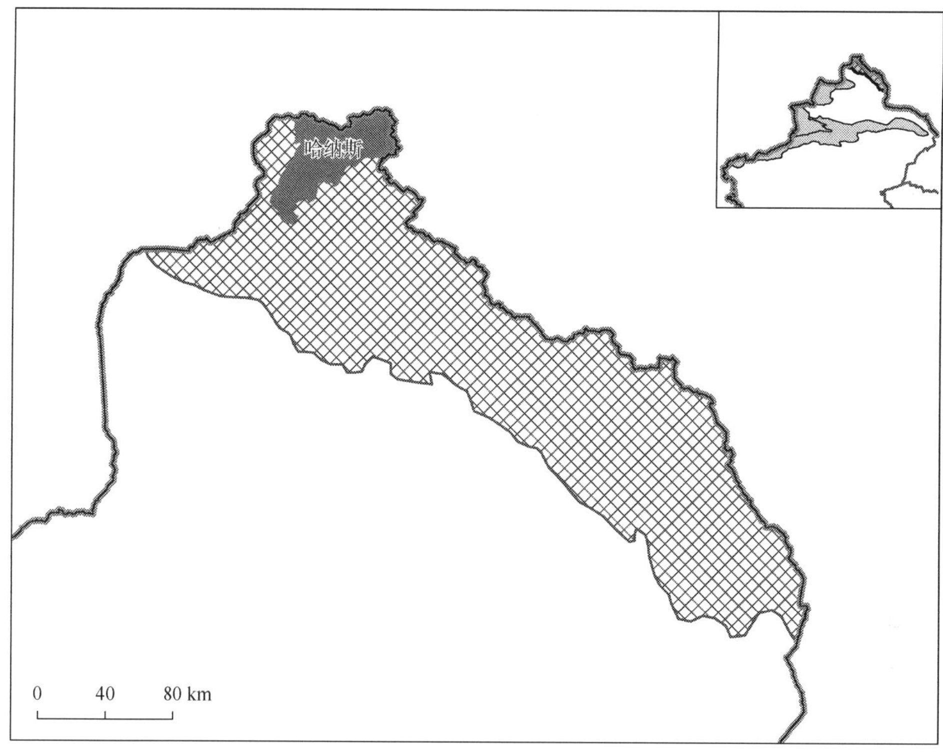


图 3-80 阿尔泰山地省主要自然保护区分布图

（7）生态地理单元划分

阿尔泰山地省仅有 1 个生态地理单元：

Ⅰ3Hb01 阿尔泰山山地。

### 3. 准噶尔界山省（Ⅰ3Hc）

（1）概况

准噶尔界山省的范围包括新疆西北部，以侵蚀性山地和洪积倾斜平原地貌为主，海拔主要在 2500 m 以下，主要分布有山地灌丛、荒漠草原动物群。

（2）气候

准噶尔界山省属于高山亚寒带草原气候，年均气温–7～9 ℃，夏季（6～8 月）平均气温 6～22 ℃，冬季（12～2 月）平均气温–22～–7 ℃；年均降水量 150～570 mm，雨季降水量 70～270 mm，旱季降水量 10～50 mm（图 3-81）。

（3）土壤

准噶尔界山省主要的土壤类型有栗钙土和棕钙土，还零星分布有黑钙土和灰钙土。

准噶尔界山省土壤分布的垂直地带性明显，自山下往上分别是灰棕漠土—棕钙土—栗钙土—黑钙土。

（4）植被

准噶尔界山省以温带丛生禾草典型草原（羊茅草原；针茅草原；芨芨草草原）为主要植被类型，约占 23%；其次为温带禾草、杂类草草甸（早熟禾草甸；早熟禾、羽衣草草

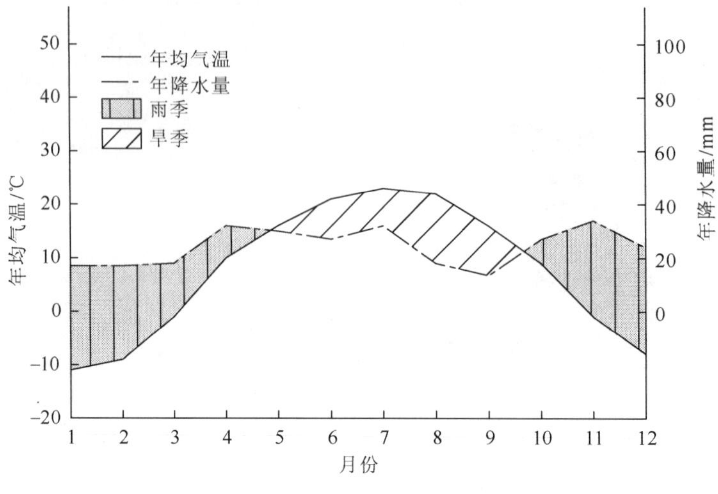


图 3-81　塔城（83°09′E，46°51′N）气候图

甸；鸭茅草甸），约占 18%；还分布有温带丛生矮禾草、矮半灌木荒漠草原和温带半灌木、矮半灌木荒漠等植被类型。

（5）陆生脊椎动物

准噶尔界山省共记录陆生脊椎动物 28 目 83 科 352 种（表 3-58）。

**表 3-58　准噶尔界山省陆生脊椎动物种类组成**

| 纲 | | 目 | 科 | 种 |
|---|---|---|---|---|
| 两栖类 | | 2 | 3 | 3 |
| 爬行类 | | 1 | 7 | 23 |
| 鸟类 | 繁殖鸟 | 19 | 55 | 223 |
| | 非繁殖鸟 | 4 | 12 | 29 |
| 哺乳类 | | 6 | 16 | 74 |
| 总计 | | 28 | 83 | 352 |

两栖类：新疆北鲵（*Ranodon sibiricus*）、中亚侧褶蛙（*Pelophylax terentievi*）、塔里木蟾蜍（*Bufo pewzowi*）；

爬行类：白条沙蜥（*Phrynocephalus albolineatus*）、大耳沙蜥（*Phrynocephalus mystaceus*）、网纹麻蜥（*Eremias grammica*）、乌拉尔沙蜥（*Phrynocephalus guttatus*）、敏麻蜥（*Eremias arguta*）、捷蜥蜴（*Lacerta agilis*）、花脊游蛇（*Coluber ravergieri*）、旱地沙蜥（*Phrynocephalus helioscopus*）、棋斑水游蛇（*Natrix tessellata*）、水游蛇（*Natrix natrix*）、隐耳漠虎（*Alsophylax pipiens*）、花条蛇（*Psammophis lineolatus*）等；

鸟类：斑尾林鸽（*Columba palumbus*）、褐头鹀（*Emberiza bruniceps*）、黑额伯劳（*Lanius minor*）、蓝胸佛法僧（*Coracias garrulus*）、黄颊麦鸡（*Vanellus gregarius*）、赤颈䴙䴘（*Podiceps grisegena*）、鸲蝗莺（*Locustella luscinioides*）、白翅百灵（*Melanocorypha leucoptera*）、林鹨（*Anthus trivialis*）、黑翅燕鸻（*Glareola nordmanni*）、红胸鸻（*Charadrius asiaticus*）、

石鸻（*Burhinus oedicnemus*）、宽尾树莺（*Cettia cetti*）等；

哺乳类：草原蹶鼠（*Sicista subtilis*）、天山林䶄（*Clethrionomys frater*）、原仓鼠（*Cricetus cricetus*）、黑田鼠（*Microtus agrestis*）、天山黄鼠（*Spermophilus relictus*）、伊犁田鼠（*Microtus ilaeus*）、林睡鼠（*Dryomys nitedula*）、伊犁鼠兔（*Ochotona iliensis*）、丛林猫（*Felis chaus*）、小鼩鼱（*Sorex minutus*）等。

（6）自然保护区

准噶尔界山省已建立国家级自然保护区 1 个：西天山国家级自然保护区（图 3-82）。

图 3-82 准噶尔界山省主要自然保护区分布图

（7）生态地理单元划分

准噶尔界山省共划分为 2 个生态地理单元（图 3-83、表 3-59）：

Ⅰ3Hc01 萨吾尔山-玛伊力山山地；

Ⅰ3Hc02 伊犁谷地。

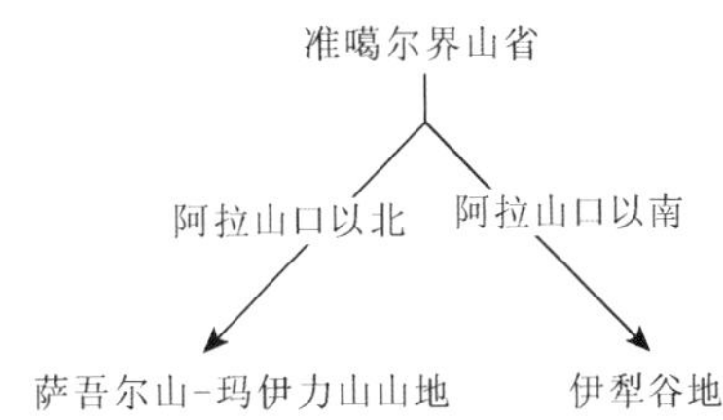


图 3-83 准噶尔界山省各生态地理单元关系图

准噶尔界山省以阿拉山口为界分为萨吾尔山-玛伊力山山地（Ⅰ3Hc01）和伊犁谷地（Ⅰ3Hc02）。伊犁谷地位于中国天山山脉西部，气候温和湿润，植被覆盖率高，低山带为优质春秋草场，中山带为茂密云杉林，高山带为优质夏季草场。萨吾尔山–玛伊力山山地地形复杂，除了塔额盆地外的山地海拔多在 2000 m 以上，主要植被类型为温带禾草、杂类草草甸，并有部分人工植被分布。

**表 3-59　准噶尔界山省 2 个生态地理单元生态因子与动物群**

| 生态地理单元 | | Hc01 萨吾尔山–玛伊力山山地 | Hc02 伊犁谷地 |
|---|---|---|---|
| 概况 | 地貌 | 干燥剥蚀高原；侵蚀山地；洪积倾斜平原 | 冰川、冰缘作用山地；侵蚀山地；冲积平原 |
| | 海拔 | 500～2800 m | 700～3800 m |
| | 土壤 | 栗钙土、棕钙土、灰棕漠土 | 黑钙土、栗钙土、亚高山草甸土 |
| | 水系 | 准噶尔内流区 | 伊犁河内流区 |
| 气候 | 平均气温 | –4～7 ℃ | –7～9 ℃ |
| | 夏季均温 | 10～22 ℃ | 6～22 ℃ |
| | 冬季均温 | –20～–11 ℃ | –22～–7 ℃ |
| | 年降水量 | 150～420 mm | 160～570 mm |
| | 雨季降水量 | 70～190 mm | 70～270 mm |
| | 旱季降水量 | 10～50 mm | 10～50 mm |
| 植被 | 植被类型 1 | 温带从生禾草典型草原（++++） | 温带禾草、杂类草草甸（+++） |
| | 优势群系 1 | 羊茅草原 | 早熟禾、羽衣草草甸 |
| | 优势群系 2 | 芨芨草草原 | 早熟禾草甸 |
| | 植被类型 2 | 温带从生矮禾草、矮半灌木荒漠草原（+++） | 人工植被（++） |
| | 优势群系 1 | 沙生针茅荒漠草原 | 冬小麦、玉米、秋油菜 |
| | 优势群系 2 | 博乐绢蒿、沟叶羊茅荒漠草原 | 春（冬）小麦、玉米、马铃薯 |
| 动物群 | | 山地草原、荒漠动物群 | 谷地草甸、农田动物群 |

## 五、青藏区（Ⅰ4）

### （一）羌塘高原亚区（Ⅰ4I）

羌塘高原亚区包括 4 个动物地理省 15 个生态地理单元（图 3-84、表 3-60），范围包括羌塘高原和可可西里山脉等。

本亚区属于亚寒带草原气候，年均降水量 40～520 mm，年均温–12.9～3.0 ℃，极端高温 30.1 ℃，极端低温–35.8 ℃，≥0 ℃年积温为 0～1500 ℃。

本亚区主要地貌类型有极高海拔大起伏山地、高海拔山地和冲积平原。本亚区主要的土壤有高山草原土、寒漠土、高山草甸土和盐土，其成土过程以腐殖质积累作用和钙化作用为主，融冻作用较强，具有表层草根较少、腐殖质层较薄、钙积层不明显、有机质含量较低等特点。主要植被类型为高寒禾草、苔草草原（紫花针茅草原+青藏苔草高寒草原）、高寒嵩草、杂类草草甸（小嵩草草甸+嵩草、苔草沼泽化高寒草甸）及高山稀疏植被（三指雪莲花、西藏扁芒菊稀疏植被+风毛菊、红景天、垂头菊稀疏植被）。高寒草原和高山

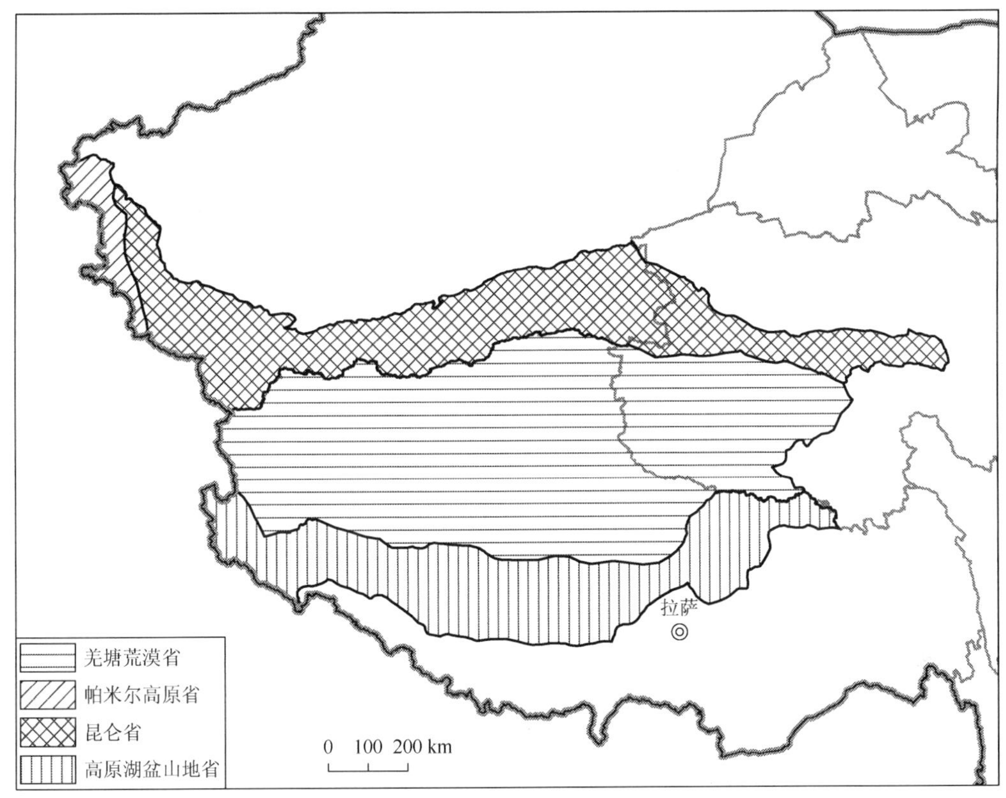


图 3-84 羌塘高原亚区图

**表 3-60 羌塘高原亚区 4 个动物地理省代表动物与生态因子比较**

| 动物地理省 | | Ia 羌塘荒漠省 | Ib 昆仑省 | Ic 高原湖盆山地省 | Id 帕米尔高原省 |
|---|---|---|---|---|---|
| 概况 | 位置 | 西藏中北部、青海西部 | 新疆南部 | 西藏中南部 | 新疆西部 |
| | 地貌 | 冰川、冰原作用高原 | 冰川、冰原作用山地 | 冰川、冰原作用高原 | 冰川、冰原作用山地 |
| | 海拔 | 4600～6200 m | 2900～6400 m | 4300～6100 m | 3600～6400 m |
| | 土壤 | 高山草原土、寒漠土、盐土 | 高山漠土、高山草甸土、棕漠土 | 高山草原土、高山草甸土、寒漠土、亚高山草甸土 | 高山漠土、亚高山草原土、棕钙土 |
| 气候 | 气候类型 | 高原寒带草原气候 | 高山寒带荒漠气候 | 高原亚寒带草原气候 | 高山寒带荒漠气候 |
| | 平均气温 | −11～0 ℃ | −13～7 ℃ | −9～3 ℃ | −12～3.3 ℃ |
| | 夏季均温 | 0～11 ℃ | −1～19.4 ℃ | 1～12 ℃ | 0～16 ℃ |
| | 冬季均温 | −23～−10 ℃ | −25～−7 ℃ | −18～−5 ℃ | −25～−11 ℃ |
| | 年降水量 | 50～330 mm | 30～340 mm | 190～820 mm | 50～370 mm |
| | 雨季降水量 | 30～230 mm | 20～210 mm | 120～430 mm | 20～140 mm |
| | 旱季降水量 | 0～30 mm | 0～10 mm | 0～80 mm | 0～60 mm |
| 植被 | 植被类型 1 | 高寒禾草、苔草草原（+++++） | 高山稀疏植被（+++） | 高寒嵩草、杂类草草甸（+++++） | 高山稀疏植被（+++） |
| | 植被类型 2 | 高山稀疏植被（+） | 高寒禾草、苔草草原（+++） | 高寒禾草、苔草草原（+++） | 高寒垫状矮半灌木荒漠（+++） |

续表

| 动物地理省 | | Ia 羌塘荒漠省 | Ib 昆仑省 | Ic 高原湖盆山地省 | Id 帕米尔高原省 |
|---|---|---|---|---|---|
| 植被 | 植被类型 3 | 高寒垫状矮半灌木荒漠（+） | 高寒垫状矮半灌木荒漠（++） | 高山稀疏植被（+++） | 温带丛生矮禾草、矮半灌木荒漠草原（++） |
| | 植被类型 4 | 温带丛生矮禾草、矮半灌木荒漠草原（+） | 温带半灌木、矮半灌木荒漠（+） | 无植被地段（+） | 无植被地段（++） |
| 动物 | 动物群 | 高地荒漠动物群 | 高山荒漠动物群 | 高地草原、草甸动物群 | 高山草原动物群 |
| | 代表物种 | 努布拉鼠兔、川西鼠兔、斯氏高山鼷、高山岭雀、渎鹏、斑头雁、黑颈鹤、红尾沙蜥、拉达克滑蜥、西藏沙蜥、南疆沙蜥 | 漠猫、普氏原羚、兔狲、藏雪鸡、卷羽鹈鹕、巨嘴短翅莺、褐头岭雀、新疆岩蜥 | 矮岩羊、淡黄腰柳莺、雪鸽、高原山鹑、点翅朱雀、西藏岩蜥、高山倭蛙、温泉蛇 | 红鼠兔、长尾旱獭、姬田鸡、布氏苇莺、领燕鸻、休氏白喉林莺 |

稀疏植被的出现表明羌塘高原腹地高寒、干旱、强辐射、强风对植物生长的限制塑造，同时，这些植物的存在发展对改造原始生态环境，尤其是土壤环境有着积极作用。

由于本亚区地势高，气候干旱寒冷，植被类型简单，食物条件及隐蔽条件较差，动物区系组成简单。高原动物经过长期的自然选择，在生理上已获得稳定的适应高原低氧的遗传学特征，如没有肺动脉高压和右心肥厚，心肺发育良好，心肺指数高等（袁青妍，2005）；此外，还具有皮毛厚、善于奔跑、群聚栖居等特点。该亚区哺乳动物特有种占重要地位，高地型动物区系特征显著，其中最典型的物种有藏羚（*Pantholops hodgsoni*）、藏野驴（*Equus kiang*）、野牦牛（*Bos mutus*）和藏原羚（*Procapra picticaudata*）等，狼（*Canis lupus*）是本区唯一的广布种。除猛兽多单独营生外，有蹄类动物具有结群活动或群聚栖居的习性，因而种群密度较大，数量较多，这是青藏高原东部及南部森林动物不能比拟的。鸟类的区系组成虽然以高地型为优势，但各种区系成分相互渗透，而且广布种比例较高。爬行类的中亚型比例较高，如南疆沙蜥（*Phrynocephalus forsythii*）、新疆岩蜥（*Laudakia stoliczkana*）、叶城沙蜥（*Phrynocephalus axillaris*）、密点麻蜥（*Eremias multiocellata*）和新疆沙虎（*Teratoscincus przewalskii*）等。两栖类十分匮乏，仅见有西藏齿突蟾（*Scutiger boulengeri*）、西藏蟾蜍（*Bufo tibetanus*）和高山倭蛙（*Nanorana parkeri*）等几种。

### 1. 羌塘荒漠省（Ⅰ4Ia）

（1）概况

羌塘荒漠省的范围包括西藏中北部、青海西部，以冰川、冰原作用高原地貌为主，海拔主要为 4500～5500 m，主要分布有高地荒漠动物群。

（2）气候

羌塘荒漠省属于高原寒带草原气候，年均气温−11～0 ℃，夏季（6～8 月）平均气温 0～11 ℃，冬季（12～2 月）平均气温−23～−10 ℃；年均降水量 50～330 mm，雨季降水量 30～230 mm，旱季降水量 0～30 mm（图 3-85）。

（3）土壤

羌塘荒漠省主要的土壤类型有高山草原土，还零星分布有寒漠土和盐土。

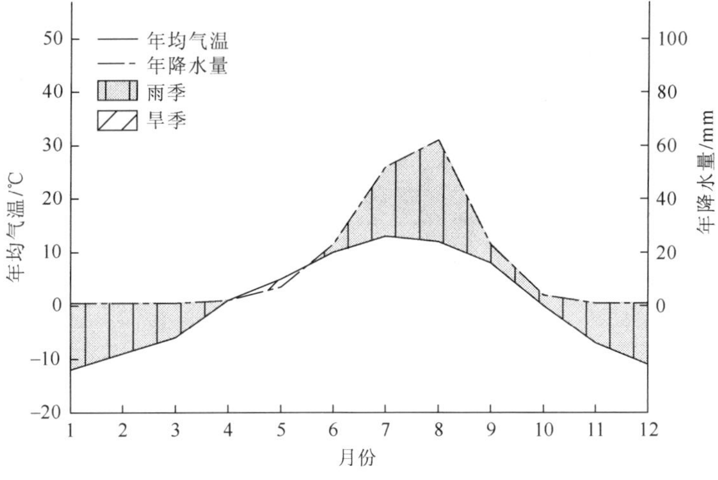


图 3-85 改则（84°09′E，31°38′N）气候图

高山草原土分布于羌塘荒漠省的大部分地区，是高山亚寒带半干旱草原植被下形成的土壤。成土过程表现为腐殖质积累和冻融作用减弱，钙化作用出现。高山草原土的形成以腐殖质积累作用和钙化作用为主，但不及草原土壤明显，融冻作用较强。土壤呈碱性反应，一般底土有季节冻层或多年冻土。

寒漠土主要分布于高山山地，是高山特有的冰碛地衣和流石滩植被下发育的土壤。所在地形多为分水岭、古冰斗和古冰碛平台。脱离冰川影响最晚，成土年龄最短，生物作用和化学风化过程都很微弱，寒冻风化作用强烈，土壤石质化，土层极薄，剖面分化不明显。

盐土主要分布于高原盐湖的湖缘地区。

（4）植被

羌塘荒漠省以高寒禾草、苔草草原（紫花针茅草原；青藏苔草高寒草原；青藏苔草、紫花针茅高寒草原）为主要植被类型，约占 72%；其次为高山稀疏植被（三指雪莲花、西藏扁芒菊稀疏植被；水母雪莲、风毛菊稀疏植被；风毛菊、红景天、垂头菊稀疏植被），约占 7%；还分布有高寒垫状矮半灌木荒漠和温带丛生矮禾草、矮半灌木荒漠草原等植被类型。

（5）陆生脊椎动物

羌塘荒漠省共记录陆生脊椎动物 23 目 51 科 158 种（表 3-61）。

**表 3-61 羌塘荒漠省陆生脊椎动物种类组成**

| 纲 | | 目 | 科 | 种 |
|---|---|---|---|---|
| 两栖类 | | 1 | 2 | 3 |
| 爬行类 | | 1 | 2 | 4 |
| 鸟类 | 繁殖鸟 | 15 | 34 | 82 |
| | 非繁殖鸟 | 7 | 15 | 43 |
| 哺乳类 | | 5 | 10 | 26 |
| 总计 | | 23 | 51 | 158 |

两栖类：西藏齿突蟾（*Scutiger boulengeri*）、高山倭蛙（*Nanorana parkeri*）、倭蛙（*Nanorana pleskei*）；

爬行类：红尾沙蜥（*Phrynocephalus erythrurus*）、拉达克滑蜥（*Scincella ladacensis*）、西藏沙蜥（*Phrynocephalus theobaldi*）、青海沙蜥（*Phrynocephalus vlangalii*）；

鸟类：黑颈鹤（*Grus nigricollis*）、暗腹雪鸡（*Tetraogallus himalayensis*）、斑头雁（*Anser indicus*）、地山雀（*Pseudopodoces humilis*）、蒙古沙鸻（*Charadrius mongolus*）、高山岭雀（*Leucosticte brandti*）、漠䳭（*Oenanthe deserti*）、细嘴短趾百灵（*Calandrella acutirostris*）、白斑翅雪雀（*Montifringilla nivalis*）、红胸朱雀（*Carpodacus puniceus*）、普通秋沙鸭（*Mergus merganser*）、大朱雀（*Carpodacus rubicilla*）、红翅旋壁雀（*Tichodroma muraria*）、西藏毛腿沙鸡（*Syrrhaptes tibetanus*）等；

哺乳类：努布拉鼠兔（*Ochotona nubrica*）、拉达克鼠兔（*Ochotona ladacensis*）、川西鼠兔（*Ochotona gloveri*）、斯氏高山䶄（*Alticola stoliczkanus*）、岩羊（*Pseudois nayaur*）、大耳鼠兔（*Ochotona macrotis*）、野牦牛（*Bos mutus*）、藏羚（*Pantholops hodgsoni*）、黑唇鼠兔（*Ochotona curzoniae*）、盘羊（*Ovis ammon*）、棕熊（*Ursus arctos*）、藏野驴（*Equus kiang*）、白尾松田鼠（*Pitymys leucurus*）、喜马拉雅旱獭（*Marmota himalayana*）、藏原羚（*Procapra picticaudata*）、高原兔（*Lepus oiostolus*）等。

（6）自然保护区

羌塘荒漠省已建立国家级自然保护区 4 个，分别是羌塘、三江源、色林错和可可西里国家级自然保护区（图 3-86）。

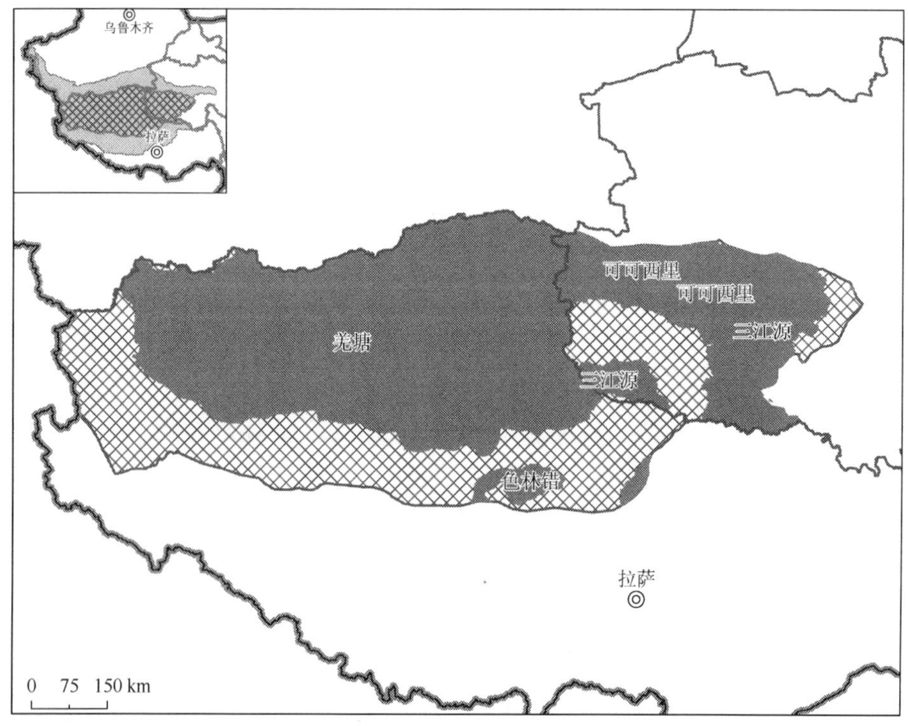


图 3-86　羌塘荒漠省主要自然保护区分布图

（7）生态地理单元划分

羌塘荒漠省共划分为6个生态地理单元（图3-87、表3-62）：

Ⅰ4Ia01 长江源头河谷山地；

Ⅰ4Ia02 唐古拉山地；

Ⅰ4Ia03 可可西里；

Ⅰ4Ia04 藏北高原；

Ⅰ4Ia05 藏北高原西北部高原湖盆地；

Ⅰ4Ia06 森格藏布流域高原山地高原。

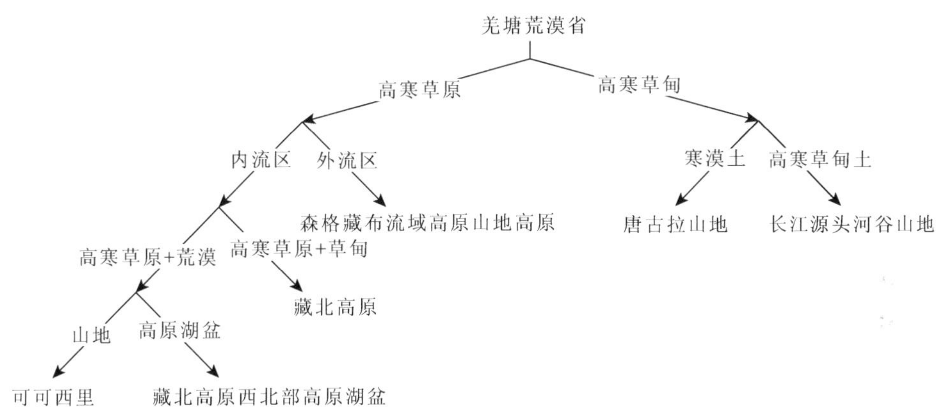


图3-87 羌塘荒漠省各生态地理单元关系图

长江源头河谷山地（Ⅰ4Ia01）地势较为平缓，海拔在4500 m以上，河网沼泽广布，主要土壤类型为高山草甸土，以高寒嵩草、杂类草草甸和高寒禾草、苔草草原为主要的植被类型。

唐古拉山地（Ⅰ4Ia02）是西藏自治区与青海省的界山，海拔高度在5000 m以上，山峰上发育有小型冰川，是长江的发源地。区内分布有多年冻土，主要土壤类型为寒漠土，主要植被类型是高寒嵩草、杂类草草甸和高山稀疏植被。

可可西里（Ⅰ4Ia03）和藏北高原西北部高原湖盆地（Ⅰ4Ia05）位于西藏自治区的北部，土壤以高山草原土为主，植被以高寒禾草、苔草草原和高寒垫状矮半灌木荒漠植被为主。前者为山地地形为主，后者分布着典型的高原湖盆。

藏北高原（Ⅰ4Ia04）位于西藏自治区的腹地，是青藏高原的核心带。区内由一系列间夹着大小盆地的平缓山丘组成，冰川作用及冰冻风化作用强烈。主要土壤类型为高山草原土和高寒土，以高寒禾草、苔草草原和高寒嵩草、杂类草草甸植被为主。

森格藏布流域高原山地高原（Ⅰ4Ia06）位于西藏自治区的西北部，是羌塘荒漠省唯一的外流区，印度河的上游森格藏布河发源于此。主要土壤类型为寒漠土和高山漠土，以高寒禾草、苔草草原和温带丛生矮禾草、矮半灌木荒漠草原植被为主。

**2. 昆仑省**（Ⅰ4Ib）

（1）概况

昆仑省的范围包括新疆南部，以冰川、冰原作用山地地貌为主，海拔主要为3000～5500 m，主要分布有高山荒漠动物群。

**表 3-62　羌塘荒漠省 6 个生态地理单元生态因子与动物群**

| 生态地理单元 | | Ia01 长江源头河谷山地 | Ia02 唐古拉山地 | Ia03 可可西里 | Ia04 藏北高原 | Ia05 藏北高原西北部高原湖盆地 | Ia06 森格藏布流域高原山地高原 |
|---|---|---|---|---|---|---|---|
| 概况 | 地貌 | 冰川、冰缘作用山地；冲积平原 | 冰川、冰缘作用山地 | 冰川、冰缘作用山地；洪积、冲积、冰积平原；冰川、冰缘作用高原 | 冰川、冰缘作用高原；洪积、冲积、冰积平原 | 冰川、冰缘作用高原；洪积、冲积、冰积平原 | 冰川、冰缘作用山地 |
| | 海拔 | 4500～5200 m | 4900～5900 m | 4800～5700 m | 4600～5900 m | 4900～6200 m | 4600～6200 m |
| | 土壤 | 高山草甸土 | 寒漠土 | 高山草原土 | 高山草原土和高寒土 | 高山草原土 | 寒漠土和高山漠土 |
| | 水系 | 长江 | 长江 | 藏北高原内流区 | 藏北高原内流区 | 藏北高原内流区 | 森格藏布 |
| 气候 | 平均气温 | −7～−3 ℃ | −9～−4 ℃ | −9～−5 ℃ | −8～−1 ℃ | −11～−4 ℃ | −10～0 ℃ |
| | 夏季均温 | 3～7 ℃ | 1～6 ℃ | 2～5 ℃ | 2～9 ℃ | 0～8 ℃ | 1～11 ℃ |
| | 冬季均温 | −17～−14 ℃ | −19.7～−15 ℃ | −20～−16 ℃ | −19～−10 ℃ | −23～−16 ℃ | −22～−11 ℃ |
| | 年降水量 | 230～470 mm | 240～440 mm | 110～250 mm | 90～330 mm | 50～100 mm | 50～300 mm |
| | 雨季降水量 | 160～300 mm | 170～290 mm | 80～180 mm | 60～230 mm | 30～70 mm | 30～170 mm |
| | 旱季降水量 | 0～10 mm | 0～10 mm | 0 mm | 0～20 mm | 0～10 mm | 0～30 mm |
| 植被 | 植被类型 1 | 高寒嵩草、杂类草草甸（+++++） | 高寒嵩草、杂类草草甸（+++++） | 高寒禾草、苔草草原（+++++） | 高寒禾草、苔草草原（+++++） | 高寒禾草、苔草草原（+++++） | 高寒禾草、苔草草原（+++++） |
| | 优势群系 1 | 小嵩草草甸 | 小嵩草草甸 | 青藏苔草、垫状驼绒藜高寒草原 | 紫花针茅草原 | 青藏苔草、紫花针茅高寒草原 | 紫花针茅、高山苔草高寒草原 |
| | 优势群系 2 | 小嵩草、紫花针茅高寒草甸 | 小嵩草草甸+青藏苔草高寒草原 | 青藏苔草高寒草原 | 青藏苔草高寒草原 | 青藏苔草高寒草原 | 紫花针茅草原 |
| | 植被类型 2 | 高寒禾草、苔草草原（+++） | 高山稀疏植被（++） | 高寒垫状矮半灌木荒漠（+） | 高寒嵩草、杂类草草甸（+） | 高寒垫状矮半灌木荒漠（+++） | 温带丛生矮禾草、矮半灌木荒漠草原（+++） |
| | 优势群系 1 | 紫花针茅草原 | 水母雪莲、风毛菊稀疏植被 | 垫状驼绒藜高寒荒漠 | 小嵩草草甸 | 垫状驼绒藜高寒荒漠 | 沙生针茅荒漠草原 |
| | 优势群系 2 | 紫花针茅草原+青海早熟禾、扇穗茅高寒草甸 | | | 藏北嵩草沼泽化高寒草甸+苔草、发草高寒沼泽 | | 藏锦鸡儿、矮禾草荒漠草原+紫花针茅草原 |
| 动物群 | | 高寒草甸、草原动物群 | 山地草甸、高山植被动物群 | 高寒草原荒漠动物群 | 高寒草原荒漠动物群 | 高寒草原荒漠动物群 | 高寒草原荒漠动物群 |

（2）气候

昆仑省属于高山寒带荒漠气候，年均气温–13～7 ℃，夏季（6～8 月）平均气温–1～19.4 ℃，冬季（12～2 月）平均气温–25～–7 ℃；年均降水量 30～340 mm，雨季降水量 20～210 mm，旱季降水量 0～10 mm（图 3-88）。

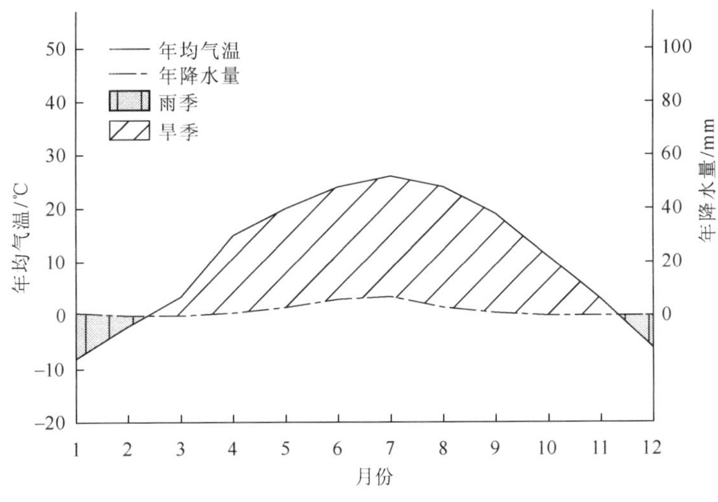


图 3-88　且末（85°41′E，37°57′N）气候图

（3）土壤

昆仑省主要的土壤类型有高山漠土，还零星分布有沼泽土。

高山漠土分布于昆仑省的大部分地区，自藏北高原的西北部延伸至昆仑山脉和帕米尔高原，所处地形以高原面和高原上的低山为主。成土母质主要是各种岩石风化的残积物和坡积物，也有一些冰砾物。因为风化过程中物理风化起主导作用，所以风化产物高度石质化。在高山漠土带的生物气候条件下，风化过程和成土过程都很微弱，因此，高山漠土的土层薄，石砾多，细土少；有机质含量低，呈碱性反应。

沼泽土主要分布于一些内流河河谷两岸地区。

（4）植被

昆仑省以高山稀疏植被（风毛菊、红景天、垂头菊稀疏植被；水母雪莲、风毛菊稀疏植被；三指雪莲花、西藏扁芒菊稀疏植被）为主要植被类型，约占 23%；其次为高寒禾草、苔草草原（紫花针茅草原；青藏苔草、紫花针茅高寒草原；紫花针茅、垫状驼绒藜高寒草原），约占 22%；还分布有高寒垫状矮半灌木荒漠和温带半灌木、矮半灌木荒漠等植被类型。

（5）陆生脊椎动物

昆仑省共记录陆生脊椎动物 26 目 75 科 291 种（表 3-63）。

两栖类：西藏蟾蜍（*Bufo tibetanus*）、西藏齿突蟾（*Scutiger boulengeri*）等；

爬行类：南疆沙蜥（*Phrynocephalus forsythii*）、青海沙蜥（*Phrynocephalus vlangalii*）、塔里木岩蜥（*Laudakia tarimensis*）、西藏沙蜥（*Phrynocephalus theobaldi*）等；

表 3-63 昆仑省陆生脊椎动物种类组成

| 纲 | | 目 | 科 | 种 |
|---|---|---|---|---|
| 两栖类 | | 1 | 3 | 4 |
| 爬行类 | | 1 | 5 | 11 |
| 鸟类 | 繁殖鸟 | 18 | 48 | 167 |
| | 非繁殖鸟 | 8 | 17 | 45 |
| 哺乳类 | | 6 | 16 | 64 |
| 总计 | | 26 | 75 | 291 |

鸟类：褐头岭雀（*Leucosticte sillemi*）、巨嘴短翅莺（*Bradypterus major*）、卷羽鹈鹕（*Pelecanus crispus*）、暗腹雪鸡（*Tetraogallus himalayensis*）、藏雪鸡（*Tetraogallus tibetanus*）、中亚鸽（*Columba eversmanni*）、蒙古沙鸻（*Charadrius mongolus*）、灰柳莺（*Phylloscopus griseolus*）、高山岭雀（*Leucosticte brandti*）、细嘴短趾百灵（*Calandrella acutirostris*）、斑头雁（*Anser indicus*）、凤头雀莺（*Leptopoecile elegans*）、红胸朱雀（*Carpodacus puniceus*）、地山雀（*Pseudopodoces humilis*）等；

哺乳类：普氏原羚（*Procapra przewalskii*）、长尾旱獭（*Marmota caudata*）、兔狲（*Otocolobus manul*）、漠猫（*Felis bieti*）、大耳鼠兔（*Ochotona macrotis*）、北山羊（*Capra ibex*）、岩羊（*Pseudois nayaur*）、藏野驴（*Equus kiang*）、藏羚（*Pantholops hodgsoni*）、黑唇鼠兔（*Ochotona curzoniae*）、拉达克鼠兔（*Ochotona ladacensis*）、野牦牛（*Bos mutus*）、藏沙狐（*Vulpes ferrilata*）、盘羊（*Ovis ammon*）、马鹿（*Cervus elaphus*）、高原兔（*Lepus oiostolus*）、喜马拉雅旱獭（*Marmota himalayana*）、藏原羚（*Procapra picticaudata*）、鹅喉羚（*Gazella subgutturosa*）、藏仓鼠（*Cricetulus kamensis*）等。

（6）自然保护区

昆仑省已建立国家级自然保护区 3 个，分别是三江源、可可西里和阿尔金山国家级自然保护区（图 3-89）。

（7）生态地理单元划分

昆仑省共划分为 4 个生态地理单元（图 3-90、表 3-64）：

Ⅰ4Ib01 阿尔金山高原；

Ⅰ4Ib02 昆仑山北坡；

Ⅰ4Ib03 昆仑山西段；

Ⅰ4Ib04 喀喇昆仑山山地。

阿尔金山高原（Ⅰ4Ib01）位于新疆维吾尔自治区的南部，区内地势相对平坦，海拔在 5600 m 以下，以亚高山草原土和寒漠土为主要土壤类型，主要植被类型为高寒禾草、苔草草原和高寒垫状矮半灌木荒漠。

昆仑山北坡（Ⅰ4Ib02）和昆仑山西段（Ⅰ4Ib03）均属于昆仑山山系，以山地地形为主，二者并无明显的边界。昆仑山北坡海拔相对较低，主要植被类型为高寒禾草、苔草草原，山地永久冰川相对较少，山顶以高山山顶碎石为主；昆仑山西段海拔较高，主要植被类型为高山稀疏植被，分布有较大面积的永久冰川，山顶常年积雪。

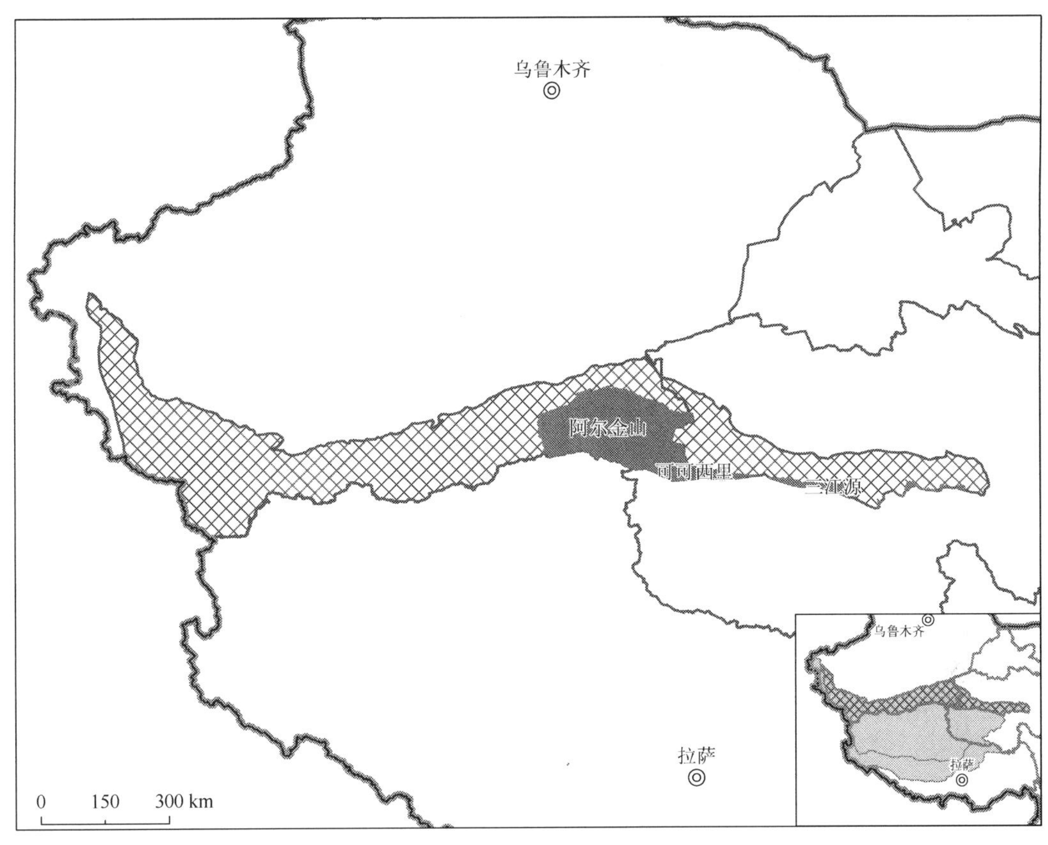


图 3-89　昆仑省主要自然保护区分布图

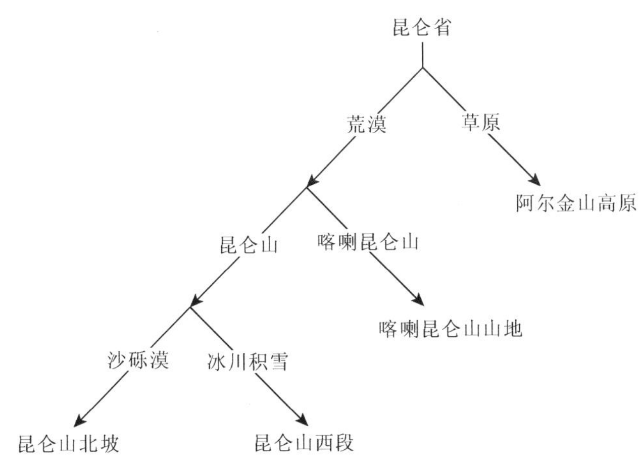


图 3-90　昆仑省各生态地理单元关系图

喀喇昆仑山山地（Ⅰ4Ib04）位于新疆和西藏西部交界的阿克塞钦地区，属于喀喇昆仑山系，海拔在 5000 m 以上，以高山漠土为主要土壤类型，主要植被为高山稀疏植被和高寒垫状矮半灌木荒漠植被。

表 3-64 昆仑省 4 个生态地理单元生态因子与动物群

| 生态地理单元 | | Ib01 阿尔金山高原 | Ib02 昆仑山北坡 | Ib03 昆仑山西段 | Ib04 喀喇昆仑山山地 |
|---|---|---|---|---|---|
| 概况 | 地貌 | 冰川、冰缘作用山地；干燥剥蚀山地 | 冰川、冰缘作用山地 | 冰川、冰缘作用山地；干燥剥蚀山地 | 冰川、冰缘作用山地；冰川、冰缘作用高原 |
| | 海拔 | 3500～5600 m | 4300～5600 m | 2900～6400 m | 5000～6200 m |
| | 土壤 | 亚高山草原土和寒漠土 | 高山漠土、沼泽土 | 高山漠土、寒漠土 | 高山漠土 |
| | 水系 | 柴达木内流区 | 藏北高原内流区 | 藏北高原内流区 | 印度河 |
| 气候 | 平均气温 | –10～1 ℃ | –10～–1 ℃ | –13～7 ℃ | –12～–3 ℃ |
| | 夏季均温 | 1～13 ℃ | 1～10 ℃ | –1～19.4 ℃ | 0～9 ℃ |
| | 冬季均温 | –22～–12 ℃ | –21～–13 ℃ | –25～–7 ℃ | –24～–17 ℃ |
| | 年降水量 | 60～130 mm | 70～340 mm | 30～90 mm | 40～80 mm |
| | 雨季降水量 | 40～100 mm | 50～210 mm | 20～60 mm | 20～50 mm |
| | 旱季降水量 | 0 mm | 0～10 mm | 0～10 mm | 0～10 mm |
| 植被 | 植被类型 1 | 高寒禾草、苔草草原(+++) | 高寒禾草、苔草草原(+++) | 高山稀疏植被（+++） | 高山稀疏植被（+++++） |
| | 优势群系 1 | 紫花针茅草原 | 紫花针茅草原 | 风毛菊、红景天、垂头菊稀疏植被 | 风毛菊、红景天、垂头菊稀疏植被 |
| | 优势群系 2 | 紫花针茅、垫状驼绒藜高寒草原 | 青藏苔草、紫花针茅高寒草原 | 三指雪莲花、西藏扁芒菊稀疏植被 | 三指雪莲花、西藏扁芒菊稀疏植被 |
| | 植被类型 2 | 高寒垫状矮半灌木荒漠（++） | 高山稀疏植被（++） | 温带半灌木、矮半灌木荒漠（++） | 高寒垫状矮半灌木荒漠（+++） |
| | 优势群系 1 | 垫状驼绒藜高寒荒漠 | 风毛菊、红景天、垂头菊稀疏植被 | 高山绢蒿荒漠 | 垫状驼绒藜高寒荒漠 |
| | 优势群系 2 | 高山绢蒿、高山紫菀高寒荒漠 | 水母雪莲、风毛菊稀疏植被 | 合头草荒漠 | 藏亚菊高寒荒漠 |
| 动物群 | | 高山草原荒漠动物群 | 高山草原荒漠动物群 | 高山荒漠动物群 | 高山荒漠动物群 |

### 3. 高原湖盆山地省（Ⅰ4Ic）

（1）概况

高原湖盆山地省的范围包括西藏中南部，以冰川、冰原作用高原地貌为主，海拔主要为 4500～5500 m，主要分布有高地草原、草甸动物群。

（2）气候

高原湖盆山地省属于高原亚寒带草原气候，年均气温–9～3 ℃，夏季（6～8 月）平均气温 1～12 ℃，冬季（12～2 月）平均气温–18～–5 ℃；年均降水量 190～820 mm，雨季降水量 120～430 mm，旱季降水量 0～80 mm（图 3-91）。

（3）土壤

高原湖盆山地省主要的土壤类型有高山草原土和高山草甸土，还零星分布有寒漠土和亚高山草甸土。

高山草原土分布于高原湖盆山地省的大部分地区；高山草甸土主要分布于怒江和澜沧江的源头地区；寒漠土主要分布于高山山地，分布的海拔较高；亚高山草甸土主要分布于怒江和澜沧江两岸河谷，分布的海拔较低。

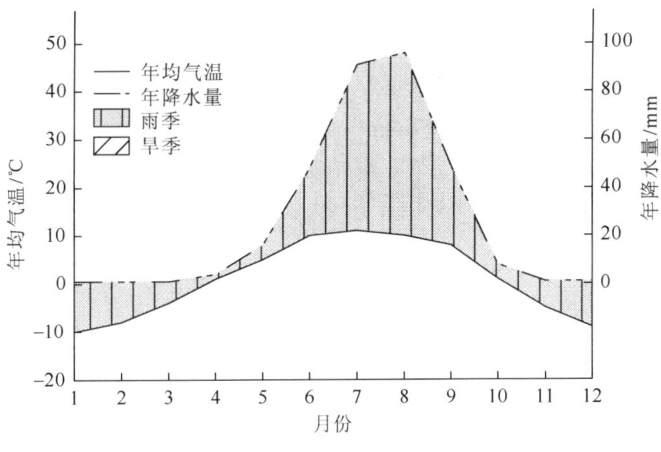


图 3-91　申扎（88°47′E，31°00′N）气候图

（4）植被

高原湖盆山地省以高寒嵩草、杂类草草甸（小嵩草草甸；小嵩草、圆穗蓼高寒草甸；藏北嵩草沼泽化高寒草甸）为主要植被类型，约占 45%；其次为高寒禾草、苔草草原（紫花针茅草原；紫花针茅、高山苔草高寒草原；紫花针茅、青藏苔草高寒草原），约占 22%；还分布有高山稀疏植被和无植被地段等植被类型。

（5）陆生脊椎动物

高原湖盆山地省共记录陆生脊椎动物 24 目 64 科 234 种（表 3-65）。

**表 3-65　高原湖盆山地省陆生脊椎动物种类组成**

| 纲 | | 目 | 科 | 种 |
|---|---|---|---|---|
| 两栖类 | | 1 | 1 | 1 |
| 爬行类 | | 1 | 3 | 6 |
| 鸟类 | 繁殖鸟 | 16 | 44 | 139 |
| | 非繁殖鸟 | 7 | 17 | 56 |
| 哺乳类 | | 5 | 11 | 32 |
| 总计 | | 24 | 64 | 234 |

两栖类：高山倭蛙（*Nanorana parkeri*）；

爬行类：西藏岩蜥（*Laudakia papenfussi*）、红尾沙蜥（*Phrynocephalus erythrurus*）、拉达克滑蜥（*Scincella ladacensis*）、西藏沙蜥（*Phrynocephalus theobaldi*）、温泉蛇（*Thermophis baileyi*）等；

鸟类：点翅朱雀（*Carpodacus rodopeplus*）、西藏毛腿沙鸡（*Syrrhaptes tibetanus*）、黑颈鹤（*Grus nigricollis*）、高原山鹑（*Perdix hodgsoniae*）、雪鸽（*Columba leuconota*）、黑胸歌鸲（*Luscinia pectoralis*）、蒙古沙鸻（*Charadrius mongolus*）、淡黄腰柳莺（*Phylloscopus chloronotus*）、蓝大翅鸲（*Grandala coelicolor*）、高山岭雀（*Leucosticte brandti*）、短嘴山椒鸟（*Pericrocotus brevirostris*）、地山雀（*Pseudopodoces humilis*）、金胸歌鸲（*Luscinia pectardens*）、斑头雁（*Anser indicus*）等；

哺乳类：努布拉鼠兔（*Ochotona nubrica*）、藏羚（*Pantholops hodgsoni*）、白尾松田鼠（*Pitymys leucurus*）、藏野驴（*Equus kiang*）、棕熊（*Ursus arctos*）、野牦牛（*Bos mutus*）、藏沙狐（*Vulpes ferrilata*）、藏原羚（*Procapra picticaudata*）、斯氏高山䶄（*Alticola stoliczkanus*）、拉达克鼠兔（*Ochotona ladacensis*）、盘羊（*Ovis ammon*）、喜马拉雅旱獭（*Marmota himalayana*）、岩羊（*Pseudois nayaur*）等。

（6）自然保护区

高原湖盆山地省已建立国家级自然保护区 1 个：色林错国家级自然保护区（图 3-92）。

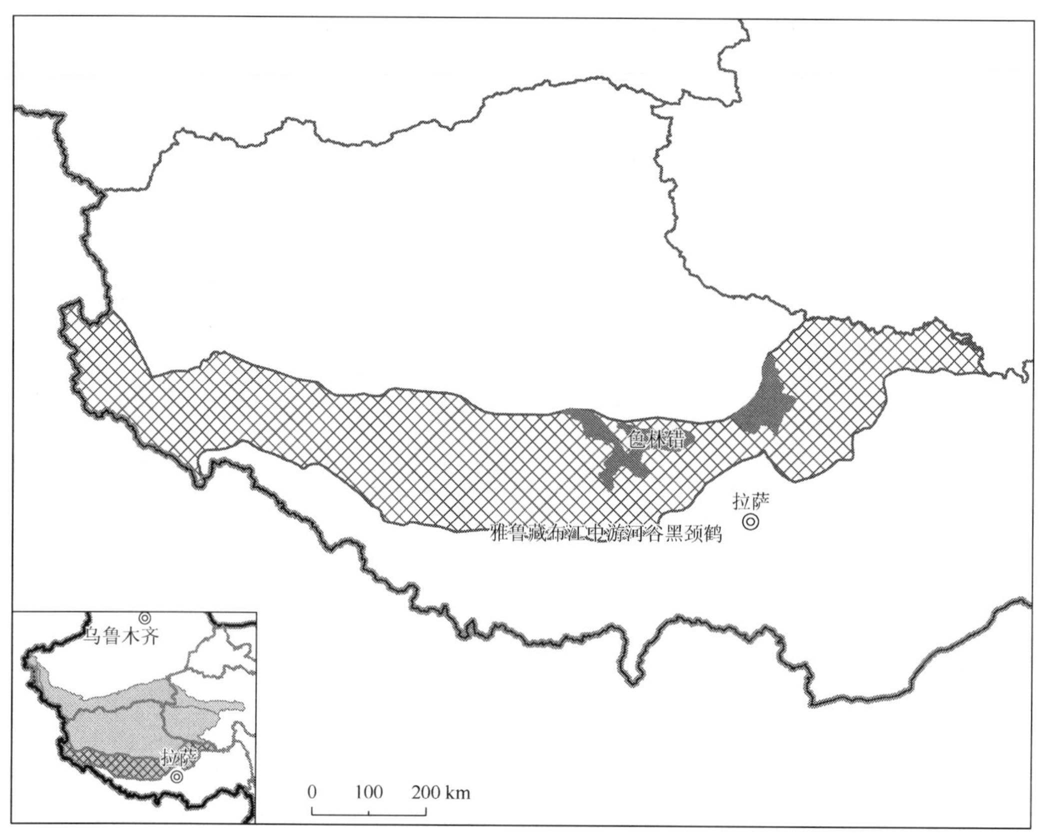


图 3-92　高原湖盆山地省主要自然保护区分布图

（7）生态地理单元划分

高原湖盆山地省共划分为 4 个生态地理单元（图 3-93、表 3-66）：

Ⅰ4Ic01　怒江源头河谷山地；

Ⅰ4Ic02　藏北高原南部；

Ⅰ4Ic03　冈底斯山山地；

Ⅰ4Ic04　朗钦藏布流域高原山地。

怒江源头河谷山地（Ⅰ4Ic01）和朗钦藏布流域高原山地（Ⅰ4Ic04）同属区内的外流区。前者位于西藏的东部，属于怒江水系，土壤以高山草甸土和亚高山草甸土为主，植被以高

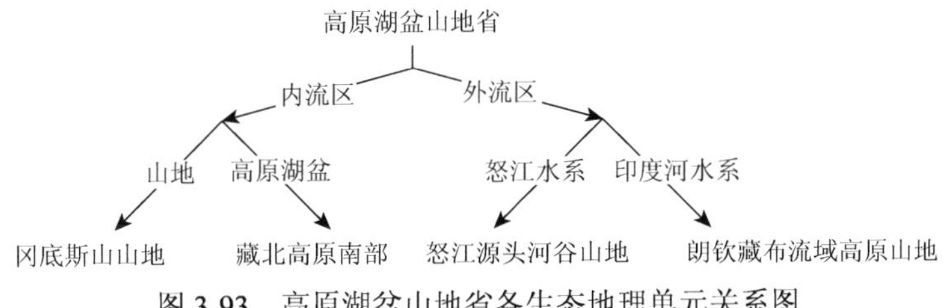


图 3-93 高原湖盆山地省各生态地理单元关系图

寒嵩草、杂类草草甸和高山稀疏植被为主；后者位于西藏最西端，属于印度河水系，土壤以亚高山草原土为主，植被以温带丛生矮禾草、矮半灌木荒漠草原和高寒禾草、苔草草原为主。

藏北高原南部（Ⅰ4Ic02）和冈底斯山山地（Ⅰ4Ic03）同属区内的内流区。冈底斯山山地以山地地形为主，海拔为 5100～6100 m，土壤以寒漠土为主，植被以高寒禾草、苔草草原为主。藏北高原南部主要是高原湖盆地形，海拔为 4700～6000 m；土壤以高山草原土为主，在高原湖盆盆缘有盐土分布；主要植被类型为高寒嵩草、杂类草草甸和高山稀疏植被。

**表 3-66 高原湖盆山地省 4 个生态地理单元生态因子与动物群**

| 生态地理单元 | | Ic01 怒江源头河谷山地 | Ic02 藏北高原南部 | Ic03 冈底斯山山地 | Ic04 朗钦藏布流域高原山地 |
|---|---|---|---|---|---|
| 概况 | 地貌 | 冰川、冰缘作用高原；冰川、冰缘作用山地 | 冰川、冰缘作用高原；洪积、冲积、冰积平原 | 冰川、冰缘作用高原 | 冰川、冰缘作用山地；冰川、冰缘作用高原 |
| | 海拔 | 4700～5600 m | 4700～6000 m | 5100～6100 m | 4300～6100 m |
| | 土壤 | 高山草甸土和亚高山草甸土 | 寒漠土 | 寒漠土 | 亚高山草原土 |
| | 水系 | 怒江 | 藏北高原内流区 | 雅鲁藏布江 | 印度河 |
| 气候 | 平均气温 | –6～0 ℃ | –6～0 ℃ | –8～1 ℃ | –9～3 ℃ |
| | 夏季均温 | 3～9 ℃ | 3～9 ℃ | 1～10 ℃ | 1～12 ℃ |
| | 冬季均温 | –16～–10 ℃ | –15～–9 ℃ | –16～–8 ℃ | –18～–5 ℃ |
| | 年降水量 | 310～540 mm | 190～350 mm | 190～480 mm | 230～820 mm |
| | 雨季降水量 | 220～340 mm | 130～240 mm | 140～260 mm | 120～430 mm |
| | 旱季降水量 | 0～10 mm | 0～30 mm | 0～50 mm | 30～80 mm |
| 植被 | 植被类型 1 | 高寒嵩草、杂类草草甸（+++++） | 高寒禾草、苔草草原（+++++） | 高寒嵩草、杂类草草甸（+++++） | 温带丛生矮禾草、矮半灌木荒漠草原（+++） |
| | 优势群系 1 | 小嵩草草甸 | 紫花针茅草原 | 小嵩草草甸 | 沙生针茅荒漠草原 |
| | 优势群系 2 | 小嵩草、圆穗蓼高寒草甸 | 紫花针茅、高山苔草高寒草原 | 藏北嵩草沼泽化高寒草甸 | |
| | 植被类型 2 | 高山稀疏植被（++） | 高寒嵩草、杂类草草甸（++++） | 高山稀疏植被（++++） | 高寒禾草、苔草草原（+++） |
| | 优势群系 1 | 水母雪莲、风毛菊稀疏植被 | 小嵩草草甸 | 三指雪莲花、西藏扁芒菊稀疏植被 | 紫花针茅草原 |
| | 优势群系 2 | 三指雪莲花、西藏扁芒菊稀疏植被 | 藏北嵩草沼泽化高寒草甸 | | 紫花针茅、高山苔草高寒草原 |
| 动物群 | | 高寒草甸、高山植被动物群 | 高寒草原、草甸动物群 | 高寒草甸、高山植被动物群 | 高原荒漠、草原动物群 |

**4. 帕米尔高原省**（Ⅰ4Id）

（1）概况

帕米尔高原省的范围包括新疆西部，以冰川、冰原作用山地地貌为主，海拔主要为4500～5500 m，主要分布有高山草原动物群。

（2）气候

帕米尔高原省属于高山寒带荒漠气候，年均气温–12～3.3 ℃，夏季（6～8 月）平均气温 0～16 ℃，冬季（12～2 月）平均气温–25～–11 ℃；年均降水量 50～370 mm，雨季降水量 20～140 mm，旱季降水量 0～60 mm（图 3-94）。

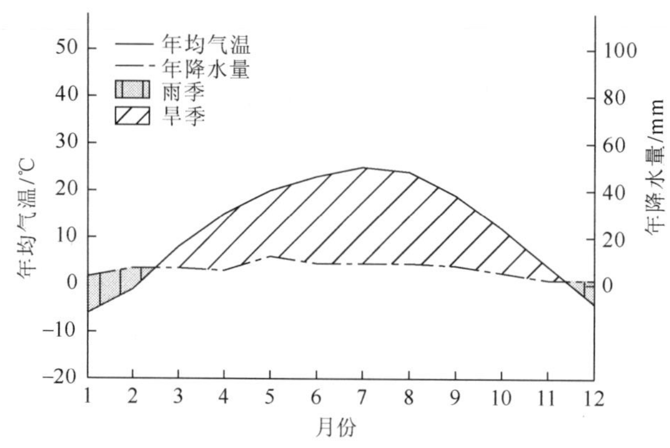


图 3-94　阿克陶（75°05′E，38°40′N）气候图

（3）土壤

帕米尔高原省土壤分布的垂直地带性明显，自山下往上分别是栗钙土—亚高山草原土—高山漠土。

（4）植被

帕米尔高原省以高山稀疏植被（风毛菊、红景天、垂头菊稀疏植被）为主要植被类型，约占 28%；其次为高寒垫状矮半灌木荒漠（垫状驼绒藜高寒荒漠；高山绢蒿、高山紫菀高寒荒漠；藏亚菊高寒荒漠），约占 22%；还分布有温带丛生矮禾草、矮半灌木荒漠草原等植被类型。

（5）陆生脊椎动物

帕米尔高原省共记录陆生脊椎动物 22 目 59 科 214 种（表 3-67）。

鸟类：休氏白喉林莺（*Sylvia althaea*）、红背伯劳（*Lanius collurio*）、领燕鸻（*Glareola pratincola*）、布氏苇莺（*Acrocephalus dumetorum*）、姬田鸡（*Porzana parva*）、靴隼雕（*Hieraaetus pennatus*）、兀鹫（*Gyps fulvus*）、金额丝雀（*Serinus pusillus*）、棕尾鵟（*Buteo rufinus*）、淡灰眉岩鹀（*Emberiza cia*）、西红角鸮（*Otus scops*）、紫翅椋鸟（*Sturnus vulgaris*）、斑鹟（*Muscicapa striata*）、宽尾树莺（*Cettia cetti*）等（表 3-67）；

**表 3-67 帕米尔高原省陆生脊椎动物种类组成**

| 纲 | | 目 | 科 | 种 |
|---|---|---|---|---|
| 两栖类 | | 0 | 0 | 0 |
| 爬行类 | | 0 | 0 | 0 |
| 鸟类 | 繁殖鸟 | 17 | 45 | 148 |
| | 非繁殖鸟 | 7 | 16 | 39 |
| 哺乳类 | | 5 | 11 | 27 |
| 总计 | | 22 | 59 | 214 |

哺乳类：长尾旱獭（*Marmota caudata*）、红鼠兔（*Ochotona rutila*）、兔狲（*Otocolobus manul*）、北山羊（*Capra ibex*）、雪豹（*Uncia uncia*）、漠猫（*Felis bieti*）、盘羊（*Ovis ammon*）、鹅喉羚（*Gazella subgutturosa*）等。

（6）自然保护区

帕米尔高原省尚未建立国家级自然保护区。

（7）生态地理单元划分

帕米尔高原省仅有 1 个生态地理单元：

Ⅰ4Id01 帕米尔高原。

## （二）青海藏南亚区（Ⅰ4J）

青海藏南亚区包括 3 个动物地理省 18 个生态地理单元（图 3-95、表 3-68），包括青海南山、巴颜喀拉山、念青唐古拉山、冈底斯山和喜马拉雅山西段等。

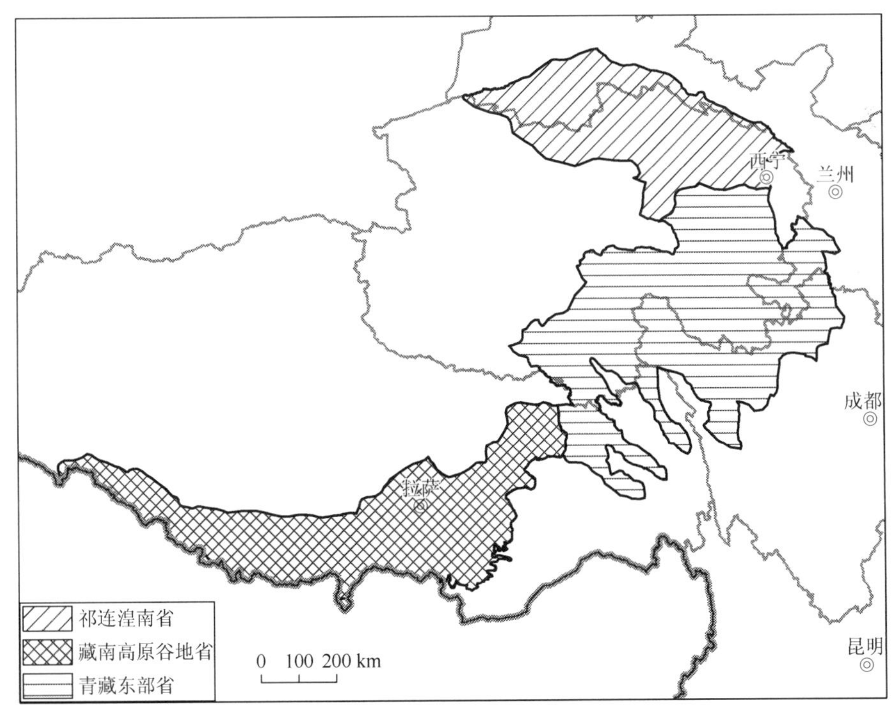


图 3-95 青海藏南亚区图

**表 3-68　青海藏南亚区 3 个动物地理省代表动物与生态因子比较**

| 动物地理省 | | Ja 藏南高原谷地省 | Jb 青藏东部省 | Jc 祁连湟南省 |
|---|---|---|---|---|
| 概况 | 位置 | 西藏南部 | 四川西北部、青海东南部和西藏东南部 | 青海东北部和甘肃西部 |
| | 地貌 | 冰川、冰原作用山地 | 冰川、冰原作用山地 | 冰川、冰原作用山地 |
| | 海拔 | 4400～6400 m | 3000～5600 m | 2800～5200 m |
| | 土壤 | 高山草甸土、亚高山草甸土、高山草原土、亚高山草甸土 | 亚高山草甸土、高山草甸土、沼泽土、褐土 | 高山草甸土、黑钙土、寒漠土、栗钙土 |
| 气候 | 气候类型 | 高原温带草原气候 | 高原温带森林草原气候 | 高原温带草原气候 |
| | 平均气温 | −6～7 ℃ | −7～5 ℃ | −10～4.9 ℃ |
| | 夏季均温 | 1～15 ℃ | 3～15 ℃ | 2～15 ℃ |
| | 冬季均温 | −14～−1 ℃ | −18～−4 ℃ | −21～−7 ℃ |
| | 年降水量 | 220～610 mm | 280～810 mm | 30～520 mm |
| | 雨季降水量 | 160～360 mm | 170～440 mm | 20～310 mm |
| | 旱季降水量 | 0～60 mm | 0～20 mm | 0～20 mm |
| 植被 | 植被类型 1 | 高寒嵩草、杂类草草甸（++++） | 高寒嵩草、杂类草草甸（+++++） | 高寒嵩草、杂类草草甸（++++） |
| | 植被类型 2 | 高寒禾草、苔草草原（++） | 亚高山落叶阔叶灌丛（+） | 温带丛生禾草典型草原（++） |
| | 植被类型 3 | 高山稀疏植被（++） | 亚高山硬叶常绿阔叶灌丛（+） | 温带半灌木、矮半灌木荒漠（+） |
| | 植被类型 4 | 亚高山硬叶常绿阔叶灌丛（+） | 高山稀疏植被（+） | 高寒禾草、苔草草原（+） |
| 动物 | 动物群 | 灌丛草甸、草原动物群 | 高山针叶森林草原动物群 | 山地针叶林森林、草甸动物群 |
| | 代表物种 | 丽鼯鼠、喜马拉雅麝、喜马拉雅塔尔羊、藏马鸡、棕尾虹雉、大草鹛、红头灰雀、小头斑蛇、西藏竹叶青蛇、温泉蛇、南亚岩蜥、棘臂蛙、高山倭蛙、锡金齿突蟾、喜山蟾蜍 | 青海毛足田鼠、矮岩羊、藏鼠兔、绿尾虹雉、棕草鹛、白脸䴓、黑头噪鸦、红原沙蜥、喜山滑蜥、高原蝮、康定滑蜥、倭蛙、西藏蟾蜍、刺胸猫眼蟾、西藏山溪鲵 | 漠猫、狭颅鼠兔、红耳鼠兔、普氏原羚、芦鹀、漠白喉林莺、水鹨、疣鼻天鹅、西域滑蜥、密点麻蜥、花背蟾蜍 |

本亚区属于温带森林和草原气候，年均降水量 20～920 mm，年均气温−8.9～7.1 ℃，极端高温 28.3 ℃，极端低温−31.6 ℃，≥0 ℃年积温为 0～2400 ℃。

本亚区主要地貌类型有高海拔大起伏山地和中起伏山地；主要的土壤有高山草甸土、亚高山草甸土、高山草原土、亚高山草甸土、黑钙土、寒漠土和栗钙土；主要植被类型为高寒嵩草、杂类草草甸（线叶嵩草高寒草甸+嵩草、苔草沼泽化高寒草甸+四川嵩草草甸），高山稀疏植被（水母雪莲、风毛菊稀疏植被+风毛菊、红景天、垂头菊稀疏植被）及亚高山硬叶常绿阔叶灌丛（雪层杜鹃、髯花杜鹃灌丛+草原杜鹃灌丛）。

动物区系主要由喜马拉雅山-横断山区型、高地型和东洋型组成。由于地处青藏高原东南边缘，其动物类型具有西部高原和东部山地丘陵的过渡性质。其与羌塘高原亚区共有的物种如拉达克滑蜥（*Scincella ladacensis*）、努布拉鼠兔（*Ochotona nubrica*）、青海毛足田鼠（*Lasiopodonmys fuscus*）和喜马拉雅麝（*Moschus leucogaster*）；与喜马拉雅亚区共有的如林芝齿突蟾（*Scutiger nyingchiensis*）、西藏舌突蛙（*Liurana xizangensis*）、锡金齿突蟾（*Scutiger sikimmensis*）、拉萨岩蜥（*Laudakia sacra*）、吴氏岩蜥（*Laudakia wui*）、喜山滑蜥（*Scincella himalayana*）、喜山过树蛇（*Dendrelaphis gorei*）、棕尾虹雉（*Lophophorus impejanus*）、高山金翅雀（*Carduelis spinoides*）、灰头鹟莺（*Seieercus xanthoschistos*）和细纹噪鹛（*Garrulax lineatus*）等；与西南山地亚区共有的红原沙蜥（*Phrynocephalus hongyuanensis*）、大树莺（*Cetfia major*）、黑脸鹟莺（*Abroscopus schisticeps*）、栗背短翅鸫（*Brachypteryx stellata*）、雪鹑（*Lerwa lerwa*）、矮岩羊（*Pseudois schaeferi*）和沟牙田鼠（*Microtus bedfordi*）等。此外，本亚区也有其自身特色物种如哺乳类的喜马拉雅塔尔羊（*Hemitragus jemlahicus*）和丽鼯鼠（*Petaurista magnificus*），鸟类的红胸角雉（*Tragopan satyra*）、红头灰雀（*Pyrrhula erythrocephala*）、纹头斑翅鹛（*Actinodura nipalensis*）和杂色噪鹛（*Garrulax variegatus*），爬行类的西藏弯脚虎（*Cyrtopodion tibetanus*）、喜山龙蜥（*Japalura kumaonensis*）、泽当沙蜥（*Phrynocephalus zetangensis*）、南亚岩蜥（*Laudakia tuberculata*）、西藏竹叶青蛇（*Trimeresurus tibetanus*）和小头坭蛇（*Trachischium tenuiceps*），两栖纲的棘臂蛙（*Paa liebigii*）和张氏角蟾（*Megophrys zhangi*），等等。

### 1. 藏南高原谷地省（Ⅰ4Ja）

（1）概况

藏南高原谷地省的范围包括西藏南部，以冰川、冰原作用山地地貌为主，海拔主要为3500～5000 m，主要分布有灌丛草甸、草原动物群。

（2）气候

藏南高原谷地省属于高原温带草原气候，年均气温–6～7 ℃，夏季（5～7月）平均气温1～15 ℃，冬季（12～2月）平均气温–14～–1 ℃；年均降水量220～610 mm，雨季降水量160～360 mm，旱季降水量0～60 mm（图3-96）。

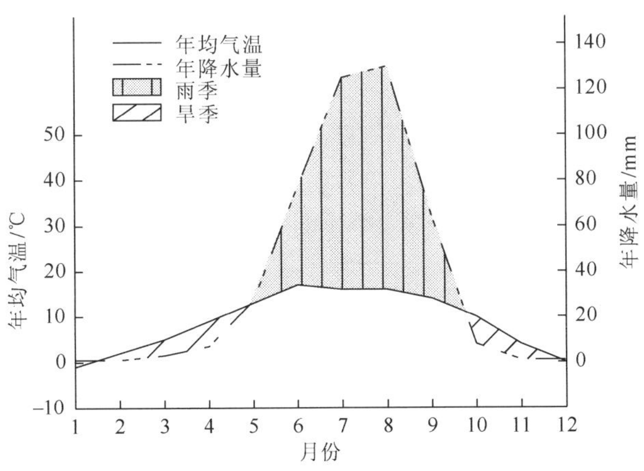


图3-96　拉萨（91°09′E，29°40′N）气候图

（3）土壤

藏南高原谷地省主要的土壤类型有高山草甸土、亚高山草甸土和高山草原土，还零星分布有亚高山草甸土。

亚高山草原土分布于藏南高原谷地省的大部分地区，由于气温较冷也较干旱，其成土条件与过程和高山草原土近似，但比高山草原土分布海拔较低、气温较高，腐殖质累积过程和钙化过程相对增强。

（4）植被

藏南高原谷地省以高寒嵩草、杂类草草甸（小嵩草草甸；小嵩草、圆穗蓼高寒草甸；藏北嵩草沼泽化高寒草甸）为主要植被类型，约占35%；其次为高寒禾草、苔草草原（藏籽蒿高寒草原；紫花针茅草原；藏南蒿、固沙草高寒草原），约占17%；还分布有高山稀疏植被和亚高山硬叶常绿阔叶灌丛等植被类型。

（5）陆生脊椎动物

藏南高原谷地省共记录陆生脊椎动物28目86科387种（表3-69）。

**表3-69　藏南高原谷地省陆生脊椎动物种类组成**

| 纲 | | 目 | 科 | 种 |
|---|---|---|---|---|
| 两栖类 | | 1 | 3 | 8 |
| 爬行类 | | 1 | 4 | 11 |
| 鸟类 | 繁殖鸟 | 18 | 55 | 241 |
| | 非繁殖鸟 | 9 | 22 | 59 |
| 哺乳类 | | 8 | 18 | 68 |
| 总计 | | 28 | 86 | 387 |

两栖类：棘臂蛙（*Paa liebigii*）、高山倭蛙（*Nanorana parkeri*）、锡金齿突蟾（*Scutiger sikimmensis*）、花齿突蟾（*Scutiger maculatus*）、喜山蟾蜍（*Bufo himalayanus*）、林芝齿突蟾（*Scutiger nyingchiensis*）、西藏齿突蟾（*Scutiger boulengeri*）等；

爬行类：小头坭蛇（*Trachischium tenuiceps*）、西藏竹叶青蛇（*Trimeresurus tibetanus*）、温泉蛇（*Thermophis baileyi*）、南亚岩蜥（*Laudakia tuberculata*）、拉萨岩蜥（*Laudakia sacra*）、西藏沙蜥（*Phrynocephalus theobaldi*）、拉达克滑蜥（*Scincella ladacensis*）等；

鸟类：红头灰雀（*Pyrrhula erythrocephala*）、大草鹛（*Babax waddelli*）、烟柳莺（*Phylloscopus fuligiventer*）、棕尾虹雉（*Lophophorus impejanus*）、藏马鸡（*Crossoptilon harmani*）、杂色噪鹛（*Garrulax variegatus*）、粉眉朱雀（*Carpodacus rodochroa*）、点翅朱雀（*Carpodacus rodopeplus*）、白颈鸫（*Turdus albocinctus*）、韦氏鹟莺（*Seicercus whistleri*）、棕胸佛法僧（*Coracias benghalensis*）、白眉蓝姬鹟（*Ficedula superciliaris*）、雪鹑（*Lerwa lerwa*）、火尾太阳鸟（*Aethopyga ignicauda*）等；

哺乳类：丽鼯鼠（*Petaurista magnificus*）、喜马拉雅塔尔羊（*Hemitragus jemlahicus*）、喜马拉雅麝（*Moschus leucogaster*）、喜马拉雅鼠兔（*Ochotona himalayana*）、锡金松田鼠（*Pitymys sikimensis*）、黑麝（*Moschus fuscus*）、棕熊（*Ursus arctos*）、大爪长尾鼩鼱（*Soriculus nigrescens*）、藏仓鼠（*Cricetulus kamensis*）、白唇鹿（*Cervus albirostris*）等。

（6）自然保护区

藏南高原谷地省已建立国家级自然保护区3个，分别是拉鲁湿地、雅鲁藏布江中游河谷黑颈鹤和珠穆朗玛峰国家级自然保护区（图3-97）。

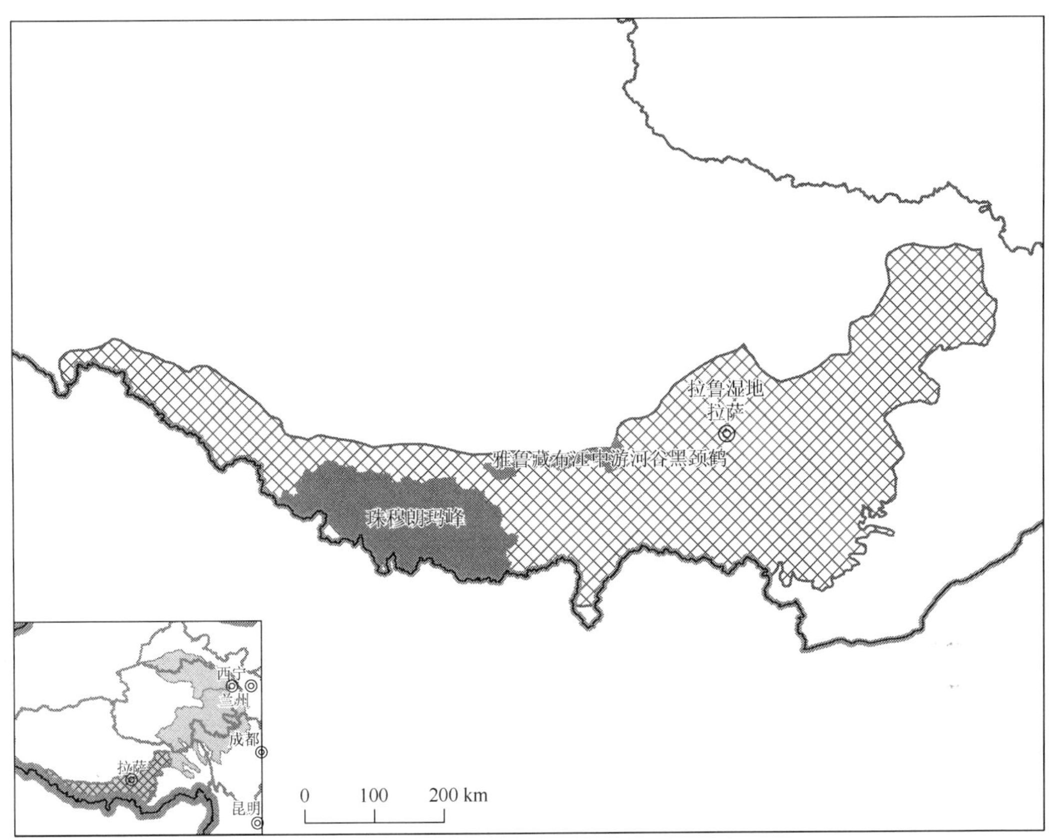


图 3-97　藏南高原谷地省主要自然保护区分布图

（7）生态地理单元划分

藏南高原谷地省共划分为 3 个生态地理单元（图 3-98、表 3-70）：

Ⅰ4Ja01　怒江上游河谷；

Ⅰ4Ja02　藏南谷地东部；

Ⅰ4Ja03　喜马拉雅山山地。

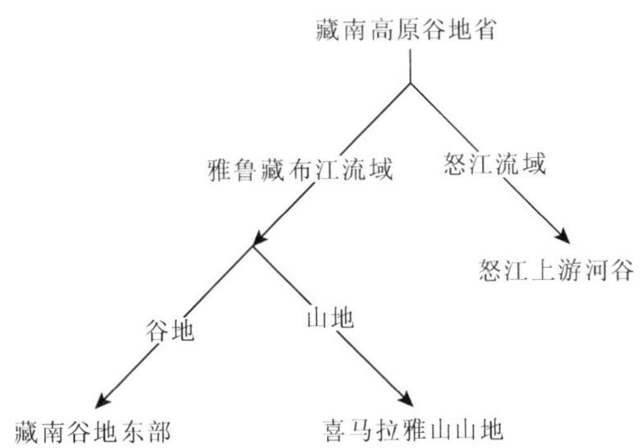


图 3-98　藏南高原谷地省各生态地理单元关系图

怒江上游河谷（Ⅰ4Ja01）位于西藏自治区东部，属于怒江水系，以高山深谷地形为主。区内山地土壤类型以亚高山草甸土为主，谷地以褐土为主；主要植被类型是高寒嵩草、杂类草草甸和高山稀疏植被。

藏南谷地东部（Ⅰ4Ja02）和喜马拉雅山山地（Ⅰ4Ja03）位于西藏自治区南部，属于雅鲁藏布江水系。前者以谷地地形为主，海拔较低、气温较高，土壤以亚高山草甸土为主，植被以高寒嵩草、杂类草草甸和高山稀疏植被为主；后者以山地地形为主，海拔较高、气温较低，土壤以高山草甸土和高山草原土为主，植被以高寒嵩草、杂类草草甸和高寒禾草、苔草草原为主。

**表 3-70　藏南高原谷地省 3 个生态地理单元生态因子与动物群**

| 生态地理单元 | | Ja01 怒江上游河谷 | Ja02 藏南谷地东部 | Ja03 喜马拉雅山山地 |
|---|---|---|---|---|
| 概况 | 地貌 | 冰川、冰缘作用高原；冰川、冰缘作用山地 | 冰川、冰缘作用高原 | 冰川、冰缘作用山地；冰川、冰缘作用高原 |
| | 海拔 | 4700～6000 m | 4400～6000 m | 4500～6400 m |
| | 土壤 | 亚高山草甸土、褐土 | 亚高山草甸土 | 高山草甸土和高山草原土 |
| | 水系 | 怒江 | 雅鲁藏布江 | 雅鲁藏布江 |
| 气候 | 平均气温 | –5～3 ℃ | –5～7 ℃ | –6～5 ℃ |
| | 夏季均温 | 3～11 ℃ | 4～15 ℃ | 1～13 ℃ |
| | 冬季均温 | –14～–6 ℃ | –14～–1 ℃ | –14～–3 ℃ |
| | 年降水量 | 400～590 mm | 220～460 mm | 220～610 mm |
| | 雨季降水量 | 260～360 mm | 170～320 mm | 160～330 mm |
| | 旱季降水量 | 10 mm | 0～10 mm | 0～60 mm |
| 植被 | 植被类型 1 | 高寒嵩草、杂类草草甸（++++） | 高寒嵩草、杂类草草甸（+++） | 高寒嵩草、杂类草草甸（++++） |
| | 优势群系 1 | 小嵩草、圆穗蓼高寒草甸 | 小嵩草草甸 | 小嵩草草甸 |
| | 优势群系 2 | 小嵩草草甸 | 小嵩草、紫花针茅高寒草甸+华扁穗草、苔草沼泽化高寒草甸+马尾松林 | 小嵩草、圆穗蓼高寒草甸 |
| | 植被类型 2 | 高山稀疏植被（++） | 高山稀疏植被（+++） | 高寒禾草、苔草草原（+++） |
| | 优势群系 1 | 水母雪莲、风毛菊稀疏植被 | 水母雪莲、风毛菊稀疏植被 | 藏籽蒿高寒草原 |
| | 优势群系 2 | | 三指雪莲花、西藏扁芒菊稀疏植被 | 紫花针茅草原 |
| 动物群 | | 高寒草甸、高山植被动物群 | 高寒草甸、高山植被动物群 | 高寒草甸、草原动物群 |

## 2. 青藏东部省（Ⅰ4Jb）

（1）概况

青藏东部省的范围包括四川西北部、青海东南部和西藏东南部，以冰川、冰原作用山地地貌为主，海拔主要为 3500～5000 m，主要分布有高山针叶森林草原动物群。

（2）气候

青藏东部省属于高原温带森林草原气候，年均气温–7～5 ℃，夏季（6～8 月）平均气温 3～15 ℃，冬季（12～2 月）平均气温–18～–4 ℃；年均降水量 280～810 mm，雨季降水量 170～440 mm，旱季降水量 0～20 mm（图 3-99）。

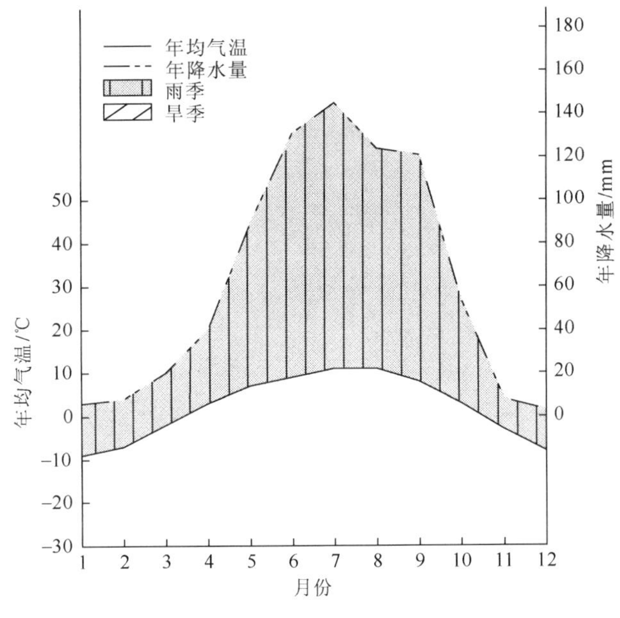


图 3-99 久治（101°03′E，33°27′N）气候图

（3）土壤

青藏东部省主要的土壤类型有亚高山草甸土和高山草甸土，还零星分布有沼泽土和褐土。

亚高山草甸土分布于青藏东部省的大部分地区，高山草甸土主要分布于亚高山草甸土以上的山地上，沼泽土主要分布于澜沧江源头地区，褐土主要分布于怒江、澜沧江和金沙江的河谷地区。

（4）植被

青藏东部省以高寒嵩草、杂类草草甸（小嵩草草甸；线叶嵩草高寒草甸；小嵩草、圆穗蓼高寒草甸）为主要植被类型，约占 58%；其次为亚高山落叶阔叶灌丛（金露梅灌丛；窄叶鲜卑花灌丛；高山柳灌丛），约占 10%；还分布有亚高山硬叶常绿阔叶灌丛和高山稀疏植被等植被类型。

（5）陆生脊椎动物

青藏东部省共记录陆生脊椎动物 27 目 85 科 410 种（表 3-71）。

**表 3-71 青藏东部省陆生脊椎动物种类组成**

| 纲 | | 目 | 科 | 种 |
|---|---|---|---|---|
| 两栖类 | | 2 | 4 | 10 |
| 爬行类 | | 1 | 5 | 10 |
| 鸟类 | 繁殖鸟 | 17 | 53 | 262 |
| | 非繁殖鸟 | 7 | 21 | 43 |
| 哺乳类 | | 7 | 18 | 85 |
| 总计 | | 27 | 85 | 410 |

两栖类：倭蛙（*Nanorana pleskei*）、西藏蟾蜍（*Bufo tibetanus*）、刺胸猫眼蟾（*Scutiger mammatus*）、西藏齿突蟾（*Scutiger boulengeri*）、西藏山溪鲵（*Batrachuperus tibetanus*）、胸腺猫眼蟾（*Scutiger glandulatus*）、花齿突蟾（*Scutiger maculatus*）、高山倭蛙（*Nanorana parkeri*）等；

爬行类：红原沙蜥（*Phrynocephalus hongyuanensis*）、青海沙蜥（*Phrynocephalus vlangalii*）、喜山滑蜥（*Scincella himalayana*）、高原蝮（*Gloydius strauchii*）、秦岭滑蜥（*Scincella tsinlingensis*）、康定滑蜥（*Scincella potanini*）等；

鸟类：黑头噪鸦（*Perisoreus internigrans*）、白脸䴓（*Sitta leucopsis*）、藏鹀（*Emberiza koslowi*）、绿尾虹雉（*Lophophorus lhuysii*）、棕草鹛（*Babax koslowi*）、黑冠山雀（*Parus rubidiventris*）、白眉山雀（*Parus superciliosus*）、褐翅雪雀（*Montifringilla adamsi*）、中华雀鹛（*Alcippe striaticollis*）、三趾啄木鸟（*Picoides tridactylus*）、栗背岩鹨（*Prunella immaculata*）、蓝马鸡（*Crossoptilon auritum*）、曙红朱雀（*Carpodacus eos*）、白喉红尾鸲（*Phoenicurus schisticeps*）等；

哺乳类：青海毛足田鼠（*Lasiopodonmys fuscus*）、矮岩羊（*Pseudois schaeferi*）、中华鼢鼠（*Myospalax fontanierii*）、藏仓鼠（*Cricetulus kamensis*）、白唇鹿（*Cervus albirostris*）、间颅鼠兔（*Ochotona cansus*）、狭颅鼠兔（*Ochotona thomasi*）、高原松田鼠（*Pitymys irene*）、四川林跳鼠（*Eozapus setchuanus*）、藏鼠兔（*Ochotona thibetana*）、高原兔（*Lepus oiostolus*）、红耳鼠兔（*Ochotona erythrotis*）、黑唇鼠兔（*Ochotona curzoniae*）、喜马拉雅旱獭（*Marmota himalayana*）、蹶鼠（*Sicista concolor*）、雪豹（*Uncia uncia*）、石貂（*Martes foina*）、藏沙狐（*Vulpes ferrilata*）、马鹿（*Cervus elaphus*）、藏原羚（*Procapra picticaudata*）等。

（6）自然保护区

青藏东部省已建立国家级自然保护区9个，分别是类乌齐马鹿、若尔盖湿地、察青松多白唇鹿、长沙贡玛、洮河、黄河首曲湿地候鸟、尕海-则岔、三江源和隆宝国家级自然保护区（图3-100）。

（7）生态地理单元划分

青藏东部省共划分为10个生态地理单元（图3-101、表3-72）：

Ⅰ4Jb01　黄河上游山地峡谷；
Ⅰ4Jb02　黄河源头河谷山地；
Ⅰ4Jb03　黄河上游切割山地；
Ⅰ4Jb04　松潘高原；
Ⅰ4Jb05　巴颜喀拉山南麓山地；
Ⅰ4Jb06　雅砻江源头山地；
Ⅰ4Jb07　雀儿山-沙鲁里山地；
Ⅰ4Jb08　通天河-当曲山地；
Ⅰ4Jb09　金沙江切割山地；
Ⅰ4Jb10　怒江上游切割山地。

黄河上游山地峡谷（Ⅰ4Jb01）、黄河源头河谷山地（Ⅰ4Jb02）、黄河上游切割山地（Ⅰ4Jb03）和松潘高原（Ⅰ4Jb04）同属于黄河水系，由于单元间的垂直地带性差异，植被类型差异较

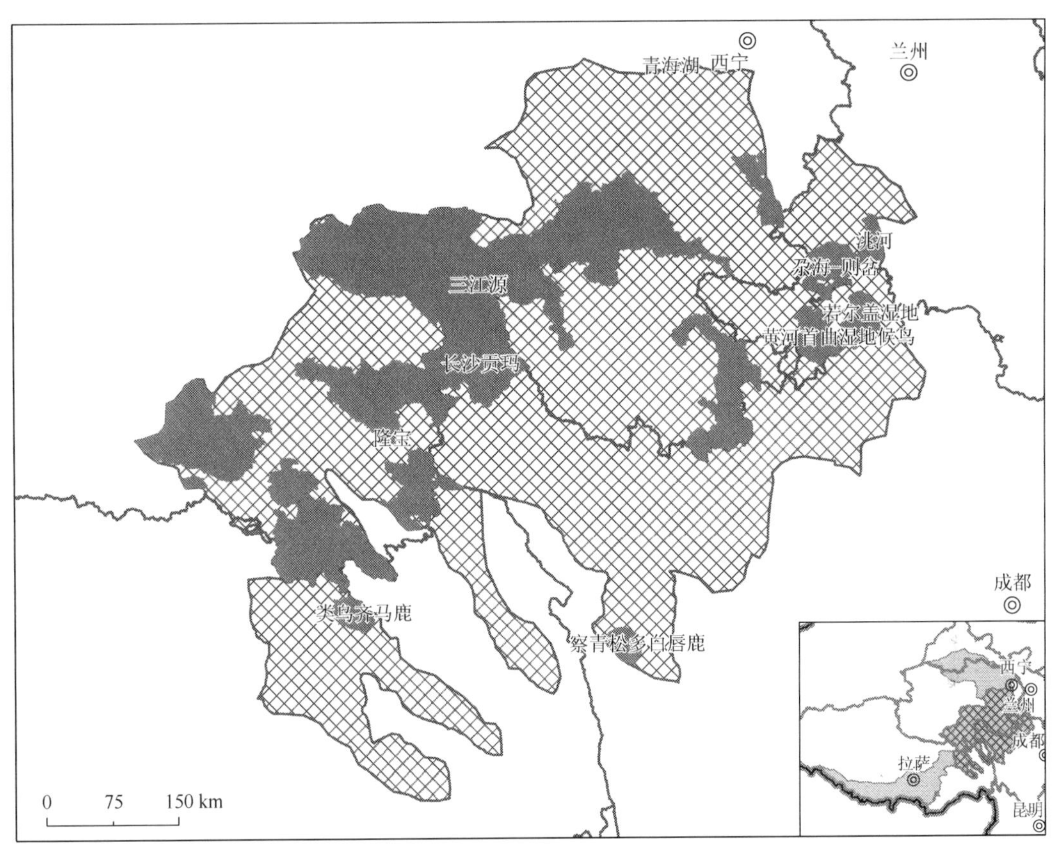


图 3-100 青藏东部省主要自然保护区分布图

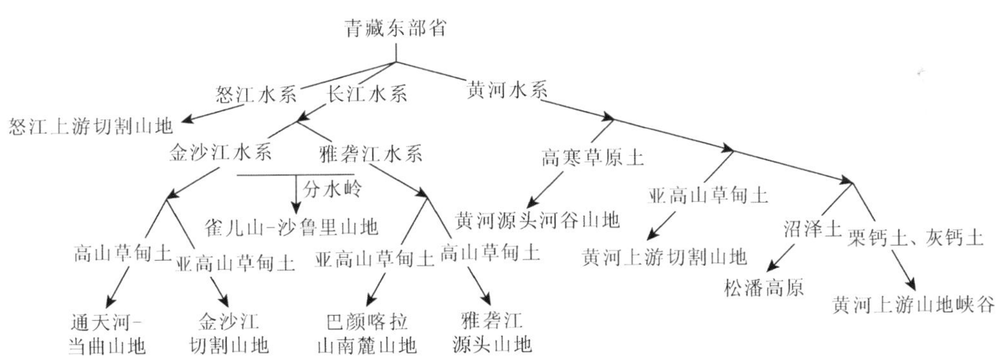


图 3-101 青藏东部省各生态地理单元关系图

大。黄河源头河谷山地海拔在 3500 m 以上，土壤以高山草原土为主，主要的植被类型为高寒嵩草、杂类草草甸；黄河上游切割山地海拔为 3300～4900 m，土壤以亚高山草甸土为主，主要的植被类型为高寒嵩草、杂类草草甸和亚高山落叶阔叶灌丛；松潘高原海拔为 3500～4300 m，土壤以沼泽土为主，主要的植被类型为高寒嵩草、杂类草草甸和高寒沼泽；黄河上游山地峡谷海拔为 3000～4600 m，土壤以栗钙土和灰钙土为主，主要的植被类型为高寒嵩草、杂类草草甸和亚热带山地针叶林。

表 3-72　青藏东部省 10 个生态地理单元生态因子与动物群

| 生态地理单元 | | Jb01 黄河上游山地峡谷 | Jb02 黄河源头河谷山地 | Jb03 黄河上游切割山地 | Jb04 松潘高原 | Jb05 巴颜喀拉山南麓山地 |
|---|---|---|---|---|---|---|
| 概况 | 地貌 | 侵蚀山地 | 冰川、冰缘作用山地；洪积倾斜平原；冲积平原 | 冰川、冰缘作用山地 | 侵蚀高原；冲积平原 | 冰川、冰缘作用山地 |
| | 海拔 | 3000～4600 m | 3500～5000 m | 3300～4900 m | 3500～4300 m | 4000～4800 m |
| | 土壤 | 栗钙土和灰钙土 | 高山草原土 | 亚高山草甸土 | 沼泽土 | 亚高山草甸土 |
| | 水系 | 黄河 | 黄河 | 黄河 | 黄河 | 雅砻江 |
| 气候 | 平均气温 | −4～5 ℃ | −7～1 ℃ | −4～2 ℃ | −1～3 ℃ | −3～5 ℃ |
| | 夏季均温 | 5～15 ℃ | 3～11 ℃ | 4～11 ℃ | 7～11 ℃ | 5～13 ℃ |
| | 冬季均温 | −15～−7 ℃ | −18～−11 ℃ | −14～−8 ℃ | −10～−6 ℃ | −13～−4 ℃ |
| | 年降水量 | 300～640 mm | 280～560 mm | 530～710 mm | 630～810 mm | 610～770 mm |
| | 雨季降水量 | 180～360 mm | 170～320 mm | 300～400 mm | 330～420 mm | 350～440 mm |
| | 旱季降水量 | 0～10 mm | 10 mm | 10～20 mm | 10～20 mm | 10～20 mm |
| 植被 | 植被类型 1 | 高寒嵩草、杂类草草甸（+++） | 高寒嵩草、杂类草草甸(+++++) | 高寒嵩草、杂类草草甸(+++++) | 高寒嵩草、杂类草草甸(+++++) | 高寒嵩草、杂类草草甸(+++++) |
| | 优势群系 1 | 线叶嵩草高寒草甸 | 小嵩草草甸 | 小嵩草草甸 | 四川嵩草草甸 | 小嵩草草甸 |
| | 优势群系 2 | 小嵩草草甸+矮嵩草高寒草甸 | 小嵩草、紫花针茅高寒草甸 | 小嵩草、圆穗蓼高寒草甸 | 圆穗蓼、珠芽蓼高寒草甸 | 四川嵩草草甸 |
| | 植被类型 2 | 亚热带和热带山地针叶林（++） | 高寒禾草、苔草草原（+） | 亚高山落叶阔叶灌从（++） | 高寒沼泽（++） | 亚高山硬叶常绿阔叶灌从（++） |
| | 优势群系 1 | 油麦吊杉林 | 紫花针茅草原 | 金露梅灌从 | 木里苔草高寒沼泽 | 草原杜鹃灌从 |
| | 优势群系 2 | 紫果云杉林 | 紫花针茅、高山苔草高寒草原 | 硬叶柳灌从 | | 头花杜鹃、百里香杜鹃灌从 |
| 动物群 | | 高寒草甸、山地针叶林动物群 | 高寒草甸、草原动物群 | 高寒草甸、山地灌从动物群 | 高寒草甸、沼泽动物群 | 高寒草甸、硬叶灌从动物群 |

续表

| 生态地理单元 | | Jb06 雅砻江源头山地 | Jb07 雀儿山-沙鲁里山地 | Jb08 通天河-当曲山地 | Jb09 金沙江切割山地 | Jb10 怒江上游切割山地 |
|---|---|---|---|---|---|---|
| 概况 | 地貌 | 冰川、冰缘作用山地 | 冰川、冰缘作用山地 | 冰川、冰缘作用山地 | 冰川、冰缘作用山地 | 冰川、冰缘作用山地 |
| | 海拔 | 4400～5000 m | 4400～5400 m | 4500～5400 m | 4400～5100 m | 4600～5600 m |
| | 土壤 | 高山草甸土 | 高山和亚高山草甸土 | 高山草甸土 | 亚高山草甸土 | 亚高山草甸土 |
| | 水系 | 雅砻江 | 金沙江、雅砻江 | 金沙江 | 金沙江 | 怒江 |
| 气候 | 平均气温 | –5～3 ℃ | –4～4 ℃ | –6～2 ℃ | –4～4 ℃ | –4～4 ℃ |
| | 夏季均温 | 4～11 ℃ | 4～12 ℃ | 3～10 ℃ | 5～12 ℃ | 3～12 ℃ |
| | 冬季均温 | –15～–6 ℃ | –12.1～–4.9 ℃ | –16～–8 ℃ | –13～–4 ℃ | –13～–4 ℃ |
| | 年降水量 | 440～620 mm | 570～690 mm | 400～550 mm | 500～540 mm | 520～610 mm |
| | 雨季降水量 | 270～370 mm | 340～430 mm | 240～340 mm | 300～330 mm | 320～370 mm |
| | 旱季降水量 | 10 mm | 10 mm | 10 mm | 10 mm | 10～20 mm |
| 植被 | 植被类型 1 | 高寒嵩草、杂类草草甸(+++++) | 高寒嵩草、杂类草草甸(+++++) | 高寒嵩草、杂类草草甸(+++++) | 高寒嵩草、杂类草草甸(+++++) | 亚高山硬叶常绿阔叶灌丛（+++） |
| | 优势群系 1 | 线叶嵩草高寒草甸 | 小嵩草草甸 | 小嵩草草甸 | 小嵩草草甸 | 雪层杜鹃、髯花杜鹃灌丛 |
| | 优势群系 2 | 小嵩草草甸 | 四川嵩草草甸 | 小嵩草、圆穗蓼高寒草甸 | 小嵩草、圆穗蓼高寒草甸 | 雪层杜鹃、髯花杜鹃灌丛+小嵩草草甸 |
| | 植被类型 2 | 亚高山落叶阔叶灌丛（++） | 亚高山硬叶常绿阔叶灌丛（+++） | 高山稀疏植被（++） | 亚高山硬叶常绿阔叶灌丛（++++） | 高山稀疏植被（+++） |
| | 优势群系 1 | 窄叶鲜卑花灌丛 | 草原杜鹃灌丛 | 水母雪莲、风毛菊稀疏植被 | 雪层杜鹃、髯花杜鹃灌丛+小嵩草、圆穗蓼高寒草甸 | 水母雪莲、风毛菊稀疏植被 |
| | 优势群系 2 | 高山柳灌丛 | 亮鳞杜鹃灌丛 | 风毛菊、红景天、垂头菊稀疏植被 | 雪层杜鹃、髯花杜鹃灌丛 | |
| 动物群 | | 高寒草甸、山地灌丛动物群 | 高寒草甸、硬叶灌丛动物群 | 高寒草甸、高山植被动物群 | 高寒草甸、硬叶灌丛动物群 | 山地硬叶灌丛动物群 |

巴颜喀拉山南麓山地（Ⅰ4Jb05）和雅砻江源头山地（Ⅰ4Jb06）同属长江流域的雅砻江水系，主要的植被类型为高寒嵩草、杂类草草甸。二者区别为：雅砻江源头山地所处海拔较高，主要土壤类型为高山草甸土（草毡土）；巴颜喀拉山南麓山地所处海拔较低，主要土壤类型为亚高山草甸土（黑毡土）。

雀儿山-沙鲁里山地（Ⅰ4Jb07）位于四川省西部与西藏自治区交界处，是金沙江和雅砻江的分水岭，海拔在 4400 m 以上。主要的土壤类型高山和亚高山草甸土，主要植被类型有高寒嵩草、杂类草草甸和亚高山硬叶常绿阔叶灌丛。

通天河-当曲山地（Ⅰ4Jb08）和金沙江切割山地（Ⅰ4Jb09）同属长江流域的金沙江水系。二者主要区别为：通天河-当曲山地所处海拔较高，主要的土壤类型为高山草甸土，以高寒嵩草、杂类草草甸和高山稀疏植被为主要植被类型；金沙江切割山地所处海拔较低，主要的土壤类型为亚高山草甸土，以高寒嵩草、杂类草草甸和亚高山硬叶常绿阔叶灌丛为主要植被类型。

怒江上游切割山地（Ⅰ4Jb10）位于西藏自治区的东南部，属于怒江水系，以高山深谷地貌为主，海拔在 4600 m 以上。主要的土壤类型为亚高山草甸土，主要植被类型有亚高山硬叶常绿阔叶灌丛和高山稀疏植被。

### 3. 祁连湟南省（Ⅰ4Jc）

（1）概况

祁连湟南省的范围包括青海东北部和甘肃西部，以冰川、冰原作用山地地貌为主，海拔主要为 2500～4000 m，主要分布有山地针叶林森林、草甸动物群。

（2）气候

祁连湟南省属于高原温带草原气候，年均气温−10～4.9 ℃，夏季（6～8 月）平均气温 2～15 ℃，冬季（12～2 月）平均气温−21～−7 ℃；年均降水量 30～520 mm，雨季降水量 20～310 mm，旱季降水量 0～20 mm（图 3-102）。

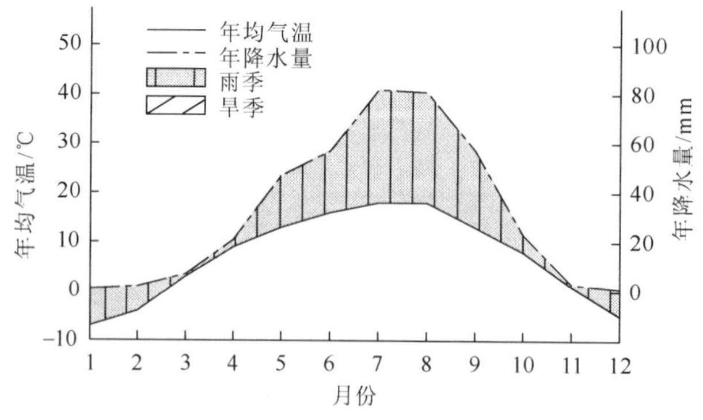


图 3-102　西宁（101°44′E，36°34′N）气候图

（3）土壤

祁连湟南省主要的土壤类型有高山草甸土、黑钙土和寒漠土，还零星分布有栗钙土。

高山草甸土在祁连湟南省主要分布于祁连山山地，黑钙土主要分布于大通河两岸河谷，寒漠土主要分布于祁连山高山草甸土以上的高海拔地区，栗钙土主要分布于青海湖的湖缘地区。

（4）植被

祁连湟南省以高寒嵩草、杂类草草甸（小嵩草草甸；矮嵩草高寒草甸；小嵩草草甸+矮嵩草高寒草甸）为主要植被类型，约占 34%；其次为温带丛生禾草典型草原（克氏针茅草原；冰草草原；短花针茅、长芒草草原），约占 12%；还分布有温带半灌木、矮半灌木荒漠和高寒禾草、苔草草原等植被类型。

（5）陆生脊椎动物

祁连湟南省共记录陆生脊椎动物 23 目 68 科 254 种（表 3-73）。

**表 3-73 祁连湟南省陆生脊椎动物种类组成**

| 纲 | | 目 | 科 | 种 |
|---|---|---|---|---|
| 两栖类 | | 1 | 1 | 1 |
| 爬行类 | | 1 | 4 | 4 |
| 鸟类 | 繁殖鸟 | 14 | 44 | 157 |
| | 非繁殖鸟 | 6 | 14 | 29 |
| 哺乳类 | | 6 | 16 | 63 |
| 总计 | | 23 | 68 | 254 |

两栖类：花背蟾蜍（*Bufo raddei*）；

爬行类：西域滑蜥（*Scincella przewalskii*）、青海沙蜥（*Phrynocephalus vlangalii*）、密点麻蜥（*Eremias multiocellata*）等；

鸟类：疣鼻天鹅（*Cygnus olor*）、大石鸡（*Alectoris magna*）、贺兰山红尾鸲（*Phoenicurus alaschanicus*）、黄嘴山鸦（*Pyrrhocorax graculus*）、长嘴百灵（*Melanocorypha maxima*）、凤头雀莺（*Leptopoecile elegans*）、水鹨（*Anthus spinoletta*）、甘肃柳莺（*Phylloscopus kansuensis*）、花彩雀莺（*Leptopoecile sophiae*）、棕背黑头鸫（*Turdus kessleri*）、沙色朱雀（*Carpodacus synoicus*）、鸲岩鹨（*Prunella rubeculoides*）、蓝马鸡（*Crossoptilon auritum*）、红喉雉鹑（*Tetraophasis obscurus*）等；

哺乳类：狭颅鼠兔（*Ochotona thomasi*）、红耳鼠兔（*Ochotona erythrotis*）、中华鼢鼠（*Myospalax fontanierii*）、漠猫（*Felis bieti*）、间颅鼠兔（*Ochotona cansus*）、兔狲（*Otocolobus manul*）、青海毛足田鼠（*Lasiopodonmys fuscus*）、普氏原羚（*Procapra przewalskii*）、高原松田鼠（*Pitymys irene*）、雪豹（*Uncia uncia*）、喜马拉雅旱獭（*Marmota himalayana*）、蹶鼠（*Sicista concolor*）、白唇鹿（*Cervus albirostris*）、白尾松田鼠（*Pitymys leucurus*）、高原兔（*Lepus oiostolus*）、马鹿（*Cervus elaphus*）等。

（6）自然保护区

祁连湟南省已建立国家级自然保护区 4 个，分别是甘肃祁连山、盐池湾、大通北川河源区和青海湖国家级自然保护区（图 3-103）。

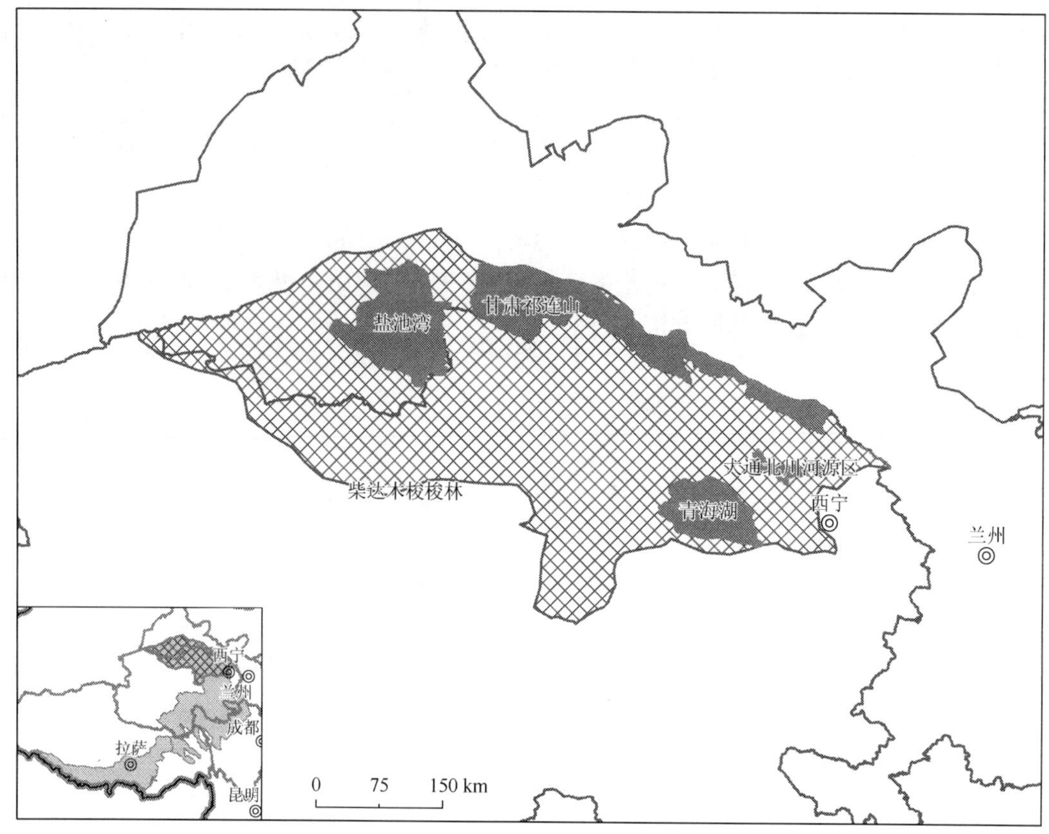


图 3-103　祁连湟南省主要自然保护区分布图

（7）生态地理单元划分

祁连湟南省共划分为 5 个生态地理单元（图 3-104、表 3-74）：

Ⅰ4Jc01　祁连山地；

Ⅰ4Jc02　党河南山山地；

Ⅰ4Jc03　湟水上游谷地；

Ⅰ4Jc04　青海湖；

Ⅰ4Jc05　青海南山-鄂拉山山地高原。

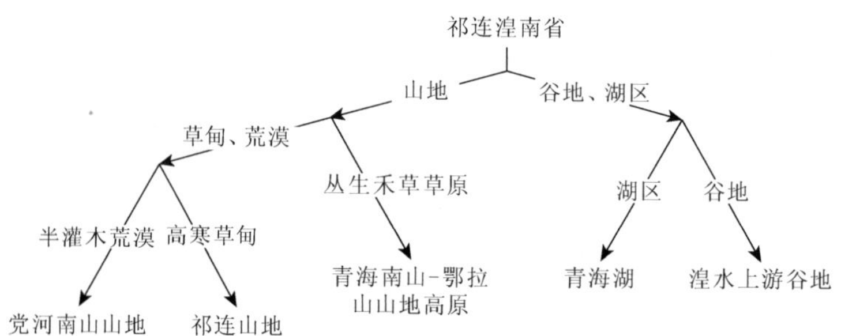


图 3-104　祁连湟南省各生态地理单元关系图

表 3-74 祁连湟南省 5 个生态地理单元生态因子与动物群

| 生态地理单元 | | Jc01 祁连山地 | Jc02 党河南山山地 | Jc03 湟水上游谷地 | Jc04 青海湖 | Jc05 青海南山-鄂拉山山地高原 |
|---|---|---|---|---|---|---|
| 概况 | 地貌 | 冰川、冰缘作用山地；干燥剥蚀山地 | 冰川、冰缘作用山地；洪积、冲积平原 | 冰川、冰缘作用山地；侵蚀黄土塬 | 冰川、冰缘作用山地；侵蚀高原 | 冰川、冰缘作用山地；干燥剥蚀山地 |
| | 海拔 | 3400～5100 m | 2900～5200 m | 2800～4400 m | 3200～4700 m | 3100～4800 m |
| | 土壤 | 黑钙土和高山草甸土 | 黑钙土和高山草甸土 | 灌淤土 | 栗钙土和黑钙土 | 栗钙土和棕钙土 |
| | 水系 | 河西走廊-阿拉善内流区 | 柴达木内流区 | 湟水 | 柴达木内流区 | 柴达木内流区 |
| 气候 | 平均气温 | −10～1.3 ℃ | −9～2 ℃ | −5～4.9 ℃ | −7.8～1 ℃ | −6～4 ℃ |
| | 夏季均温 | 2～13 ℃ | 2～15 ℃ | 5～15 ℃ | 3～11 ℃ | 4～15 ℃ |
| | 冬季均温 | −21～−11 ℃ | −21～−11 ℃ | −16～−7 ℃ | −19～−11 ℃ | −17～−8 ℃ |
| | 年降水量 | 190～500 mm | 30～290 mm | 390～520 mm | 230～410 mm | 160～360 mm |
| | 雨季降水量 | 120～300 mm | 20～190 mm | 230～310 mm | 150～260 mm | 90～220 mm |
| | 旱季降水量 | 0～10 mm | 0～10 mm | 10 mm | 0～10 mm | 0～20 mm |
| 植被 | 植被类型 1 | 高寒嵩草、杂类草草甸（+++++） | 温带半灌木、矮半灌木荒漠（++） | 高寒嵩草、杂类草草甸（+++++） | 高寒嵩草、杂类草草甸（+++++） | 温带丛生禾草典型草原（+++） |
| | 优势群系 1 | 小嵩草草甸 | 驼绒藜荒漠 | 小嵩草草甸 | 小嵩草草甸+矮嵩草高寒草甸 | 芨芨草、短花针茅草原 |
| | 优势群系 2 | 矮嵩草高寒草甸 | 驼绒藜荒漠+红砂荒漠 | 矮嵩草高寒草甸 | 小嵩草草甸 | 芨芨草草原 |
| | 植被类型 2 | 高山稀疏植被（++） | 无植被地段（++） | 亚高山落叶阔叶灌丛（+++） | 高寒禾草、苔草草原（+） | 温带半灌木、矮半灌木荒漠（++） |
| | 优势群系 1 | 水母雪莲、风毛菊稀疏植被 | 砾漠 | 毛枝山居柳、金露梅灌丛 | 紫花针茅、高山苔草高寒草原 | 蒿叶猪毛菜荒漠 |
| | 优势群系 2 | 风毛菊、红景天、垂头菊稀疏植被 | 高山岩屑 | 毛枝山居柳灌丛 | 紫花针茅草原 | 驼绒藜荒漠 |
| 动物群 | | 高寒草甸、高山植被动物群 | 山地荒漠动物群 | 高寒草甸、山地林灌动物群 | 高寒草甸、草原动物群 | 山地草原、荒漠动物群 |

祁连山地（Ⅰ4Jc01）和党河南山山地（Ⅰ4Jc02）位于青海省东北部与甘肃省交界处，以山地地形为主，海拔在 3400 m 以上，主要的土壤类型为黑钙土和高山草甸土。前者属于祁连山系，以高寒嵩草、杂类草草甸和高山稀疏植被为主要的植被类型；后者属于党河南山山地，以温带半灌木、矮半灌木荒漠为主要植被类型。

湟水上游谷地（Ⅰ4Jc03）位于青海省东北部，以谷地地形为主，海拔相对较低，为 2800～4400 m，是青海省重要的农业生产基地。主要土壤类型为经人类改造过的灌淤土，植被以高寒嵩草、杂类草草甸和亚高山落叶阔叶灌丛为主。

青海湖（Ⅰ4Jc04）位于青海省东北部，是中国最大的内陆湖泊和咸水湖，海拔为 3200～4700 m，主要土壤类型为栗钙土和黑钙土，以高寒嵩草、杂类草草甸为主要植被类型。区内的鸟岛是我国重要的鸟类繁殖地，鸟类物种丰富。

青海南山-鄂拉山山地高原（Ⅰ4Jc05）位于青海湖西南部，以高原山地地形为主，海拔在 3100 m 以上。主要土壤类型为栗钙土和棕钙土，以温带丛生禾草典型草原和温带半灌木、矮半灌木荒漠为主要植被类型。

## 六、西南区（Ⅱ5）

### （一）西南山地亚区（Ⅱ5K）

西南山地亚区包括 3 个动物地理省 24 个生态地理单元（图 3-105、表 3-75），范围包括横断山脉、邛崃山和岷山等。

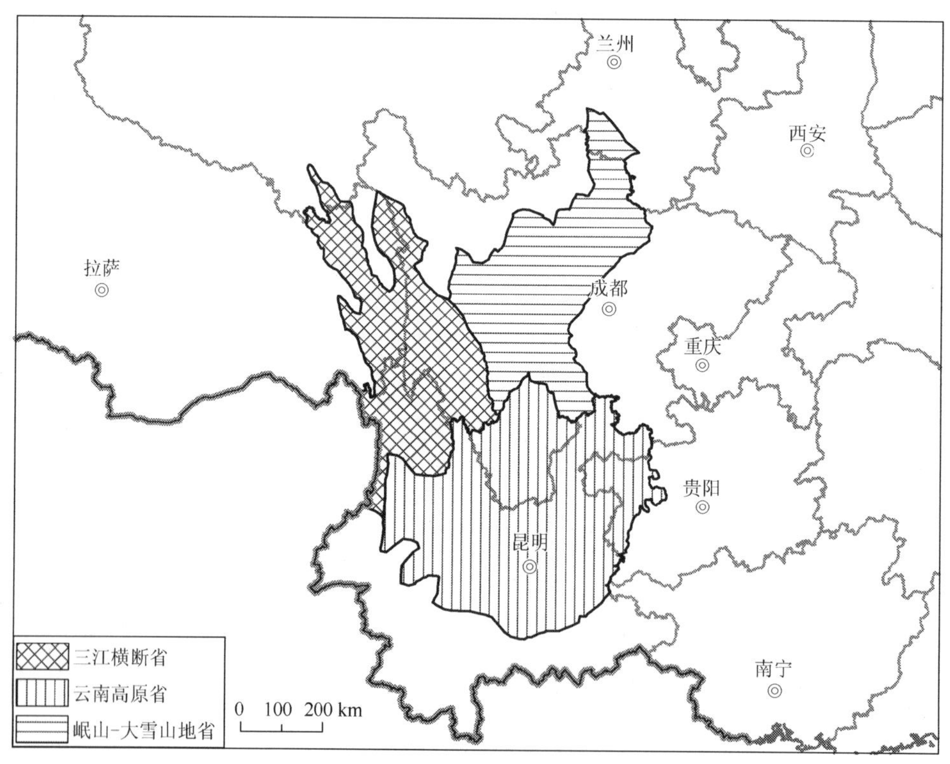


图 3-105　西南山地亚区图

本亚区属于中亚热带季风湿润气候，但由于海拔落差大，气候的垂直地带性十分明显，拥有南亚热带、中亚热带、北亚热带、暖温带、寒温带、亚寒带和寒带 7 个类型的气候带。年均降水量 460～1350 mm，年均气温–10.4～23.8 ℃，极端高温 33.4 ℃，极端低温–25.8 ℃，≥0 ℃年积温为 0～7900 ℃，是中亚热带季风气候向大陆性高原气候过渡地区。

本亚区地形复杂，山岭与河谷之间自然环境差异很大。在一些高山峡谷区，从山下的热带气候到高山的亚寒带气候，从热带或亚热带植被一直到高山寒温带的植被，垂直分异显著（图 3-106）。

由于陡峭挺拔的山体，复杂的气候条件和茂密的原始森林，本亚区土壤的形成受诸多成土因素的影响。其分布、属性都极具特色，表现为显著的垂直地带性，从低海拔到高海拔依次分布有红壤、黄棕壤、棕壤、暗棕色森林土、棕色暗针叶林土、亚高山草甸土、高山寒漠土等土类（云南省林业厅等，1998）。

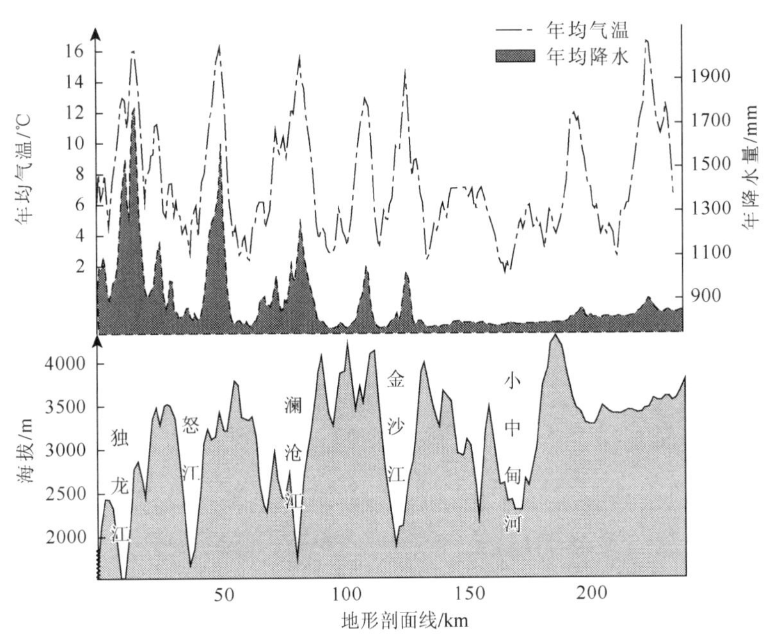

图 3-106 横断山区地形剖面图及其对气温与降水的影响

主要植被类型为亚高山硬叶常绿阔叶灌丛（草原杜鹃灌丛+雪层杜鹃、髯花杜鹃灌丛+腋花杜鹃灌丛）、亚热带、热带山地针叶林（川西云杉林+高山松林+高山松林）和亚热带针叶林（云南松林+冷杉林+华山松林）。

本亚区复杂的气候、地形和植被条件为动物提供了多样的栖息环境，纵向的平行峡谷及高海拔山脊，都是良好的相对隔离的环境，这些无论从历史观点还是生态观点对动物的保存和分化都是有利的（张荣祖，2011）。据云南省林业厅等（1998）在高黎贡山地区组织的科学考察结果，本亚区动物区系具有以下特点：①缺乏世界性分布的种，如缺乏褐家鼠（*Rattus norvegicus*）和小家鼠（*Mus musculus*）等世界性分布的物种，仍被当地土著种大足鼠（*Rattus nitidus*）占据，动物区系保持着原生状态；②中国特有种多，如两栖类中的山溪鲵（*Batrachuperus pinchonii*），爬行类中的高原蝮（*Gloydius strauchii*）、美姑脊蛇（*Achalinus meiguensis*），鸟类中的大噪鹛

（*Garrulax maximus*）、灰胸薮鹛（*Liocichla omeiensis*）、藏马鸡（*Crossoptilon harmani*）、绿尾虹雉（*Lophophorus lhuysii*）、锦鸡（*Chrysolophus pictus*），兽类中的滇金丝猴（*Rhinopithecus bieti*）、大熊猫（*Ailuropoda melanoleuca*）、羚牛（*Budorcas taxicolor*）和四川林跳鼠（*Eozapus setchuanus*）等；③本亚区是亚洲南部东西南北动物的交汇地和过渡带；④具有明显的垂直地带性分布和多而复杂的垂直带谱。此外，本亚区两栖类在属级阶元上有“替代”现象，最典型的是角蟾科（Megophryidae），在海拔较低的地区分布有较原始的类群短腿蟾属（*Brachytarsophrys*），在海拔较高的地区则被角蟾属（*Megophrys*）和齿蟾属（*Oreolalax*）所替代，在更高的地区则分布有最年轻的齿突蟾属（*Scutiger*）（图 3-107）。这些不同类群的形成是在横断山的褶皱抬升过程中环境异化从而导致物种及类群分化造成的（云南省林业厅等，1998）。

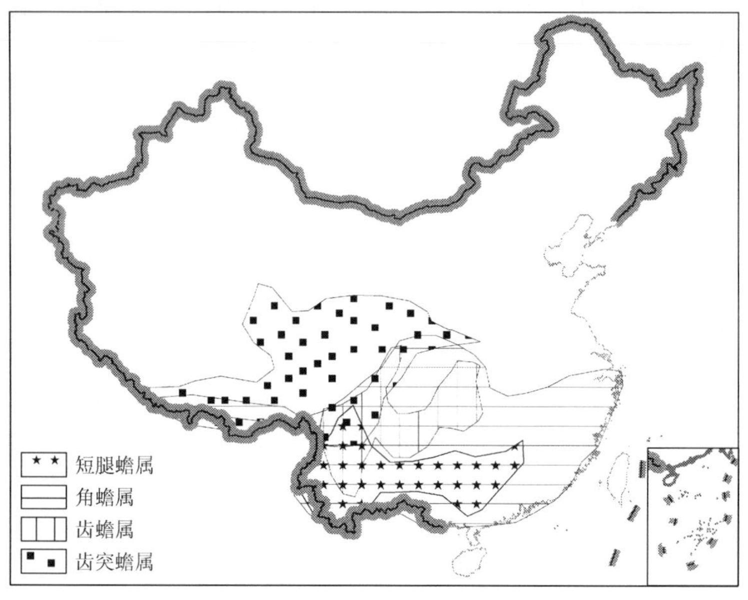


图 3-107 西南山地亚区角蟾科不同属之间的“替代”现象

国内学者对本亚区两栖类和爬行类动物的地理分布研究很多，最感兴趣的问题是本亚区现代环境和古环境变迁与这两类动物区系形成和进化的关系（张荣祖，2011）。例如，角蟾科（Megophryidae）为两栖类中比较原始的类群，食虫类中若干种在分类学上属于单型种或少种属，它们的分布中心均在本亚区；鹿属（*Cervus*）多数种的中心亦在本亚区；姬鼠属（*Apodemus*）的大部分种类均可见于本亚区；一些种类在本亚区及其周边地区内的亚种分化甚多，这都说明本亚区不但是原始类型保存较多的中心，而且也是一些物种现代分化的中心。

**表 3-75 西南山地亚区 3 个动物地理省代表动物与生态因子比较**

| 动物地理省 | | Ka 岷山-大雪山地省 | Kb 三江横断省 | Kc 云南高原省 |
|---|---|---|---|---|
| 概况 | 位置 | 四川西部 | 云南西北部和西藏东南部 | 云南中东部、四川西南部和贵州西部 |
| | 地貌 | 侵蚀性山地 | 侵蚀性山地 | 侵蚀性高原 |
| | 海拔 | 1200～5500 m | 2300～5400 m | 1100～4200 m |
| | 土壤 | 棕壤、亚高山草甸土、灰褐土、褐土 | 棕壤、亚高山草甸土、灰褐土、褐土 | 红壤、紫色土、燥红土 |

续表

| 地理省 | | Ka 岷山-大雪山地省 | Kb 三江横断省 | Kc 云南高原省 |
|---|---|---|---|---|
| 气候 | 气候类型 | 高原温带森林草原气候 | 中亚热带季风气候 | 中亚热带季风气候 |
| | 平均气温 | −3～17 ℃ | −3～19 ℃ | 4～22 ℃ |
| | 夏季均温 | 3～25 ℃ | 4～23 ℃ | 10～26 ℃ |
| | 冬季均温 | −11～8 ℃ | −11～12 ℃ | −3～16 ℃ |
| | 年降水量 | 580～1490 mm | 480～1910 mm | 730～1280 mm |
| | 雨季降水量 | 290～910 mm | 300～1120 mm | 420～720 mm |
| | 旱季降水量 | 10～50 mm | 0～90 mm | 10～70 mm |
| 植被 | 植被类型 1 | 亚高山硬叶常绿阔叶灌丛（+++） | 亚高山硬叶常绿阔叶灌丛（+++） | 人工植被（+++） |
| | 植被类型 2 | 亚热带和热带山地针叶林（++） | 亚热带和热带山地针叶林（+++） | 亚热带针叶林（+++） |
| | 植被类型 3 | 高寒嵩草、杂类草草甸（++） | 高寒嵩草、杂类草草甸（++） | 亚热带、热带草丛（+++） |
| | 植被类型 4 | 亚高山落叶阔叶灌丛（+） | 高山稀疏植被（+） | 亚热带、热带常绿阔叶、落叶阔叶灌丛（++） |
| 动物 | 动物群 | 亚热带森林动物群 | 热带亚热带山地森林动物群 | 高原林灌、农田动物群 |
| | 代表物种 | 川西缺齿鼩鼱、川西田鼠、四川毛尾睡鼠、红喉雉鹑、灰胸薮鹛、四川山鹧鸪、四川旋木雀、瓦山滑蜥、横斑锦蛇、大渡石龙子、美姑脊蛇、金顶齿突蟾、理县湍蛙 | 羊绒鼯鼠、高黎贡鼠兔、克氏田鼠、滇金丝猴、棕草鹛、藏鹀、锈腹短翅鸫、白点噪鹛、乡城竹叶青蛇、喜山钝头蛇、西藏树蜥、高原蝮、圆疣蟾蜍、无声囊棘蛙、腹斑倭蛙、腺角蟾 | 云猫、大绒鼠、橙喉长吻松鼠、云南兔、黑颈长尾雉、黑胸鸫、巨䴓、紫宽嘴鸫、老挝白环蛇、昆明小头蛇、金头闭壳龟、云南闭壳龟、呈贡蝾螈、滇螈、威宁趾沟蛙、无量山角蟾 |

### 1. 岷山-大雪山地省（Ⅱ5Ka）

（1）概况

岷山-大雪山地省的范围包括四川西部，以侵蚀性山地地貌为主，海拔主要为 1000～4000 m，主要分布有亚热带森林动物群。

（2）气候

岷山-大雪山地省属于高原温带森林草原气候，年均气温−3～17 ℃，夏季（6～8 月）平均气温 3～25 ℃，冬季（12～2 月）平均气温−11～8 ℃；年均降水量 580～1490 mm，雨季降水量 290～910 mm，旱季降水量 10～50 mm（图 3-108）。

（3）土壤

岷山-大雪山地省的地带性土壤类型是棕壤和亚高山草甸土，还零星分布有灰褐土和褐土。

棕壤分布于岷山-大雪山地省的大部分地区，亚高山草甸土主要分布于大雪山等高海拔地区，灰褐土主要分布于岷江两岸河谷，褐土主要分布于大渡河两岸河谷。

（4）植被

岷山-大雪山地省以亚高山硬叶常绿阔叶灌丛（草原杜鹃灌丛；头花杜鹃、百里香杜鹃灌丛；亮鳞杜鹃灌丛）为主要植被类型，约占 22%；其次为亚热带和热带山地针叶林（紫果云杉林；川西云杉林；鳞皮冷杉林），约占 15%；还分布有高寒嵩草、杂类草草甸和亚高山落叶阔叶灌丛等植被类型。

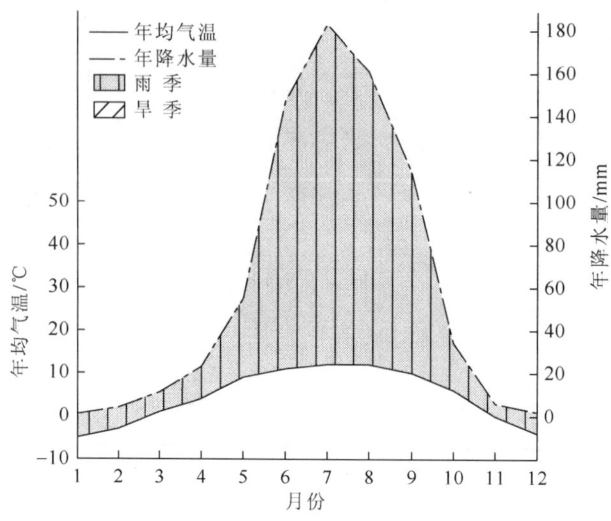


图 3-108　理塘（100°07′E，30°01′N）气候图

（5）陆生脊椎动物

岷山-大雪山地省共记录陆生脊椎动物 32 目 116 科 755 种（表 3-76）。

两栖类：金顶齿突蟾（*Scutiger chintingensis*）、理县湍蛙（*Amolops lifanensis*）、无蹼齿蟾（*Oreolalax schmidti*）、宝兴齿蟾（*Oreolalax popei*）、大齿蟾（*Oreolalax major*）、大凉疣螈（*Tylototriton taliangensis*）、沙坪角蟾（*Megophrys shapingensis*）、平武齿突蟾（*Scutiger pingwuensis*）、龙洞山溪鲵（*Batrachuperus londongensis*）、川北齿蟾（*Oreolalax chuanbeiensis*）、峨眉齿蟾（*Oreolalax omeimontis*）、棕点湍蛙（*Amolops loloensis*）、胸腺猫眼蟾（*Scutiger glandulatus*）、利川铃蟾（*Bombina lichuanensis*）、西藏山溪鲵（*Batrachuperus tibetanus*）、棘皮湍蛙（*Amolops granulosus*）、秉志齿蟾（*Oreolalax pingii*）、魏氏齿蟾（*Oreolalax weigoldi*）、四川湍蛙（*Amolops mantzorum*）等；

爬行类：瓦山滑蜥（*Scincella schmidti*）、横斑锦蛇（*Elaphe perlacea*）、大渡石龙子（*Eumeces tunganus*）、中国壁虎（*Gekko chinensis*）、美姑脊蛇（*Achalinus meiguensis*）、康定滑蜥（*Scincella potanini*）、横纹小头蛇（*Oligodon multizonatum*）、乡城竹叶青蛇（*Trimeresurus xiangchengensis*）、九龙颈槽蛇（*Rhabdophis pentasupralabialis*）、红原沙蜥（*Phrynocephalus hongyuanensis*）、四川龙蜥（*Japalura szechwanensis*）等；

鸟类：灰胸薮鹛（*Liocichla omeiensis*）、四川山鹧鸪（*Arborophila rufipectus*）、四川旋木雀（*Certhia tianquanensis*）、峨眉鹟莺（*Seicercus omeiensis*）、黑额山噪鹛（*Garrulax sukatschewi*）、红喉雉鹑（*Tetraophasis obscurus*）、黑喉歌鸲（*Luscinia obscura*）、三趾鸦雀（*Paradoxornis paradoxus*）、红翅噪鹛（*Garrulax formosus*）、灰冠鸦雀（*Paradoxornis przewalskii*）、绿尾虹雉（*Lophophorus lhuysii*）、灰头斑翅鹛（*Actinodura souliei*）、蓝鹀（*Latoucheornis siemsseni*）、斑尾榛鸡（*Bonasa sewerzowi*）等；

哺乳类：川西缺齿鼩鼱（*Chodsigoa hypsibius*）、川西田鼠（*Volemys musseri*）、四川毛尾睡鼠（*Chaetocauda sichuanensis*）、沟牙田鼠（*Microtus bedfordi*）、大熊猫（*Ailuropoda melanoleuca*）、黄腹鼬（*Mustela kathiah*）、甘肃鼹（*Scapanulus oweni*）、川金丝猴

(*Rhinopithecus roxellana*)、洮州绒鼾（*Caryomys eva*)、小纹背鼩鼱（*Sorex bedfordiae*)、峨眉鼩鼹（*Nasillus andesoni*)、纹背鼩鼱（*Sorex cylindricauda*)、中华绒鼠（*Eothenomys chinensis*)、沟牙鼯鼠（*Aeretes melanopterus*)、灰腹水鼩（*Chimmarogale styani*)、小熊猫（*Ailurus fulgens*)、四川林跳鼠（*Eozapus setchuanus*）等。

**表 3-76 岷山-大雪山地省陆生脊椎动物种类组成**

| 纲 | | 目 | 科 | 种 |
|---|---|---|---|---|
| 两栖类 | | 2 | 10 | 78 |
| 爬行类 | | 2 | 11 | 86 |
| 鸟类 | 繁殖鸟 | 18 | 61 | 361 |
| | 非繁殖鸟 | 9 | 24 | 81 |
| 哺乳类 | | 9 | 28 | 149 |
| 总计 | | 32 | 116 | 755 |

（6）自然保护区

岷山-大雪山地省已建立国家级自然保护区 18 个，分别是龙溪-虹口、白水河、鞍子河、小寨子沟、王朗、雪宝顶、唐家河、黑竹沟、马边大风顶、栗子坪、蜂桶寨、卧龙、九寨沟、小金四姑娘山、贡嘎山、格西沟、美姑大风顶和洮河国家级自然保护区（图 3-109）。

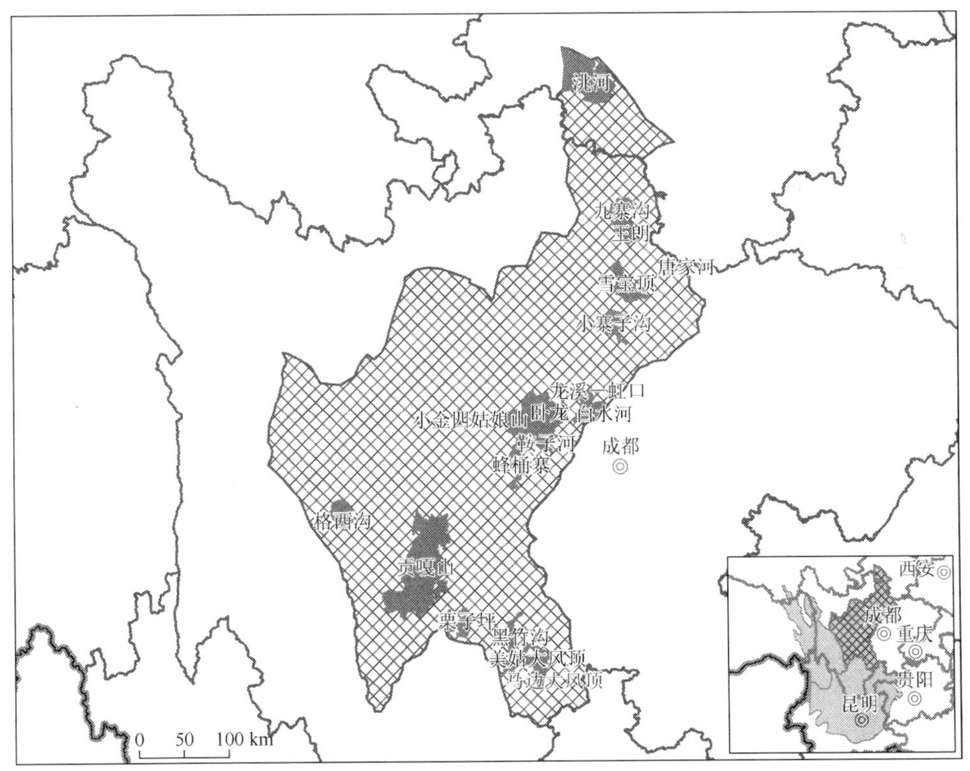


图 3-109 岷山-大雪山地省主要自然保护区分布图

(7) 生态地理单元划分

岷山-大雪山地省共划分为 8 个生态地理单元（图 3-110、表 3-77）：

Ⅱ5Ka01 迭山山地；

Ⅱ5Ka02 岷江切割山地；

Ⅱ5Ka03 盆缘西北部山地；

Ⅱ5Ka04 大渡河切割山地；

Ⅱ5Ka05 川西山地；

Ⅱ5Ka06 大金川切割山地；

Ⅱ5Ka07 大雪山山地；

Ⅱ5Ka08 雅砻江切割山地。

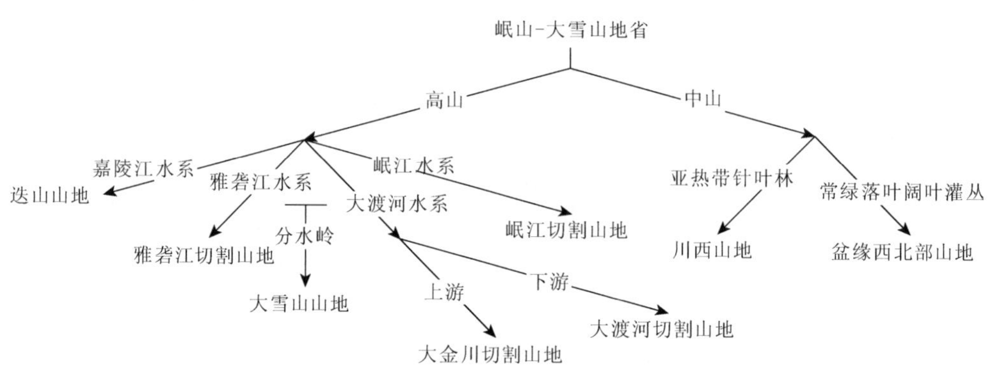


图 3-110　岷山-大雪山地省各生态地理单元关系图

迭山山地（Ⅱ5Ka01）、岷江切割山地（Ⅱ5Ka02）、大渡河切割山地（Ⅱ5Ka04）、大金川切割山地（Ⅱ5Ka06）和雅砻江切割山地（Ⅱ5Ka08）属于高山山地地形，海拔在 3000 m 以上，主要的土壤类型为亚高山草甸土，河谷地区常有褐土和灰褐土，以亚高山硬叶常绿阔叶灌丛和亚热带、热带山地针叶林为主要植被类型。这些单元主要以所属的河流水系进行划分，岷江切割山地属于岷江水系；雅砻江切割山地属于雅砻江水系；迭山山地属于嘉陵江水系；大渡河切割山地和大金川切割山地属于大渡河水系，以四川甘孜州丹巴县为分界。

盆缘西北部山地（Ⅱ5Ka03）和川西山地（Ⅱ5Ka05）分别位于四川盆地的西部和西北部，同属中山地形，海拔多在 4000 m 以下，区内主要土壤类型为棕壤和黄壤。前者纬度较高，处于北亚热带和暖温带的交界，以亚热带、热带常绿阔叶、落叶阔叶灌丛和亚高山落叶阔叶灌丛为主要植被类型；后者纬度较低，属于中亚热带气候带，主要植被类型为亚热带针叶林和亚高山硬叶常绿阔叶。

大雪山山地（Ⅱ5Ka07）位于四川省的中西部，海拔在 3600 m 以上，是雅砻江和大渡河的分水岭。主要土壤类型为亚高山草甸土，海拔较低处分布有棕壤；以亚高山硬叶常绿阔叶灌丛为主要植被类型，海拔较低处有亚热带和热带山地针叶林分布。

表 3-77 岷山-大雪山地省 8 个生态地理单元生态因子与动物群

| 生态地理单元 | | Ka01 迭山山地 | Ka02 岷江切割山地 | Ka03 盆缘西北部山地 | Ka04 大渡河切割山地 | Ka05 川西山地 | Ka06 大金川切割山地 | Ka07 大雪山山地 | Ka08 雅砻江切割山地 |
|---|---|---|---|---|---|---|---|---|---|
| 概况 | 地貌 | 侵蚀山地 | 侵蚀山地 | 侵蚀山地 | 侵蚀山地 | 侵蚀山地 | 冰川、冰缘作用山地 | 冰川、冰缘作用山地；侵蚀山地 | 冰川、冰缘作用山地 |
| | 海拔 | 2900～4400 m | 3100～4900 m | 1400～4300 m | 3700～4900 m | 1200～4100 m | 3900～4900 m | 3600～5500 m | 4000～4900 m |
| | 土壤 | 亚高山草甸土 | 亚高山草甸土 | 棕壤和黄壤 | 亚高山草甸土 | 棕壤和黄壤 | 亚高山草甸土 | 亚高山草甸土、棕壤 | 亚高山草甸土 |
| | 水系 | 嘉陵江 | 岷江 | 涪江 | 大渡河 | 岷江 | 大渡河 | 大渡河、雅砻江 | 雅砻江 |
| 气候 | 平均气温 | -2～9 ℃ | -3～9℃ | 2～15℃ | -3～10.4℃ | 3～17 ℃ | -2～10 ℃ | -3～12 ℃ | -2～8 ℃ |
| | 夏季均温 | 6～17 ℃ | 4～17 ℃ | 9～23.4 ℃ | 4～18 ℃ | 10～25 ℃ | 5.7～17 ℃ | 3～19 ℃ | 6～15 ℃ |
| | 冬季均温 | -11～-1 ℃ | -11～1 ℃ | -6～5 ℃ | -11～2 ℃ | -5～8 ℃ | -10～2 ℃ | -11～5 ℃ | -10～0 ℃ |
| | 年降水量 | 580～740 mm | 650～1110 mm | 750～1090 mm | 700～1100 mm | 890～1490 mm | 670～870 mm | 690～1100 mm | 620～830 mm |
| | 雨季降水量 | 290～380 mm | 320～600 mm | 380～590 mm | 350～620 mm | 470～910 mm | 340～500 mm | 380～670 mm | 360～530 mm |
| | 旱季降水量 | 10～20 mm | 10～30 mm | 10～30 mm | 10～30 mm | 20～50 mm | 10～20 mm | 10～20 mm | 10～20 mm |
| 植被 | 植被类型 1 | 亚热带和热带山地针叶林（+++） | 亚高山硬叶常绿阔叶灌丛（+++） | 亚热带、热带常绿阔叶、落叶阔叶灌丛（++） | 亚高山硬叶常绿阔叶灌丛（+++） | 亚热带针叶林（++） | 亚高山硬叶常绿阔叶灌丛（+++） | 亚高山硬叶常绿阔叶灌丛（++++） | 亚高山硬叶常绿阔叶灌丛（++++） |
| | 优势群系 1 | 云杉林 | 草原杜鹃灌丛 | 马桑灌丛 | 亮鳞杜鹃灌丛 | 冷杉林 | 草原杜鹃灌丛 | 淡黄杜鹃灌丛 | 草原杜鹃灌丛 |
| | 优势群系 2 | 紫果云杉林 | 头花杜鹃、百里香杜鹃灌丛 | 白刺花、小马鞍叶灌丛 | 头花杜鹃、百里香杜鹃灌丛 | 云南松、矮高山栎林 | 头花杜鹃、百里香杜鹃灌丛 | 头花杜鹃、百里香杜鹃灌丛 | 密枝杜鹃灌丛 |
| | 植被类型 2 | 温带落叶阔叶林（++） | 高寒嵩草、杂类草草甸（++） | 亚高山落叶阔叶灌丛（+） | 亚热带和热带山地针叶林（++） | 亚高山硬叶常绿阔叶灌丛（++） | 高寒嵩草、杂类草草甸（+++） | 亚热带和热带山地针叶林（+++） | 高寒嵩草、杂类草草甸（+++） |
| | 优势群系 1 | 辽东栎林 | 四川嵩草草甸 | 硬叶柳灌丛 | 川西云杉林 | 腋花杜鹃灌丛 | 小嵩草草甸 | 川西云杉林 | 小嵩草草甸 |
| | 优势群系 2 | 山杨林 | 圆穗蓼、珠芽蓼高寒草甸 | 绢毛蔷薇、匍匐栒子灌丛 | 鳞皮冷杉林 | 矮高山栎灌丛 | 四川嵩草草甸 | 鳞皮冷杉林 | 圆穗蓼、珠芽蓼高寒草甸 |
| 动物群 | | 山地针叶林、落叶阔叶林动物群 | 山地硬叶灌丛、高寒草甸动物群 | 山地阔叶灌丛动物群 | 山地针叶林、硬叶灌丛动物群 | 山地针叶林、硬叶灌丛动物群 | 山地硬叶灌丛、高寒草甸动物群 | 山地针叶林、硬叶灌丛动物群 | 山地硬叶灌丛、高寒草甸动物群 |

## 2. 三江横断省（Ⅱ5Kb）

（1）概况

三江横断省的范围包括云南西北部和西藏东南部，以侵蚀性山地地貌为主，海拔主要为 2000～4500 m，主要分布有热带亚热带山地森林动物群。

（2）气候

三江横断省属于中亚热带季风气候，年均气温-3～19 ℃，夏季（6～8 月）平均气温 4～23 ℃，冬季（12～2 月）平均气温-11～12 ℃；年均降水量 480～1910 mm，雨季降水量 300～1120 mm，旱季降水量 0～90 mm（图 3-111）。

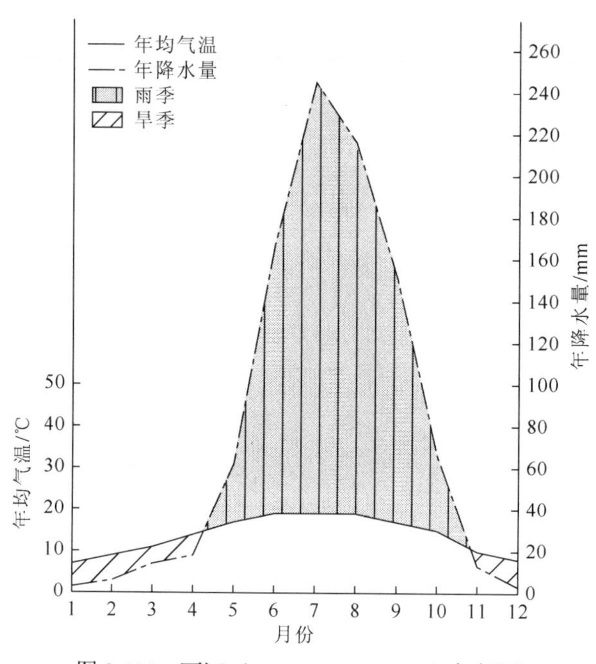


图 3-111　丽江（99°57′E，26°45′N）气候图

（3）土壤

三江横断省的地带性土壤类型是棕壤和亚高山草甸土，还零星分布有灰褐土和褐土。

棕壤分布于三江横断省的大部分地区，亚高山草甸土主要分布于沙鲁里山、芒康山和伯舒拉岭等高海拔地区，灰褐土主要分布于雅砻江两岸河谷，褐土主要分布于金沙江、澜沧江和怒江等的两岸河谷。

（4）植被

三江横断省以亚高山硬叶常绿阔叶灌丛（草原杜鹃灌丛；雪层杜鹃、髯花杜鹃灌丛+小嵩草、圆穗蓼高寒草甸；腺房杜鹃灌丛）为主要植被类型，约占 29%；其次为亚热带和热带山地针叶林（长苞冷杉林；川西云杉林+大果圆柏林；高山松林），约占 28%；还分布有高寒嵩草、杂类草草甸和高山稀疏植被等植被类型。

（5）陆生脊椎动物

三江横断省共记录陆生脊椎动物 32 目 116 科 716 种（表 3-78）。

两栖类：圆疣蟾蜍（*Bufo tuberculatus*）、无声囊棘蛙（*Paa liui*）、腹斑倭蛙（*Nanorana ventripunctata*）、贡山猫眼蟾（*Scutiger gongshanensis*）、乡城齿蟾（*Oreolalax xiangchengensis*）、木里猫眼蟾（*Scutiger muliensis*）、腺角蟾（*Megophrys glandulosa*）、喜山蟾蜍（*Bufo himalayanus*）、花齿突蟾（*Scutiger maculatus*）、山溪鲵（*Batrachuperus pinchonii*）、疣刺齿蟾（*Oreolalax rugosus*）等；

爬行类：乡城竹叶青蛇（*Trimeresurus xiangchengensis*）、山滑蜥（*Scincella monticola*）、棕网腹链蛇（*Amphiesma johannis*）、草绿龙蜥（*Japalura flaviceps*）、高原蝮（*Gloydius strauchii*）、裸耳龙蜥（*Japalura dymondi*）、长肢滑蜥（*Scincella doriae*）、缅甸颈槽蛇（*Rhabdophis leonardi*）等；

鸟类：白点噪鹛（*Garrulax bieti*）、白马鸡（*Crossoptilon crossoptilon*）、锈腹短翅鸫（*Brachypteryx hyperythra*）、栗背短翅鸫（*Brachypteryx stellata*）、藏鹀（*Emberiza koslowi*）、大紫胸鹦鹉（*Psittacula derbiana*）、棕草鹛（*Babax koslowi*）、棕额长尾山雀（*Aegithalos iouschistos*）、蓝额红尾鸲（*Phoenicurus frontalis*）、血雀（*Haematospiza sipahi*）、黄喉雉鹑（*Tetraophasis szechenyii*）、火冠雀（*Cephalopyrus flammiceps*）、金枕黑雀（*Pyrrhoplectes epauletta*）、红腹咬鹃（*Harpactes wardi*）等；

哺乳类：羊绒鼯鼠（*Eupetaurus cinereus*）、高黎贡鼠兔（*Ochotona gaoligongensis*）、滇金丝猴（*Rhinopithecus bieti*）、克氏田鼠（*Volemys clarkei*）、玉龙绒鼠（*Eothenomys proditor*）、贡山麂（*Muntiacus gongshanensis*）、林麂（*Muntiacus feai*）、红鼠兔（*Ochotona rutila*）、灰腹水鼩（*Chimmarogale styani*）、中华绒鼠（*Eothenomys chinensis*）、马来熊（*Helarctos malayanus*）、黄腹鼬（*Mustela kathiah*）、戴帽叶猴（*Trachypithecus shortridgei*）、矮岩羊（*Pseudois schaeferi*）、西南绒鼠（*Eothenomys custos*）、克钦绒鼠（*Eothenomys cachinus*）等。

**表 3-78 三江横断省陆生脊椎动物种类组成**

| 纲 | | 目 | 科 | 种 |
|---|---|---|---|---|
| 两栖类 | | 2 | 9 | 50 |
| 爬行类 | | 1 | 8 | 67 |
| 鸟类 | 繁殖鸟 | 19 | 65 | 361 |
| | 非繁殖鸟 | 9 | 25 | 84 |
| 哺乳类 | | 9 | 27 | 154 |
| 总计 | | 32 | 116 | 716 |

（6）自然保护区

三江横断省已建立国家级自然保护区 6 个，分别是芒康滇金丝猴、海子山、亚丁、高黎贡山、白马雪山和三江源国家级自然保护区（图 3-112）。

（7）生态地理单元划分

三江横断省共划分为 8 个生态地理单元（图 3-113、表 3-79）：

Ⅱ5Kb01 澜沧江及金沙江上游谷地；

Ⅱ5Kb02 沙鲁里北部山地；
Ⅱ5Kb03 沙鲁里南部山地；
Ⅱ5Kb04 理塘河高山河谷；
Ⅱ5Kb05 香格里拉山地；
Ⅱ5Kb06 云岭山脉；
Ⅱ5Kb07 高黎贡山；
Ⅱ5Kb08 独龙江。

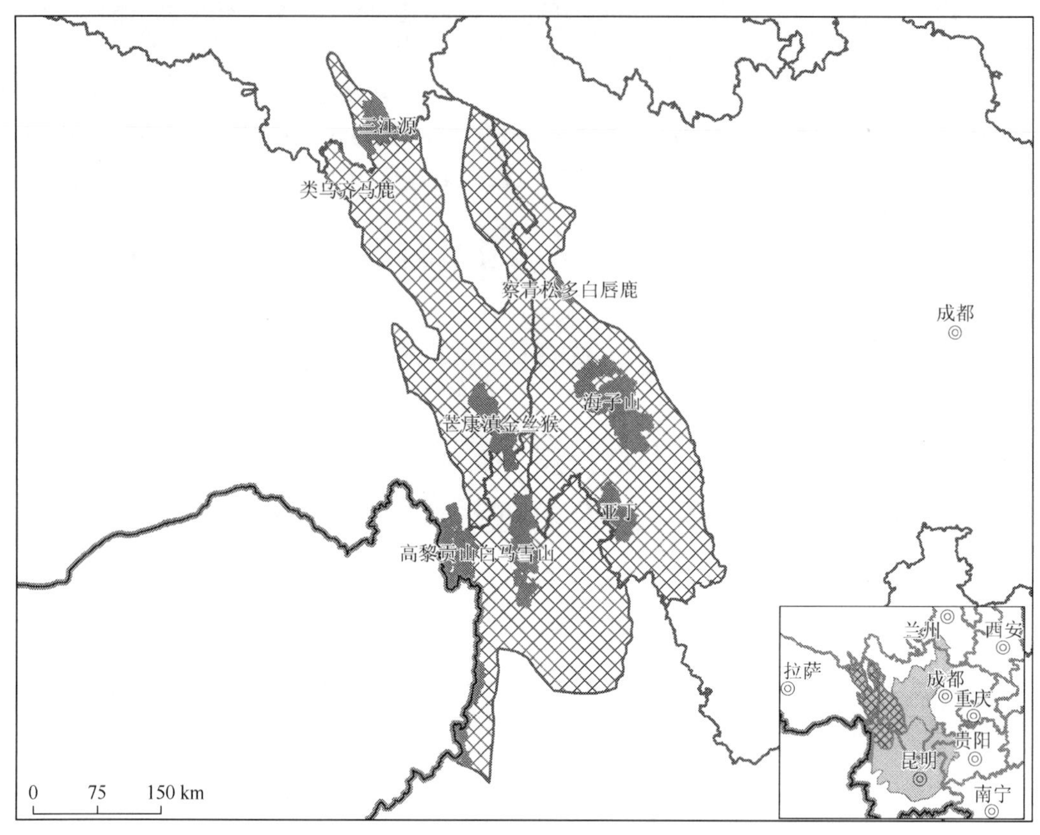


图 3-112　三江横断省主要自然保护区分布图

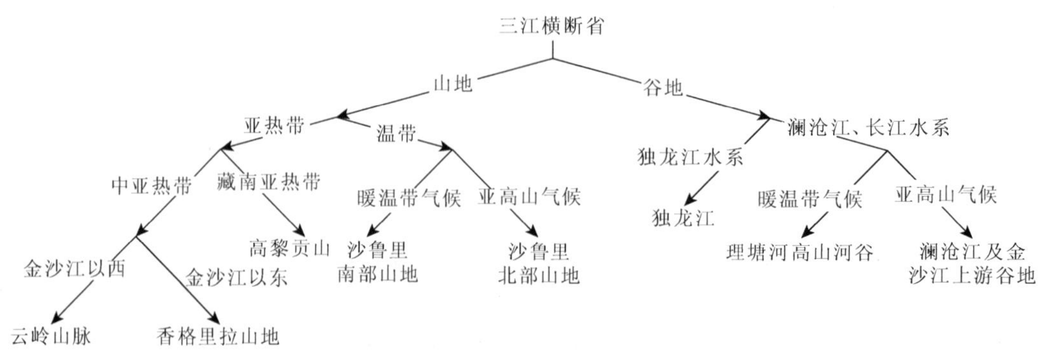


图 3-113　三江横断省各生态地理单元关系图

**表 3-79 三江横断省 8 个生态地理单元生态因子与动物群**

| 生态地理单元 | | Kb01 澜沧江及金沙江上游谷地 | Kb02 沙鲁里北部山地 | Kb03 沙鲁里南部山地 | Kb04 理塘河高山河谷 | Kb05 香格里拉山地 | Kb06 云岭山脉 | Kb07 高黎贡山 | Kb08 独龙江 |
|---|---|---|---|---|---|---|---|---|---|
| 概况 | 地貌 | 冰川、冰缘作用山地 | 冰川、冰缘作用山地 | 冰川、冰缘作用山地 | 冰川、冰缘作用山地 | 冰川、冰缘作用山地 | 冰川、冰缘作用山地；侵蚀山地 | 侵蚀山地 | 冰川、冰缘作用山地；侵蚀山地 |
| | 海拔 | 4200～5300 m | 4300～5400 m | 4000～5000 m | 3200～4900 m | 2900～4900 m | 2900～5100 m | 2300～4300 m | 3100～4600 m |
| | 土壤 | 亚高山草甸土 | 高山和亚高山草甸土 | 高山和亚高山草甸土 | 棕壤 | 棕壤、褐土和红壤 | 棕壤、褐土和红壤 | 红壤、黄棕壤、棕色针叶林土、亚高山草甸土 | 红壤 |
| | 水系 | 澜沧江、金沙江 | 金沙江 | 金沙江 | 长江 | 金沙江 | 金沙江、澜沧江 | 怒江 | 独龙江 |
| 气候 | 平均气温 | -3～9 ℃ | -3～9 ℃ | -2～9.6 ℃ | -1～14 ℃ | -1～15.1 ℃ | -1～15 ℃ | 3～19 ℃ | 2.1～16 ℃ |
| | 夏季均温 | 4～16 ℃ | 4～16 ℃ | 5～16 ℃ | 6～19.3 ℃ | 6～21 ℃ | 5～20 ℃ | 9～23 ℃ | 8.1～22 ℃ |
| | 冬季均温 | -11～1 ℃ | -11～1 ℃ | -9～2 ℃ | -8～7 ℃ | -8～9 ℃ | -8～8 ℃ | -4～12 ℃ | -4.9～10 ℃ |
| | 年降水量 | 500～700 mm | 480～680 mm | 550～800 mm | 740～960 mm | 660～990 mm | 600～1230 mm | 770～1640 mm | 730～1910 mm |
| | 雨季降水量 | 300～400 mm | 300～430 mm | 350～520 mm | 470～610 mm | 410～620 mm | 340～690 mm | 430～880 mm | 400～1120 mm |
| | 旱季降水量 | 10～20 mm | 0～10 mm | 10～20 mm | 10～20 mm | 10～30 mm | 20～50 mm | 30～90 mm | 30～50 mm |
| 植被 | 植被类型 1 | 亚高山硬叶常绿阔叶灌丛（++++） | 高寒嵩草、杂类草草甸（+++） | 亚高山硬叶常绿阔叶灌丛（++++） | 亚热带和热带山地针叶林（++++） | 亚热带和热带山地针叶林（++++） | 亚热带和热带山地针叶林（++++） | 亚热带常绿阔叶林（++） | 亚热带常绿阔叶林（+++） |
| | 优势群系 1 | 雪层杜鹃、髯花杜鹃灌丛 | 小嵩草草甸 | 草原杜鹃灌丛 | 丽江云杉林 | 长苞冷杉林 | 高山松林 | 多变石栎、银木荷林 | 多变石栎、银木荷林 |
| | 优势群系 2 | 小嵩草、圆穗蓼高寒草甸 | 圆穗蓼、珠芽蓼高寒草甸 | 密枝杜鹃灌丛 | 长苞冷杉林 | 高山松林 | 苍山冷杉林 | 元江栲林 | |
| | 植被类型 2 | 亚热带和热带山地针叶林（+++） | 亚高山硬叶常绿阔叶灌丛（+++） | 高寒嵩草、杂类草草甸（+++） | 亚高山硬叶常绿阔叶灌丛（+++） | 亚高山硬叶常绿阔叶灌丛（++） | 亚高山硬叶常绿阔叶灌丛（+++） | 亚热带和热带山地针叶林（++） | 亚热带和热带山地针叶林（++） |
| | 优势群系 1 | 川西云杉林+大果圆柏林 | 草原杜鹃灌丛 | 小嵩草草甸 | 淡黄杜鹃灌丛 | 腺房杜鹃灌丛 | 腺房杜鹃灌丛 | 苍山冷杉林 | 苍山冷杉林 |
| | 优势群系 2 | 鳞皮冷杉林+川西云杉林 | 亮鳞杜鹃灌丛 | 圆穗蓼、珠芽蓼高寒草甸 | 矮高山栎灌丛 | 腋花杜鹃灌丛 | 腋花杜鹃灌丛 | 云南铁杉林 | 云南铁杉林 |
| 动物群 | | 谷地硬叶灌丛、针叶林动物群 | 高寒草甸、硬叶灌丛动物群 | 山地硬叶灌丛、高寒草甸动物群 | 山地针叶林、硬叶灌丛动物群 | 山地针叶林、硬叶灌丛动物群 | 山地针叶林、硬叶灌丛动物群 | 山地阔叶林、针叶林动物群 | 谷地阔叶林、针叶林动物群 |

独龙江（Ⅱ5Kb08）、理塘河高山河谷（Ⅱ5Kb04）和澜沧江及金沙江上游谷地（Ⅱ5Kb01）同属河谷谷地地形。澜沧江及金沙江上游谷地位于西藏自治区东南部与四川省的交界处，属于澜沧江和长江水系，海拔在 4200 m 以上，属于亚高山气候带，土壤以亚高山草甸土为主，主要植被类型为亚高山硬叶常绿阔叶灌丛及亚热带、热带山地针叶林。理塘河高山河谷位于四川省西南部与云南省交界处，属于雅砻江流域的理塘河水系，海拔为 3200～4900 m，属于暖温带气候，土壤以棕壤为主，植被的垂直地带性明显，从山上到谷地分别是：高寒草甸—亚热带硬叶常绿阔叶林—亚热带常绿针叶林—亚热带常绿落叶阔叶灌丛。独龙江位于云南省西北部与西藏自治区交界处，属于独龙江水系，海拔落差大，主要的土壤类型为红壤，以亚热带常绿阔叶林为主要的植被类型。

沙鲁里北部山地（Ⅱ5Kb02）和沙鲁里南部山地（Ⅱ5Kb03）在四川省西南部与西藏自治区的交界处，是金沙江和雅砻江的分水岭，同属于山地地形，海拔在 4000 m 以上，主要的土壤类型为高山和亚高山草甸土。前者海拔较高，主要属于亚高山气候，主要植被类型为高寒嵩草、杂类草草甸；后者海拔较低，主要属于暖温带气候，主要植被类型为亚高山硬叶常绿阔叶灌丛。

香格里拉山地（Ⅱ5Kb05）和云岭山脉（Ⅱ5Kb06）位于云南省西北部，属于中亚热带气候带，同属山地地形，海拔为 2900～4900 m，主要土壤类型为棕壤、褐土和红壤。植被类型以亚热带、热带山地针叶林和亚高山硬叶常绿阔叶灌丛为主。云岭山脉位于金沙江以西，香格里拉山地位于金沙江以东。

高黎贡山（Ⅱ5Kb07）位于云南的西部与缅甸交界处，属于山地地形，海拔在 2300 m 以上，属于藏南亚热带气候带。高黎贡山垂直地带性十分显著，土壤从山下到山上分别是：红壤—黄棕壤—棕壤—暗棕色森林土—棕色针叶林土—亚高山草甸土—寒漠土，相应的植被从山下到山上分别是：热带沟谷雨林—常绿阔叶林—亚热带常绿针叶林—山地针叶林—高山草甸—高山积雪。

### 3. 云南高原省（Ⅱ5Kc）

（1）概况

云南高原省的范围包括云南中东部、四川西南部和贵州西部，以侵蚀性高原地貌为主，海拔主要在 1000～2500 m，主要分布有高原林灌、农田动物群。

（2）气候

云南高原省属于中亚热带季风气候，年均气温 4～22 ℃，夏季（6～8 月）平均气温 10～26 ℃，冬季（11～1 月）平均气温−3～16 ℃；年均降水量 730～1280 mm，雨季降水量 420～720 mm，旱季降水量 10～70 mm（图 3-114）。

（3）土壤

云南高原省的地带性土壤类型是红壤和紫色土，还零星分布有燥红土。

红壤分布于云南高原省的大部分地区，紫色土主要分布于大姚至元谋一带。

燥红土主要分布于澜沧江和金沙江的河谷，是在热带和南亚热带干旱稀树草原性植被下发育的土壤。其所处地区位于印度洋西南风的背风坡，处于干热的焚风区，气温高、酷热期长、降水量少、蒸发量大、旱季长。与同纬度的砖红壤、赤红壤等铁铝土类相比，燥红土由于受干热生物气候条件的影响，成土过程相对较弱，矿物风化程度较低，脱硅富铝化作用不明显。

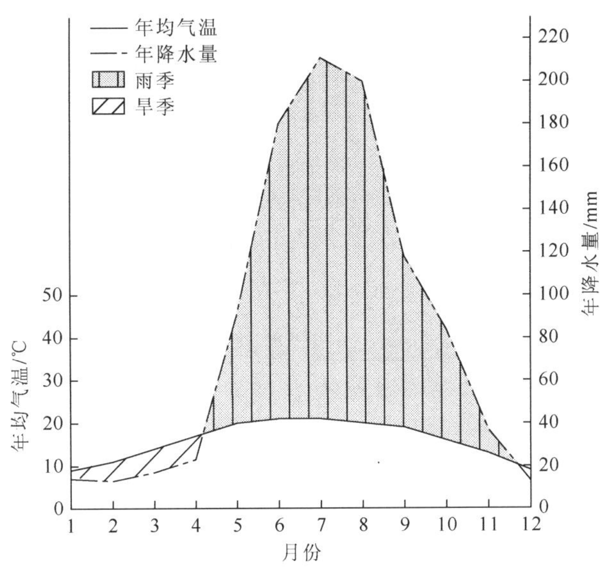


图 3-114 昆明（103°03′E，25°54′N）气候图

（4）植被

云南高原省以人工植被为主要植被类型，约占 25%；其次为亚热带针叶林（云南松、截果石栎、红木荷林；云南松、矮高山栎林；思茅松林），约占 23%；还分布有亚热带、热带草丛和亚热带、热带常绿阔叶、落叶阔叶灌丛等植被类型。

（5）陆生脊椎动物

云南高原省共记录陆生脊椎动物 32 目 131 科 927 种（表 3-80）。

两栖类：呈贡蝾螈（*Cynops chenggongensis*）、滇螈（*Hypselotriton wolterstorffi*）、威宁趾沟蛙（*Pseudorana weiningensis*）、无量山角蟾（*Megophrys wuliangshanensis*）、棘疣齿蟾（*Oreolalax granulosus*）、花棘蛙（*Paa maculosa*）、蓝尾蝾螈（*Cynops cyanurus*）、无棘溪蟾（*Torrentophryne aspinia*）、景东齿蟾（*Oreolalax jingdongensis*）、哀牢髭蟾（*Vibrissaphora ailaonica*）、盐源山溪鲵（*Batrachuperus yenyuanensis*）、云南小狭口蛙（*Calluella yunnanensis*）、普雄齿蟾（*Oreolalax puxiongensis*）、圆疣猫眼蟾（*Scutiger tuberculatus*）、贵洲疣螈（*Tylototriton kweichowensis*）、布兰福棘蛙（*Paa blanfordii*）、滇侧褶蛙（*Pelophylax pleuraden*）、大蹼铃蟾（*Bombina maxima*）、秉志齿蟾（*Oreolalax pingii*）、棘肛蛙（*Unculuana unculuanus*）等；

爬行类：金头闭壳龟（*Cuora aurocapitata*）、云南闭壳龟（*Cuora yunnanensis*）、老挝白环蛇（*Lycodon laoensis*）、昆明小头蛇（*Oligodon kunmingensis*）、截趾虎（*Gehyra mutilata*）、宜宾龙蜥（*Japalura grahami*）、沙坝后棱蛇（*Opisthotropis jacobi*）、裸耳龙蜥（*Japalura dymondi*）、黑纹颈槽蛇（*Rhabdophis nigrocinctus*）、无颞鳞腹链蛇（*Amphiesma atemporalis*）、昆明龙蜥（*Japalura varcoae*）、昆明滑蜥（*Scincella barbouri*）、云南竹叶青蛇（*Trimeresurus yunnanensis*）、棕网腹链蛇（*Amphiesma johannis*）、云南两头蛇（*Calamaria yunnanensis*）、云南半叶趾虎（*Hemiphyllodactylus yunnanensis*）、九龙颈槽蛇（*Rhabdophis pentasupralabialis*）、白链蛇（*Dinodon septentrionalis*）等；

鸟类：暗色鸦雀（*Paradoxornis zappeyi*）、滇䴓（*Sitta yunnanensis*）、巨䴓（*Sitta magna*）、灰喉柳莺（*Phylloscopus maculipennis*）、紫宽嘴鸫（*Cochoa purpurea*）、白腹锦鸡（*Chrysolophus amherstiae*）、凤头雀嘴鹎（*Spizixos canifrons*）、金枕黑雀（*Pyrrhoplectes epauletta*）、黑胸鸫（*Turdus dissimilis*）、黑头金翅雀（*Carduelis ambigua*）、褐翅鸦雀（*Paradoxornis brunneus*）、棕臀凤鹛（*Yuhina occipitalis*）、棕腹蓝仙鹟（*Niltava vivida*）、黑颈长尾雉（*Syrmaticus humiae*）等；

哺乳类：云猫（*Pardofelis marmorata*）、大绒鼠（*Eothenomys miletus*）、昭通绒鼠（*Eothenomys olitor*）、云南兔（*Lepus comus*）、橙喉长吻松鼠（*Dremomys gularis*）、白喉岩松鼠（*Sciurotamias forresti*）、白尾鼹（*Parascaptor leucurus*）、金猫（*Catopuma temmincki*）、水鹿（*Cervus unicolor*）、滇绒鼠（*Eothenomys eleusis*）、灰头小鼯鼠（*Petaurista caniceps*）、西南绒鼠（*Eothenomys custos*）、仔鹿小鼠（*Mus cervicolor*）、锡金小鼠（*Mus pahari*）等。

**表 3-80　云南高原省陆生脊椎动物种类组成**

| 纲 | | 目 | 科 | 种 |
|---|---|---|---|---|
| 两栖类 | | 2 | 10 | 87 |
| 爬行类 | | 2 | 13 | 118 |
| 鸟类 | 繁殖鸟 | 19 | 69 | 423 |
| | 非繁殖鸟 | 10 | 32 | 141 |
| 哺乳类 | | 8 | 29 | 158 |
| 总计 | | 32 | 131 | 927 |

（6）自然保护区

云南高原省已建立国家级自然保护区 13 个，分别是长江上游珍稀特有鱼类、攀枝花苏铁、轿子山、会泽黑颈鹤、哀牢山、元江、大山包黑颈鹤、药山、乌蒙山、无量山、苍山洱海、云龙天池和威宁草海国家级自然保护区（图 3-115）。

（7）生态地理单元划分

云南高原省共划分为 8 个生态地理单元（图 3-116、表 3-81）：

Ⅱ5Kc01 滇东北山地；

Ⅱ5Kc02 滇东高原盆地；

Ⅱ5Kc03 安宁河峡谷；

Ⅱ5Kc04 雅砻江峡谷；

Ⅱ5Kc05 云贵高原北部；

Ⅱ5Kc06 云南高原东部；

Ⅱ5Kc07 雪盘山-点苍山山地；

Ⅱ5Kc08 无量山-哀牢山山地。

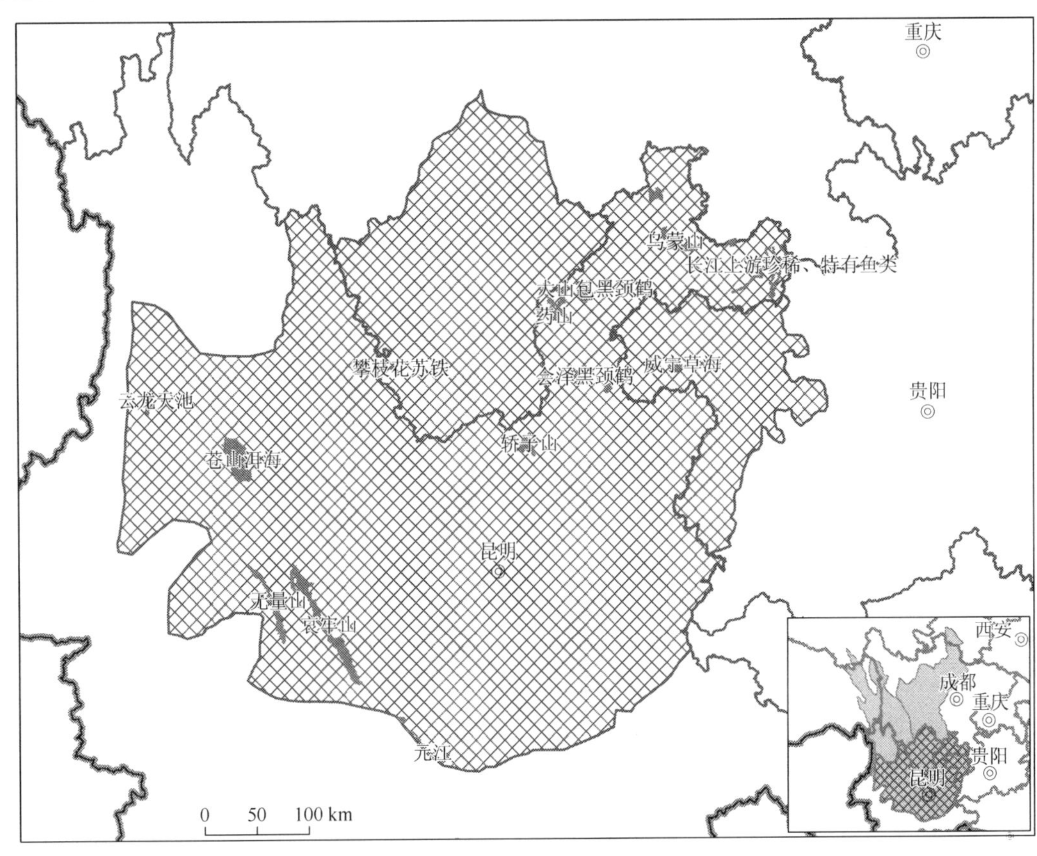


图 3-115 云南高原省主要自然保护区分布图

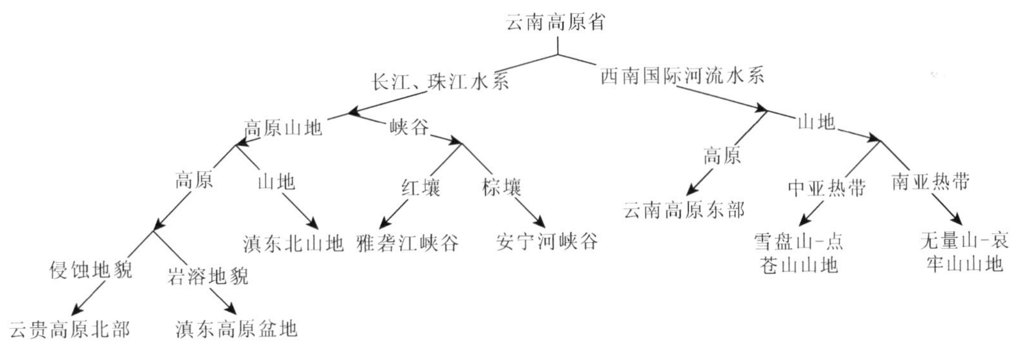


图 3-116 云南高原省各生态地理单元关系图

滇东北山地（Ⅱ5Kc01）位于云南省东北部与四川省交界处，以山地地形为主，海拔为 1100～2700 m。主要土壤类型为黄壤，以亚热带、热带常绿阔叶、落叶阔叶灌丛为主要的原生植被类型，还分布有较大面积的人工植被。

滇东高原盆地（Ⅱ5Kc02）和云贵高原北部（Ⅱ5Kc05）位于云南省中东部，是云南高原的腹地，海拔为 1600～3100 m。主要土壤类型为红壤和紫色土，在干热河谷分布有燥红土，并零星分布有水稻土。云贵高原北部主要以侵蚀地貌为主，主要植被类型为亚热

**表 3-81　云南高原省 8 个生态地理单元生态因子与动物群**

| 生态地理单元 | | Kc01 滇东北山地 | Kc02 滇东高原盆地 | Kc03 安宁河峡谷 | Kc04 雅砻江峡谷 | Kc05 云贵高原北部 | Kc06 云南高原东部 | Kc07 雪盘山-点苍山山地 | Kc08 无量山-哀牢山山地 |
|---|---|---|---|---|---|---|---|---|---|
| 概况 | 地貌 | 侵蚀山地；岩溶化山地 | 侵蚀高原；岩溶化高原 | 侵蚀山地 | 侵蚀山地 | 侵蚀山地 | 侵蚀高原；冲积平原 | 侵蚀山地 | 侵蚀山地 |
| | 海拔 | 1100～2700 m | 1600～3100 m | 2200～4200 m | 1700～3800 m | 1700～3900 m | 1600～2700 m | 2100～3900 m | 1700～2900 m |
| | 土壤 | 黄壤 | 红壤和紫色土 | 棕壤 | 红壤 | 红壤和紫色土 | 赤红壤、红壤和石灰土 | 红壤 | 赤红壤和红壤 |
| | 水系 | 横江 | 南盘江、牛栏江 | 安宁河 | 雅砻江 | 金沙江 | 红河、南盘江 | 澜沧江 | 澜沧江、红河 |
| 气候 | 平均气温 | 9～16 ℃ | 9～19 ℃ | 4～17 ℃ | 6～20 ℃ | 7～20 ℃ | 12～22 ℃ | 7～17 ℃ | 12～21 ℃ |
| | 夏季均温 | 16～24 ℃ | 15～24 ℃ | 10～23 ℃ | 12～25 ℃ | 12～25 ℃ | 17～26 ℃ | 12～22 ℃ | 16～25 ℃ |
| | 冬季均温 | 1～7 ℃ | 2～12 ℃ | −3～11 ℃ | 0～13 ℃ | 0.8～14 ℃ | 6～16 ℃ | 1～11 ℃ | 6～15 ℃ |
| | 年降水量 | 820～1060 mm | 790～1270 mm | 850～1230 mm | 790～1110 mm | 730～1060 mm | 850～1180 mm | 1000～1280 mm | 920～1210 mm |
| | 雨季降水量 | 440～580 mm | 450～700 mm | 480～720 mm | 460～690 mm | 420～660 mm | 470～690 mm | 510～690 mm | 510～700 mm |
| | 旱季降水量 | 30～60 mm | 20～60 mm | 10～30 mm | 10～30 mm | 10～50 mm | 30～50 mm | 30～70 mm | 40～60 mm |
| 植被 | 植被类型 1 | 人工植被（+++） | 人工植被（+++） | 亚热带针叶林（+++） | 亚热带针叶林（+++++） | 亚热带、热带草丛（++++） | 人工植被（++++） | 人工植被（+++） | 人工植被（+++） |
| | 优势群系 1 | 夏稻、冬小麦、蚕豆、玉米 | 夏稻、冬小麦、蚕豆、玉米 | 云南松、截果石栎、红木荷林 | 云南松、截果石栎、红木荷林 | 刺芒野古草、云南裂稃草草丛 | 夏稻、冬小麦、蚕豆、玉米 | 夏稻、冬小麦、蚕豆、玉米 | 夏稻、冬小麦、蚕豆、玉米 |
| | 优势群系 2 | 夏稻、冬小麦、蚕豆、夏玉米、高粱、甘薯 | 夏稻、冬小麦、蚕豆、玉米 | 云南松、矮高山栎林 | 云南松、矮高山栎林 | 刺芒野古草草丛 | 双季稻、蚕豆、大豆 | | 双季稻、蚕豆、大豆 |
| | 植被类型 2 | 亚热带、热带常绿阔叶、落叶阔叶灌从（+++） | 亚热带、热带草从（+++） | 亚高山硬叶常绿阔叶灌从（++） | 人工植被（++） | 人工植被（+++） | 亚热带针叶林（+++） | 亚热带、热带草从（++） | 亚热带针叶林（+++） |
| | 优势群系 1 | 杨叶木姜子、盐肤木灌从 | 刺芒野古草、云南裂稃草草从 | 腋花杜鹃灌从 | 夏稻、冬小麦、蚕豆、玉米 | 夏稻、冬小麦、蚕豆、玉米 | 云南松、截果石栎、红木荷林 | 刺芒野古草、云南裂稃草草从 | 思茅松林 |
| | 优势群系 2 | 南烛、矮杨梅灌从 | 穗序野古草草从 | 矮高山栎灌从 | 双季稻、蚕豆、大豆 | 夏稻、冬小麦、蚕豆、玉米 | 华山松林 | 刺芒野古草草从 | 云南松、截果石栎、红木荷林 |
| 动物群 | | 高原农田、林灌动物群 | 高原农田、草从动物群 | 谷地针叶林、硬叶灌从动物群 | 谷地针叶林、农田动物群 | 高原草从、农田动物群 | 高原农田、针叶林动物群 | 山地草从、农田动物群 | 山地农田、针叶林动物群 |

带、热带草丛；滇东高原盆地主要以岩溶性地貌为主，主要植被类型为人工植被。

安宁河峡谷（Ⅱ5Kc03）和雅砻江峡谷（Ⅱ5Kc04）位于四川省南部，属于长江水系，以峡谷地形为主，海拔为 2200～4200 m，主要植被类型为亚热带针叶林，在干热河谷区分布有亚热带树林灌木草原及肉质多刺灌丛。雅砻江峡谷海拔较低，土壤以红壤为主；安宁河峡谷海拔较高，土壤以棕壤为主。

云南高原东部（Ⅱ5Kc06）、雪盘山-点苍山山地（Ⅱ5Kc07）和无量山-哀牢山山地（Ⅱ5Kc08）同属于红河及澜沧江流域。云南高原东部位于云南省中东部，属于高原地形，海拔为 1700～2700 m，土壤以赤红壤、红壤和石灰土为主，原生植被以亚热带针叶林为主。雪盘山-点苍山山地位于云南省中北部，以山地地形为主，海拔为 2100～3900 m，以中亚热带气候为主，主要土壤类型为红壤，植被以亚热带、热带草丛为主，并分布有较大面积的人工植被。无量山-哀牢山山地位于云南的中部，以山地地形为主，海拔为 1700～2900 m，以南亚热带气候为主，主要土壤类型为赤红壤和红壤，原生植被为亚热带针叶林，河谷有亚热带树林灌木草原及肉质多刺灌丛分布。

## （二）喜马拉雅亚区（Ⅱ5L）

喜马拉雅亚区包括 2 个动物地理省 4 个生态地理单元（图 3-117、表 3-82），范围包括喜马拉雅山南坡，即墨脱察隅地区。

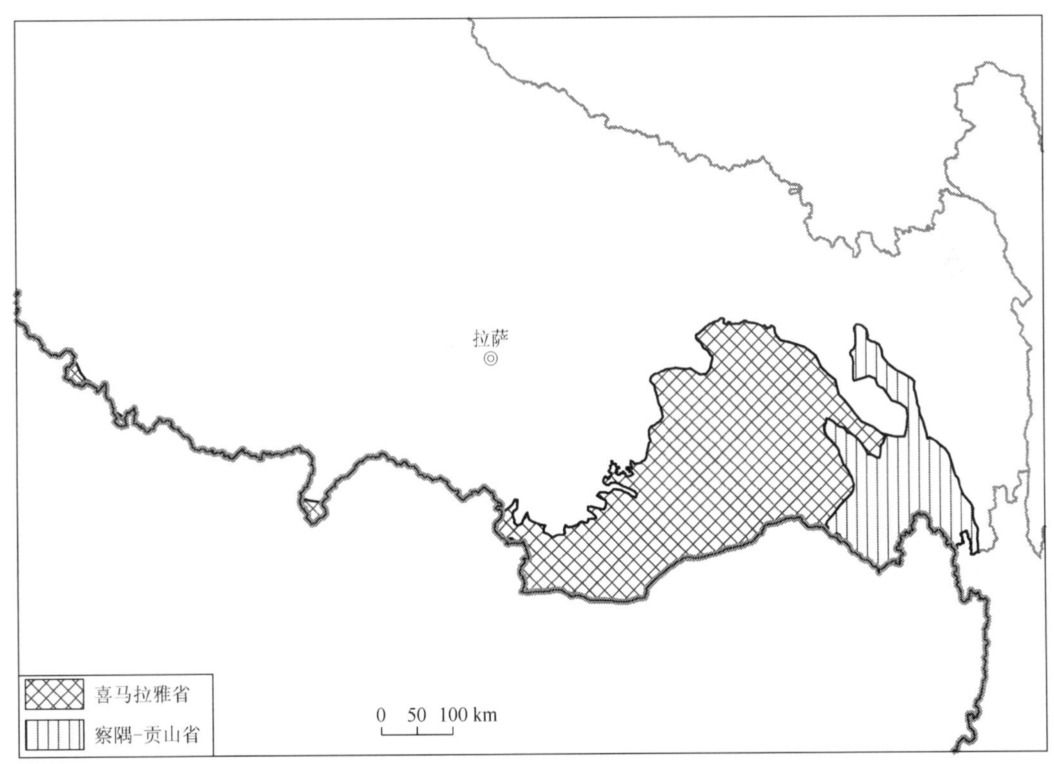


图 3-117 喜马拉雅亚区图

本亚区自南向北，自低海拔到高海拔跨南亚热带季风雨林气候、中亚热带季风性常绿阔叶林气候、北亚热带季风性常绿-落叶阔叶林气候和温带落叶阔叶林气候 4 个气候类型带。年均降水量 350～3800 mm，年均气温–6.5～24.6 ℃，极端高温 32.5 ℃，极端低温–22.6 ℃，≥0 ℃年积温为 0～9500 ℃。

主要地貌类型有高海拔极大起伏山地、大起伏山地，中高海拔极大起伏山地和大起伏山地。主要植被类型为亚热带和热带山地针叶林（云南铁杉林+墨脱冷杉林+林芝云杉林）、亚热带季风常绿阔叶林（印栲、刺栲、红木荷林）和亚高山硬叶常绿阔叶灌丛（雪层杜鹃、髯花杜鹃灌丛）。

动物区系主要由喜马拉雅山-横断山区型和高地型组成。该亚区地理位置独特，垂直地带性显著，从喜马拉雅山的南麓至山脉山脊呈现热带雨林至冰川的完整带谱，动物分布也明显受到这一特征的影响。张荣祖（2011）认为，本亚区是喜马拉雅山系与横断山系的交汇地带，又与印度半岛和中南半岛毗连，因而动物区系与这些地区有密切关系，还有不少迄今所知仅分布或主要分布于这一交汇地带的种类，如兽类的虎（孟加拉虎，*Panthera tigris*）、黑麝（*Moschus fuscus*）、喜马拉雅麝（*Moschus leucogaster*）、赤斑羚（*Naemorhedus cranbrooki*）和小泡巨鼠（*Berylmys manipulus*），鸟类中的黄嘴蓝鹊（*Urocissa flavirostris*）、纹胸斑翅鹛（*Actinodura waldeni*）、白眉雀鹛（*Alcippe vinipectus*）、血雀（*Haematospiza sipahi*）和金枕黑雀（*Pyrrhoplectes epauletta*），爬行类中的墨脱竹叶青蛇（*Trimeresurus medoensis*）、喜山小头蛇（*Oligodon albocinctus*）和卡西腹链蛇（*Amphiesma khasiensis*），两栖类中的几种角蟾、几种（泛）树蛙和小树蛙，等等。

**表 3-82 喜马拉雅亚区 2 个动物地理省代表动物与生态因子比较**

| 动物地理省 | | La 喜马拉雅省 | Lb 察隅-贡山省 |
|---|---|---|---|
| 概况 | 位置 | 西藏东南部 | 西藏东南部 |
| | 地貌 | 冰川、冰原作用山地 | 冰川、冰原作用山地 |
| | 海拔 | 600～6000 m | 3000～5600 m |
| | 土壤 | 黄壤、褐土、棕壤、红壤 | 暗棕色森林土、红壤、亚高山草甸土 |
| 气候 | 气候类型 | 南亚热带季风气候 | 南亚热带季风气候 |
| | 平均气温 | –4～23 ℃ | –4～15 ℃ |
| | 夏季均温 | 4～27 ℃ | 3～21 ℃ |
| | 冬季均温 | –12～16 ℃ | –11.5～9 ℃ |
| | 年降水量 | 370～3320 mm | 540～2320 mm |
| | 雨季降水量 | 240～1940 mm | 330～1410 mm |
| | 旱季降水量 | 10～80 mm | 10～50 mm |
| 植被 | 植被类型 1 | 亚热带季风常绿阔叶林（+++） | 亚高山硬叶常绿阔叶灌丛（++++） |
| | 植被类型 2 | 亚热带和热带山地针叶林（+++） | 亚热带和热带山地针叶林（++++） |
| | 植被类型 3 | 亚高山硬叶常绿阔叶灌丛（++） | 高山稀疏植被（++） |
| | 植被类型 4 | 热带雨林（++） | 亚热带季风常绿阔叶林（+） |

续表

| 动物地理省 | | La 喜马拉雅省 | Lb 察隅-贡山省 |
|---|---|---|---|
| 动物 | 动物群 | 热带山地森林动物群 | 热带山地森林动物群 |
| | 代表物种 | 灰颈鼠兔、灰腹鼠、蹼足鼩、小熊猫、斑嘴鹈鹕、红胸角雉、鳞喉绿啄木鸟、喜山金背啄木鸟、黑线乌梢蛇、喜山钝头蛇、西藏树蜥、粗皮水树蛙、花齿突蟾、布兰福棘蛙 | 高黎贡鼠兔、小纹背鼩鼱、贡山麂、克氏田鼠、蓝额地鸲、棕草鹛、白马鸡、云南竹叶青蛇、腺角蟾、刺胸猫眼蟾、贡山猫眼蟾、贡山树蛙 |

### 1. 喜马拉雅省（Ⅱ5La）

（1）概况

喜马拉雅省的范围包括西藏东南部，以冰川、冰原作用下形成的山地地貌为主，海拔主要在 4000 m 以下，主要分布有热带山地森林动物群。

（2）气候

喜马拉雅省属于南亚热带季风气候，年均气温–4～23 ℃，夏季（6～8 月）平均气温 4～27 ℃，冬季（12～2 月）平均气温–12～16 ℃；年均降水量 370～3320 mm，雨季降水量 240～1940 mm，旱季降水量 10～80 mm（图 3-118）。

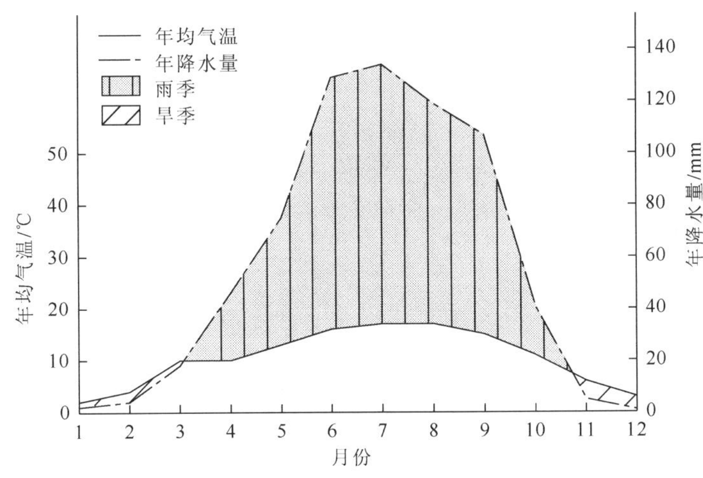


图 3-118　林芝（94°22′E，29°48′N）气候图

（3）土壤

喜马拉雅省土壤分布的垂直地带性明显，自山下往上分别是红壤—黄壤—棕壤—暗棕色森林土。

（4）植被

喜马拉雅省以亚热带季风常绿阔叶林（印栲、刺栲、红木荷林）为主要植被类型，约占 27%；其次为亚热带和热带山地针叶林（云南铁杉林；墨脱冷杉林；林芝云杉林+急尖长苞冷杉林），约占 26%；还分布有亚高山硬叶常绿阔叶灌丛和热带雨林等植被类型。

（5）陆生脊椎动物

喜马拉雅省共记录陆生脊椎动物 31 目 113 科 749 种（表 3-83）。

两栖类：凸肛角蟾（*Megophrys pachyproctus*）、墨脱角蟾（*Megophrys medogensis*）、网纹舌突蛙（*Liurana reticulata*）、西藏舌突蛙（*Liurana xizangensis*）、墨脱水树蛙（*Aquixalus medogensis*）、横纹树蛙（*Rhacophorus translineatus*）、疣足树蛙（*Rhacophorus verrucopus*）、山湍蛙（*Amolops monticola*）、林芝齿突蟾（*Scutiger nyingchiensis*）、西域湍蛙（*Amolops marmoratus*）、锡金齿突蟾（*Scutiger sikimmensis*）、凹顶角蟾（*Megophrys parva*）、粗皮水树蛙（*Aquixalus asper*）等；

爬行类：蝎虎（*Platyurus platyurus*）、墨脱弯脚虎（*Cyrtopodion medogensis*）、墨脱树蜥（*Calotes medogensis*）、长肢龙蜥（*Japalura andersoniana*）、吴氏岩蜥（*Laudakia wui*）、异鳞蜥（*Oriocalotes paulus*）、喉褶蜥（*Ptyctolaemus gularis*）、锡金滑蜥（*Scincella sikimmensis*）、平头腹链蛇（*Amphiesma platyceps*）、珠光蛇（*Blythia reticulata*）、喜山过树蛇（*Dendrelaphis gorei*）、黑带小头蛇（*Oligodon melanozonatus*）、山坭蛇（*Trachischium monticola*）、墨脱蜓蜥（*Sphenomorphus courcyanus*）、滑鳞蛇（*Liopeltis frenatus*）、察隅烙铁头蛇（*Ovophis zayuensis*）、卡西弯脚虎（*Cyrtopodion khasiensis*）等；

鸟类：白腹鹭（*Ardea insignis*）、白眶雀鹛（*Alcippe nipalensis*）、斑翅凤头鹃（*Clamator jacobinus*）、斑嘴鹈鹕（*Pelecanus philippensis*）、斑嘴鸭（*Anas poecilorhyncha*）、赤颈鹤（*Grus antigone*）、大长嘴地鸫（*Zoothera monticola*）、短尾鹪鹛（*Spelaeornis caudatus*）、褐喉旋木雀（*Certhia discolor*）、黑白林䳭（*Saxicola jerdoni*）、红胸角雉（*Tragopan satyra*）、灰头钩嘴鹛（*Pomatorhinus schisticeps*）、距翅麦鸡（*Vanellus duvaucelii*）、蓝头矶鸫（*Monticola cinclorhynchus*）、栗耳凤鹛（*Yuhina castaniceps*）等；

哺乳类：橙腹长吻松鼠（*Dremomys lokriah*）、赤斑羚（*Naemorhedus cranbrooki*）、大爪长尾鼩鼱（*Soriculus nigrescens*）、灰腹鼠（*Niviventer eha*）、灰颈鼠兔（*Ochotona forresti*）、黑麝（*Moschus fuscus*）、蓝腹松鼠（*Callosciurus pygerythrus*）、锡金松田鼠（*Pitymys sikimensis*）、红背鼯鼠（*Petaurista petaurista*）、四川田鼠（*Volemys millicens*）、北豚尾猴（*Macaca leonina*）等。

**表 3-83 喜马拉雅省陆生脊椎动物种类组成**

| 纲 | | 目 | 科 | 种 |
|---|---|---|---|---|
| 两栖类 | | 1 | 4 | 27 |
| 爬行类 | | 1 | 8 | 47 |
| 鸟类 | 繁殖鸟 | 20 | 74 | 444 |
| | 非繁殖鸟 | 11 | 36 | 147 |
| 哺乳类 | | 8 | 19 | 84 |
| 总计 | | 31 | 131 | 749 |

（6）自然保护区

喜马拉雅省已建立 1 个国家级自然保护区，即雅鲁藏布大峡谷国家级自然保护区（图 3-119）。

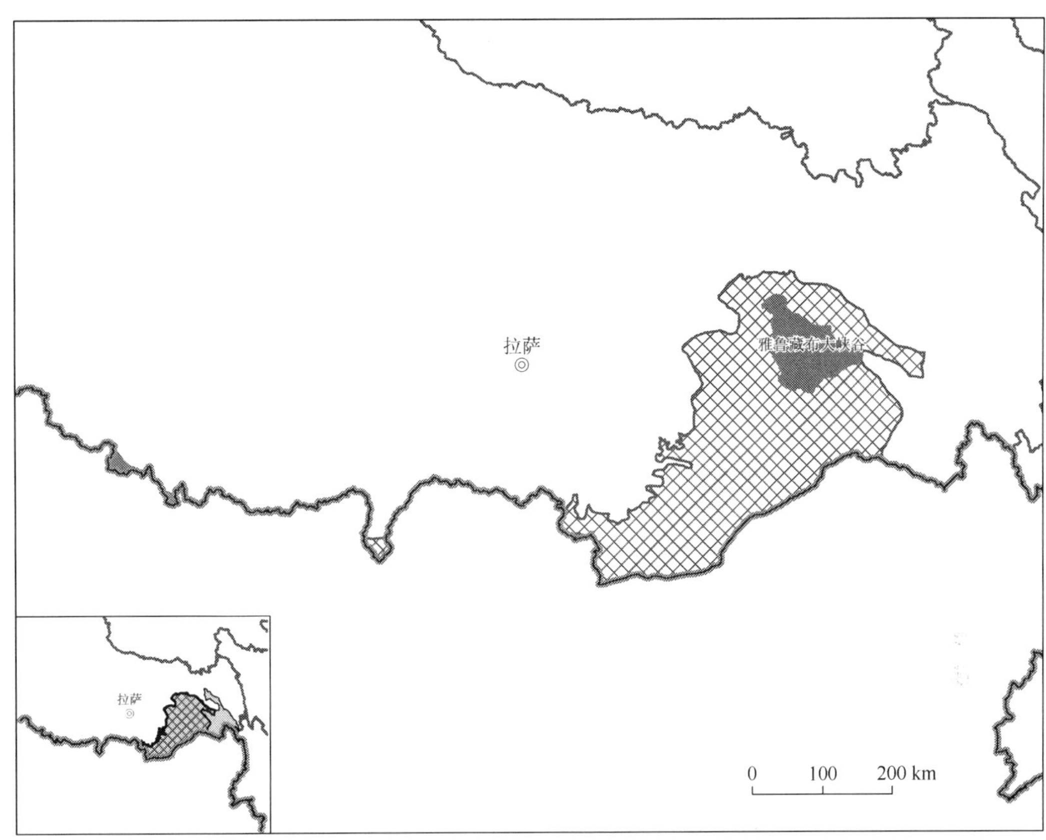


图 3-119 喜马拉雅省主要自然保护区分布图

（7）生态地理单元划分

喜马拉雅省共划分为 2 个生态地理单元（图 3-120、表 3-84）：

Ⅱ5La01 雅鲁藏布江大峡谷；

Ⅱ5La02 喜马拉雅南翼山地。

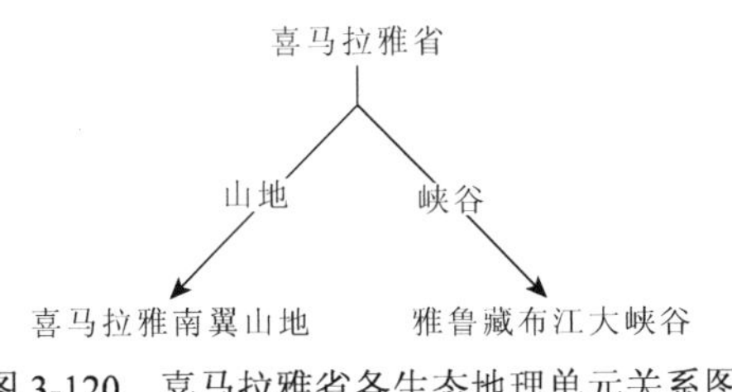


图 3-120 喜马拉雅省各生态地理单元关系图

雅鲁藏布江大峡谷（Ⅱ5La01）是世界第一大峡谷，是典型的峡谷地貌。雅鲁藏布江大峡谷沿东喜马拉雅东南坡面向南急泻，作为青藏高原最主要的水汽通道，受印度洋暖湿气流的强烈影响，自然带垂直分异明显：以热带为基带，经山地亚热带、山地温带到高山寒带的特殊山地立体气候带类型和植被分布类型。

喜马拉雅南翼山地（Ⅱ5La02）位于青藏高原南缘，是由东喜马拉雅山主脊以南的山地和峡谷组成的南斜面。这里有来自印度洋的湿润气流，降水充沛，是西藏自治区最湿润的区域。自然带的垂直分异十分明显，从下而上分别是热带常绿、半常绿雨林—山地常阔叶林带—山地针阔叶混交林—暗针叶林—高山灌丛草甸。不同类型森林下化学风化和生物过程有所差异，自下而上分布着砖红壤—山地黄壤—山地棕壤—山地漂灰土等。

**表 3-84　喜马拉雅省 2 个生态地理单元生态因子与动物群**

| 生态地理单元 | | La01 雅鲁藏布江大峡谷 | La02 喜马拉雅南翼山地 |
|---|---|---|---|
| 概况 | 地貌 | 冰川、冰缘作用山地；冰川、冰缘作用高原 | 冰川、冰缘作用山地；侵蚀山地 |
| | 海拔 | 3900～6000 m | 600～4800 m |
| | 土壤 | 草甸土、亚高山草甸土 | 砖红壤、山地黄壤、山地棕壤、山地漂灰土 |
| | 水系 | 雅鲁藏布江 | 雅鲁藏布江 |
| 气候 | 平均气温 | −4～11 ℃ | 4～23 ℃ |
| | 夏季均温 | 4～18 ℃ | 10～27 ℃ |
| | 冬季均温 | −12～4 ℃ | −4～16 ℃ |
| | 年降水量 | 370～1100 mm | 460～3320 mm |
| | 雨季降水量 | 240～650 mm | 300～1940 mm |
| | 旱季降水量 | 10～20 mm | 10～80 mm |
| 植被 | 植被类型 1 | 亚高山硬叶常绿阔叶灌丛（++++） | 亚热带季风常绿阔叶林（+++++） |
| | 优势群系 1 | 雪层杜鹃、髯花杜鹃灌丛+小嵩草草甸 | 印栲、刺栲、红木荷林 |
| | 优势群系 2 | 雪层杜鹃、髯花杜鹃灌丛+小嵩草、圆穗蓼高寒草甸 | |
| | 植被类型 2 | 亚热带和热带山地针叶林（++++） | 亚热带和热带山地针叶林（+++） |
| | 优势群系 1 | 林芝云杉林+急尖长苞冷杉林 | 云南铁杉林 |
| | 优势群系 2 | 墨脱冷杉林 | 墨脱冷杉林 |
| 动物群 | | 谷地硬叶灌丛、针叶林动物群 | 山地阔叶林、针叶林动物群 |

## 2. 察隅-贡山省（Ⅱ5LB）

（1）概况

察隅-贡山省的范围包括西藏东南部，以冰川、冰原作用下形成的山地地貌为主，海拔主要为 2000～4500 m，主要分布有热带山地森林动物群。

（2）气候

察隅-贡山省属于南亚热带季风气候，年均气温−4～15 ℃，夏季（6～8 月）平均气温 3～21 ℃，冬季（12～2 月）平均气温−11.5～9 ℃；年均降水量 540～2320 mm，雨季降水量 330～1410 mm，旱季降水量 10～50 mm（图 3-121）。

（3）土壤

察隅-贡山省土壤分布的垂直地带性明显，自山下往上分别是红壤—暗棕色森林土—亚高山草甸土。

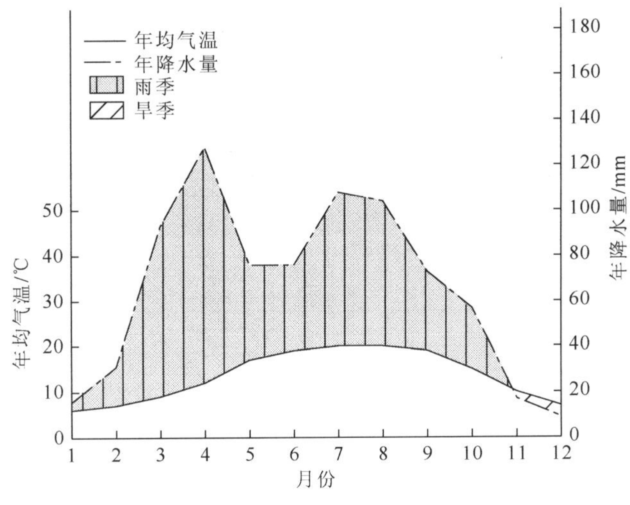


图 3-121 察隅（97°13′E，28°39′N）气候图

（4）植被

察隅-贡山省以亚高山硬叶常绿阔叶灌丛（雪层杜鹃、髯花杜鹃灌丛+圆穗蓼、珠芽蓼高寒草甸；雪层杜鹃、髯花杜鹃灌丛+小嵩草草甸；雪层杜鹃、髯花杜鹃灌丛）为主要植被类型，约占 36%；其次为亚热带和热带山地针叶林（急尖长苞冷杉林；云南铁杉林；川西云杉林+大果圆柏林），约占 34%；还分布有高山稀疏植被和亚热带季风常绿阔叶林等植被类型。

（5）陆生脊椎动物

察隅-贡山省共记录陆生脊椎动物 30 目 106 科 541 种（表 3-85）。

两栖类：腺角蟾（*Megophrys glandulosa*）、山湍蛙（*Amolops monticola*）、刺胸猫眼蟾（*Scutiger mammatus*）、喜山蟾蜍（*Bufo himalayanus*）、林芝齿突蟾（*Scutiger nyingchiensis*）等；

爬行类：黑网乌梢蛇（*Zaocys carinatus*）、察隅烙铁头蛇（*Ovophis zayuensis*）、喜山小头蛇（*Oligodon albocinctus*）、喜山颈槽蛇（*Rhabdophis himalayanus*）、斑飞蜥（*Draco maculatus*）、喜山滑蜥（*Scincella himalayana*）等；

鸟类：白尾梢虹雉（*Lophophorus sclateri*）、红腹旋木雀（*Certhia nipalensis*）、紫林鸽（*Columba punicea*）、火尾绿鹛（*Myzornis pyrrhoura*）、白马鸡（*Crossoptilon crossoptilon*）、宽嘴鹟莺（*Tickellia hodgsoni*）、黄嘴蓝鹊（*Urocissa flavirostris*）、棕草鹛（*Babax koslowi*）、蓝额地鸲（*Cinclidium frontale*）、条纹噪鹛（*Garrulax striatus*）、黑喉鸦雀（*Paradoxornis nipalensis*）、红腹咬鹃（*Harpactes wardi*）、棕腹林鸲（*Tarsiger hyperythrus*）、小金背啄木鸟（*Dinopium benghalense*）等；

哺乳类：喜马拉雅鼠兔（*Ochotona himalayana*）、四川田鼠（*Volemys millicens*）、灰鼠兔（*Ochotona roylei*）、褐腹长尾鼩鼱（*Soriculus caudatus*）、锡金松田鼠（*Pitymys sikimensis*）、大爪长尾鼩鼱（*Soriculus nigrescens*）、赤斑羚（*Naemorhedus cranbrooki*）、黑麝（*Moschus fuscus*）、橙腹长吻松鼠（*Dremomys lokriah*）、藏仓鼠（*Cricetulus kamensis*）等。

表 3-85　察隅-贡山省陆生脊椎动物种类组成

| 纲 | | 目 | 科 | 种 |
|---|---|---|---|---|
| 两栖类 | | 1 | 5 | 15 |
| 爬行类 | | 1 | 7 | 19 |
| 鸟类 | 繁殖鸟 | 20 | 71 | 375 |
| | 非繁殖鸟 | 7 | 19 | 58 |
| 哺乳类 | | 8 | 20 | 74 |
| 总计 | | 30 | 106 | 541 |

（6）自然保护区

察隅-贡山省已建立 1 个国家级自然保护区，即察隅慈巴沟国家级自然保护区（图 3-122）。

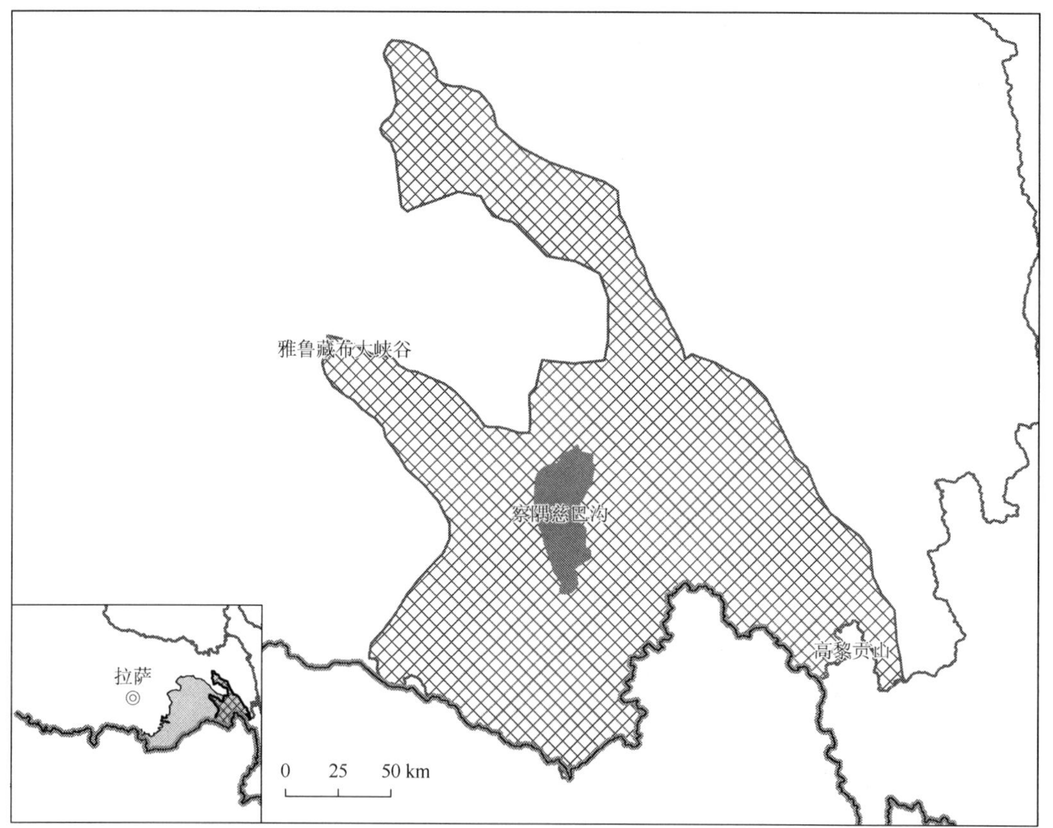


图 3-122　察隅-贡山省主要自然保护区分布图

（7）生态地理单元划分

察隅-贡山省共划分为 2 个生态地理单元（图 3-123、表 3-86）：

Ⅱ5Lb01 伯舒拉岭山地；

Ⅱ5Lb02 岗日嘎布山脉南翼山地。

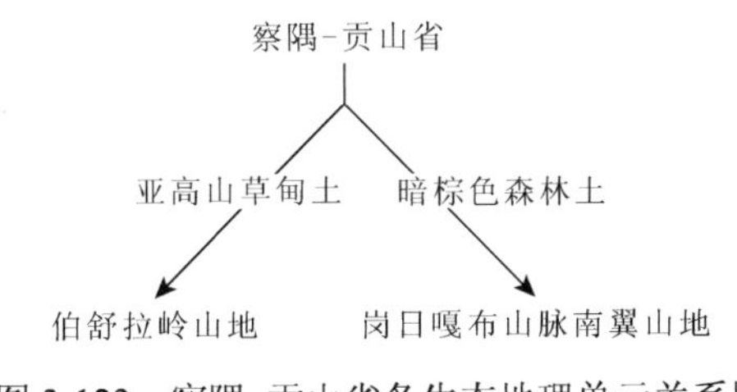


图 3-123 察隅-贡山省各生态地理单元关系图

伯舒拉岭山地（Ⅱ5Lb01）位于西藏和云南的交界处，是怒江和察隅河的分水岭，海拔多为 4200～5600 m，主要土壤类型为亚高山草甸土，以亚高山硬叶常绿阔叶灌丛和亚热带和热带山地针叶林为主要植被类型。

岗日嘎布山脉南翼山地（Ⅱ5Lb02）属喜马拉雅山与横断山过渡的藏东南高山峡谷区，是典型的高山峡谷和山地河谷地貌，主要土壤类型为红壤和暗棕色森林土，以亚热带和热带山地针叶林与亚高山硬叶常绿阔叶灌丛为主要植被类型。

**表 3-86 察隅-贡山省 2 个生态地理单元生态因子与动物群**

| 生态地理单元 | | Lb01 伯舒拉岭山地 | Lb02 岗日嘎布山脉南翼山地 |
|---|---|---|---|
| 概况 | 地貌 | 冰川、冰缘作用山地 | 冰川、冰缘作用山地 |
| | 海拔 | 4200～5600 m | 3000～5500 m |
| | 土壤 | 亚高山草甸土和红壤 | 红壤和暗棕色森林土 |
| | 水系 | 怒江 | 察隅河 |
| 气候 | 平均气温 | −4～11 ℃ | −4～15 ℃ |
| | 夏季均温 | 3～18 ℃ | 3～21 ℃ |
| | 冬季均温 | −11.5～4 ℃ | −11～9 ℃ |
| | 年降水量 | 540～950 mm | 580～2320 mm |
| | 雨季降水量 | 330～550 mm | 340～1410 mm |
| | 旱季降水量 | 10～30 mm | 20～50 mm |
| 植被 | 植被类型 1 | 亚高山硬叶常绿阔叶灌丛（++++） | 亚热带和热带山地针叶林（++++） |
| | 优势群系 1 | 雪层杜鹃、髯花杜鹃灌丛+小嵩草草甸 | 急尖长苞冷杉林 |
| | 优势群系 2 | 雪层杜鹃、髯花杜鹃灌丛+圆穗蓼、珠芽蓼高寒草甸 | 云南铁杉林 |
| | 植被类型 2 | 亚热带和热带山地针叶林（+++） | 亚高山硬叶常绿阔叶灌丛（++++） |
| | 优势群系 1 | 川西云杉林+大果圆柏林 | 雪层杜鹃、髯花杜鹃灌丛+圆穗蓼、珠芽蓼高寒草甸 |
| | 优势群系 2 | 川西云杉林+长苞冷杉林 | 雪层杜鹃、髯花杜鹃灌丛+小嵩草草甸 |
| 动物群 | | 山地硬叶灌丛、针叶林动物群 | 山地针叶林、硬叶灌丛动物群 |

## 七、华中区（Ⅱ6）

### （一）东部丘陵平原亚区（Ⅱ6M）

东部丘陵平原亚区包括 3 个动物地理省、29 个生态地理单元（图 3-124、表 3-87），

范围包括大别山、长江中下游平原和江南丘陵等。

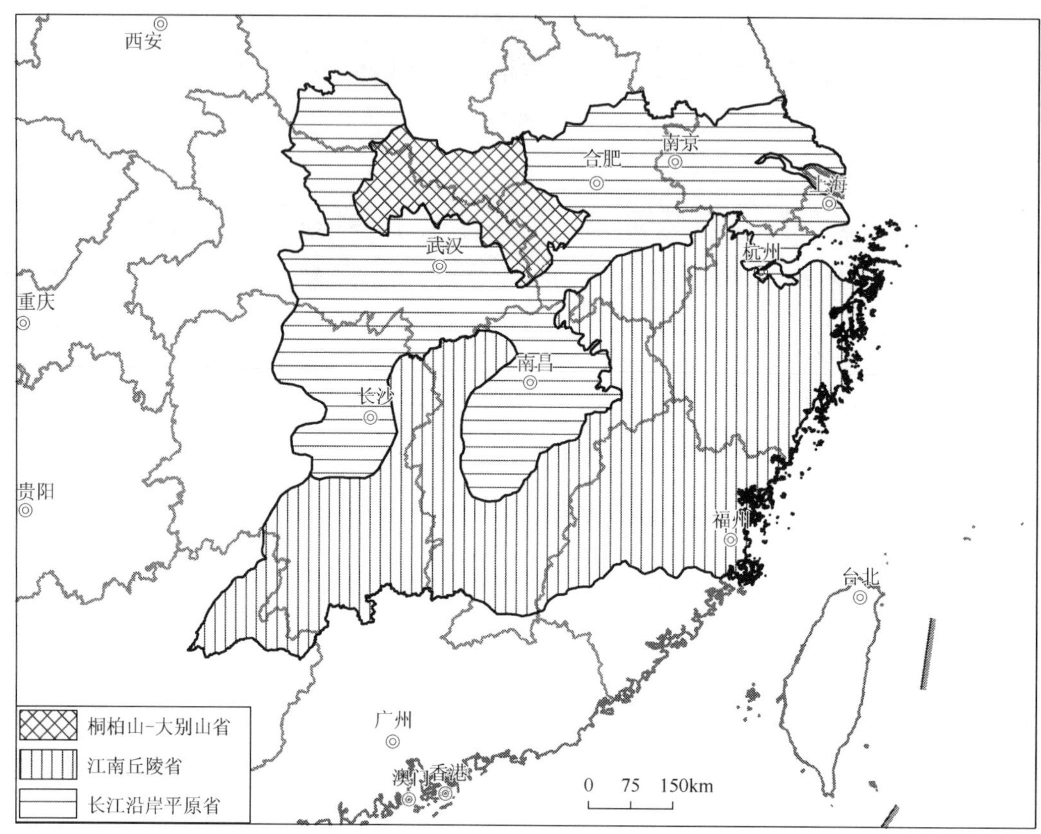


图 3-124　东部丘陵平原亚区图

本亚区属于中亚热带季风性常绿阔叶林气候和北亚热带季风性常绿-落叶阔叶林气候，年均降水量 600～2300 mm，年均气温 11.9～20.7 ℃，极端高温 34.8 ℃，极端低温–6.7 ℃，≥0 ℃年积温为 4500～7200 ℃。

本亚区主要地貌类型有中海拔大起伏山地、低海拔中起伏山地、小起伏山地和低海拔丘陵；主要土壤有红壤、黄棕壤、黄壤、紫色土和水稻土；主要植被类型为亚热带针叶林（马尾松林+杉木林），一年两熟或三熟水旱轮作、常绿果园和经济林及一年两熟水旱粮食作物、果园和经济林。

本亚区动物区系主要由东洋型和南中国型组成。只限于本亚区分布的物种不多，如两栖类的镇海棘螈（*Echinotriton chinhaiensis*）、挂墩角蟾（*Megophrys kuatunensis*）、莽山角蟾（*Megophrys mangshanensis*）、武夷湍蛙（*Amolops wuyiensis*）、九龙棘蛙（*Paa jiulongensis*）和天台粗皮蛙（*Rugosa tientaiensis*），爬行类的崇安石龙子（*Eumeces popei*）、井冈山脊蛇（*Achalinus jinggangensis*）和莽山烙铁头蛇（*Ermia mangshanensis*），鸟类的短尾鸦雀（*Paradoxornis davidianus*），哺乳类的牙獐（*Hydropotes inermis*）和黑麂（*Muntiacus crinifrons*），等等。此外，由于地理残留限于本亚区最典型的有鼍或称扬子鳄（*Alligator sinensis*）。

表 3-87 东部丘陵平原亚区 3 个动物地理省代表动物与生态因子比较

| 动物地理省 | | Ma 桐柏山-大别山省 | Mb 长江沿岸平原省 | Mc 江南丘陵省 |
|---|---|---|---|---|
| 概况 | 位置 | 安徽西部、湖北东北部和河南东南部 | 湖北中东部、湖南北部、江西北部、安徽中部、江苏南部和上海 | 浙江、福建中北部、江西和湖南南部 |
| | 地貌 | 侵蚀性山地 | 湖积、冲积平原 | 侵蚀性山地 |
| | 海拔 | 100～1300 m | 900 m 以下 | 1700 m 以下 |
| | 土壤 | 黄棕壤、水稻土 | 水稻土、黄棕壤、红壤 | 红壤、黄棕壤、黄壤、紫色土、水稻土 |
| 气候 | 气候类型 | 北亚热带季风气候 | 北亚热带季风气候 | 中亚热带季风气候 |
| | 平均气温 | 12～16 ℃ | 14～18 ℃ | 12～20 ℃ |
| | 夏季均温 | 22～27 ℃ | 24～28 ℃ | 20～28 ℃ |
| | 冬季均温 | 1～5 ℃ | 1～8 ℃ | 2～12 ℃ |
| | 年降水量 | 920～1630 mm | 770～1790 mm | 1020～2140 mm |
| | 雨季降水量 | 420～690 mm | 340～860 mm | 350～960 mm |
| | 旱季降水量 | 70～160 mm | 40～200 mm | 100～210 mm |
| 植被 | 植被类型 1 | 人工植被（+++++） | 人工植被（+++++） | 亚热带针叶林（++++） |
| | 植被类型 2 | 亚热带针叶林（+++） | 亚热带针叶林（++） | 人工植被（+++） |
| | 植被类型 3 | 亚热带、热带常绿阔叶、落叶阔叶灌丛（+） | 亚热带、热带常绿阔叶、落叶阔叶灌丛（+） | 亚热带、热带常绿阔叶、落叶阔叶灌丛（++） |
| | 植被类型 4 | 亚热带落叶阔叶林（+） | 无植被地段（+） | 亚热带、热带草丛（+） |
| 动物 | 动物群 | 亚热带落叶-常绿阔叶林灌动物群 | 农田湿地动物群 | 亚热带林灌农田动物群 |
| | 代表物种 | 岩松鼠、北松鼠、灰冠鹟莺、丽斑麻蜥、合征姬蛙、中国林蛙 | 牙獐、小缺齿鼹、黄胸鼠、大仓鼠、黑嘴鸥、震旦鸦雀、白尾海雕、花龟、鼋、湖北侧褶蛙 | 黑麂、华南缺齿鼹、藏酋猴、白腹巨鼠、淡尾鹟莺、短尾鸦雀、白眉山鹧鸪、黄腹角雉、崇安地蜥、崇安石龙子、井冈山脊蛇、艾氏拟水龟、武夷湍蛙、九龙棘蛙、义乌小鲵、凹耳臭蛙 |

## 1. 桐柏山-大别山省（Ⅱ6Ma）

（1）概况

桐柏山-大别山省的范围包括安徽西部、湖北东北部和河南东南部，以侵蚀性山地地貌为主，海拔主要在 300 m 以下，主要分布有亚热带落叶-常绿阔叶林灌动物群。

（2）气候

桐柏山-大别山省属于北亚热带季风气候，年均气温 12～16 ℃，夏季（6～8 月）平均气温 22～27 ℃，冬季（12～2 月）平均气温 1～5 ℃；年均降水量 920～1630 mm，雨季降水量 420～690 mm，旱季降水量 70～160 mm（图 3-125）。

（3）土壤

桐柏山-大别山省的地带性土壤类型是黄棕壤，还分布有少量水稻土。

（4）植被

桐柏山-大别山省以人工植被为主要植被类型，约占 50%；其次为亚热带针叶林（含

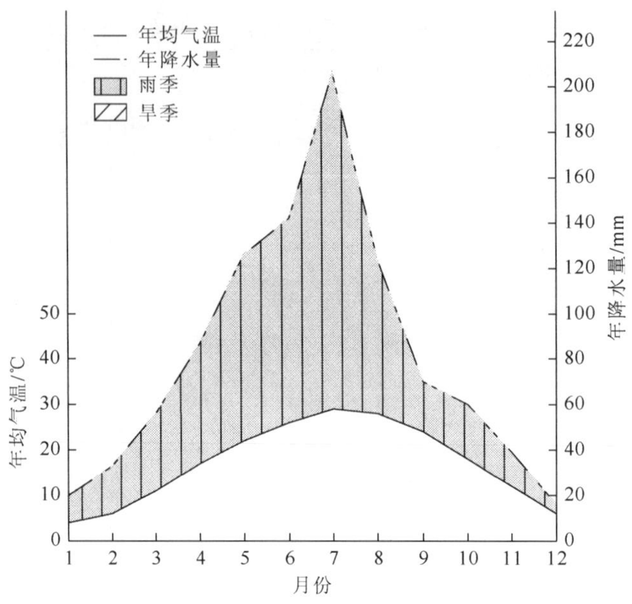


图 3-125　广水（113°49′E，31°39′N）气候图

白栎、短柄枹栎的马尾松林；含短柄枹栎、映山红的马尾松林；台湾松林），约占 24%；还分布有亚热带、热带常绿阔叶、落叶阔叶灌丛和亚热带落叶阔叶林等植被类型。

（5）陆生脊椎动物

桐柏山-大别山省共记录陆生脊椎动物 29 目 95 科 345 种（表 3-88）。

两栖类：合征姬蛙（*Microhyla mixtura*）、东方蝾螈（*Cynops orientalis*）、湖北侧褶蛙（*Pelophylax hubeiensis*）、秦岭雨蛙（*Hyla tsinlingensis*）、阔褶水蛙（*Hylarana latouchii*）、镇海林蛙（*Rana zhenhaiensis*）、黑点树蛙（*Rhacophorus nigropunctatus*）、虎纹蛙（*Hoplobatrachus chinenses*）、三港雨蛙（*Hyla sanchiangensis*）、大树蛙（*Rhacophorus dennysi*）、大鲵（*Andrias davidianus*）、隆肛蛙（*Feirana quadranus*）、小弧斑姬蛙（*Microhyla heymonsi*）、饰纹姬蛙（*Microhyla ornata*）等；

爬行类：鼍（*Alligator sinensis*）、灰腹绿锦蛇（*Elaphe frenata*）、赤练华游蛇（*Sinonatrix annularis*）、花尾斜鳞蛇（*Pseudoxenodon stejnegeri*）、多疣壁虎（*Gekko japonicus*）、钝尾两头蛇（*Calamaria septentrionalis*）、无蹼壁虎（*Gekko swinhonis*）、黄缘闭壳龟（*Cuora flavomarginata*）、短尾蝮（*Gloydius brevicaudus*）、翠青蛇（*Cyclophiops major*）、双斑锦蛇（*Elaphe bimaculata*）、红点锦蛇（*Elaphe rufodorsata*）等；

鸟类：乌灰鸫（*Turdus cardis*）、灰冠鹟莺（*Seicercus tephrocephalus*）、钝翅苇莺（*Acrocephalus concinens*）、白喉林鹟（*Rhinomyias brunneatus*）、远东树莺（*Cettia canturians*）、比氏鹟莺（*Seicercus valentini*）、海南鳽（*Gorsachius magnificus*）、黄腿渔鸮（*Ketupa flavipes*）、红翅绿鸠（*Treron sieboldii*）、黄腹树莺（*Cettia acanthizoides*）、棕扇尾莺（*Cisticola juncidis*）、山鹛（*Rhopophilus pekinensis*）、领雀嘴鹎（*Spizixos semitorques*）、虎纹伯劳（*Lanius tigrinus*）等；

哺乳类：小缺齿鼹（*Mogera wogura*）、水獭（*Lutra lutra*）、苛岚绒鼾（*Caryomys inez*）、

原麝（*Moschus moschiferus*）、华南缺齿鼹（*Mogera insularis*）、岩松鼠（*Sciurotamias davidianus*）、大足鼠（*Rattus nitidus*）、赤腹松鼠（*Callosciurus erythraeus*）、中华姬鼠（*Apodemus draco*）、小灵猫（*Viverricula indica*）等。

**表 3-88　桐柏山-大别山省陆生脊椎动物种类组成**

| 纲 | | 目 | 科 | 种 |
|---|---|---|---|---|
| 两栖类 | | 2 | 8 | 24 |
| 爬行类 | | 3 | 8 | 34 |
| 鸟类 | 繁殖鸟 | 16 | 49 | 143 |
| | 非繁殖鸟 | 9 | 30 | 101 |
| 哺乳类 | | 7 | 19 | 43 |
| 总计 | | 29 | 95 | 345 |

（6）自然保护区

桐柏山-大别山省已建立国家级自然保护区 5 个，分别是鹞落坪、金寨天马、鸡公山、董寨和连康山国家级自然保护区（图 3-126）。

图 3-126　桐柏山-大别山省主要自然保护区分布图

（7）生态地理单元划分

桐柏山-大别山省共划分为 2 个生态地理单元（图 3-127、表 3-89）：

Ⅱ6Ma01 大别山山地；

Ⅱ6Ma02 桐柏山山地。

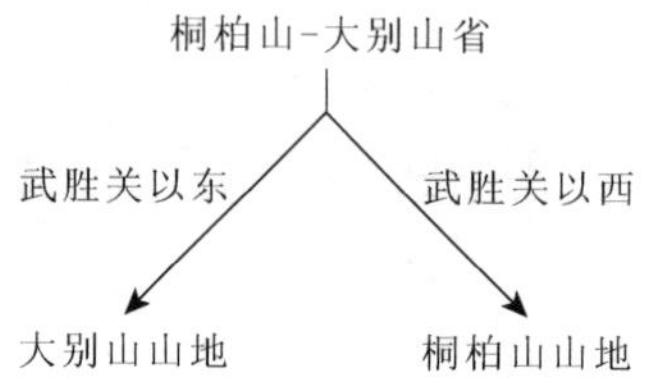


图 3-127　桐柏山-大别山省各生态地理单元关系图

本动物地理省以武胜关界，以东为大别山山地（Ⅱ6Ma01），以西为桐柏山山地（Ⅱ6Ma02），主要原生植被类型为亚热带针叶林，还有大面积的人工植被分布。大别山山地海拔较高，以山地地形为主，最高海拔（白马尖）达 1777 m；桐柏山山地海拔较低，以丘陵地形为主，最高海拔（太白顶）为 1140 m。

**表 3-89　桐柏山-大别山省 2 个生态地理单元生态因子与动物群**

| 生态地理单元 | | Ma01 大别山山地 | Ma02 桐柏山山地 |
|---|---|---|---|
| 概况 | 地貌 | 侵蚀山地 | 侵蚀丘陵 |
| | 海拔 | 100～1300 m | 100～700 m |
| | 土壤 | 黄棕壤 | 黄棕壤 |
| | 水系 | 淮河、长江 | 淮河、长江 |
| 气候 | 平均气温 | 12～16 ℃ | 13～16 ℃ |
| | 夏季均温 | 22～27 ℃ | 24～27 ℃ |
| | 冬季均温 | 1～5 ℃ | 2～4 ℃ |
| | 年降水量 | 990～1630 mm | 920～1130 mm |
| | 雨季降水量 | 460～690 mm | 420～510 mm |
| | 旱季降水量 | 90～160 mm | 70～100 mm |
| 植被 | 植被类型 1 | 人工植被（+++++） | 人工植被（+++++） |
| | 优势群系 1 | 稻、麦、双季稻 | 单季稻 |
| | 优势群系 2 | 单季稻 | 稻、麦、双季稻 |
| | 植被类型 2 | 亚热带针叶林（+++） | 亚热带针叶林（+++） |
| | 优势群系 1 | 含短柄枹栎、映山红的马尾松林 | 含白栎、短柄枹栎的马尾松林 |
| | 优势群系 2 | 含白栎、短柄枹栎的马尾松林 | 杉木林 |
| 动物群 | | 山地农田、针叶林动物群 | 山地农田、针叶林动物群 |

## 2. 长江沿岸平原省（Ⅱ6Mb）

（1）概况

长江沿岸平原省的范围包括湖北中东部、湖南北部、江西北部、安徽中部、江苏南部和上海，以湖积、冲积平原地貌为主，海拔主要在 200 m 以下，主要分布有农田湿地动物群。

（2）气候

长江沿岸平原省属于北亚热带季风气候，年均气温 14～18 ℃，夏季（6～8 月）平均气温 24～28 ℃，冬季（12～2 月）平均气温 1～8 ℃；年均降水量 770～1790 mm，雨季降水量 340～860 mm，旱季降水量 40～200 mm（图 3-128）。

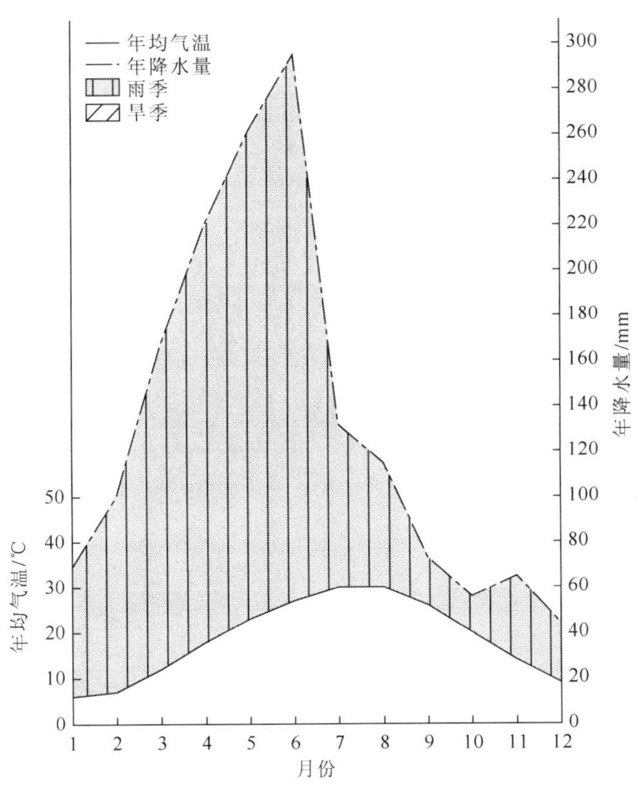


图 3-128　南昌（116°03′E，28°18′N）气候图

（3）土壤

长江沿岸平原省主要土壤类型为水稻土，水稻土是发育于各种自然土壤之上、经过人为水耕熟化、淹水种稻形成的耕作土壤。此外，在区内的一些山地丘陵中还零星分布有黄棕壤和红壤。

（4）植被

长江沿岸平原省以人工植被为主要植被类型，约占 68%；其次为亚热带针叶林（含短柄枹栎、映山红的马尾松林；含白栎、短柄枹栎的马尾松林；杉木林），约占 11%；还分布有亚热带、热带常绿阔叶、落叶阔叶灌丛等植被类型。

（5）陆生脊椎动物

长江沿岸平原省共记录陆生脊椎动物 32 目 117 科 543 种（表 3-90）。

两栖类：湖北侧褶蛙（*Pelophylax hubeiensis*）、金线侧褶蛙（*Pelophylax plancyi*）、东方蝾螈（*Cynops orientalis*）、阔褶水蛙（*Hylarana latouchii*）、虎纹蛙（*Hoplobatrachus chinenses*）、镇海林蛙（*Rana zhenhaiensis*）、小弧斑姬蛙（*Microhyla heymonsi*）、泽陆蛙（*Fejervarya multistriata*）、饰纹姬蛙（*Microhyla ornata*）、大树蛙（*Rhacophorus dennysi*）、斑腿泛树蛙（*Polypedates megacephalus*）、北方狭口蛙（*Kaloula borealis*）、花臭蛙（*Odorrana schmackeri*）、合征姬蛙（*Microhyla mixtura*）、隆肛蛙（*Feirana quadranus*）等；

爬行类：花龟（*Ocadia sinensis*）、鼍（*Alligator sinensis*）、鼋（*Pelochelys bibroni*）、黄缘闭壳龟（*Cuora flavomarginata*）、刘氏石龙子（*Eumeces liui*）、中国水蛇（*Enhydris chinensis*）、乌梢蛇（*Zaocys dhumnades*）、双斑锦蛇（*Elaphe bimaculata*）、短尾蝮（*Gloydius brevicaudus*）、福建后棱蛇（*Opisthotropis maxwelli*）、赤练华游蛇（*Sinonatrix annularis*）、四眼斑水龟（*Sacalia quadriocellata*）、白条草蜥（*Takydromus wolteri*）、乌龟（*Chinemys reevesii*）、眼斑水龟（*Sacalia bealei*）、台湾小头蛇（*Oligodon formosanus*）、宁波滑蜥（*Scincella modesta*）、红点锦蛇（*Elaphe rufodorsata*）、中国石龙子（*Eumeces chinensis*）、尖吻蝮（*Deinagkistrodon acutus*）等；

鸟类：白尾海雕（*Haliaeetus albicilla*）、黑脸噪鹛（*Garrulax perspicillatus*）、红脚苦恶鸟（*Amaurornis akool*）、震旦鸦雀（*Paradoxornis heudei*）、乌灰鸫（*Turdus cardis*）、仙八色鸫（*Pitta nympha*）、蓝喉蜂虎（*Merops viridis*）、栗鸢（*Haliastur indus*）、远东树莺（*Cettia canturians*）、赤腹鹰（*Accipiter soloensis*）、钝翅苇莺（*Acrocephalus concinens*）、黄腿渔鸮（*Ketupa flavipes*）、黑领噪鹛（*Garrulax pectoralis*）、海南鳽（*Gorsachius magnificus*）等；

哺乳类：牙獐（*Hydropotes inermis*）、小缺齿鼹（*Mogera wogura*）、水獭（*Lutra lutra*）、华南兔（*Lepus sinensis*）、黄胸鼠（*Rattus tanezumi*）、鼬獾（*Melogale moschata*）、黑线姬鼠（*Apodemus agrarius*）、大仓鼠（*Tscherskia triton*）、大足鼠（*Rattus nitidus*）、猪獾（*Arctonyx collaris*）、小灵猫（*Viverricula indica*）、中国穿山甲（*Manis pentadactyla*）、食蟹獴（*Herpestes urva*）等；

**表 3-90　长江沿岸平原省陆生脊椎动物种类组成**

| 纲 | | 目 | 科 | 种 |
|---|---|---|---|---|
| 两栖类 | | 2 | 8 | 39 |
| 爬行类 | | 3 | 13 | 71 |
| 鸟类 | 繁殖鸟 | 17 | 59 | 203 |
| | 非繁殖鸟 | 12 | 42 | 170 |
| 哺乳类 | | 7 | 20 | 60 |
| 总计 | | 32 | 117 | 543 |

（6）自然保护区

长江沿岸平原省已建立国家级自然保护区 21 个，分别是石首麋鹿、长江天鹅洲白鳖豚、长江新螺段白鳖豚、洪湖湿地、龙感湖、九宫山、鄱阳湖南矶湿地、庐山、鄱阳湖候鸟、九段沙湿地、崇明东滩鸟类、盐城湿地珍禽、大丰麋鹿、铜陵淡水豚、安徽扬子鳄、升金湖、南岳衡山、东洞庭湖、西洞庭湖、南阳恐龙蛋化石群和丹江湿地国家级自然保护区（图 3-129）。

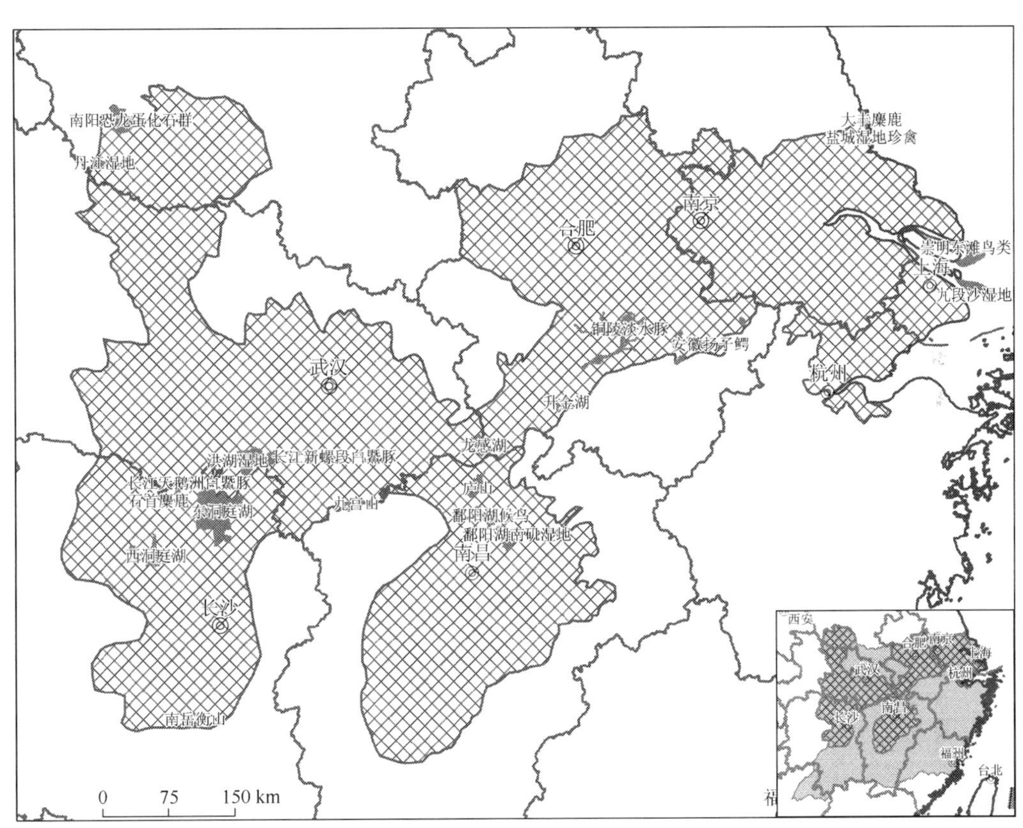


图 3-129 长江沿岸平原省主要自然保护区分布图

（7）生态地理单元划分

长江沿岸平原省共划分为 10 个生态地理单元（图 3-130、表 3-91）：

Ⅱ6Mb01 长江三角洲；

Ⅱ6Mb02 长江下游平原；

Ⅱ6Mb03 江淮丘陵；

Ⅱ6Mb04 鄱阳湖区；

Ⅱ6Mb05 赣中丘陵；

Ⅱ6Mb06 长江中游平原；

Ⅱ6Mb07 江汉平原；

Ⅱ6Mb08 南襄盆地；

Ⅱ6Mb09 洞庭湖区；

Ⅱ6Mb10 洞庭湖南部丘陵。

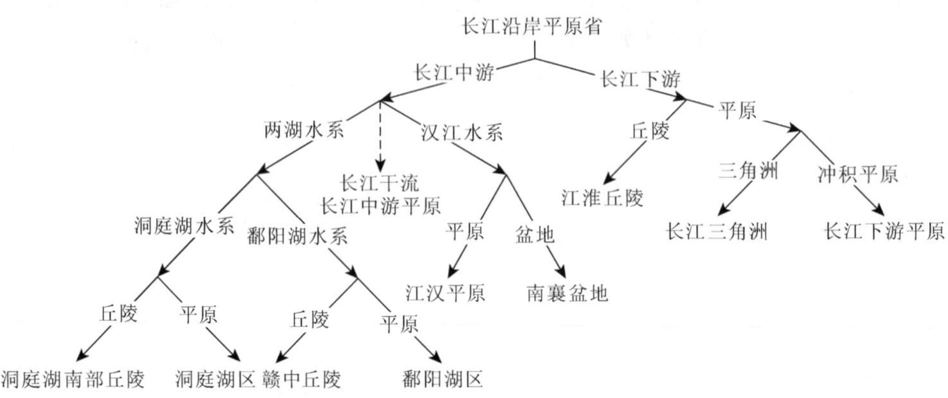


图 3-130 长江沿岸平原省各生态地理单元关系图

长江沿岸平原省以江西湖口为界分为长江下游及长江中游两部分。

长江下游的生态地理单元包括三角洲地貌的长江三角洲（Ⅱ6Mb01）、冲积平原地貌的长江下游平原（Ⅱ6Mb02）和丘陵地貌的江淮丘陵（Ⅱ6Mb03）。长江三角洲经济发达、城市林立，原生动物栖息地基本被破坏殆尽，但区内有太湖、长江沿岸及大片的沿海滩涂，吸引大量的湿地鸟类活动；此外，城市绿地及公园也有伴人居类型的动物栖息。长江下游平原包括安徽长江沿岸平原和巢湖平原，区内农业发达、水网密布，分布有农田动物群和湿地动物群。江淮丘陵是长江与淮河的分水岭，海拔在 200 m 以下，区内久经开垦，农田占有相当大的面积，但海拔较高的局部地方仍分布有落叶阔叶林等天然植被，有丘陵山地动物群栖息。

鄱阳湖区（Ⅱ6Mb04）和赣中丘陵（Ⅱ6Mb05）均属于鄱阳湖水系。鄱阳湖区位于江西省北部，本区以鄱阳湖为核心，向四周过渡为河湖冲积平原和环湖丘陵，海拔基本在 600 m 以下。由于开发历史悠久，区内主要的土壤类型为水稻土，植被以亚热带常绿阔叶、落叶阔叶灌丛和人工植被为主。赣中丘陵位于江西省中部，以低山丘陵和河流谷地地形为主，主要的土壤类型为水稻土和红壤。区内的主要植被类型为亚热带常绿阔叶、落叶阔叶灌丛和亚热带针叶林。

长江中游平原（Ⅱ6Mb06）位于湖北省东南部大别山和幕阜山之间，由于开发历史悠久、人类活动频繁，区内主要的土壤类型为水稻土，植被以人工植被为主。

江汉平原（Ⅱ6Mb07）及南襄盆地（Ⅱ6Mb08）均属于汉江水系。江汉平原位于湖北省的中南部，海拔在 300 m 以下，历史开发早，人类活动频繁，土壤以经人为改造过的水稻土为主，区内基本没有原生性植被类型，已被农业植被替代。南襄盆地位于河南省西南部和湖北省西北部，以冲积、洪积湖积平原地形为主，海拔多为 100～600 m。主要的土壤类型为褐土和水稻土，盆地内以人工植被为主，盆缘山地仍零星分布有亚热带落叶阔叶林等自然植被。

洞庭湖区（Ⅱ6Mb09）和洞庭湖南部丘陵（Ⅱ6Mb10）均属于洞庭湖水系。洞庭湖区位于湖南省北部，以洞庭湖为核心，向东、南、西 3 个方向过渡为河湖冲积平原和环湖丘陵，海拔基本在 100 m 以下。由于开发历史悠久，区内主要土壤类型为水稻土，以人工植被为主。洞庭湖南部丘陵位于湖南省中东部，以低山丘陵和河流谷地地形为主；主要的土壤类型为水稻土和红壤，在海拔较高的地方分布有黄壤；区内的主要植被类型为亚热带针叶林和人工植被，亚热带针叶林主要分布在海拔较高的地方。

**表 3-91 长江沿岸平原省 10 个生态地理单元生态因子与动物群**

| 生态地理单元 | | Mb01 长江三角洲 | Mb02 长江下游平原 | Mb03 江淮丘陵 | Mb04 鄱阳湖区 | Mb05 赣中丘陵 |
|---|---|---|---|---|---|---|
| 概况 | 地貌 | 三角洲平原；冲积、海积、湖积平原 | 湖积、洪积、冲积平原 | 侵蚀平原；洪积、冲积平原 | 湖积、冲积平原 | 侵蚀红层丘陵；侵蚀丘陵 |
| | 海拔 | 0～100 m | 0～500 m | 0～200 m | 0～600 m | 100～700 m |
| | 土壤 | 水稻土、盐土 | 水稻土 | 红壤、黄壤 | 水稻土 | 水稻土和红壤 |
| | 水系 | 长江 | 长江 | 淮河、长江 | 长江 | 赣江 |
| 气候 | 平均气温 | 14～16 ℃ | 15～17 ℃ | 15～16 ℃ | 16～18 ℃ | 17～18 ℃ |
| | 夏季均温 | 25～27 ℃ | 26～28 ℃ | 26～27 ℃ | 26～28 ℃ | 27～28 ℃ |
| | 冬季均温 | 3～5 ℃ | 3～5 ℃ | 2～5 ℃ | 5～7 ℃ | 6～8 ℃ |
| | 年降水量 | 960～1320 mm | 970～1430 mm | 830～1220 mm | 840～1790 mm | 1270～1640 mm |
| | 雨季降水量 | 400～510 mm | 450～610 mm | 370～510 mm | 340～860 mm | 580～790 mm |
| | 旱季降水量 | 100～160 mm | 100～160 mm | 80～130 mm | 100～180 mm | 140～180 mm |
| 植被 | 植被类型 1 | 人工植被（+++++） | 人工植被（+++++） | 人工植被（+++++） | 亚热带常绿阔叶、落叶阔叶灌丛（+++++） | 亚热带常绿阔叶、落叶阔叶灌丛（+++） |
| | 优势群系 1 | 夏稻、冬小麦 | 夏稻、冬蚕豆、豌豆 | 稻、麦、双季稻 | 乌饭树、映山红灌丛 | 乌饭树、映山红灌丛 |
| | 优势群系 2 | 水稻、小麦 | 夏稻、冬小麦 | 夏稻、冬蚕豆、豌豆 | 茅栗、白栎灌丛 | 茅栗、白栎灌丛 |
| | 植被类型 2 | 无植被地段（++） | 亚热带针叶林（++） | 无植被地段（+） | 人工植被（++） | 亚热带针叶林（+++） |
| | 优势群系 1 | 水 | 含短柄枹栎、映山红的马尾松林 | | 双季稻、油菜 | 含短柄枹栎、映山红的马尾松林 |
| | 优势群系 2 | | 含白栎、短柄枹栎的马尾松林 | | 双季稻与紫云英 | 杉木林 |
| 动物群 | | 平原农田、滨海动物群 | 平原农田动物群 | 丘陵农田动物群 | 平原林灌、农田动物群 | 丘陵林灌、针叶林动物群 |
| 生态地理单元 | | Mb06 长江中游平原 | Mb07 江汉平原 | Mb08 南襄盆地 | Mb09 洞庭湖区 | Mb010 洞庭湖南部丘陵 |
| 概况 | 地貌 | 湖积、冲积平原；侵蚀丘陵 | 湖积、冲积平原 | 洪积、冲积平原 | 湖积、冲积平原 | 侵蚀丘陵；洪积、冲积平原 |
| | 海拔 | 0～900 m | 0～300 m | 100～600 m | 0～300 m | 100～700 m |
| | 土壤 | 水稻土 | 水稻土 | 褐土和水稻土 | 水稻土 | 水稻土和红壤、黄壤 |
| | 水系 | 长江 | 汉江 | 汉江 | 长江 | 湘江 |

续表

| 生态地理单元 | | Mb06 长江中游平原 | Mb07 江汉平原 | Mb08 南襄盆地 | Mb09 洞庭湖区 | Mb010 洞庭湖南部丘陵 |
|---|---|---|---|---|---|---|
| 气候 | 平均气温 | 14～17 ℃ | 16～17 ℃ | 14～16 ℃ | 16～17 ℃ | 15～18 ℃ |
| | 夏季均温 | 24～28 ℃ | 26～28 ℃ | 25～27 ℃ | 27～28 ℃ | 25～28 ℃ |
| | 冬季均温 | 3～5 ℃ | 4～6 ℃ | 1～4 ℃ | 5～6 ℃ | 4～6 ℃ |
| | 年降水量 | 1330～1590 mm | 950～1330 mm | 770～930 mm | 1230～1350 mm | 1330～1670 mm |
| | 雨季降水量 | 580～700 mm | 420～590 mm | 390～440 mm | 510～580 mm | 560～640 mm |
| | 旱季降水量 | 130～170 mm | 80～140 mm | 40～80 mm | 120～170 mm | 150～200 mm |
| 植被 | 植被类型 1 | 人工植被（+++++） | 人工植被（+++++） | 人工植被（+++++） | 人工植被（+++++） | 亚热带针叶林（++++） |
| | 优势群系 1 | 双季稻与紫云英；冬小麦、甘薯 | 双季稻与紫云英；冬小麦、甘薯 | 单季稻 | 双季稻与紫云英；冬小麦、甘薯 | 含短柄枹栎、映山红的马尾松林 |
| | 优势群系 2 | 双季稻、油菜 | 单季稻 | 小麦、玉米、棉花 | 苎麻 | 含短柄枹栎、映山红的马尾松林+乌饭树、映山红灌丛 |
| | 植被类型 2 | 亚热带针叶林（++） | 无植被地段（+） | 亚热带落叶阔叶林（+） | 亚热带针叶林（+） | 人工植被（++++） |
| | 优势群系 1 | 含短柄枹栎、映山红的马尾松林 | | 栓皮栎、麻栎林 | 含白栎、短柄枹栎的马尾松林 | 双季稻与紫云英 |
| | 优势群系 2 | 杉木林 | | 白栎、短柄枹树林 | 含短柄枹栎、映山红的马尾松林 | 双季稻与冬甘薯、冬黄豆、冬玉米 |
| 动物群 | | 平原农田动物群 | 平原农田动物群 | 盆地农田、阔叶林动物群 | 平原农田动物群 | 丘陵针叶林、农田动物群 |

### 3. 江南丘陵省（Ⅱ6Mc）

（1）概况

江南丘陵省的范围包括浙江、福建中北部、江西和湖南南部，以侵蚀性山地地貌为主，海拔主要在 500 m 以下，主要分布有亚热带林灌农田动物群。

（2）气候

江南丘陵省属于中亚热带季风气候，年均气温 12～20 ℃，夏季（6～8 月）平均气温 20～28 ℃，冬季（12～2 月）平均气温 2～12 ℃；年均降水量 1020～2140 mm，雨季降水量 350～960 mm，旱季降水量 100～210 mm（图 3-131）。

（3）土壤

江南丘陵省的地带性土壤类型是红壤，还零星分布有黄棕壤、黄壤、紫色土和水稻土。

红壤分布于江南丘陵省的大部分地区，是在热带和亚热带雨林、季雨林或常绿阔叶林植被条件下发育的土壤，土壤形成有明显的脱硅富铝过程和生物富集作用，发育成红色、铁铝聚集、酸性和盐基高度不饱和的铁铝土。

黄棕壤主要分布于幕阜山、九岭山和黄山等山地，黄壤主要分布于武夷山、罗霄山和雪峰山等山地，紫色土主要分布于湘江的中上游河谷地区，水稻土则分布于湘江、赣江、

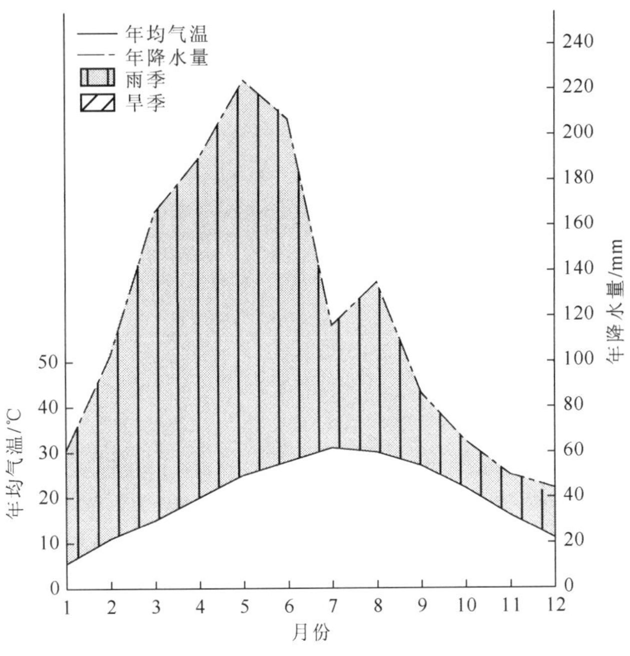


图 3-131 赣州（114°55′E，25°49′N）气候图

钱塘江和闽江等中下游两岸的冲积平原。

（4）植被

江南丘陵省以亚热带针叶林（含短柄枹栎、映山红的马尾松林；杉木林；含白栎、短柄枹栎的马尾松林）为主要植被类型，约占 39%；其次为人工植被，约占 23%；还分布有亚热带、热带常绿阔叶、落叶阔叶灌丛和亚热带、热带草丛等植被类型。

（5）陆生脊椎动物

江南丘陵省共记录陆生脊椎动物 31 目 120 科 681 种（表 3-92）。

两栖类：义乌小鲵（*Hynobius yiwuensis*）、凹耳臭蛙（*Odorrana tormota*）、武夷湍蛙（*Amolops wuyiensis*）、九龙棘蛙（*Paa jiulongensis*）、天台粗皮蛙（*Rugosa tientaiensis*）、福建掌突蟾（*Paramegophrys liui*）、中国瘰螈（*Paramesotriton chinensis*）、崇安髭蟾（*Vibrissaphora liui*）、挂墩角蟾（*Megophrys kuatunensis*）、小腺蛙（*Glandirana minima*）、中国雨蛙（*Hyla chinensis*）、黑斑肥螈（*Pachytriton brevipes*）、三港雨蛙（*Hyla sanchiangensis*）、东方蝾螈（*Cynops orientalis*）、淡肩角蟾（*Megophrys boettgeri*）、镇海林蛙（*Rana zhenhaiensis*）、阔褶水蛙（*Hylarana latouchii*）、金线侧褶蛙（*Pelophylax plancyi*）、弹琴蛙（*Hylarana adenopleura*）、大树蛙（*Rhacophorus dennysi*）、红吸盘水树蛙（*Aquixalus rhododiscus*）等；

爬行类：艾氏拟水龟（*Mauremys iversoni*）、崇安地蜥（*Platyplacopus sylvaticus*）、崇安石龙子（*Eumeces popei*）、井冈山脊蛇（*Achalinus jinggangensis*）、铅山壁虎（*Gekko hokouensis*）、福建钝头蛇（*Pareas stanleyi*）、刘氏石龙子（*Eumeces liui*）、钝尾两头蛇（*Calamaria septentrionalis*）、挂墩后棱蛇（*Opisthotropis kuatunensis*）、海南闪鳞蛇（*Xenopeltis hainanensis*）、福建颈斑蛇（*Plagiopholis styani*）、福建丽纹蛇（*Calliophis kelloggi*）、福建后棱蛇（*Opisthotropis maxwelli*）、赤练华游蛇（*Sinonatrix annularis*）、

鼋（*Pelochelys bibroni*）、花尾斜鳞蛇（*Pseudoxenodon stejnegeri*）、横纹斜鳞蛇（*Pseudoxenodon bambusicola*）、山溪后棱蛇（*Opisthotropis latouchii*）、饰纹小头蛇（*Oligodon ornatus*）等；

鸟类：白颈长尾雉（*Syrmaticus ellioti*）、白眉山鹧鸪（*Arborophila gingica*）、黄腹角雉（*Tragopan caboti*）、短尾鸦雀（*Paradoxornis davidianus*）、白喉林鹟（*Rhinomyias brunneatus*）、淡尾鹟莺（*Seicercus soror*）、楔尾鹱（*Puffinus pacificus*）、比氏鹟莺（*Seicercus valentini*）、黑翅鸢（*Elanus caeruleus*）、中华鹧鸪（*Francolinus pintadeanus*）、栗鸢（*Haliastur indus*）、灰翅噪鹛（*Garrulax cineraceus*）、红脚苦恶鸟（*Amaurornis akool*）、褐顶雀鹛（*Alcippe brunnea*）等；

哺乳类：黑麂（*Muntiacus crinifrons*）、青毛硕鼠（*Berylmys bowersi*）、华南缺齿鼹（*Mogera insularis*）、华南兔（*Lepus sinensis*）、藏酋猴（*Macaca thibetana*）、水獭（*Lutra lutra*）、白腹巨鼠（*Leopoldamys edwardsi*）、小麂（*Muntiacus reevesi*）、食蟹獴（*Herpestes urva*）、银星竹鼠（*Rhizomys pruinosus*）、马来豪猪（*Hystrix brachyura*）等。

**表 3-92　江南丘陵省陆生脊椎动物种类组成**

| 纲 | | 目 | 科 | 种 |
|---|---|---|---|---|
| 两栖类 | | 2 | 9 | 75 |
| 爬行类 | | 3 | 17 | 122 |
| 鸟类 | 繁殖鸟 | 17 | 59 | 230 |
| | 非繁殖鸟 | 10 | 36 | 180 |
| 哺乳类 | | 7 | 20 | 74 |
| 总计 | | 31 | 120 | 681 |

（6）自然保护区

江南丘陵省已建立国家级自然保护区 39 个，分别是桃红岭梅花鹿、阳际峰、齐云山、赣江源、井冈山、官山、江西九岭山、江西马头山、江西武夷山、千家洞、雄江黄楮林、闽江河口湿地、君子峰、龙栖山、闽江源、天宝岩、戴云山、茫荡山、福建武夷山、梁野山、古牛绛、安徽清凉峰、炎陵桃源洞、莽山、八面山、东安舜皇山、阳明山、永州都庞岭、九嶷山、浙江天目山、临安清凉峰、象山韭山列岛、南麂列岛、乌岩岭、长兴地质遗迹、大盘山、古田山、浙江九龙山和凤阳山-百山祖国家级自然保护区（图 3-132）。

（7）生态地理单元划分

江南丘陵省共划分为 17 个生态地理单元（图 3-133、表 3-93）：

Ⅱ6Mc01 皖浙赣低山丘陵；

Ⅱ6Mc02 浙东山地；

Ⅱ6Mc03 舟山群岛；

Ⅱ6Mc04 浙闽沿海丘陵；

Ⅱ6Mc05 洞宫山-鹫峰山山地；

Ⅱ6Mc06 戴云山山地；

Ⅱ6Mc07 闽江上游谷地；

Ⅱ6Mc08 武夷山山地北段；
Ⅱ6Mc09 武夷山山地南段；
Ⅱ6Mc10 赣东丘陵；
Ⅱ6Mc11 赣南山地；
Ⅱ6Mc12 武功山东段；
Ⅱ6Mc13 幕阜山-九岭山山地；
Ⅱ6Mc14 武功山西段；
Ⅱ6Mc15 罗霄山山地；
Ⅱ6Mc16 湘江中上游谷地；
Ⅱ6Mc17 南岭北坡山地。

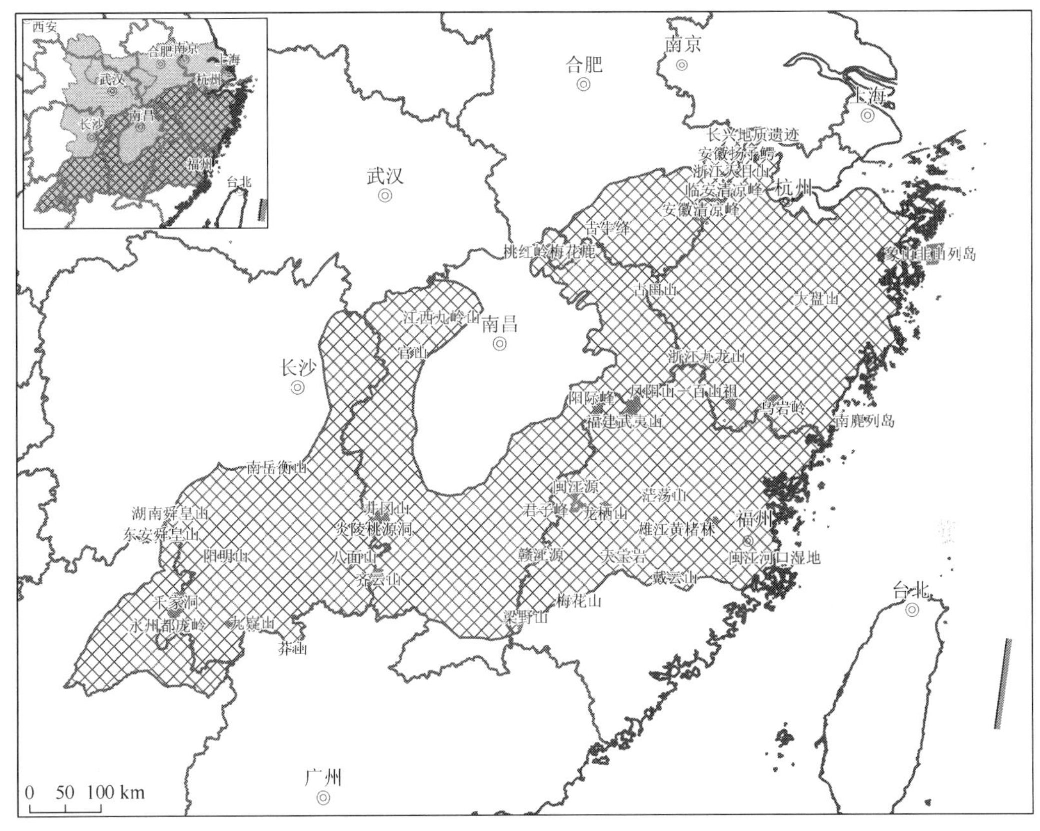


图 3-132　江南丘陵省主要自然保护区分布图

皖浙赣低山丘陵（Ⅱ6Mc01）和武夷山山地北段（Ⅱ6Mc08）是江南丘陵省内长江水系和东南沿海诸河水系的分水岭。皖浙赣低山丘陵位于安徽省、浙江省和江西省的交界处，以低山丘陵地形为主，海拔为100～1200 m，地带性土壤是红壤，山地上分布有黄壤，植被以亚热带针叶林和人工植被为主。武夷山山地北段位于福建省和江西省的交界处，以山地地形为主，海拔在200 m以上，地带性土壤为红壤，山上分布有山地黄壤和黄棕壤，主

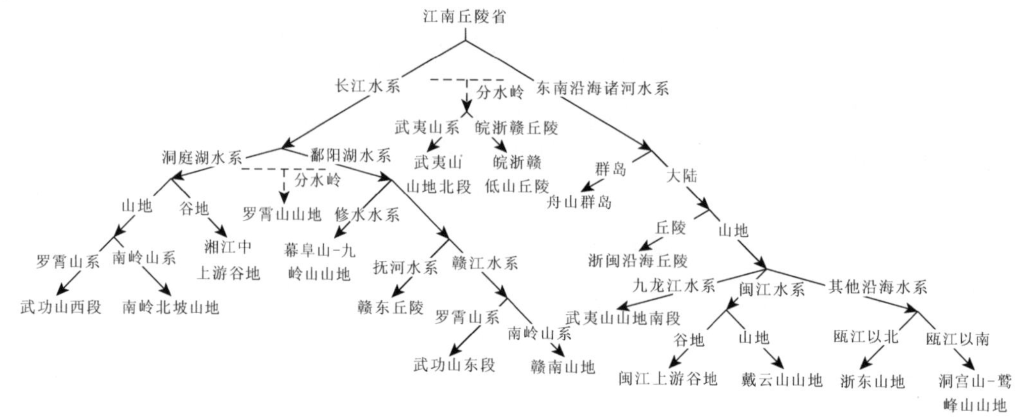


图 3-133　江南丘陵省各生态地理单元关系图

要植被类型为亚热带针叶林和常绿落叶阔叶灌丛。

浙东山地（Ⅱ6Mc02）、洞宫山-鹫峰山山地（Ⅱ6Mc05）、戴云山山地（Ⅱ6Mc06）、闽江上游谷地（Ⅱ6Mc07）和武夷山山地南段（Ⅱ6Mc09）均属于东南沿海诸河水系。武夷山山地南段属于九龙江水系；闽江上游谷地和戴云山山地属于闽江水系，前者主要为谷地地形，后者主要为山地地形；浙东山地和洞宫山-鹫峰山山地属于其他沿海水系，两者以瓯江河谷为主要分界线。

舟山群岛（Ⅱ6Mc03）位于浙江省杭州湾外的海域，是浙东天台山脉向海延伸的余脉，整个群岛属于低山丘陵地貌类型。这里分布有典型的滨海动物群，是海岛鸟类的重要栖息地和候鸟迁徙的重要“驿站”。

浙闽沿海丘陵（Ⅱ6Mc04）位于福建省和浙江省的沿海地区，以低山丘陵地形为主，海拔在 900 m 以下，主要土壤类型是红壤，部分河流谷地及入海口分布有水稻土。植被类型为亚热带针叶林和人工植被。

赣东丘陵（Ⅱ6Mc10）、幕阜山-九岭山山地（Ⅱ6Mc13）、赣南山地（Ⅱ6Mc11）和武功山东段（Ⅱ6Mc12）属于鄱阳湖水系。赣东丘陵位于江西省西部，属于鄱阳湖水系中抚河水系；幕阜山-九岭山山地位于江西省的北部，属于鄱阳湖水系中修水水系；赣南山地和武功山东段都属于赣江水系，前者位于江西最南部，属于南岭山系，后者位于江西省西部，属于罗霄山山系。

罗霄山山地（Ⅱ6Mc15）是长江水系中洞庭湖水系和鄱阳湖水系的分水岭，位于湖南省和江西省的交界处，以山地地形为主，海拔在 500 m 以上，地带性土壤为红壤，山上分布有山地黄壤，植被以亚热带针叶林和亚热带、热带草丛为主。

武功山西段（Ⅱ6Mc14）、湘江中上游谷地（Ⅱ6Mc16）和南岭北坡山地（Ⅱ6Mc17）属于洞庭湖水系，植被类型以亚热带针叶林为主，海拔较低的区域多被开垦为人工植被。武功山西段位于湖南省西部，属于罗霄山山系，以山地地形为主，分布有石灰土；湘江中上游谷地位于湖南省中南部，以谷地地形为主，海拔为 100～1300 m，除了红壤等地带性土壤外，还分布有石灰土；南岭北坡山地位于湖南省与广东省交界，属于南岭山系，以山地地形为主，最高海拔（骑田岭）1510 m。

表 3-93 江南丘陵省 17 个生态地理单元生态因子与动物群

| 生态地理单元 | | Mc01 皖浙赣低山丘陵 | Mc02 浙东山地 | Mc03 舟山群岛 | Mc04 浙闽沿海丘陵 | Mc05 洞宫山-鹫峰山山地 | Mc06 戴云山山地 | Mc07 闽江上游谷地 | Mc08 武夷山山地北段 |
|---|---|---|---|---|---|---|---|---|---|
| 概况 | 地貌 | 侵蚀山地；侵蚀丘陵 | 侵蚀山地 | 侵蚀山地 | 侵蚀山地 | 侵蚀山地 | 侵蚀山地 | 侵蚀山地 | 侵蚀山地 |
| | 海拔 | 100～1200 m | 0～1100 m | 0～300 m | 0～900 m | 400～1500 m | 500～1300 m | 400～1300 m | 200～1700 m |
| | 土壤 | 红壤、黄壤 | 红壤 | 红壤 | 红壤、水稻土 | 红壤、黄壤 | 红壤、黄壤 | 红壤、黄壤 | 红壤、黄壤和黄棕壤 |
| | 水系 | 长江、东南沿海诸河 | 钱塘江 | — | 东南沿海诸河 | 东南沿海诸河 | 闽江 | 闽江 | 长江、东南沿海诸河 |
| 气候 | 平均气温 | 13～17.7 ℃ | 13～18 ℃ | 15～16 ℃ | 14～20 ℃ | 13～18 ℃ | 15～20 ℃ | 15～19 ℃ | 13～18 ℃ |
| | 夏季均温 | 23～28 ℃ | 22～28 ℃ | 25～26 ℃ | 23～28 ℃ | 21～27 ℃ | 22～28 ℃ | 23～27 ℃ | 22～28 ℃ |
| | 冬季均温 | 2～7 ℃ | 3～7 ℃ | 5.9～7 ℃ | 4～12 ℃ | 3～9 ℃ | 7～11 ℃ | 6～10 ℃ | 4～8 ℃ |
| | 年降水量 | 1240～1900 mm | 1280～1860 mm | 1020～1360 mm | 1240～1780 mm | 1580～2030 mm | 1370～1810 mm | 1640～2030 mm | 1730～2140 mm |
| | 雨季降水量 | 520～870 mm | 480～760 mm | 350～460 mm | 490～680 mm | 630～860 mm | 540～780 mm | 770～940 mm | 830～960 mm |
| | 旱季降水量 | 140～200 mm | 150～190 mm | 150～180 mm | 100～190 mm | 140～190 mm | 110～160 mm | 150～190 mm | 170～200 mm |
| 植被 | 植被类型 1 | 亚热带针叶林（+++） | 亚热带针叶林（+++++） | 人工植被（+++++） | 人工植被（+++++） | 亚热带针叶林（+++++） | 亚热带针叶林（+++++） | 亚热带针叶林（+++++） | 亚热带针叶林（++++） |
| | 优势群系 1 | 含白栎、短柄枹栎的马尾松林 | 含白栎、短柄枹栎的马尾松林 | 双季稻与紫云英；冬小麦、甘薯 | 双季稻与紫云英；冬小麦、甘薯 | 含短柄枹栎、映山红的马尾松林 | 含短柄枹栎、映山红的马尾松林 | 含短柄枹栎、映山红的马尾松林 | 含短柄枹栎、映山红的马尾松林 |
| | 优势群系 2 | 杉木林 | 含短柄枹栎、映山红的马尾松林 | 棉、麦、豆套种 | 双季稻、蚕豆、大豆 | 杉木林 | 杉木林 | 杉木林 | 杉木林 |
| | 植被类型 2 | 人工植被（+++） | 人工植被（++++） | 温带针叶林（++++） | 亚热带针叶林（+++） | 亚热带常绿落叶阔叶灌丛（++） | 亚热带常绿落叶阔叶灌丛（++） | 亚热带常绿落叶阔叶灌丛（++） | 亚热带常绿落叶阔叶灌丛（++） |
| | 优势群系 1 | 双季稻、油菜 | 双季稻与紫云英 | 黑松林 | 含短柄枹栎、映山红的马尾松林 | 乌饭树、映山红灌丛 | 乌饭树、映山红灌丛 | 乌饭树、映山红灌丛 | 乌饭树、映山红灌丛 |
| | 优势群系 2 | 双季稻与紫云英 | 双季稻、油菜 | | 含白栎、短柄枹栎的马尾松林 | 白栎、短柄枹灌丛+乌饭树、映山红灌丛 | 桃金娘灌丛 | 白栎、短柄枹灌丛+乌饭树、映山红灌丛 | 含短柄枹栎、映山红的马尾松林 |
| 动物群 | | 丘陵亚热带针叶林动物群 | 山地亚热带针叶林动物群 | 海岛动物群 | 丘陵农田、滨海动物群 | 山地亚热带针叶林、林灌动物群 | 山地亚热带针叶林、林灌动物群 | 山地亚热带针叶林、林灌动物群 | 山地亚热带针叶林、林灌动物群 |

续表

| 生态地理单元 | | Mc09 武夷山山地南段 | Mc10 赣东丘陵 | Mc11 赣南山地 | Mc12 武功山东段 | Mc13 幕阜山-九岭山山地 | Mc14 武功山西段 | Mc15 罗霄山山地 | Mc16 湘江中上游谷地 | Mc17 南岭北坡山地 |
|---|---|---|---|---|---|---|---|---|---|---|
| 概况 | 地貌 | 侵蚀山地 | 侵蚀山地 | 侵蚀山地 | 侵蚀山地；侵蚀丘陵 | 侵蚀山地 | 侵蚀山地；侵蚀丘陵 | 侵蚀山地 | 侵蚀山地；侵蚀丘陵 | 侵蚀山地 |
| | 海拔 | 500～1500 m | 200～1200 m | 200～1000 m | 200～1500 m | 200～1300 m | 100～1100 m | 500～1700 m | 100～1300 m | 400～1700 m |
| | 土壤 | 红壤 | 红壤、黄壤 | 红壤 | 红壤 | 红壤、黄棕壤 | 石灰土 | 红壤、黄壤 | 红壤、石灰土 | 黄壤 |
| | 水系 | 九龙江 | 抚河 | 赣江 | 赣江 | 修水 | 赣江 | 赣江、湘江 | 湘江 | 长江、珠江 |
| 气候 | 平均气温 | 15～19 ℃ | 15～19 ℃ | 16～19 ℃ | 14～18 ℃ | 13～17 ℃ | 15～18 ℃ | 12～18 ℃ | 14～18 ℃ | 13～19 ℃ |
| | 夏季均温 | 22～27 ℃ | 24～28 ℃ | 25～28 ℃ | 23～28 ℃ | 22～27 ℃ | 24.9～28 ℃ | 20～27 ℃ | 23～28 ℃ | 21～28 ℃ |
| | 冬季均温 | 7～10 ℃ | 5～9 ℃ | 6～10 ℃ | 3～7 ℃ | 2～6 ℃ | 4～7 ℃ | 2～8 ℃ | 4～8 ℃ | 4～9 ℃ |
| | 年降水量 | 1650～1870 mm | 1580～1840 mm | 1440～1740 mm | 1460～1780 mm | 1200～1720 mm | 1500～1730 mm | 1490～1890 mm | 1370～1620 mm | 1420～1660 mm |
| | 雨季降水量 | 770～870 mm | 760～880 mm | 640～800 mm | 640～740 mm | 490～740 mm | 600～710 mm | 630～820 mm | 580～710 mm | 640～750 mm |
| | 旱季降水量 | 140～170 mm | 150～180 mm | 130～170 mm | 170～210 mm | 140～200 mm | 180～210 mm | 140～190 mm | 160～200 mm | 130～170 mm |
| 植被 | 植被类型 1 | 亚热带针叶林（+++++） | 亚热带针叶林（++++） | 亚热带针叶林（++++） | 人工植被（++++） | 亚热带针叶林（+++++） | 亚热带针叶林（+++++） | 亚热带针叶林（++++） | 亚热带针叶林（++++） | 亚热带针叶林（++++） |
| | 优势群系 1 | 含短柄枹栎、映山红的马尾松林 | 含短柄枹栎、映山红的马尾松林 | 含短柄枹栎、映山红的马尾松林 | 双季稻、油菜 | 杉木林 | 含短柄枹栎、映山红的马尾松林 | 含短柄枹栎、映山红的马尾松林 | 含短柄枹栎、映山红的马尾松林 | 含短柄枹栎、映山红的马尾松林 |
| | 优势群系 2 | 杉木林 | 杉木林 | 杉木林 | 双季稻与紫云英；冬小麦、甘薯 | 含短柄枹栎、映山红的马尾松林 | 乌饭树、映山红灌丛 | 杉木林 | 乌饭树、映山红灌丛 | 杉木林 |
| | 植被类型 2 | 亚热带常绿落叶阔叶灌丛（++） | 亚热带、热带草丛（+++） | 亚热带、热带草丛（+++） | 亚热带针叶林（+++） | 人工植被（++） | 人工植被（+++） | 亚热带、热带草丛（+++） | 人工植被（+++） | 人工植被（+++） |
| | 优势群系 1 | 乌饭树、映山红灌丛 | 刺芒野古草草丛 | 刺芒野古草草丛 | 杉木林 | 双季稻与紫云英 | 双季稻与紫云英 | 刺芒野古草草丛 | 双季稻与紫云英 | 双季稻、蚕豆、大豆 |
| | 优势群系 2 | — | 铁芒萁草丛 | 刺芒野古草草丛+硬叶柳灌丛 | 含短柄枹栎、映山红的马尾松林 | 茶园 | 双季稻与紫云英 | 芒草、野古草、金茅草丛 | 双季稻、蚕豆、大豆 | 双季稻与紫云英 |
| 动物群 | | 山地亚热带针叶林、林灌动物群 | 丘陵亚热带针叶、草丛林动物群 | 山地亚热带针叶、草丛林动物群 | 山地农田、亚热带针叶林动物群 | 山地亚热带针叶林动物群 | 山地亚热带针叶林动物群 | 山地亚热带针叶、草丛林动物群 | 谷地亚热带针叶林动物群 | 山地亚热带针叶林动物群 |

## （二）西部山地高原亚区（Ⅱ6N）

西部山地高原亚区包括4个动物地理省23个生态地理单元（图3-134、表3-94），范围包括秦岭、伏牛山、大巴山、四川盆地和云贵高原东部等。

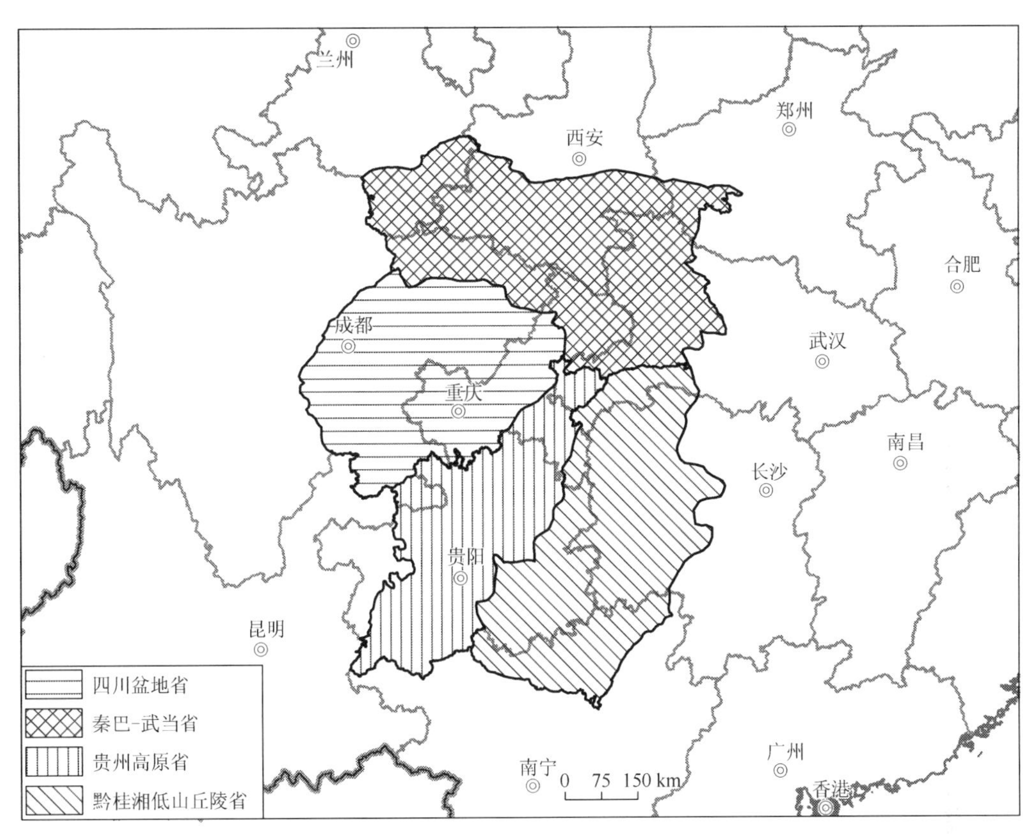


图3-134 西部山地高原亚区图

本亚区属于中亚热带季风性常绿阔叶林气候和北亚热带季风性常绿-落叶阔叶林气候，年均降水量520～1800 mm，年均气温8.9～20.0 ℃，极端高温34.9 ℃，极端低温-17.4 ℃，≥0 ℃年积温为2780～7500 ℃。

本亚区主要地貌类型有中海拔大起伏山地、中起伏山地和低海拔小起伏山地、丘陵。主要的土壤有黄壤、红壤、紫色土、石灰土、棕壤、褐土和水稻土。主要植被类型为亚热带、热带常绿阔叶、落叶阔叶灌丛（茅栗、白栎灌丛+雀梅藤、小果蔷薇、火棘、龙须藤灌丛），亚热带针叶林（马尾松林+杉木林+华山松林）和一年两熟或三熟水旱轮作及常绿果园、经济林。

本亚区动物区系主要由东洋型、南中国型和喜马拉雅-横断山型组成。本亚区地形崎岖，包括秦岭-大巴山、四川盆地和云贵高原三大地形单元，动物区系较为复杂。区内特有物种有哺乳类的黔金丝猴（*Rhinopithecus brelichi*）；爬行类的潘氏闭壳龟（*Cuora pani*）、蚌西树蜥（*Calotes kakhienensis*）和棱鳞钝头蛇（*Pareas carinatus*）等；两栖类

**表 3-94　西部山地高原亚区 4 个动物地理省代表动物与生态因子比较**

| 动物地理省 | | Na 秦巴-武当省 | Nb 四川盆地省 | Nc 贵州高原省 | Nd 黔桂湘低山丘陵省 |
|---|---|---|---|---|---|
| 概况 | 位置 | 甘肃南部、四川北部、陕西南部、河南西部及重庆和湖北的西北部 | 四川的中东部 | 贵州的中北部、四川的东南部和重庆的西南部 | 广西的北部、贵州的东部、湖南的西部和重庆的东南部 |
| | 地貌 | 侵蚀性山地 | 侵蚀性红层丘陵 | 岩溶性山地和高原 | 岩溶性山地 |
| | 海拔 | 300～3500 m | 300～1900 m | 800～1900 m | 200～1900 m |
| | 土壤 | 棕壤、褐土、水稻土 | 紫色土、黄壤、水稻土 | 黄壤、红壤、紫色土、石灰土 | 黄壤、红壤、紫色土、石灰土 |
| 气候 | 气候类型 | 北亚热带季风气候 | 中亚热带季风气候 | 中亚热带季风气候 | 中亚热带季风气候 |
| | 平均气温 | 4～18 ℃ | 10～19 ℃ | 11～20 ℃ | 10～21 ℃ |
| | 夏季均温 | 12～28 ℃ | 19～28 ℃ | 20～27 ℃ | 19～28 ℃ |
| | 冬季均温 | -5～7 ℃ | 1～9 ℃ | 1～12 ℃ | 0～12 ℃ |
| | 年降水量 | 560～1510 mm | 920～1710 mm | 1010～1510 mm | 1150～1800 mm |
| | 雨季降水量 | 290～630 mm | 460～1060 mm | 480～740 mm | 480～910 mm |
| | 旱季降水量 | 10～100 mm | 20～90 mm | 50～90 mm | 80～190 mm |
| 植被 | 植被类型 1 | 人工植被（+++） | 人工植被（+++++） | 亚热带、热带常绿阔叶、落叶阔叶灌从（++++） | 人工植被（+++） |
| | 植被类型 2 | 温带落叶阔叶林（++） | 亚热带针叶林（++） | 人工植被（+++） | 亚热带、热带常绿阔叶、落叶阔叶灌从（+++） |
| | 植被类型 3 | 亚热带、热带常绿阔叶、落叶阔叶灌从（++） | 亚热带、热带草从（+） | 亚热带针叶林（++） | 亚热带针叶林（+++） |
| | 植被类型 4 | 亚热带针叶林（++） | 亚热带、热带常绿阔叶、落叶阔叶灌从（+） | 亚热带、热带草从（++） | 亚热带、热带草从（++） |
| 动物 | 动物群 | 亚热带落叶-常绿阔叶林动物群 | 农田-亚热带林灌动物群 | 亚热带常绿阔叶林灌-农田动物群 | 低山丘陵亚热带林灌-农田动物群 |
| | 代表物种 | 罗氏鼢鼠、林猬、沟牙鼯鼠、苛岚绒鼾、银脸长尾山雀、三趾鸦雀、棕头歌鸲、朱鹮、宁陕小头蛇、太白壁虎、米仓山龙蜥、黄纹石龙子、光雾臭蛙、巫山角蟾、巫山北鲵、南江角蟾 | 社鼠、棕顶树莺、蓝额地鸲、白冠长尾雉、宜宾龙蜥、黄缘闭壳龟、魏氏齿蟾、合江棘蛙、峨眉齿蟾、龙洞山溪鲵 | 黔金丝猴、黑叶猴、黄眉林雀、绒额䴓、白眶鹟莺、乌灰鸫、峨眉地蜥、黑纹颈槽蛇、安龙臭蛙、红点齿蟾、四川狭口蛙 | 褐尾鼠、银星竹鼠、红脚苦恶鸟、白喉林鹟、白颈长尾雉、纹胸鹛鹛、菱斑小头蛇、细白环蛇、龙胜小头蛇、饰纹小头蛇、雷山髭蟾、无斑肥螈、强婚刺铃蟾 |

的巫山北鲵（*Ranodon shihi*）、南江角蟾（*Megophrys nankiangensis*）、巫山角蟾（*Megophrys wushanensis*）、雷山髭蟾（*Vibrissaphora leishanense*）、合江棘蛙（*Paa robertingeri*）、光雾臭蛙（*Odorrana kuangwuensis*）、安龙臭蛙（*Odorrana anlungensis*）和务川臭蛙（*Odorrana wuchuanensis*）等。本亚区鸟类特有种较少，只有大众所知的朱鹮（*Nipponia nippon*）一种见于本亚区内，其一度被认为已经在亚洲野外灭绝，但于 1981 年在秦岭南麓洋县重新被发现（张荣祖，2011）。

### 1. 秦巴-武当省（Ⅱ6Na）

（1）概况

秦巴-武当省的范围包括甘肃南部、四川北部、陕西南部、河南西部及重庆和湖北的西北部，以侵蚀性山地地貌为主，海拔主要为 200～1500 m，主要分布有亚热带落叶-常绿阔叶林动物群。

（2）气候

秦巴-武当省属于北亚热带季风气候，年均气温 4～18 ℃，夏季（6～8 月）平均气温 12～28 ℃，冬季（12～2 月）平均气温-5～7 ℃；年均降水量 560～1510 mm，雨季降水量 290～630 mm，旱季降水量 10～100 mm（图 3-135）。

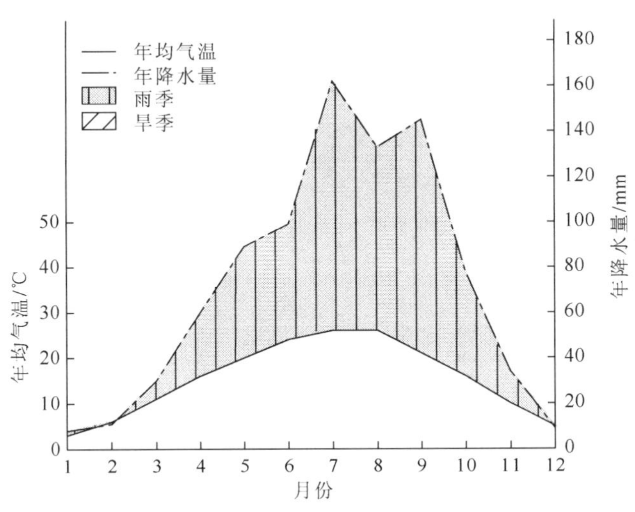


图 3-135 汉中（107°00′E，33°12′N）气候图

（3）土壤

秦巴-武当省的地带性土壤类型是棕壤、黄棕壤和褐土，还零星分布有水稻土。

黄棕壤分布于秦巴-武当省的大部分地区，是亚热带常绿阔叶与落叶阔叶混交林条件下发育的土壤，所处气候环境温度较高，雨量较丰沛，土壤生物循环比较强烈，黏化作用强烈且有较明显的淋溶作用。

棕壤主要分布于秦岭的西段山地，褐土主要分布于北部地区，水稻土则分布于汉江上游的部分河谷区域。

（4）植被

秦巴-武当省以人工植被为主要植被类型，约占 28%；其次为温带落叶阔叶林（栓皮栎林；锐齿槲栎林；红桦林），约占 16%；还分布有亚热带、热带常绿阔叶、落叶阔叶灌丛和亚热带针叶林等植被类型。

（5）陆生脊椎动物

秦巴-武当省共记录陆生脊椎动物 28 目 116 科 641 种（表 3-95）。

两栖类：巫山角蟾（*Megophrys wushanensis*）、光雾臭蛙（*Odorrana kuangwuensis*）、巫山北鲵（*Ranodon shihi*）、南江角蟾（*Megophrys nankiangensis*）、秦岭雨蛙（*Hyla tsinlingensis*）、秦巴拟小鲵（*Pseudohynobius tsinpaensis*）、合征姬蛙（*Microhyla mixtura*）、中国小鲵（*Hynobius chinensis*）、川北齿蟾（*Oreolalax chuanbeiensis*）、平武齿突蟾（*Scutiger pingwuensis*）、隆肛蛙（*Feirana quadranus*）、峨山掌突蟾（*Paramegophrys oshanensis*）、棘皮湍蛙（*Amolops granulosus*）、日本溪树蛙（*Buergeria japonica*）、大齿蟾（*Oreolalax major*）、利川齿蟾（*Oreolalax lichuanensis*）、大鲵（*Andrias davidianus*）等；

爬行类：宁陕小头蛇（*Oligodon ningshaanensis*）、太白壁虎（*Gekko taibaiensis*）、米仓山龙蜥（*Japalura micangshanensis*）、黄纹石龙子（*Eumeces capito*）、股鳞蜓蜥（*Sphenomorphus incognitus*）、颈槽蛇（*Rhabdophis nuchalis*）、黑脊蛇（*Achalinus spinalis*）、横纹小头蛇（*Oligodon multizonatum*）、丽纹龙蜥（*Japalura splendida*）、多疣壁虎（*Gekko japonicus*）、双全白环蛇（*Lycodon fasciatus*）等；

鸟类：朱鹮（*Nipponia nippon*）、棕头歌鸲（*Luscinia ruficeps*）、三趾鸦雀（*Paradoxornis paradoxus*）、银脸长尾山雀（*Aegithalos fuliginosus*）、白眶鸦雀（*Paradoxornis conspicillatus*）、蓝鹀（*Latoucheornis siemsseni*）、斑背噪鹛（*Garrulax lunulatus*）、黑喉歌鸲（*Luscinia obscura*）、峨眉鹟莺（*Seicercus omeiensis*）、灰冠鸦雀（*Paradoxornis przewalskii*）、火冠雀（*Cephalopyrus flammiceps*）、灰头鸫（*Turdus rubrocanus*）、黑额山噪鹛（*Garrulax sukatschewi*）、棕头雀鹛（*Alcippe ruficapilla*）等；

哺乳类：罗氏鼢鼠（*Myospalax rothschildi*）、林猬（*Mesechinus hughi*）、沟牙鼯鼠（*Aeretes melanopterus*）、苛岚绒鼾（*Caryomys inez*）、黄河鼠兔（*Ochotona huangensis*）、大臭鼩（*Suncus murinus*）、甘肃仓鼠（*Cansumys canus*）、纹背鼩鼱（*Sorex cylindricauda*）、鼩鼹（*Uropsilus soricipes*）、小泡巨鼠（*Berylmys manipulus*）、川金丝猴（*Rhinopithecus roxellana*）、复齿鼯鼠（*Trogopterus xanthipes*）、微尾鼩（*Anourosorex squamipes*）、红白鼯鼠（*Petaurista alborufus*）、洮州绒鼾（*Caryomys eva*）、长尾鼩鼹（*Scaptonyx fusicaudus*）等。

**表 3-95　秦巴-武当省陆生脊椎动物种类组成**

| 纲 | | 目 | 科 | 种 |
|---|---|---|---|---|
| 两栖类 | | 2 | 10 | 59 |
| 爬行类 | | 2 | 12 | 76 |
| 鸟类 | 繁殖鸟 | 16 | 59 | 276 |
| | 非繁殖鸟 | 9 | 29 | 95 |
| 哺乳类 | | 7 | 27 | 135 |
| 总计 | | 28 | 116 | 641 |

（6）自然保护区

秦巴-武当省已建立国家级自然保护区 37 个，分别是米仓山、唐家河、花萼山、诺水河珍稀水生动物、赛武当、青龙山恐龙蛋化石群、堵河源、十八里长峡、神农架、白水江、小陇山、老县城、周至、紫柏山、太白湑水河、黄柏塬、太白山、长青、汉中朱鹮、陕西米仓山、青木川、陕西略阳珍稀水生动物、桑园、佛坪观音山、佛坪、宁陕平河梁、天华山、化龙山、牛背梁、大巴山、雪宝山、五里坡、阴条岭、南阳恐龙蛋化石群、伏牛山、宝天曼和丹江湿地国家级自然保护区（图 3-136）。

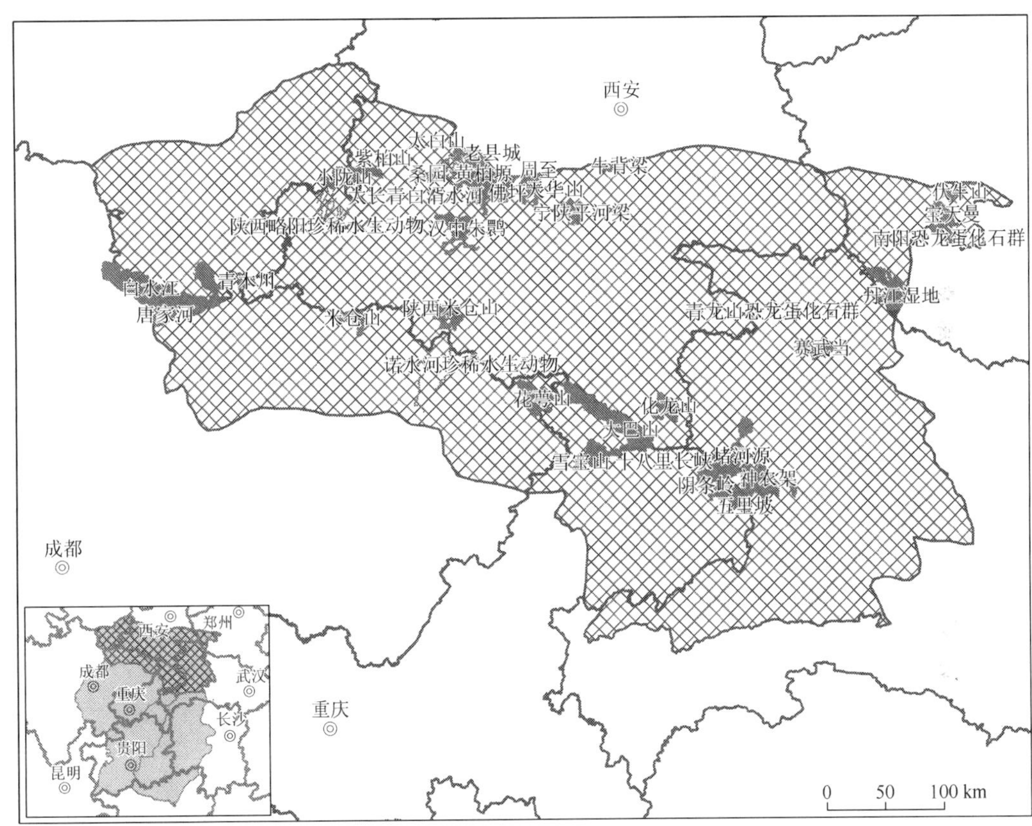


图 3-136 秦巴-武当省主要自然保护区分布图

（7）生态地理单元划分

秦巴-武当省共划分为 9 个生态地理单元（图 3-137、表 3-96）：

Ⅱ6Na01 伏牛山山地；

Ⅱ6Na02 武当山山地；

Ⅱ6Na03 秦岭南坡山地；

Ⅱ6Na04 汉江上游谷地；

Ⅱ6Na05 嘉陵江上游切割山地；

Ⅱ6Na06 嘉陵江谷地；

Ⅱ6Na07 大巴山山地；

Ⅱ6Na08 三峡谷地；

Ⅱ6Na09 清江切割山地。

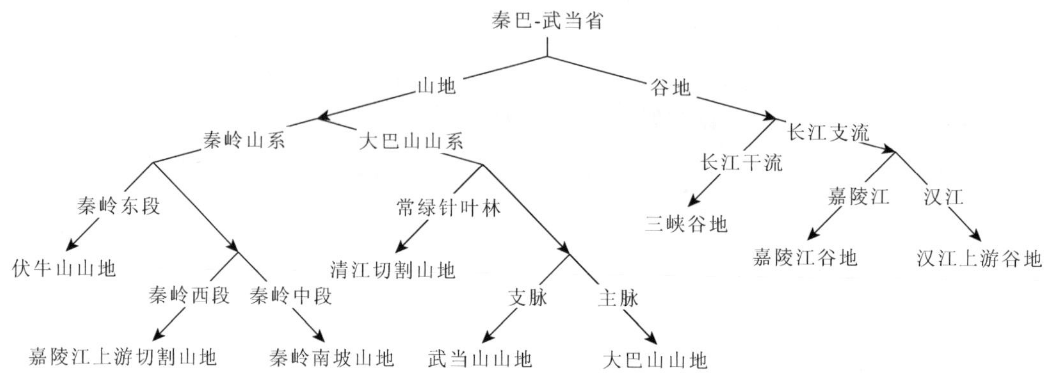


图 3-137　秦巴-武当省各生态地理单元关系图

伏牛山山地（Ⅱ6Na01）、嘉陵江上游切割山地（Ⅱ6Na05）和秦岭南坡山地（Ⅱ6Na03）位于河南省西部及陕西省中部，三者均属于秦岭山系，以山地地形为主。秦岭山系横贯我国中部，西起甘肃省临潭县北部的白石山，向东经天水南部的麦积山进入陕西省，在陕西省与河南省交界处分为崤山—熊耳山—伏牛山，跨越近 8 个经度。根据地形单元的差异，把秦岭山系划分为东段伏牛山山地、中段秦岭南坡和西段嘉陵江上游切割山地三个生态地理单元。

武当山山地（Ⅱ6Na02）、大巴山山地（Ⅱ6Na07）和清江切割山地（Ⅱ6Na09）位于四川省东北部省界上，三者均属于大巴山山系，以山地地形为主，海拔在 300 m 以上。大巴山系处于我国中亚热带气候和北亚热带气候的分界线上，海拔落差较大，植被类型多样，垂直地带性显著。武当山山地位于长江以北，以侵蚀地貌为主，主要土壤类型为黄棕壤，以人工植被和亚热带落叶阔叶林为主要植被类型。大巴山山地以大巴山主脉作为主体，海拔较高，兼有侵蚀和岩溶地貌，主要土壤类型为黄棕壤和黄壤，以人工植被和亚热带常绿落叶阔叶灌丛为主要的植被类型。清江切割山地位于长江以南，以岩溶地貌为主，主要土壤类型为黄棕壤，植被类型以亚热带常绿落叶阔叶灌丛和人工植被为主。

汉江上游谷地（Ⅱ6Na04）、嘉陵江谷地（Ⅱ6Na06）和三峡谷地（Ⅱ6Na08）以谷地地形为主，大部分海拔在 2000 m 以下。汉江上游谷地位于长江支流汉江的上游，主要土壤类型为黄棕壤；由于人类农业开垦，植被以人工植被为主，海拔较高的区域还保留有部分亚热带常绿落叶阔叶灌丛。嘉陵江谷地位于长江支流嘉陵江的上游，从上游往下分布的土壤类型有褐土、棕壤和黄壤，主要植被类型为人工植被和亚热带常绿落叶阔叶灌丛。三峡谷地处于重庆市和湖北省的长江干流上，主要土壤类型为黄壤和棕壤，以人工植被和亚热带、热带草丛为主要植被类型。

**表 3-96 秦巴-武当省 9 个生态地理单元生态因子与动物群**

| 生态地理单元 | | Na01 伏牛山山地 | Na02 武当山山地 | Na03 秦岭南坡山地 | Na04 汉江上游谷地 | Na05 嘉陵江上游切割山地 | Na06 嘉陵江谷地 | Na07 大巴山山地 | Na08 三峡谷地 | Na09 清江切割山地 |
|---|---|---|---|---|---|---|---|---|---|---|
| 概况 | 地貌 | 侵蚀山地 | 侵蚀山地 | 侵蚀山地 | 冲积平原；侵蚀丘陵 | 侵蚀山地 | 侵蚀山地；侵蚀丘陵 | 侵蚀山地；岩溶化山地 | 侵蚀山地；岩溶化山地 | 岩溶化山地 |
| | 海拔 | 300～1900m | 300～1500m | 900～2500m | 600～1800m | 1400～3500m | 800～2400m | 500～2500m | 600～2000m | 400～1900m |
| | 土壤 | 黄棕壤、棕壤 | 黄棕壤 | 黄棕壤 | 黄棕壤 | 棕壤、黄棕壤、黄壤 | 褐土、棕壤和黄壤 | 黄棕壤、黄壤 | 黄壤和棕壤 | 黄棕壤 |
| | 水系 | 长江、黄河 | 汉江 | 珠江 | 汉江 | 嘉陵江 | 嘉陵江 | 长江 | 长江 | 清江 |
| 气候 | 平均气温 | 7～15℃ | 11～15℃ | 6～14℃ | 11～16℃ | 4～14.5℃ | 10～17℃ | 6～16℃ | 9～18℃ | 9～17℃ |
| | 夏季均温 | 18～26℃ | 21～26℃ | 16～25℃ | 21～26℃ | 12～24℃ | 19～26℃ | 16～26℃ | 18～28℃ | 18～27℃ |
| | 冬季均温 | -4～3℃ | 0～4℃ | -4～2℃ | 0～5℃ | -5～5℃ | 0～7℃ | -3～6℃ | 0～7℃ | -1～6℃ |
| | 年降水量 | 750～910mm | 760～1000mm | 720～960mm | 720～1040mm | 560～810mm | 710～950mm | 910～1360mm | 940～1450mm | 1000～1510mm |
| | 雨季降水量 | 370～460mm | 350～450mm | 350～490mm | 330～530mm | 290～430mm | 390～570mm | 430～630mm | 400～610mm | 420～620mm |
| | 旱季降水量 | 40～60mm | 30～70mm | 20～40mm | 20～40mm | 10～20mm | 10～20mm | 20～80mm | 50～90mm | 80～100mm |
| 植被 | 植被类型 1 | 温带落叶阔叶林（+++++） | 人工植被（+++++） | 温带落叶阔叶林（++++） | 人工植被（++++） | 温带落叶阔叶林（+++） | 人工植被（+++） | 人工植被（+++） | 人工植被（++++） | 亚热带常绿落叶阔叶灌丛（+++++） |
| | 优势群系 1 | 栓皮栎林 | 单季稻 | 锐齿槲栎林 | 夏稻、冬小麦 | 栓皮栎林 | 夏稻、冬小麦 | 夏稻、冬小麦 | 夏稻、冬小麦 | 白栎、短柄枹灌丛 |
| | 优势群系 2 | 锐齿槲栎林 | 稻、麦、双季稻 | 栓皮栎林 | 冬小麦、玉米、高粱、谷子、甘薯 | 锐齿槲栎林 | 蚕豆、夏玉米、甘薯 | 蚕豆、夏玉米、甘薯 | 蚕豆、夏玉米、甘薯 | 茅栗、白栎灌丛 |
| | 植被类型 2 | 人工植被（++） | 亚热带落叶阔叶林（++） | 温带落叶灌丛（++） | 亚热带常绿落叶阔叶灌丛（++） | 人工植被（+++） | 亚热带常绿落叶阔叶灌丛（++） | 亚热带常绿落叶阔叶灌丛（+++） | 亚热带、热带草丛（++） | 人工植被（++++） |
| | 优势群系 1 | 冬小麦、杂粮 | 栓皮栎、麻栎林 | 绣线菊灌丛 | 短梗胡枝子、火棘灌丛 | 春小麦、水稻、大豆 | 马桑灌丛 | 白栎、短柄枹灌丛 | 扭黄茅、龙须草、白茅草丛 | 夏稻、冬小麦 |
| | 优势群系 2 | 冬小麦、玉米、高粱、甘薯 | 山杨、川白桦林 | 胡颓子灌丛 | 水马桑、圆锥绣球灌丛 | 冬小麦、玉米、高粱、谷子、甘薯 | 短梗胡枝子、火棘灌丛 | 短梗胡枝子、火棘灌丛 | 芒草、野古草、金茅草丛 | 双季稻与紫云英 |
| 动物群 | | 山地阔叶林动物群 | 山地农田、林缘动物群 | 山地阔叶林、林灌动物群 | 谷地农田、林灌动物群 | 山地阔叶林、农田动物群 | 谷地农田、林灌动物群 | 山地林灌、农田动物群 | 谷地植被、草丛动物群 | 山地林灌、农田动物群 |

## 2. 四川盆地省（Ⅱ6Nb）

（1）概况

四川盆地省的范围包括四川省中东部，以侵蚀性红层丘陵地貌为主，海拔主要为200～800 m，主要分布有农田-亚热带林灌动物群。

（2）气候

四川盆地省属于中亚热带季风气候，年均气温 10～19 ℃，夏季（7～9 月）平均气温 19～28 ℃，冬季（12～2 月）平均气温 1～9 ℃；年均降水量 920～1710 mm，雨季降水量 460～1060 mm，旱季降水量 20～90 mm（图 3-138）。

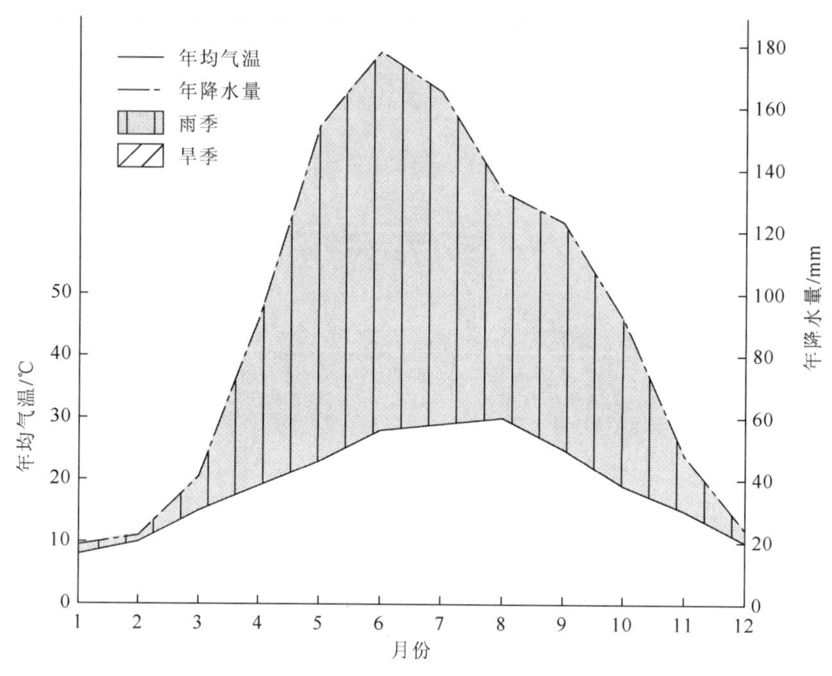


图 3-138　重庆（108°23′E，30°45′N）气候图

（3）土壤

四川盆地省主要的土壤类型有紫色土，还零星分布有黄壤和水稻土。

紫色土分布于四川盆地省的大部分区域，是发育于亚热带地区石灰性紫色砂页岩母质的土壤。紫色土是在频繁的风化作用和侵蚀作用下形成的，其物理风化强烈、化学风化微弱、石灰开始淋溶。土壤剖面呈均一的紫色或紫红色，层次不明显。

黄壤主要分布于四川盆地省东部的华蓥山、铜锣山和明月山一带，水稻土则分布于岷江和嘉陵江的两岸的冲积平原地区。

（4）植被

四川盆地省以人工植被为主要植被类型，约占 74%；其次为亚热带针叶林（含短柄枹栎、映山红的马尾松林；柏木林；杉木林），约占 11%；还分布有亚热带、热带草丛和亚热带、热带常绿阔叶、落叶阔叶灌丛等植被类型。

（5）陆生脊椎动物

四川盆地省共记录陆生脊椎动物30目113科588种（表3-97）。

两栖类：合江棘蛙（*Paa robertingeri*）、魏氏齿蟾（*Oreolalax weigoldi*）、龙洞山溪鲵（*Batrachuperus londongensis*）、峨眉齿蟾（*Oreolalax omeimontis*）、四川狭口蛙（*Kaloula rugifera*）、仙琴蛙（*Hylarana daunchina*）、日本溪树蛙（*Buergeria japonica*）、峨眉角蟾（*Megophrys omeimontis*）、峨眉林蛙（*Rana omeimontis*）、棘皮湍蛙（*Amolops granulosus*）、峨山掌突蟾（*Paramegophrys oshanensis*）、利川铃蟾（*Bombina lichuanensis*）、湖北侧褶蛙（*Pelophylax hubeiensis*）、峨眉树蛙（*Rhacophorus omeimontis*）、绿臭蛙（*Odorrana margaretae*）等；

爬行类：蹼趾壁虎（*Gekko subpalmatus*）、峨眉地蜥（*Platyplacopus intermedius*）、黑纹颈槽蛇（*Rhabdophis nigrocinctus*）、宁波滑蜥（*Scincella modesta*）、宜宾龙蜥（*Japalura grahami*）、乌龟（*Chinemys reevesii*）、黄缘闭壳龟（*Cuora flavomarginata*）、美姑脊蛇（*Achalinus meiguensis*）、白条草蜥（*Takydromus wolteri*）、多疣壁虎（*Gekko japonicus*）等；

鸟类：白冠长尾雉（*Syrmaticus reevesii*）、冕柳莺（*Phylloscopus coronatus*）、黄胸绿鹊（*Cissa hypoleuca*）、灰喉鸦雀（*Paradoxornis alphonsianus*）、灰头鸫（*Turdus rubrocanus*）、棕顶树莺（*Cettia brunnifrons*）、玉头（姬）鹟（*Ficedula sapphira*）、蓝喉仙鹟（*Cyornis rubeculoides*）、蓝额地鸲（*Cinclidium frontale*）、红腹锦鸡（*Chrysolophus pictus*）、异色树莺（*Cettia flavolivacea*）、噪苇莺（*Acrocephalus stentoreus*）、灰蓝（姬）鹟（*Ficedula tricolor*）、酒红朱雀（*Carpodacus vinaceus*）等；

哺乳类：微尾鼩（*Anourosorex squamipes*）、灰麝鼩（*Crocidura attenuata*）、社鼠（*Niviventer confucianus*）、狗獾（*Meles meles*）、峨眉鼩鼹（*Nasillus andesoni*）、鼬獾（*Melogale moschata*）等。

**表3-97 四川盆地省陆生脊椎动物种类组成**

| 纲 | | 目 | 科 | 种 |
|---|---|---|---|---|
| 两栖类 | | 2 | 10 | 62 |
| 爬行类 | | 2 | 12 | 93 |
| 鸟类 | 繁殖鸟 | 17 | 57 | 245 |
| | 非繁殖鸟 | 9 | 26 | 85 |
| 哺乳类 | | 8 | 26 | 103 |
| 总计 | | 30 | 113 | 588 |

（6）自然保护区

四川盆地省已建立国家级自然保护区5个，分别是长江上游珍稀特有鱼类、长宁竹海、老君山、缙云山和金佛山国家级自然保护区（图3-139）。

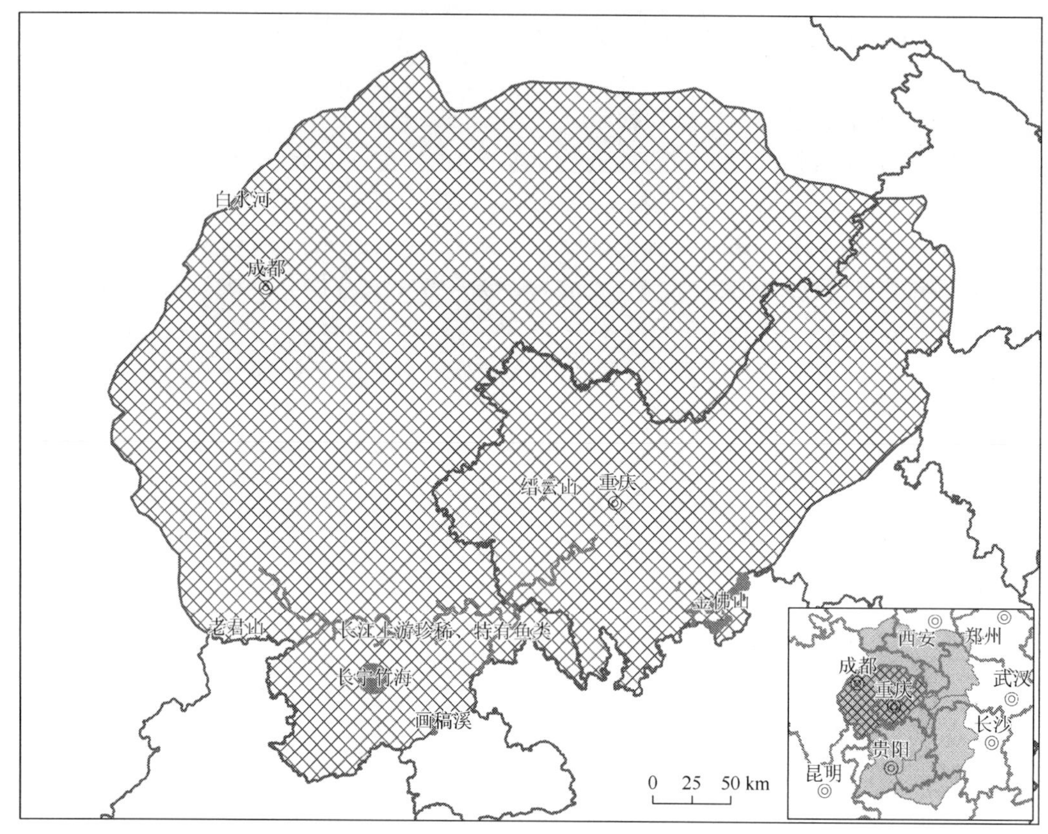


图 3-139　四川盆地省主要自然保护区分布图

（7）生态地理单元划分

四川盆地省共划分为 5 个生态地理单元（图 3-140、表 3-98）：

Ⅱ6Nb01 盆东平行岭谷；

Ⅱ6Nb02 盆东山地丘陵；

Ⅱ6Nb03 四川盆地；

Ⅱ6Nb04 川滇低山丘陵；

Ⅱ6Nb05 盆缘西南部山地。

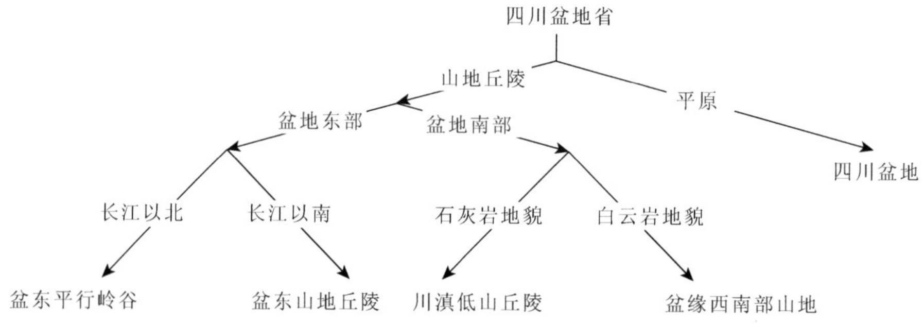


图 3-140　四川盆地省各生态地理单元关系图

盆东平行岭谷（Ⅱ6Nb01）和盆东山地丘陵（Ⅱ6Nb02）位于四川盆地（Ⅱ6Nb03）以东，以山地丘陵地形为主，海拔在1200 m以下。主要的土壤类型为紫色土，山地上为黄壤；以人工植被和亚热带针叶林为主要的植被类型。二者以长江干流为界，长江以北为盆东平行岭谷，长江以南为盆东山地丘陵。

四川盆地位于四川省东部和重庆市西南部，以平原地形为主，海拔在1000 m以下。主要土壤类型为紫色土，由于历史上人类的农垦，四川盆地主要植被类型为人工植被。

川滇低山丘陵（Ⅱ6Nb04）和盆缘西南部山地（Ⅱ6Nb05）位于四川盆地以南，以山地丘陵地形为主，海拔多为400～1500 m。主要土壤类型为黄壤，并分布少量水稻土，区内分布有较大面积的人工植被。川滇低山丘陵与云贵高原交界，岩层以石灰岩为主，主要的原生植被类型为亚热带、热带草丛；盆缘西南部山地与川西高原交界，岩层以白云岩为主，主要原生植被类型为亚热带常绿阔叶林。

**表3-98 四川盆地5个生态地理单元生态因子与动物群**

| 生态地理单元 | | Nb01 盆东平行岭谷 | Nb02 盆东山地丘陵 | Nb03 四川盆地 | Nb04 川滇低山丘陵 | Nb05 盆缘西南部山地 |
|---|---|---|---|---|---|---|
| 概况 | 地貌 | 侵蚀山地；岩溶化山地 | 岩溶化山地 | 侵蚀红层丘陵 | 侵蚀山地；岩溶化山地 | 侵蚀山地；洪积、冲积平原 |
| | 海拔 | 400～1200 m | 400～1900 m | 300～900 m | 400～1500 m | 400～1900 m |
| | 土壤 | 紫色土、黄壤 | 紫色土、黄壤 | 紫色土 | 黄壤 | 黄壤 |
| | 水系 | 长江 | 长江 | 长江 | 长江 | 岷江、大渡河 |
| 气候 | 平均气温 | 14～18 ℃ | 10～19 ℃ | 15～18 ℃ | 14～18 ℃ | 12～18 ℃ |
| | 夏季均温 | 23～28 ℃ | 19～28 ℃ | 24～27 ℃ | 22～27 ℃ | 20～26 ℃ |
| | 冬季均温 | 4～9 ℃ | 1～9 ℃ | 6～9 ℃ | 5～9 ℃ | 4～9 ℃ |
| | 年降水量 | 1070～1380 mm | 1070～1500 mm | 920～1500 mm | 960～1140 mm | 1070～1710 mm |
| | 雨季降水量 | 470～600 mm | 470～620 mm | 460～920 mm | 490～590 mm | 590～1060 mm |
| | 旱季降水量 | 40～70 mm | 60～90 mm | 20～70 mm | 50～80 mm | 40～60 mm |
| 植被 | 植被类型1 | 人工植被（+++++） | 人工植被（+++++） | 人工植被（+++++） | 人工植被（+++++） | 人工植被（+++++） |
| | 优势群系1 | 夏稻、冬小麦、蚕豆、夏玉米、甘薯 | 夏稻、冬小麦、蚕豆、夏玉米、甘薯 | 夏稻、冬小麦、蚕豆、夏玉米、甘薯 | 夏稻、冬小麦、蚕豆、夏玉米、高粱、甘薯 | 夏稻、冬小麦、蚕豆、夏玉米、甘薯 |
| | 优势群系2 | 夏稻、冬小麦、蚕豆、夏玉米、高粱、甘薯 | 夏稻、冬小麦、蚕豆、夏玉米、高粱、甘薯 | 夏稻、冬小麦、蚕豆、夏玉米、高粱、甘薯 | 夏稻、冬小麦、蚕豆、玉米 | 夏稻、冬小麦、蚕豆、夏玉米、高粱、甘薯 |
| | 植被类型2 | 亚热带针叶林（++） | 亚热带针叶林（++） | 亚热带针叶林（+） | 亚热带、热带草丛（++） | 亚热带常绿阔叶林（+） |
| | 优势群系1 | 含短柄枹栎、映山红的马尾松林 | 含短柄枹栎、映山红的马尾松林 | 柏木林 | 扭黄茅、龙须草、白茅草丛 | 栲树、南岭栲林 |
| | 优势群系2 | 杉木林 | 杉木林 | 含短柄枹栎、映山红的马尾松林 | 扭黄茅、孔颖草、香茅草丛 | 峨嵋栲林 |
| 动物群 | | 丘陵农田、针叶林动物群 | 丘陵农田、针叶林动物群 | 平原农田动物群 | 丘陵农田、草丛动物群 | 山地农田、阔叶林动物群 |

### 3. 贵州高原省（Ⅱ6Nc）

（1）概况

贵州高原省的范围包括贵州省中北部、四川省东南部和重庆市西南部，以岩溶性山地和高原地貌为主，海拔主要为 500～1500 m，主要分布有亚热带常绿阔叶林灌-农田动物群。

（2）气候

贵州高原省属于中亚热带季风气候，年均气温 11～20 ℃，夏季（6～8 月）平均气温 20～27 ℃，冬季（12～2 月）平均气温 1～12 ℃；年均降水量 1010～1510 mm，雨季降水量 480～740 mm，旱季降水量 50～90 mm（图 3-141）。

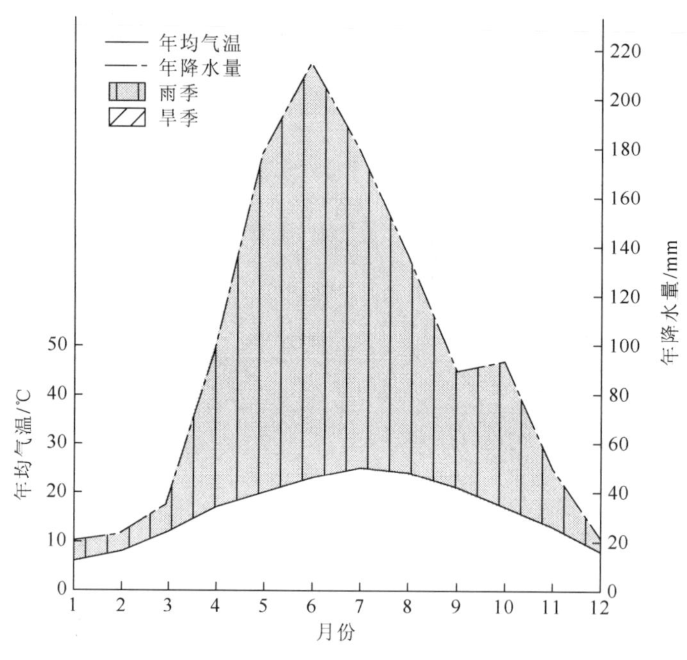


图 3-141　贵阳（106°52′E，26°36′N）气候图

（3）土壤

贵州高原省的地带性土壤类型是黄壤和红壤，还零星分布有紫色土和石灰土。

黄壤分布于贵州高原省的大部分地区，是亚热带湿润山地或高原常绿阔叶林条件下发育形成的土壤：一方面，由于高温多雨的气候环境，岩石风化作用强烈，富铝化作用明显；另一方面，由于终年处于雨量足、云雾多、相对湿度大、水热状况稳定的环境中，土层经常保持湿润状态，含水量较高，因而土体中大量的氧化铁发生水化作用。土壤垂直分布规律明显，在各个山地的垂直带谱中，黄壤的下部一般是红壤，上部以黄棕壤为多。

紫色土主要分布于乌江的中游河段两岸，石灰土分布于苗岭一带。

（4）植被

贵州高原省以亚热带、热带常绿阔叶、落叶阔叶灌丛（茅栗、白栎灌丛；雀梅藤、小果蔷薇、火棘、龙须藤灌丛；白栎、短柄枹灌丛）为主要植被类型，约占 38%；其次为人工植被，约占27%；还分布有亚热带针叶林和亚热带、热带草丛等植被类型。

（5）陆生脊椎动物

贵州高原省共记录陆生脊椎动物31目114科631种（表3-99）。

两栖类：红点齿蟾（*Oreolalax rhodostigmatus*）、安龙臭蛙（*Odorrana anlungensis*）、龙胜臭蛙（*Odorrana lungshengensis*）、仙琴蛙（*Hylarana daunchina*）、日本溪树蛙（*Buergeria japonica*）、合江棘蛙（*Paa robertingeri*）、棘指角蟾（*Megophrys spinata*）、尾斑瘰螈（*Paramesotriton caudopunctatus*）、经甫树蛙（*Rhacophorus chenfui*）、贵洲疣螈（*Tylototriton kweichowensis*）、峨山掌突蟾（*Paramegophrys oshanensis*）、利川铃蟾（*Bombina lichuanensis*）、白斑水树蛙（*Aquixalus albopunctatus*）、红吸盘水树蛙（*Aquixalus rhododiscus*）、绿臭蛙（*Odorrana margaretae*）等；

爬行类：青脊蛇（*Achalinus ater*）、龙胜小头蛇（*Oligodon lungshenensis*）、峨眉地蜥（*Platyplacopus intermedius*）、光蜥（*Ateuchosaurus chinensis*）、棱鳞钝头蛇（*Pareas carinatus*）、平鳞钝头蛇（*Pareas boulengeri*）、白头蝰（*Azemiops feae*）、翠青蛇（*Cyclophiops major*）、北草蜥（*Takydromus septentrionalis*）、棕黑腹链蛇（*Amphiesma sauteri*）、锈链腹链蛇（*Amphiesma craspedogaster*）、黄莲蛇（*Dinodon flavozonatum*）、丽纹腹链蛇（*Amphiesma optata*）、花尾斜鳞蛇（*Pseudoxenodon stejnegeri*）等；

鸟类：金额雀鹛（*Alcippe variegaticeps*）、乌灰鸫（*Turdus cardis*）、灰喉鸦雀（*Paradoxornis alphonsianus*）、褐胸鹟（*Muscicapa muttui*）、黄眉林雀（*Sylviparus modestus*）、绒额䴓（*Sitta frontalis*）、白冠长尾雉（*Syrmaticus reevesii*）、白眶鹟莺（*Seicercus affinis*）、黄胸绿鹊（*Cissa hypoleuca*）、蓝喉仙鹟（*Cyornis rubeculoides*）、淡尾鹟莺（*Seicercus soror*）、红腹锦鸡（*Chrysolophus pictus*）、噪苇莺（*Acrocephalus stentoreus*）、白领凤鹛（*Yuhina diademata*）等；

哺乳类：黔金丝猴（*Rhinopithecus brelichi*）、黑叶猴（*Trachypithecus francoisi*）、褐尾鼠（*Niviventer cremoriventer*）、猪尾鼠（*Typhlomys cinereus*）、食蟹獴（*Herpestes urva*）、大绒鼠（*Eothenomys miletus*）、红腿长吻松鼠（*Dremomys pyrrhomerus*）、藏酋猴（*Macaca thibetana*）、霜背大鼯鼠（*Petaurista philippensis*）、锡金小鼠（*Mus pahari*）等。

**表3-99 贵州高原省陆生脊椎动物种类组成**

| 纲 | | 目 | 科 | 种 |
|---|---|---|---|---|
| 两栖类 | | 2 | 10 | 71 |
| 爬行类 | | 2 | 14 | 97 |
| 鸟类 | 繁殖鸟 | 18 | 58 | 254 |
| | 非繁殖鸟 | 9 | 28 | 111 |
| 哺乳类 | | 8 | 23 | 98 |
| 总计 | | 31 | 114 | 631 |

（6）自然保护区

贵州高原省已建立国家级自然保护区9个，分别是长江上游珍稀特有鱼类、画稿溪、星斗山、咸丰忠建河大鲵、宽阔水、习水中亚热带常绿阔叶林、赤水桫椤、梵净山和麻阳河国家级自然保护区（图 3-142）。

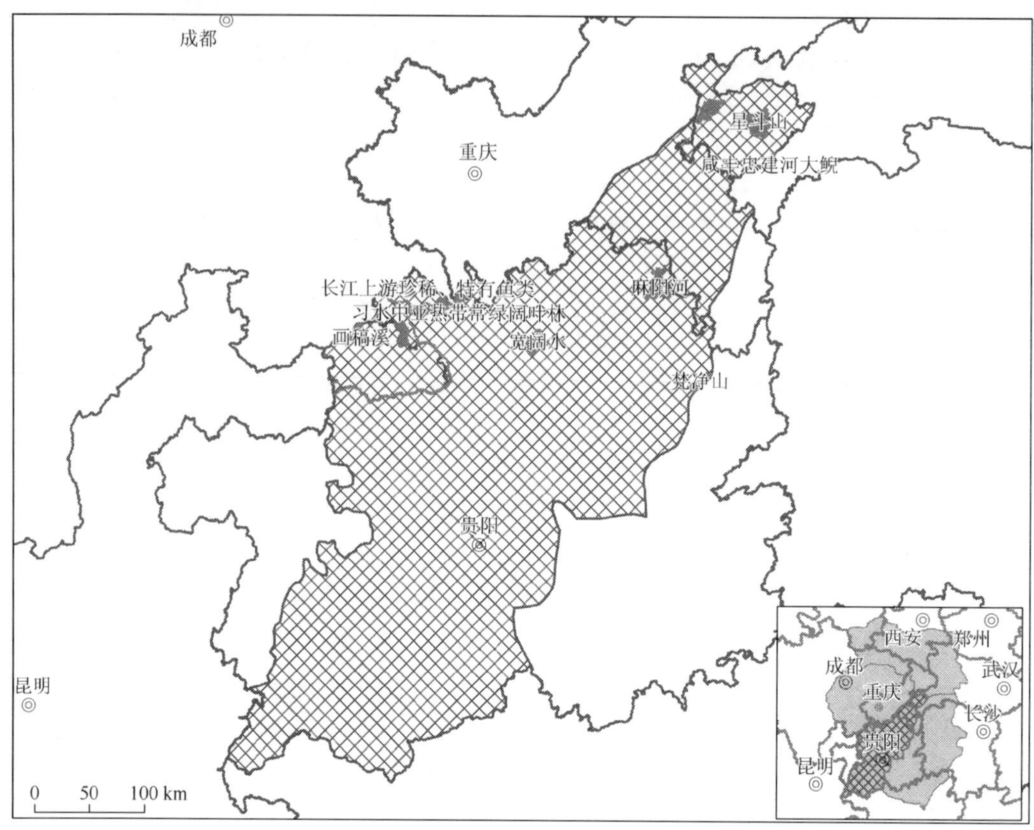


图 3-142　贵州高原省主要自然保护区分布图

（7）生态地理单元划分

贵州高原省共划分为 3 个生态地理单元（图 3-143、表 3-100）：

Ⅱ6Nc01 大娄山中山峡谷；

Ⅱ6Nc02 乌江流域中山峡谷；

Ⅱ6Nc03 北盘江河谷山地。

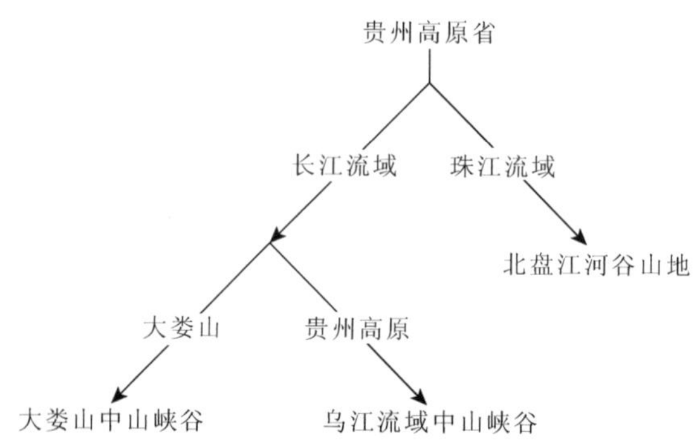


图 3-143　贵州高原省各生态地理单元关系图

大娄山中山峡谷（Ⅱ6Nc01）和乌江流域中山峡谷（Ⅱ6Nc02）属于长江水系，均属于中山峡谷地形，海拔多在 1000 m 以上。主要土壤类型为黄壤、石灰土和紫色土，以亚热带、热带常绿阔叶、落叶阔叶灌丛和人工植被为主。大娄山中山峡谷位于贵州省北部和重庆市东南部，属于大娄山山系；乌江流域中山峡谷位于贵州省中部，属于贵州高原腹地。

北盘江河谷山地（Ⅱ6Nc03）属于珠江水系，位于贵州省西南部北盘江上游，主要以河谷山地地形为主；主要的土壤类型为赤红壤和石灰土，以亚热带、热带常绿阔叶、落叶阔叶灌丛和人工植被为主。

**表 3-100　贵州高原省 3 个生态地理单元生态因子与动物群**

| 生态地理单元 | | Nc02 大娄山中山峡谷 | Nc03 乌江流域中山峡谷 | Nc01 北盘江河谷山地 |
|---|---|---|---|---|
| 概况 | 地貌 | 岩溶化山地；侵蚀山地 | 侵蚀山地；岩溶化山地；岩溶化高原 | 岩溶化山地；岩溶化高原 |
| | 海拔 | 900～1800 m | 900～1900 m | 800～1900 m |
| | 土壤 | 黄壤、石灰土和紫色土 | 黄壤、石灰土和紫色土 | 赤红壤和石灰土 |
| | 水系 | 长江 | 长江 | 珠江 |
| 气候 | 平均气温 | 11～17 ℃ | 12～16 ℃ | 14～20 ℃ |
| | 夏季均温 | 20～26 ℃ | 20～26 ℃ | 20～27 ℃ |
| | 冬季均温 | 1～7 ℃ | 3～7 ℃ | 6～12 ℃ |
| | 年降水量 | 1040～1510 mm | 1010～1280 mm | 1170～1350 mm |
| | 雨季降水量 | 480～640 mm | 500～630 mm | 610～740 mm |
| | 旱季降水量 | 60～90 mm | 60～90 mm | 50～70 mm |
| 植被 | 植被类型 1 | 亚热带、热带常绿阔叶、落叶阔叶灌丛（++++） | 亚热带、热带常绿阔叶、落叶阔叶灌丛（++++） | 亚热带、热带常绿阔叶、落叶阔叶灌丛（++++） |
| | 优势群系 1 | 茅栗、白栎灌丛 | 茅栗、白栎灌丛 | 雀梅藤、小果蔷薇、火棘、龙须藤灌丛 |
| | 优势群系 2 | 雀梅藤、小果蔷薇、火棘、龙须藤灌丛 | 雀梅藤、小果蔷薇、火棘、龙须藤灌丛 | 茅栗、白栎灌丛 |
| | 植被类型 2 | 人工植被（+++） | 人工植被（+++） | 人工植被（+++） |
| | 优势群系 1 | 夏稻、冬小麦、蚕豆、玉米 | 夏稻、冬小麦、蚕豆、玉米 | 夏稻、冬小麦、蚕豆、玉米 |
| | 优势群系 2 | 夏稻、冬小麦、蚕豆、夏玉米、高粱、甘薯 | 夏稻、冬小麦、蚕豆、夏玉米、高粱、甘薯 | 夏稻、冬小麦、蚕豆、玉米 |
| 动物群 | | 谷地林灌、农田动物群 | 谷地林灌、农田动物群 | 谷地林灌、农田动物群 |

#### 4. 黔桂湘低山丘陵省（Ⅱ6Nd）

（1）概况

黔桂湘低山丘陵省的范围包括广西北部、贵州东部、湖南西部和重庆东南部，以岩溶性山地地貌为主，海拔主要为 200～1000 m，主要分布有低山丘陵亚热带林灌-农田动物群。

（2）气候

黔桂湘低山丘陵省属于中亚热带季风气候，年均气温 10～21 ℃，夏季（6～8 月）平均气温 19～28 ℃，冬季（12～2 月）平均气温 0～12 ℃；年均降水量 1150～1800 mm，雨季降水量 480～910 mm，旱季降水量 80～190 mm（图 3-144）。

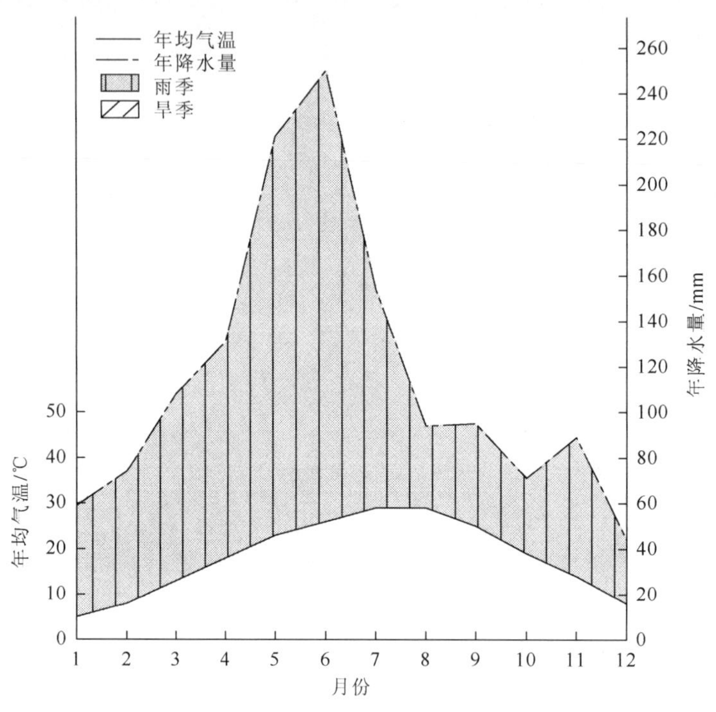


图 3-144　怀化（110°07′E，27°36′N）气候图

（3）土壤

黔桂湘低山丘陵省的地带性土壤类型是黄壤和红壤，还零星分布有紫色土和石灰土。

黄壤分布于黔桂湘低山丘陵省的大部分地区，在沅江和柳江上游河谷分布有部分红壤。在沅江的部分河段还分布有紫色土和石灰土。

（4）植被

黔桂湘低山丘陵省以人工植被为主要植被类型，约占 26%；其次为亚热带、热带常绿阔叶、落叶阔叶灌丛（茅栗、白栎灌丛；雀梅藤、小果蔷薇、火棘、龙须藤灌丛；竹叶椒、荚蒾灌丛），约占 25%；还分布有亚热带针叶林和亚热带、热带草丛等植被类型。

（5）陆生脊椎动物

黔桂湘低山丘陵共记录陆生脊椎动物有 30 目 117 科 631 种（表 3-101）。

两栖类：无斑肥螈（*Pachytriton labiatus*）、雷山髭蟾（*Vibrissaphora leishanense*）、强婚刺铃蟾（*Bombina fortinuptialis*）、隐耳蟾蜍（*Bufo cryptotympanicus*）、龙胜臭蛙（*Odorrana lungshengensis*）、棘侧蛙（*Paa shini*）、桑植趾沟蛙（*Pseudorana sangzhiensis*）、尾斑瘰螈

（*Paramesotriton caudopunctatus*）、细痣疣螈（*Tylototriton asperrimus*）、棘指角蟾（*Megophrys spinata*）、中国小鲵（*Hynobius chinensis*）、竹叶蛙（*Odorrana versabilis*）、峨眉髭蟾（*Vibrissaphora boringii*）、金秀水树蛙（*Aquixalus jinxiuensis*）、小棘蛙（*Paa exilispinosa*）、黑点树蛙（*Rhacophorus nigropunctatus*）等；

爬行类：菱斑小头蛇（*Oligodon catenata*）、龙胜小头蛇（*Oligodon lungshenensis*）、细白环蛇（*Lycodon subcinctus*）、丽纹腹链蛇（*Amphiesma optata*）、饰纹小头蛇（*Oligodon ornatus*）、坡普腹链蛇（*Amphiesma popei*）、细鳞树蜥（*Calotes microlepis*）、白尾双足蜥（*Dibamus bourreti*）、睑虎（*Goniurosaurus lichtenfelderi*）、山溪后棱蛇（*Opisthotropis latouchii*）、铅山壁虎（*Gekko hokouensis*）、尖吻蝮（*Deinagkistrodon acutus*）、棕脊蛇（*Achalinus rufescens*）、蓝尾石龙子（*Eumeces elegans*）等；

鸟类：金额雀鹛（*Alcippe variegaticeps*）、纹胸鹪鹛（*Napothera epilepidota*）、白颈长尾雉（*Syrmaticus ellioti*）、褐胸噪鹛（*Garrulax maesi*）、褐胸鹟（*Muscicapa muttui*）、灰翅噪鹛（*Garrulax cineraceus*）、仙八色鸫（*Pitta nympha*）、褐胁雀鹛（*Alcippe dubia*）、褐顶雀鹛（*Alcippe brunnea*）、噪苇莺（*Acrocephalus stentoreus*）、棕脸鹟莺（*Abroscopus albogularis*）、黄胸绿鹊（*Cissa hypoleuca*）、灰腹地莺（*Tesia cyaniventer*）、黑领噪鹛（*Garrulax pectoralis*）等；

哺乳类：黔金丝猴（*Rhinopithecus brelichi*）、红腿长吻松鼠（*Dremomys pyrrhomerus*）、华南缺齿鼹（*Mogera insularis*）、银星竹鼠（*Rhizomys pruinosus*）、褐尾鼠（*Niviventer cremoriventer*）、斑灵狸（*Prionodon parricolor*）、藏酋猴（*Macaca thibetana*）、华南兔（*Lepus sinensis*）、爪哇獴（*Herpestes javanicus*）、灰麝鼩（*Crocidura attenuata*）、长吻鼩鼹（*Nasillus gracilis*）等。

**表 3-101 黔桂湘低山丘陵省陆生脊椎动物种类组成**

| 纲 | | 目 | 科 | 种 |
|---|---|---|---|---|
| 两栖类 | | 2 | 10 | 67 |
| 爬行类 | | 2 | 16 | 100 |
| 鸟类 | 繁殖鸟 | 17 | 59 | 248 |
| | 非繁殖鸟 | 9 | 29 | 123 |
| 哺乳类 | | 8 | 23 | 93 |
| 总计 | | 30 | 117 | 631 |

（6）自然保护区

黔桂湘低山丘陵省已建立国家级自然保护区 26 个，分别是五峰后河、七姊妹山、咸丰忠建河大鲵、木林子、元宝山、九万山、猫儿山、花坪、木论、梵净山、雷公山、茂兰、保靖白云山、高望界、小溪、黄桑、湖南舜皇山、金童山、乌云界、壶瓶山、张家界大鲵、八大公山、六步溪、东安舜皇山、借母溪和鹰嘴界国家级自然保护区（图 3-145）。

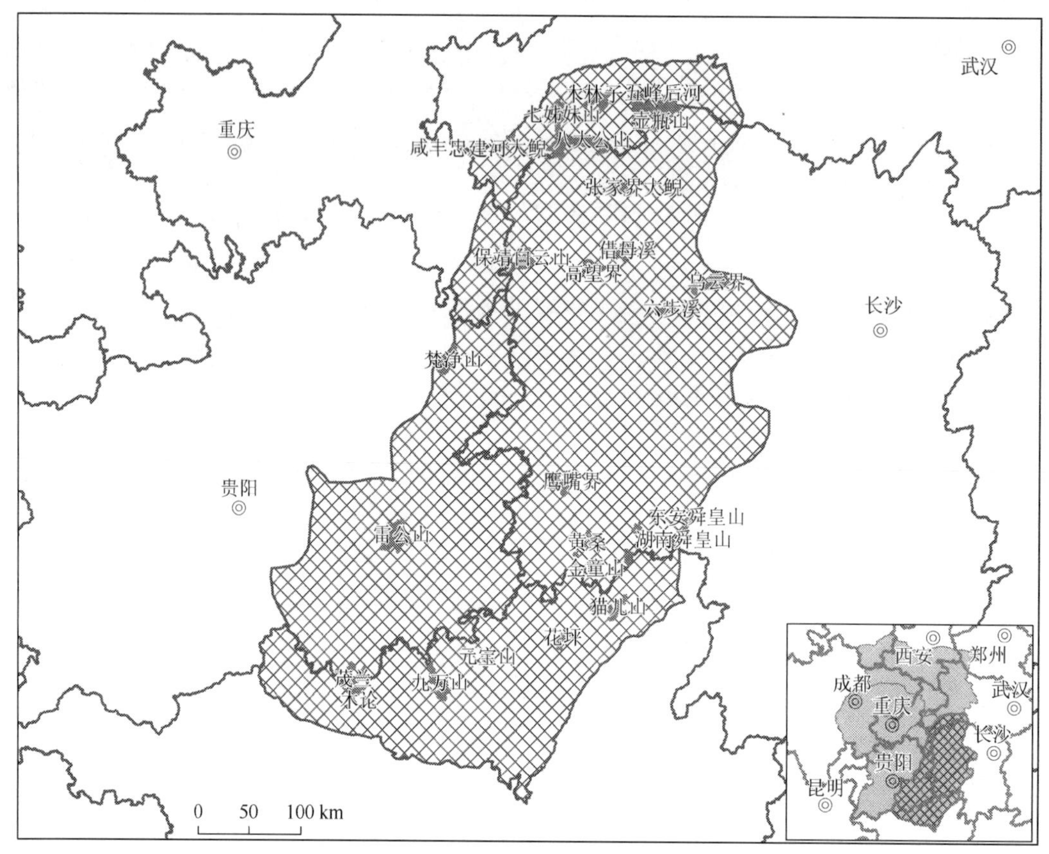


图 3-145　主要自然保护区分布图

（7）生态地理单元划分

黔桂湘低山丘陵省共划分为 6 个生态地理单元（图 3-146、表 3-102）：

Ⅱ6Nd01 武陵山地；

Ⅱ6Nd02 沅江流域山地丘陵；

Ⅱ6Nd03 湘中丘陵；

Ⅱ6Nd04 猫儿山山地；

Ⅱ6Nd05 黔东南山地丘陵；

Ⅱ6Nd06 苗岭山地。

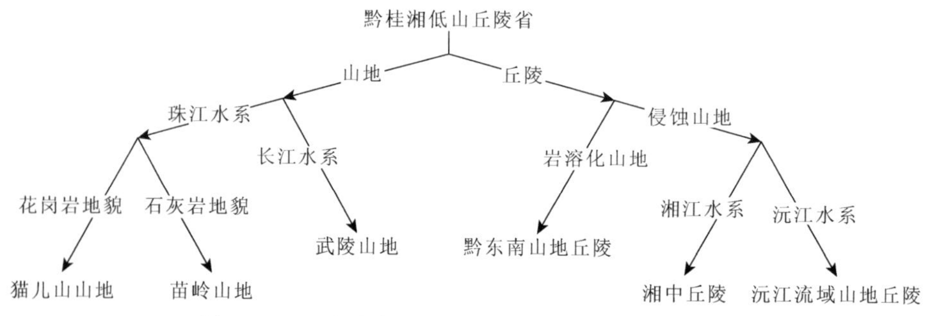


图 3-146　黔桂湘低山丘陵省各生态地理单元关系图

**表 3-102 黔桂湘低山丘陵省 6 个生态地理单元生态因子与动物群**

| 生态地理单元 | | Nd01 武陵山地 | Nd02 沅江流域山地丘陵 | Nd03 湘中丘陵 | Nd04 猫儿山山地 | Nd05 黔东南山地丘陵 | Nd06 苗岭山地 |
|---|---|---|---|---|---|---|---|
| 概况 | 地貌 | 岩溶化山地；岩溶化丘陵；侵蚀丘陵 | 侵蚀山地；侵蚀丘陵 | 侵蚀山地；侵蚀红层丘陵；侵蚀丘陵 | 侵蚀黄土塬 | 侵蚀山地 | 岩溶化山地；岩溶化高原 |
| | 海拔 | 400～1900 m | 300～1400 m | 300～1700 m | 200～1800 m | 700～1500 m | 300～1600 m |
| | 土壤 | 黄壤、棕壤和石灰土 | 红壤、黄壤和紫色土 | 红壤、黄壤和紫色土 | 红壤和黄壤 | 石灰土 | 红壤、黄壤、石灰土 |
| | 水系 | 长江 | 沅江 | 湘江 | 珠江 | 长江、珠江 | 珠江 |
| 气候 | 平均气温 | 10～17 ℃ | 13～17 ℃ | 11～17 ℃ | 12～20 ℃ | 13～18 ℃ | 14～21 ℃ |
| | 夏季均温 | 19～27 ℃ | 22～27 ℃ | 20～27 ℃ | 20～28 ℃ | 22～26 ℃ | 22～28 ℃ |
| | 冬季均温 | 0～6 ℃ | 2.3～7 ℃ | 2～6 ℃ | 2～11 ℃ | 4～9 ℃ | 5～12 ℃ |
| | 年降水量 | 1150～1530 mm | 1220～1530 mm | 1350～1620 mm | 1460～1800 mm | 1180～1420 mm | 1290～1550 mm |
| | 雨季降水量 | 480～650 mm | 510～660 mm | 590～690 mm | 660～910 mm | 510～670 mm | 640～750 mm |
| | 旱季降水量 | 90～130 mm | 110～170 mm | 170～190 mm | 130～190 mm | 80～140 mm | 80～150 mm |
| 植被 | 植被类型 1 | 人工植被（++++） | 亚热带针叶林（++++） | 亚热带针叶林（++++） | 亚热带、热带草丛（+++） | 人工植被（+++） | 亚热带、热带常绿阔叶、落叶阔叶灌丛（+++） |
| | 优势群系 1 | 夏稻、冬小麦 | 含短柄枹栎、映山红的马尾松林 | 含短柄枹栎、映山红的马尾松林 | 芒草、野古草、金茅草丛 | 夏稻、冬小麦、蚕豆、玉米 | 青檀、红背山麻杆、灰毛浆果楝灌丛 |
| | 优势群系 2 | 双季稻与紫云英；冬小麦、甘薯 | 杉木林 | 杉木林 | 杉木林 | 双季稻与紫云英；冬小麦、甘薯 | 雀梅藤、小果蔷薇、火棘、龙须藤灌丛 |
| | 植被类型 2 | 亚热带、热带常绿阔叶、落叶阔叶灌丛（++++） | 亚热带、热带常绿阔叶、落叶阔叶灌丛（+++） | 亚热带、热带常绿阔叶、落叶阔叶灌丛（+++） | 人工植被（+++） | 亚热带针叶林（+++） | 亚热带、热带草丛（+++） |
| | 优势群系 1 | 茅栗、白栎灌丛 | 竹叶椒、荚蒾灌丛 | 乌饭树、映山红灌丛 | 双季稻、蚕豆、大豆 | 杉木林 | 芒草、野古草、金茅草丛 |
| | 优势群系 2 | 雀梅藤、小果蔷薇、火棘、龙须藤灌丛 | 雀梅藤、小果蔷薇、火棘、龙须藤灌丛 | 雀梅藤、小果蔷薇、火棘、龙须藤灌丛 | 双季稻与紫云英 | 含短柄枹栎、映山红的马尾松林 | 芒草、野古草、金茅草丛+杉木林 |
| 动物群 | | 山地林缘、农田动物群 | 丘陵亚热带针叶林、林灌动物群 | 丘陵亚热带针叶林、林灌动物群 | 山地草丛、农田动物群 | 丘陵农田、针叶林动物群 | 山地林灌、草丛动物群 |

武陵山地（Ⅱ6Nd01）、猫儿山山地（Ⅱ6Nd04）和苗岭山地（Ⅱ6Nd06）均以山地地形为主，武陵山地属于长江水系，其余二者属于珠江水系。武陵山地位于贵州省、湖南省、重庆市和湖北省的交界处，是石英砂岩峰林地貌的代表，主要土壤类型有黄壤、棕壤和石灰土，人工植被和亚热带、热带常绿阔叶、落叶阔叶灌丛为主要植被类型。猫儿山山地位于广西壮族自治区的东北部、融江以东，以花岗岩地貌为主，主要土壤类型为红壤和山地黄壤，植被以亚热带、热带草丛为主，河流谷地分布有人工植被。苗岭山地位于广西壮族自治区的北部、融江以西，以石灰岩地貌为主，除了红壤和黄壤外还分布有石灰土，植被以亚热带、热带常绿阔叶、落叶阔叶灌丛和亚热带、热带草丛为主，河流谷地分布有人工植被。

沅江流域山地丘陵（Ⅱ6Nd02）、湘中丘陵（Ⅱ6Nd03）和黔东南山地丘陵（Ⅱ6Nd05）均以丘陵地形为主，前二者为侵蚀山地地貌，后者为岩溶山地地貌。沅江流域山地丘陵和湘中丘陵以雪峰山为界分属湘江和沅江水系，二者均以红壤、黄壤和紫色土为主要土壤类型，主要的植被类型包括亚热带针叶林和亚热带、热带常绿阔叶、落叶阔叶灌丛。黔东南山地丘陵分布有大面积的石灰土，主要的植被类型是人工植被和亚热带针叶林。

## 八、华南区（Ⅱ7）

### （一）闽广沿海亚区（Ⅱ7O）

闽广沿海亚区的范围包括广东省全境及广西、福建和江西 3 省（自治区）的南部地区，包括浙闽丘陵南部、两广丘陵、广西盆地、珠江三角洲和雷州半岛等，共划分为 3 个动物地理省 19 个生态地理单元（图 3-147、表 3-103）。

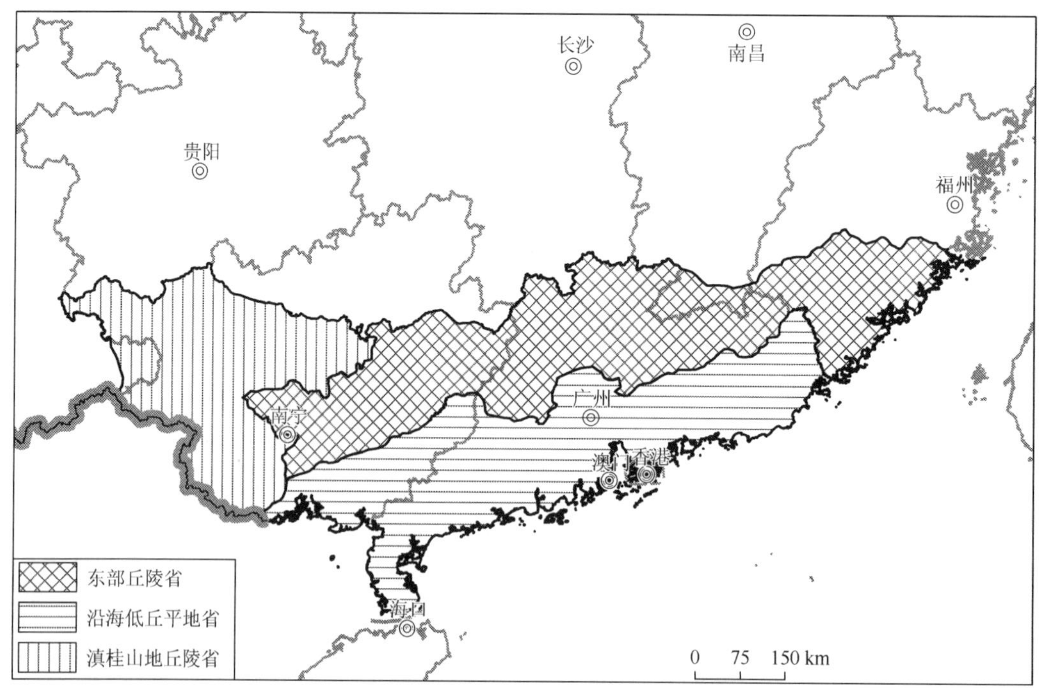


图 3-147　闽广沿海亚区图

本亚区属于南亚热带季风雨林气候，年均降水量 1000～2080 mm，年均气温 15.0～24.6 ℃，极端高温 34.8 ℃，极端低温–0.6 ℃，≥0 ℃年积温为 5400～8600 ℃。

本亚区主要地貌类型有中海拔中起伏山地、低海拔山地、山地、丘陵和冲积平原；主要的土壤类型有赤红壤、砖红壤、黄壤和水稻土；其地带性植被类型主要为亚热带和热带常绿阔叶、落叶阔叶灌丛（桃金娘灌丛+岗松灌丛+乌饭树、映山红灌丛）和亚热带针叶林（马尾松林+杉木林+华山松林）。在平原和丘陵地区农业耕作强度较大，植被已被改造为一年三熟粮食作物及热带常绿果园、经济林，动物原生栖息地破碎化严重。

动物区系主要由东洋型和南中国型组成。其北界相当于南亚热带的北界，故本亚区是若干热带科的北限，物种有如鱼螈科（Ichthyophiidae）、鳄蜥科（Shinisauridae）和巨蜥科（Varanidae）等。此外，由于本亚区气候上处于南亚热带、地形上有南岭和云贵高原的地理阻隔，一些物种在国内也仅分布于本亚区。如鸟类的黄纹拟啄木鸟（*Megalaima faiostricta*）和歌百灵（*Mirafra javanica*）；爬行类的马来闭壳龟（*Cuora amboinensis*）、广西棱蜥（*Tropidophorus guangxiensis*）、白头钩盲蛇（*Ramphotyphlops albiceps*）、广西林蛇（*Boiga guangxiensis*）、山斑小头蛇（*Oligodon taeniatus*）和香港后棱蛇（*Opisthotropis andersonii*）；两栖类的广西瘰螈（*Paramesotriton guanxiensis*）、香港湍蛙（*Amolops hongkongensis*）和罗默水树蛙（*Aquixalus romeri*）。

**表 3-103 闽广沿海亚区 3 个动物地理省代表动物与生态因子比较**

| 动物地理省 | | Oa 东部丘陵省 | Ob 沿海低丘平地省 | Oc 滇桂山地丘陵省 |
|---|---|---|---|---|
| 概况 | 位置 | 福建南部、广东北部和广西中东部 | 广东南部和广西东南部 | 广西西部和云南东南部 |
| | 地貌 | 侵蚀性山地 | 侵蚀性丘陵和冲积平原 | 岩溶性山地和高原 |
| | 海拔 | 1600 m 以下 | 1200 m 以下 | 100～1600 m |
| | 土壤 | 红壤、黄壤、石灰土 | 砖红壤、赤红壤、黄壤 | 红壤、黄壤、石灰土 |
| 气候 | 气候类型 | 中亚热带季风气候 | 南亚热带季风气候 | 南亚热带季风气候 |
| | 平均气温 | 14～22 ℃ | 18～23 ℃ | 16～22 ℃ |
| | 夏季均温 | 21～29 ℃ | 24～28 ℃ | 21～28 ℃ |
| | 冬季均温 | 6～14 ℃ | 11～17 ℃ | 8～15 ℃ |
| | 年降水量 | 1050～2050 mm | 1010～2250 mm | 1100～2050 mm |
| | 雨季降水量 | 440～990 mm | 450～1300 mm | 580～1170 mm |
| | 旱季降水量 | 80～150 mm | 60～130 mm | 40～140 mm |
| 植被 | 植被类型 1 | 亚热带针叶林（++++） | 人工植被（+++++） | 亚热带、热带常绿阔叶、落叶阔叶灌丛（++++） |
| | 植被类型 2 | 亚热带、热带常绿阔叶、落叶阔叶灌丛（+++） | 亚热带、热带常绿阔叶、落叶阔叶灌丛（++++） | 人工植被（+++） |
| | 植被类型 3 | 人工植被（+++） | 亚热带针叶林（++） | 亚热带、热带草丛（++） |
| | 植被类型 4 | 亚热带、热带草丛（+） | 亚热带、热带草丛（+） | 亚热带落叶阔叶林（++） |
| 动物 | 动物群 | 热带常绿阔叶林、农田动物群 | 热带农田、林灌动物群 | 热带雨林性常绿阔叶林、农田动物群 |
| | 代表物种 | 黑麂、红腿长吻松鼠、南小麝鼩、比氏鹟莺、黑尾鸥、白眉山鹧鸪、黄腹角雉、广西后棱蛇、广西棱蜥、红尾筒蛇、鳄蜥、昭平雨蛙、莽山角蟾、戴云湍蛙 | 江獭、歌百灵、栗腹文鸟、楔尾鹱、棕头鸥、黑颈乌龟、白头钩盲蛇、横纹后棱蛇、香港湍蛙、罗默水树蛙、海陆蛙、小湍蛙 | 长尾绒鼠、小绒鼠、大斑灵猫、黑叶猴、短尾鹪鹛、红颈绿啄木鸟、弄岗穗鹛、铜翅水雉、百色闭壳龟、周氏闭壳龟、长鬣蜥、广西林蛇、广西瘰螈、广西棱皮树蛙、白斑水树蛙、小口拟角蟾 |

**1. 东部丘陵省**（Ⅱ7Oa）

（1）概况

东部丘陵省的范围包括福建南部、广东北部和广西中东部，以侵蚀性山地地貌为主，海拔主要在 500 m 以下，少数花岗岩构成的山峰海拔可达 1500 m 以上。山岭间夹有低谷盆地，南岭西段的盆地多由石灰岩组成，形成喀斯特地貌；南岭东段的盆地多由红色砂砾岩组成，经风化侵蚀形成丹霞地貌。东部丘陵省生态环境多样，天然及次生常绿阔叶林保存较完好，森林群落具有南北交汇的性质，南北坡植物在区系上差别较大。主要分布有热带常绿阔叶林、农田动物群。

（2）气候

东部丘陵省属于中亚热带季风气候，受季风影响较大，冬季盛行东北季风，夏季盛行西南和东南季风。年均气温 14～22 ℃，夏季（6～8 月）平均气温 21～29 ℃，冬季（12～2 月）平均气温 6～14 ℃，冬季各地气温自北向南递增，夏季各地气温较接近。雨量充沛，年均降水量 1050～2050 mm，雨季降水量 440～990 mm，旱季降水量 80～150 mm（图 3-148），雨热基本同季。全年无霜期 300 天左右，但冬季常有降雪。

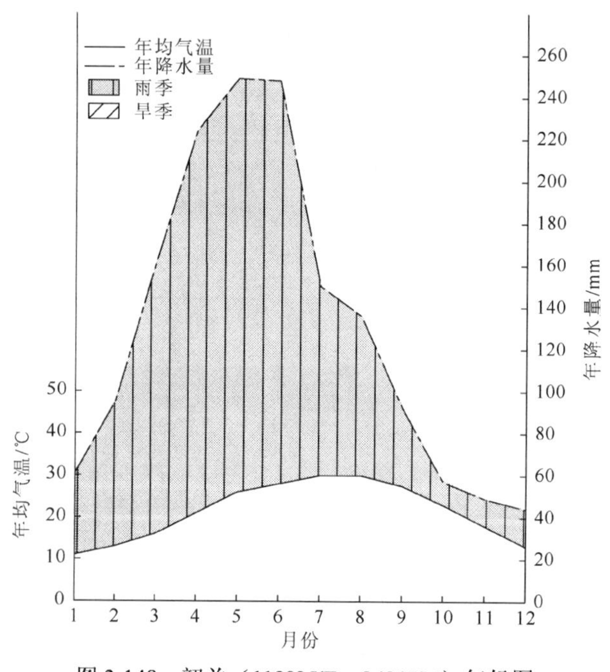


图 3-148　韶关（113°35′E，24°47′N）气候图

（3）土壤

东部丘陵省的地带性土壤类型是红壤，还零星分布有黄壤和石灰土。海拔 700 m 以上发育有山地黄壤，山顶局部还发育有草甸土。

（4）植被

东部丘陵省以亚热带针叶林（含短柄枹栎、映山红的马尾松林；含桃金娘的马尾松林；含岗松的马尾松林）为主要植被类型，约占 36%；其次为亚热带、热带常绿阔叶、落叶阔叶灌丛（乌饭树、映山红灌丛；桃金娘灌丛；雀梅藤、小果蔷薇、火棘、龙须藤灌丛），约占26%；还分布有人工植被和亚热带、热带草丛等植被类型。

（5）陆生脊椎动物

东部丘陵省共记录陆生脊椎动物32目122科686种（表3-104）。

两栖类：昭平雨蛙（*Hyla zhaopingensis*）、戴云湍蛙（*Amolops daiyunensis*）、莽山角蟾（*Megophrys mangshanensis*）、短肢角蟾（*Megophrys brachykolos*）、桑植趾沟蛙（*Pseudorana sangzhiensis*）、小腺蛙（*Glandirana minima*）等；

爬行类：广西后棱蛇（*Opisthotropis guangxiensis*）、广西棱蜥（*Tropidophorus guangxiensis*）、红尾筒蛇（*Cylindrophis ruffus*）、鳄蜥（*Shinisaurus crocodilurus*）、侧条后棱蛇（*Opisthotropis lateralis*）、香港后棱蛇（*Opisthotropis andersonii*）、南滑蜥（*Scincella reevesii*）、短肢树蜥（*Calotes brevipes*）、金环蛇（*Bungarus fasciatus*）、百花锦蛇（*Elaphe moellendorffi*）、福建后棱蛇（*Opisthotropis maxwelli*）、菱斑小头蛇（*Oligodon catenata*）、山溪后棱蛇（*Opisthotropis latouchii*）等；

鸟类：林夜鹰（*Caprimulgus affinis*）、白眉山鹧鸪（*Arborophila gingica*）、黄腹角雉（*Tragopan caboti*）、白胸翡翠（*Halcyon smyrnensis*）、大草莺（*Graminicola bengalensis*）、黑尾鸥（*Larus crassirostris*）、短尾鸦雀（*Paradoxornis davidianus*）、白喉林鹟（*Rhinomyias brunneatus*）、白鹇（*Lophura nycthemera*）、蓝喉蜂虎（*Merops viridis*）、黑冠鳽（*Gorsachius melanolophus*）、蓝背八色鸫（*Pitta soror*）、中华鹧鸪（*Francolinus pintadeanus*）、黑翅鸢（*Elanus caeruleus*）等；

哺乳类：板齿鼠（*Bandicota indica*）、爪哇獴（*Herpestes javanicus*）、青毛硕鼠（*Berylmys bowersi*）、黑麂（*Muntiacus crinifrons*）、红腿长吻松鼠（*Dremomys pyrrhomerus*）、卡氏小鼠（*Mus caroli*）、华南兔（*Lepus sinensis*）、银星竹鼠（*Rhizomys pruinosus*）、帚尾豪猪（*Atherurus macrourus*）等。

**表3-104 东部丘陵省陆生脊椎动物种类组成**

| 纲 | | 目 | 科 | 种 |
|---|---|---|---|---|
| 两栖类 | | 3 | 10 | 66 |
| 爬行类 | | 2 | 20 | 117 |
| 鸟类 | 繁殖鸟 | 17 | 58 | 239 |
| | 非繁殖鸟 | 10 | 33 | 186 |
| 哺乳类 | | 8 | 21 | 78 |
| 总计 | | 32 | 122 | 686 |

（6）自然保护区

东部丘陵省已建立国家级自然保护区16个，分别是九连山、大明山、大桂山鳄蜥、大瑶山、厦门珍稀海洋物种、深沪湾海底古森林遗迹、漳江口红树林、虎伯寮、梅花山、梁野山、南岭、鼎湖山、罗坑鳄蜥、车八岭、丹霞山和石门台国家级自然保护区（图3-149）。

（7）生态地理单元划分

东部丘陵省共划分为8个生态地理单元（图3-150、表3-105）：

Ⅱ7Oa01 闽南沿海丘陵；

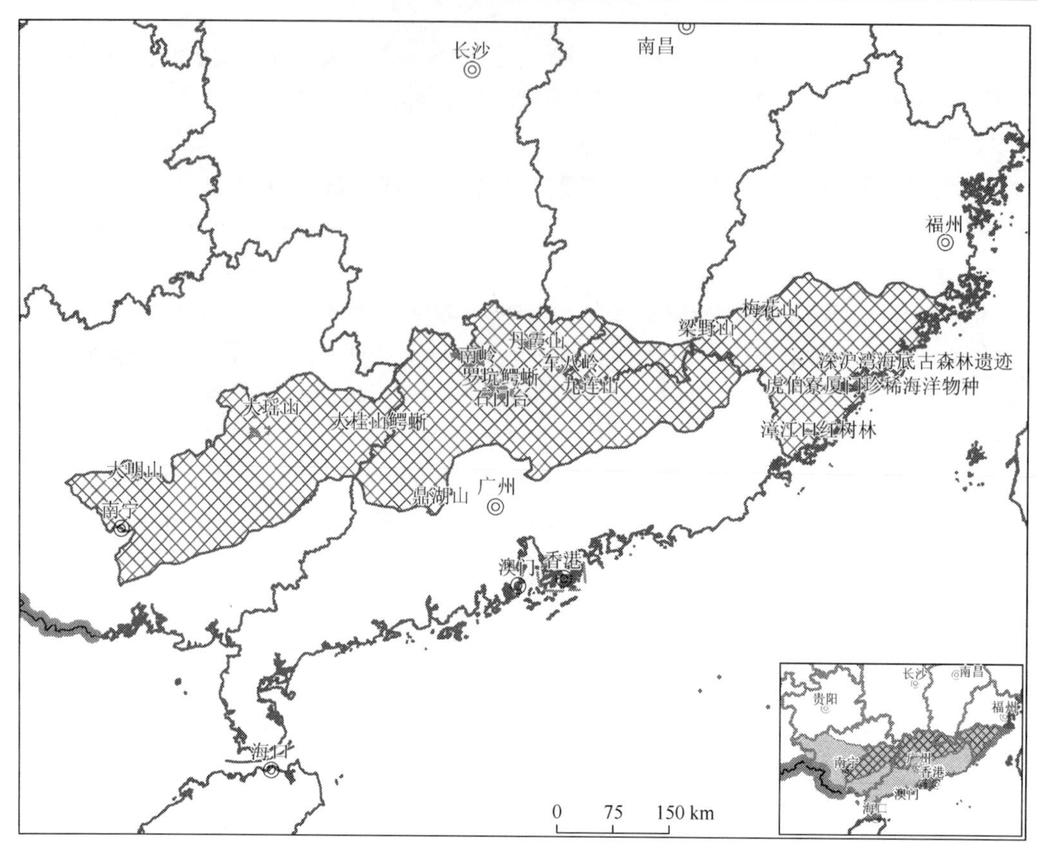


图 3-149　东部丘陵省主要自然保护区分布图

Ⅱ7Oa02 九龙江山地丘陵；

Ⅱ7Oa03 玳瑁山山地；

Ⅱ7Oa04 九连山山地；

Ⅱ7Oa05 南岭南坡山地；

Ⅱ7Oa06 粤西桂东山地谷地；

Ⅱ7Oa07 大瑶山山地；

Ⅱ7Oa08 郁江邕江流域宽谷丘陵。

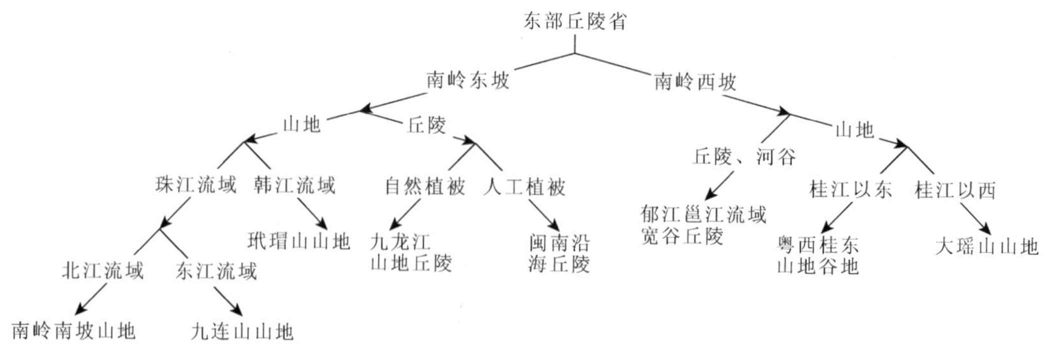


图 3-150　东部丘陵省各生态地理单元关系图

表 3-105　东部丘陵省 8 个生态地理单元生态因子与动物群

| 生态地理单元 | | Oa01 闽南沿海丘陵 | Oa02 九龙江山地丘陵 | Oa03 玳瑁山山地 | Oa04 九连山山地 | Oa05 南岭南坡山地 | Oa06 粤西桂东山地谷地 | Oa07 大瑶山山地 | Oa08 郁江邕江流域宽谷丘陵 |
|---|---|---|---|---|---|---|---|---|---|
| 概况 | 地貌 | 侵蚀丘陵 | 侵蚀山地 | 侵蚀山地 | 侵蚀山地；侵蚀丘陵 | 侵蚀山地；岩溶化丘陵 | 侵蚀山地；侵蚀丘陵 | 侵蚀山地 | 侵蚀丘陵 |
| | 海拔 | 0～900 m | 400～1400 m | 300～1600 m | 200～1000 m | 200～1400 m | 200～1100 m | 100～1200 m | 100～900 m |
| | 土壤 | 红壤和赤红壤 | 红壤和赤红壤 | 赤红壤、红壤和黄壤 | 赤红壤、红壤和黄壤 | 赤红壤、红壤和黄壤 | 红壤和黄壤 | 红壤和黄壤 | 赤红壤、水稻土 |
| | 水系 | 东南沿海诸河 | 东江 | 韩江 | 珠江 | 北江 | 桂江 | 桂江、柳江 | 郁江 |
| 气候 | 平均气温 | 18.8～21 ℃ | 15～21 ℃ | 14.4～20 ℃ | 17～21 ℃ | 14～20 ℃ | 16～22 ℃ | 15～22 ℃ | 19～22 ℃ |
| | 夏季均温 | 25～28 ℃ | 22～28 ℃ | 21～27 ℃ | 24～28 ℃ | 22～29 ℃ | 24～28 ℃ | 23～28 ℃ | 26～28 ℃ |
| | 冬季均温 | 11～14 ℃ | 8～13 ℃ | 7～12 ℃ | 9～13 ℃ | 6～12 ℃ | 8～13 ℃ | 7～13 ℃ | 11～14 ℃ |
| | 年降水量 | 1050～1510 mm | 1320～1810 mm | 1610～1910 mm | 1550～2050 mm | 1450～1720 mm | 1370～1640 mm | 1360～1630 mm | 1330～1730 mm |
| | 雨季降水量 | 440～660 mm | 560～810 mm | 730～850 mm | 670～990 mm | 670～810 mm | 620～780 mm | 640～780 mm | 630～890 mm |
| | 旱季降水量 | 80～110 mm | 100～140 mm | 130～150 mm | 120～140 mm | 120～150 mm | 120～150 mm | 120～150 mm | 110～150 mm |
| 植被 | 植被类型 1 | 人工植被(+++++) | 亚热带针叶林(+++++) | 亚热带针叶林(+++++) | 亚热带、热带常绿阔叶、落叶阔叶灌丛(++++) | 亚热带、热带常绿阔叶、落叶阔叶灌丛（+++++） | 亚热带针叶林(+++++) | 亚热带针叶林(++++) | 人工植被（+++++） |
| | 优势群系 1 | 双季稻、蚕豆、大豆 | 含短柄枹栎、映山红的马尾松林 | 含短柄枹栎、映山红的马尾松林 | 乌饭树、映山红灌丛 | 乌饭树、映山红灌丛 | 含桃金娘的马尾松林 | 含桃金娘的马尾松林 | 双季稻、蚕豆、大豆 |
| | 优势群系 2 | 双季稻与冬甘薯、冬黄豆、冬玉米 | 含桃金娘的马尾松林 | 杉木林 | 桃金娘灌丛 | 雀梅藤、小果蔷薇、火棘、龙须藤灌丛 | 芒草、野古草、金茅草丛 | 芒草、野古草、金茅草丛 | 双季稻与冬甘薯或双季玉米 |
| | 植被类型 2 | 亚热带针叶林(++++) | 亚热带、热带常绿阔叶、落叶阔叶灌丛（+++） | 亚热带、热带常绿阔叶、落叶阔叶灌丛（++） | 亚热带针叶林(++++) | 亚热带针叶林(+++) | 人工植被（+++） | 人工植被（+++） | 亚热带针叶林（+++） |
| | 优势群系 1 | 含桃金娘的马尾松林 | 乌饭树、映山红灌丛 | 乌饭树、映山红灌丛 | 含短柄枹栎、映山红的马尾松林 | 含短柄枹栎、映山红的马尾松林 | 双季稻、蚕豆、大豆 | 双季稻、蚕豆、大豆 | 含岗松的马尾松林 |
| | 优势群系 2 | 含岗松的马尾松林 | 桃金娘灌丛 | 桃金娘灌丛 | 含桃金娘的马尾松林 | 杉木林 | 油茶林 | 双季稻、蚕豆、大豆 | 含桃金娘的马尾松林 |
| 动物群 | | 丘陵农田、林缘动物群 | 丘陵森林、林灌动物群 | 谷地森林、林灌动物群 | 山地森林、林灌动物群 | 山地森林、林灌动物群 | 山地森林、农田动物群 | 山地森林、农田动物群 | 丘陵农田、林缘动物群 |

东部丘陵省以南岭为界划分为两部分，以东为闽赣粤山地，以花岗岩地貌为主；以西为湘桂粤山地，以石灰岩地貌为主。

闽南沿海丘陵（Ⅱ7Oa01）和九龙江山地丘陵（Ⅱ7Oa02）位于福建南部，以丘陵地形为主，海拔在 1000 m 以下，主要的土壤类型为红壤和赤红壤。九龙江山地丘陵以自然植被为主，主要植被类型为亚热带针叶林和亚热带、热带常绿阔叶、落叶阔叶灌丛；而闽南沿海丘陵以人工植被为主。

玳瑁山山地（Ⅱ7Oa03）、九连山山地（Ⅱ7Oa04）和南岭南坡山地（Ⅱ7Oa05）位于闽赣粤三省边界，以山地地形为主，海拔在 200 m 以上，主要的土壤类型为赤红壤、红壤和黄壤，植被以亚热带、热带常绿阔叶、落叶阔叶灌丛和亚热带针叶林为主，河流谷地则分布有人工植被。九连山山地主要为珠江流域的东江水系，南岭南坡山地主要为珠江流域的北江水系，玳瑁山山地为韩江水系。

粤西桂东山地谷地（Ⅱ7Oa06）和大瑶山山地（Ⅱ7Oa07）位于广西东部，以山地地形为主，主要的土壤类型为红壤和黄壤，以亚热带针叶林和人工植被为主要的植被类型。二者以桂江为分界，以西为大瑶山山地，以丹霞类砂页岩地貌为主；以东为粤西桂东山地谷地，以喀斯特类石灰岩地貌为主。

郁江邕江流域宽谷丘陵（Ⅱ7Oa08）位于广西中南部，以河谷丘陵地形为主，海拔为 100～900 m，主要土壤类型为赤红壤和经人为改造后的水稻土，主要植被类型为亚热带针叶林及人工植被。

### 2. 沿海低丘平地省（Ⅱ7Ob）

（1）概况

沿海低丘平地省地处我国大陆南部，范围包括广东南部和广西东南部，地势北高南低，以侵蚀性丘陵和冲积平原地貌为主，海拔主要在 200 m 以下，山地和丘陵约占 62%，台地和平原约占 38%，自西向东包括雷州半岛、云开大山、珠江三角洲和莲花山等区域。主要分布有热带农田、林灌动物群。

（2）气候

沿海低丘平地省属于南亚热带季风气候，以温暖多雨、光热充足、夏季长、霜期短为特征。全年平均气温 18～23 ℃，夏季（6～8 月）平均气温 24～28 ℃，冬季（12～2 月）平均气温 11～17 ℃。年均降水量 1010～2250 mm，雨季降水量 450～1300 mm，旱季降水量 60～130 mm（图 3-151）。

（3）土壤

沿海低丘平地省分布有砖红壤和赤红壤等地带性土壤，在海拔 600～1500 m 的山地分布有山地黄壤，在珠江三角洲等冲积平原还分布有经人为改造的水稻土。

砖红壤和赤红壤是在热带和亚热带湿润气候条件下，土体中的铝硅酸盐矿物受到强烈分解，基盐不断淋失，而氧化铁、铝在土壤中残留和聚集所形成的土壤。

山地黄壤是在亚热带湿润山地或高原常绿阔叶林下，由于高温多雨、岩石风化作用强烈，在成土过程中难移动的铁、铝在土壤中相对增多，土壤终年处于相对湿度大的环境中，土体中大量氧化铁发生水化作用而形成。

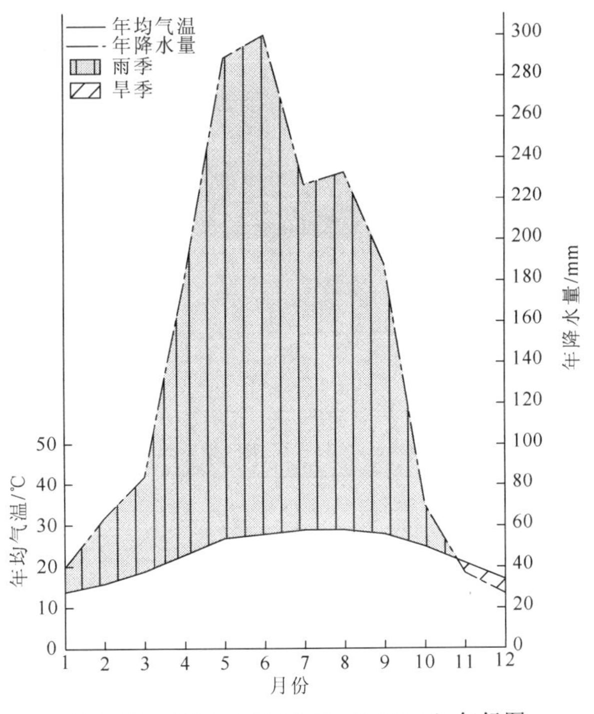

图 3-151 广州（113°21′E，23°14′N）气候图

赤红壤是热带、南亚热带季雨林条件下，较强富铁铝化过程形成的地带性土壤。发育的土壤，其富铁铝化过程强度、土壤养分和酸性介于红壤和砖红壤之间。

（4）植被

沿海低丘平地省以人工植被为主要植被类型，约占 42%；其次为亚热带、热带常绿阔叶、落叶阔叶灌丛（岗松灌丛；桃金娘灌丛；乌饭树、映山红灌丛），约占 32%；还分布有亚热带针叶林和亚热带、热带草丛等植被类型。

（5）陆生脊椎动物

沿海低丘平地省共记录陆生脊椎动物 33 目 115 科 566 种（表 3-106）。

两栖类：香港湍蛙（*Amolops hongkongensis*）、罗默水树蛙（*Aquixalus romeri*）、海陆蛙（*Fejervarya cancrivora*）、小湍蛙（*Amolops torrentis*）、华南雨蛙（*Hyla simplex*）、版纳鱼螈（*Ichthyophis bannanicus*）、长趾纤蛙（*Hylarana macrodactyla*）等；

爬行类：黑颈乌龟（*Chinemys nigricans*）、白头钩盲蛇（*Ramphotyphlops albiceps*）、黑斑水蛇（*Enhydris bennettii*）、香港后棱蛇（*Opisthotropis andersonii*）、金环蛇（*Bungarus fasciatus*）、铅色水蛇（*Enhydris plumbea*）、红尾筒蛇（*Cylindrophis ruffus*）、变色树蜥（*Calotes versicolor*）、花龟（*Ocadia sinensis*）、百花锦蛇（*Elaphe moellendorffi*）、圆鼻巨蜥（*Varanus salvator*）等；

鸟类：黄纹拟啄木鸟（*Megalaima faiostricta*）、棕头鸥（*Larus brunnicephalus*）、白腹海雕（*Haliaeetus leucogaster*）、楔尾鹱（*Puffinus pacificus*）、栗腹文鸟（*Lonchura malacca*）、花头鹦鹉（*Psittacula roseata*）、白胸翡翠（*Halcyon smyrnensis*）、歌百灵（*Mirafra javanica*）、岩鹭（*Egretta sacra*）、大草莺（*Graminicola bengalensis*）、海南蓝仙鹟（*Cyornis hainanus*）、林夜鹰（*Caprimulgus affinis*）、褐渔鸮（*Ketupa zeylonensis*）、绿翅金鸠（*Chalcophaps indica*）等；

哺乳类：江獭（*Lutraogale perspicillata*）、板齿鼠（*Bandicota indica*）、小爪水獭（*Amblonys cinerea*）、爪哇獴（*Herpestes javanicus*）、青毛硕鼠（*Berylmys bowersi*）、水獭（*Lutra lutra*）、华南兔（*Lepus sinensis*）、刺毛鼠（*Niviventer fulvescens*）、黄胸鼠（*Rattus tanezumi*）、大足鼠（*Rattus nitidus*）、大斑灵猫（*Viverra megaspila*）等。

**表 3-106　沿海低丘平地省陆生脊椎动物种类组成**

| 纲 | | 目 | 科 | 种 |
|---|---|---|---|---|
| 两栖类 | | 3 | 9 | 48 |
| 爬行类 | | 3 | 16 | 73 |
| 鸟类 | 繁殖鸟 | 18 | 58 | 215 |
| | 非繁殖鸟 | 10 | 35 | 182 |
| 哺乳类 | | 7 | 17 | 48 |
| 总计 | | 33 | 115 | 566 |

（6）自然保护区

沿海低丘平地省已建立国家级自然保护区 11 个，分别是合浦营盘港-英罗港儒艮、山口红树林、北仑河口、防城金花茶、内伶仃岛-福田、南澎列岛、湛江红树林、徐闻珊瑚礁、云开山、象头山和惠东港口海龟国家级自然保护区（图 3-152）。

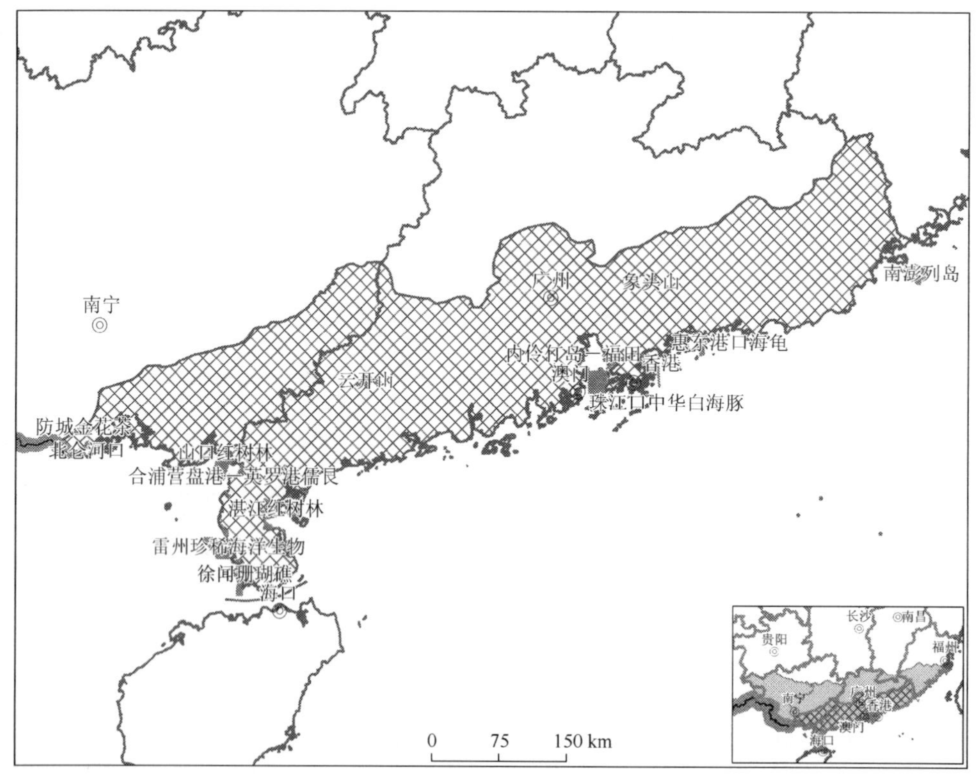


图 3-152　沿海低丘平地省主要自然保护区分布图

（7）生态地理单元划分

沿海低丘平地省共划分为 8 个生态地理单元（图 3-153、表 3-107）：

Ⅱ7Ob01 粤东沿海丘陵；

Ⅱ7Ob02 莲花山山地；

Ⅱ7Ob03 珠江三角洲；

Ⅱ7Ob04 粤西滨海丘陵；

Ⅱ7Ob05 云雾山；

Ⅱ7Ob06 云开大山；

Ⅱ7Ob07 琼雷台地；

Ⅱ7Ob08 雷州半岛。

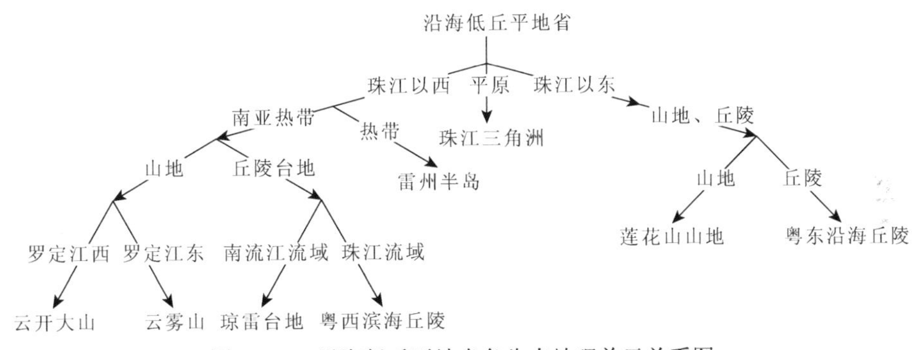


图 3-153 沿海低丘平地省各生态地理单元关系图

沿海低丘平地省以珠江为界分为东西两大部分，以西为粤桂地区，从东为闽粤地区。珠江三角洲（Ⅱ7Ob03）位于广东南部，以平原地形为主，海拔 500 m 以下；以南亚热带季风气候为主，高温多雨。由于人类活动频繁，农业开发强度大，土壤已被改造为水稻土，原生植被也被人工植被替代。

粤东沿海丘陵（Ⅱ7Ob01）和莲花山山地（Ⅱ7Ob02）位于珠江以东，以山地丘陵地形为主，海拔在 1000 m 以下，地带性土壤为赤红壤。前者以丘陵为主，主要植被类型为人工植被和亚热带、热带常绿阔叶、落叶阔叶灌丛；后者以山地为主，主要植被类型为亚热带、热带常绿阔叶、落叶阔叶灌丛和亚热带针叶林。

粤西滨海丘陵（Ⅱ7Ob04）和琼雷台地（Ⅱ7Ob07）均以丘陵台地为主，海拔在 600 m 以下，地带性土壤为赤红壤，主要植被类型为亚热带常绿、落叶阔叶灌丛和人工植被。琼雷台地位于粤西桂东地区，属于南流江水系；粤西滨海丘陵位于粤西沿海一带，属于珠江和漠阳江水系。

云雾山（Ⅱ7Ob05）和云开大山（Ⅱ7Ob06）位于粤西地区，以山地地形为主，主要土壤类型为赤红壤和黄壤，以亚热带常绿、落叶阔叶灌丛为主要的植被类型。云雾山为石灰岩地貌，云开大山为花岗岩地貌的山地谷岭，二者大致以罗定江为界。

雷州半岛（Ⅱ7Ob08）位于广东西南部，处于中国大陆最南端，由于纬度较低，属热带季风气候，干湿季分明，夏秋季多台风；以台地地形为主，海拔在 200 m 以下；主要土壤类型为砖红壤；以人工植被为主。

**表 3-107 沿海低丘平地省 8 个生态地理单元生态因子与动物群**

| 生态地理单元 | | Ob01 粤东沿海丘陵 | Ob02 莲花山山地 | Ob03 珠江三角洲 | Ob04 粤西滨海丘陵 | Ob05 云雾山 | Ob06 云开大山 | Ob07 琼雷台地 | Ob08 雷州半岛 |
|---|---|---|---|---|---|---|---|---|---|
| 概况 | 地貌 | 侵蚀丘陵；冲积、海积平原 | 侵蚀丘陵；侵蚀山地 | 三角洲平原；冲积平原 | 侵蚀山地；侵蚀丘陵；冲积、海积平原 | 侵蚀山地 | 侵蚀山地 | 侵蚀山地；侵蚀丘陵；冲积、海积平原 | 海蚀平原与阶地；熔岩台地；冲积、海积平原 |
| | 海拔 | 0～700 m | 100～1000 m | 0～500 m | 0～600 m | 200～1000 m | 100～1200 m | 0～600 m | 0～200 m |
| | 土壤 | 赤红壤 | 赤红壤 | 水稻土 | 赤红壤 | 赤红壤和黄壤 | 赤红壤和黄壤 | 赤红壤 | 砖红壤 |
| | 水系 | 东南沿海诸河 | 珠江、东南沿海诸河 | 珠江 | 珠江 | 西江 | 西江 | 南流江 | 两广沿海诸河 |
| 气候 | 平均气温 | 19～22 ℃ | 18～22 ℃ | 20～22 ℃ | 20～23 ℃ | 19～23 ℃ | 18～22 ℃ | 20～23 ℃ | 23 ℃ |
| | 夏季均温 | 25～28 ℃ | 24～28 ℃ | 26～28 ℃ | 26～28 ℃ | 24～28 ℃ | 24～28 ℃ | 26～28 ℃ | 28 ℃ |
| | 冬季均温 | 12～15 ℃ | 11～15 ℃ | 13～15 ℃ | 13～16 ℃ | 12～16 ℃ | 11～15 ℃ | 12～16 ℃ | 16～17 ℃ |
| | 年降水量 | 1410～2120 mm | 1500～2100 mm | 1410～2200 mm | 1270～2140 mm | 1570～2000 mm | 1390～1870 mm | 1360～2250 mm | 1010～1820 mm |
| | 雨季降水量 | 630～1050 mm | 650～1000 mm | 750～1130 mm | 730～1010 mm | 720～960 mm | 630～890 mm | 610～1300 mm | 450～880 mm |
| | 旱季降水量 | 90～110 mm | 100～130 mm | 80～130 mm | 60～110 mm | 90～110 mm | 100～120 mm | 90～130 mm | 80～100 mm |
| 植被 | 植被类型 1 | 人工植被（++++） | 亚热带、热带常绿阔叶、落叶阔叶灌丛（+++++） | 人工植被（+++++） | 人工植被（+++++） | 亚热带、热带常绿阔叶、落叶阔叶灌丛（+++++） | 亚热带针叶林（++++） | 人工植被（+++++） | 人工植被（+++++） |
| | 优势群系 1 | 双季稻与冬甘薯、冬黄豆、冬玉米 | 桃金娘灌丛 | 双季稻与冬甘薯或双季玉米 | 双季稻与冬甘薯或双季玉米 | 岗松灌丛 | 含岗松的马尾松林 | 双季稻与冬甘薯或双季玉米 | 双季稻与冬甘薯或双季玉米 |
| | 优势群系 2 | 木麻黄、台湾相思林 | 乌饭树、映山红灌丛 | 双季稻与冬甘薯、冬黄豆、冬玉米 | 双季稻与冬甘薯、冬黄豆、冬玉米 | 桃金娘灌丛 | 含桃金娘的马尾松林 | 双季稻、蚕豆、大豆 | 双季稻与冬甘薯、冬黄豆、冬玉米 |
| | 植被类型 2 | 亚热带、热带常绿阔叶、落叶阔叶灌丛（+++） | 亚热带针叶林（++） | 亚热带、热带常绿阔叶、落叶阔叶灌丛（+++） | 亚热带、热带常绿阔叶、落叶阔叶灌丛（++++） | 人工植被（+++） | 亚热带、热带常绿阔叶、落叶阔叶灌丛（+++） | 亚热带、热带常绿阔叶、落叶阔叶灌丛（+++） | 亚热带、热带常绿阔叶、落叶阔叶灌丛（+） |
| | 优势群系 1 | 岗松灌丛 | 含桃金娘的马尾松林 | 岗松灌丛 | 岗松灌丛 | 双季稻与冬甘薯或双季玉米 | 桃金娘灌丛 | 岗松灌丛 | 岗松灌丛+桉树林 |
| | 优势群系 2 | 含岗松的马尾松林 | 含岗松的马尾松林 | 桃金娘灌丛 | 桃金娘灌丛 | 龙眼园 | 岗松灌丛 | 桃金娘灌丛 | 岗松灌丛 |
| 动物群 | | 丘陵农田、林灌动物群 | 山地森林、林灌动物群 | 平原农田、林灌动物群 | 丘陵农田、林灌动物群 | 山地林灌、农田动物群 | 山地森林、林灌动物群 | 台地农田、林灌动物群 | 台地农田、林灌动物群 |

**3. 滇桂山地丘陵省**（Ⅱ7Oc）

（1）概况

滇桂山地丘陵省的范围包括广西西部和云南东南部，位于闽广沿海亚区和滇南山地亚区的过渡带，以岩溶性山地和高原地貌为主，海拔主要在 1000 m 以下。本动物地理省是华南区内不同动物区系的交汇处，在植物区系特征上也表现出明显的过渡性质。本动物地理省发育有典型的石灰岩地貌，石灰岩动物群是其特色，其温暖的气候，丰富的水源，复杂的生境，为野生动物提供了良好的栖息和繁殖场所（曾小飚，2009）。

（2）气候

滇桂山地丘陵省属于南亚热带季风气候，年均气温 16～22 ℃，夏季（6～8 月）平均气温 21～28 ℃，冬季（12～2 月）平均气温 8～15 ℃；年均降水量 1100～2050 mm，雨季降水量 580～1170 mm，旱季降水量 40～140 mm（图 3-154、表 3-108）。

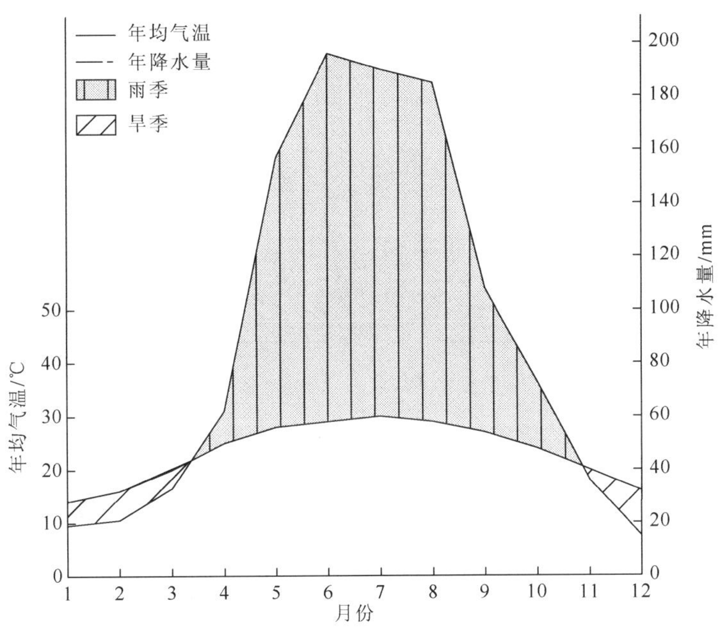


图 3-154　百色（106°31′E，23°54′N）气候图

（3）土壤

滇桂山地丘陵省的地带性土壤为红壤，多分布于海拔 800 m 以下的丘陵台地，随着海拔的升高，气温降低而湿度增加，红壤逐渐被黄壤替代。红壤和黄壤均发育在酸性母质上，石灰性母质上发育黑色石灰土和棕色石灰土（张俊民等，1958）。

（4）植被

滇桂山地丘陵省以亚热带、热带常绿阔叶、落叶阔叶灌丛（青檀、红背山麻杆、灰毛浆果楝灌丛；酒饼叶、小花龙血树、番石榴灌丛；余甘子灌丛）为主要植被类型，约占 33%；其次为人工植被，约占 23%；还分布有亚热带、热带草丛和亚热带落叶阔叶林等植被类型。

（5）陆生脊椎动物

滇桂山地丘陵省共记录陆生脊椎动物33目119科713种（表3-108）。

两栖类：广西瘰螈（*Paramesotriton guanxiensis*）、广西棱皮树蛙（*Theloderma kwangsiensis*）、白斑水树蛙（*Aquixalus albopunctatus*）、小口拟角蟾（*Ophryophryne microstoma*）、高山掌突蟾（*Paramegophrys alpinus*）、洪佛树蛙（*Rhacophorus hungfuensis*）、花细狭口蛙（*Kalophrynus interlineatus*）、红吸盘水树蛙（*Aquixalus rhododiscus*）、黑眼睑水树蛙（*Aquixalus gracilipes*）、棘侧蛙（*Paa shini*）等；

爬行类：百色闭壳龟（*Cuora mccordi*）、周氏闭壳龟（*Cuora zhoui*）、长鬣蜥（*Physignathus cocincinus*）、广西林蛇（*Boiga guangxiensis*）、山斑小头蛇（*Oligodon taeniatus*）、缅甸陆龟（*Indotestudo elongata*）、三线闭壳龟（*Cuora trifasciata*）、百花锦蛇（*Elaphe moellendorffi*）、锯缘摄龟（*Pyxidea mouhotii*）、短肢树蜥（*Calotes brevipes*）等；

鸟类：弄岗穗鹛（*Stachyris nonggangensis*）、铜翅水雉（*Metopidius indicus*）、红颈绿啄木鸟（*Picus rabieri*）、短尾鹪鹛（*Napothera brevicaudata*）、白眶斑翅鹛（*Actinodura ramsayi*）、蓝背八色鸫（*Pitta soror*）、林八哥（*Acridotheres grandis*）、黄纹拟啄木鸟（*Megalaima faiostricta*）、斑颈穗鹛（*Stachyris striolata*）、纹背捕蛛鸟（*Arachnothera magna*）、蓝绿鹊（*Cissa chinensis*）、黑喉噪鹛（*Garrulax chinensis*）、海南蓝仙鹟（*Cyornis hainanus*）、黄腹鹟莺（*Abroscopus superciliaris*）等；

哺乳类：黑叶猴（*Trachypithecus francoisi*）、大斑灵猫（*Viverra megaspila*）、笔尾树鼠（*Chiropodomys gliroides*）、纹鼬（*Mustela strigidorsa*）、长颌带狸（*Chrotogale owstoni*）、椰子狸（*Paradoxurus hermaphroditus*）、短尾猴（*Macaca arctoides*）、毛耳飞鼠（*Belomys pearsonii*）等。

**表3-108　滇桂山地丘陵省陆生脊椎动物种类组成**

| 纲 | | 目 | 科 | 种 |
|---|---|---|---|---|
| 两栖类 | | 3 | 9 | 68 |
| 爬行类 | | 2 | 18 | 106 |
| 鸟类 | 繁殖鸟 | 18 | 61 | 301 |
| | 非繁殖鸟 | 10 | 31 | 153 |
| 哺乳类 | | 8 | 22 | 85 |
| 总计 | | 33 | 119 | 713 |

（6）自然保护区

滇桂山地丘陵省已建立国家级自然保护区8个，分别是十万大山、邦亮长臂猿、雅长兰科植物、岑王老山、金钟山黑颈长尾雉、崇左白头叶猴、弄岗和恩城国家级自然保护区（图3-155）。

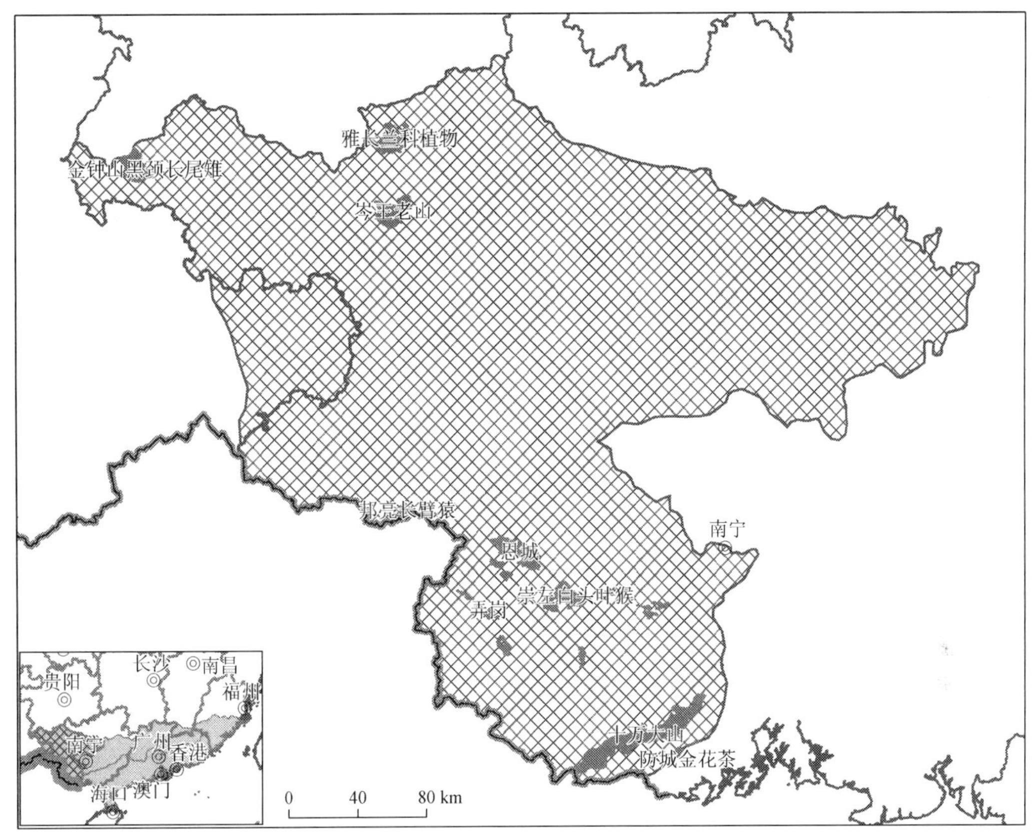


图 3-155 滇桂山地丘陵省主要自然保护区分布图

（7）生态地理单元划分

滇桂山地丘陵省共划分为 3 个生态地理单元（图 3-156、表 3-109）：

Ⅱ7Oc01 南盘江流域中山峡谷；

Ⅱ7Oc02 桂西北丘陵山地；

Ⅱ7Oc03 桂西南丘陵山地。

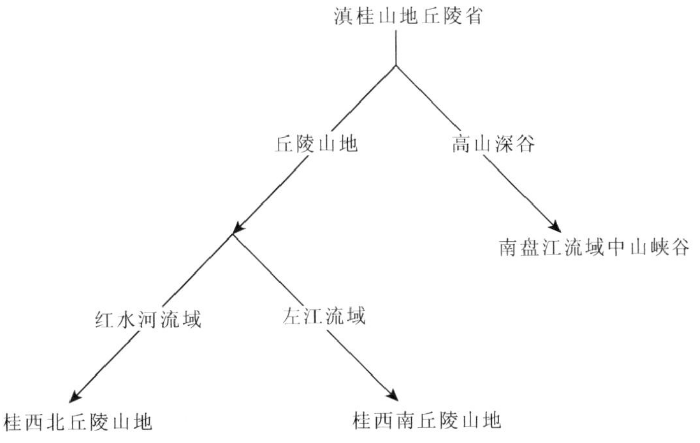


图 3-156 滇桂山地丘陵省各生态地理单元关系图

南盘江流域中山峡谷（Ⅱ7Oc01）位于广西和云南的交界处，以高山深谷地形为主。主要土壤类型为红壤，以亚热带落叶阔叶林和亚热带、热带草丛植被为主。

桂西北丘陵山地（Ⅱ7Oc02）和桂西南丘陵山地（Ⅱ7Oc03）以右江为界划分为两个单元，前者属于红水河的流域范围，后者属于左江的流域范围。桂西北丘陵山地位于广西的南部，以山地地形为主，包括十万大山和六诏山的南部，西北高东南低；主要土壤类型为石灰土和红壤，主要的植被类型是亚热带、热带常绿阔叶、落叶阔叶灌丛，部分河谷分布有人工植被。桂西南丘陵山地位于广西的中西部，以山地地形为主；主要土壤类型有红壤和石灰土，主要植被类型有人工植被，在石灰岩地区分布有亚热带、热带常绿阔叶、落叶阔叶灌丛等。

**表 3-109　滇桂山地丘陵省 3 个生态地理单元生态因子与动物群**

| 生态地理单元 | | Oc01 南盘江流域中山峡谷 | Oc02 桂西北丘陵山地 | Oc03 桂西南丘陵山地 |
|---|---|---|---|---|
| 概况 | 地貌 | 侵蚀山地；岩溶化山地 | 岩溶化山地；岩溶化高原 | 岩溶化山地；岩溶化丘陵；侵蚀丘陵 |
| | 海拔 | 500～1600 m | 100～1400 m | 200～1300 m |
| | 土壤 | 红壤 | 石灰土和红壤 | 石灰土和红壤 |
| | 水系 | 南盘江 | 红河 | 左江 |
| 气候 | 平均气温 | 16～22 ℃ | 17～22 ℃ | 18～22 ℃ |
| | 夏季均温 | 21～28 ℃ | 23～28 ℃ | 23～28 ℃ |
| | 冬季均温 | 8～15 ℃ | 9～14 ℃ | 10～15 ℃ |
| | 年降水量 | 1100～1380 mm | 1190～1700 mm | 1270～2050 mm |
| | 雨季降水量 | 580～790 mm | 620～830 mm | 660～1170 mm |
| | 旱季降水量 | 40～60 mm | 60～140 mm | 60～120 mm |
| 植被 | 植被类型 1 | 亚热带落叶阔叶林（++++） | 亚热带、热带常绿阔叶、落叶阔叶灌丛（++++） | 人工植被（+++） |
| | 优势群系 1 | 栓皮栎、麻栎林 | 青檀、红背山麻杆、灰毛浆果楝灌丛 | 双季稻与冬甘薯或双季玉米 |
| | 优势群系 2 | 栓皮栎、麻栎林+金茅、野古草、青香茅草丛 | 雀梅藤、小果蔷薇、火棘、龙须藤灌丛 | 双季稻、蚕豆、大豆 |
| | 植被类型 2 | 亚热带、热带草丛（+++） | 人工植被（+++） | 亚热带、热带常绿阔叶、落叶阔叶灌丛（+++） |
| | 优势群系 1 | 扭黄茅、龙须草、白茅草丛+金茅、野古草、青香茅草丛 | 双季稻、蚕豆、大豆 | 酒饼叶（假鹰爪）、小花龙血树、番石榴灌丛 |
| | 优势群系 2 | 白茅、密序野古草草丛 | 双季稻与冬甘薯或双季玉米 | 青檀、红背山麻杆、灰毛浆果楝灌丛 |
| 动物群 | | 谷地森林、草原动物群 | 山地林灌动物群 | 丘陵农田、林灌动物群 |

## （二）滇南山地亚区（Ⅱ7P）

滇南山地亚区包括2个动物地理省6个生态地理单元（图3-157、表3-110），范围包括云南西部和南部边境，即怒江、澜沧江和元江等中游地区。

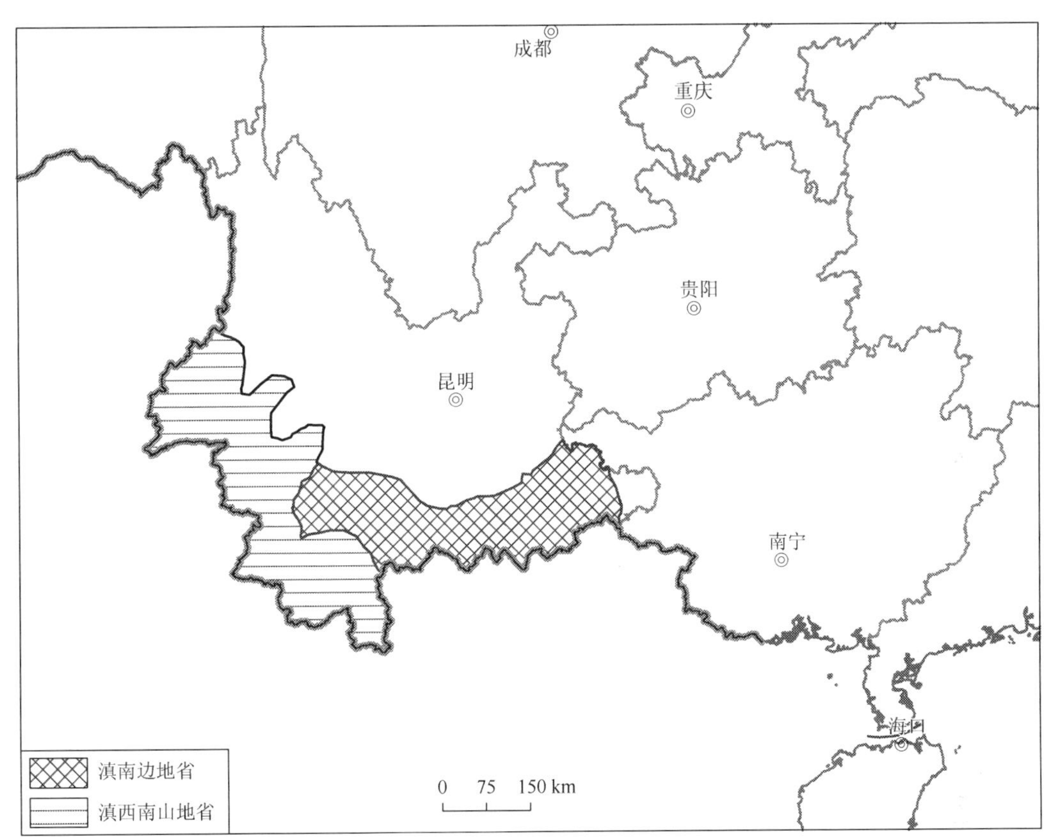


图3-157 滇南山地亚区图

本亚区属于南亚热带季风雨林气候和热带雨林、季雨林气候，年均降水量820～2000 mm，年均温8.9～25.6 ℃，极端高温34.8 ℃，极端低温–10.6 ℃，≥0 ℃年积温为3000～8800 ℃。

主要地貌类型有中高海拔大起伏山地、中起伏山、峡谷和宽谷盆地。主要的土壤是砖红壤、赤红壤、石灰土和燥红土。主要植被类型为亚热带、热带草丛（刺芒野古草草丛+白茅草丛），亚热带、热带常绿阔叶、落叶阔叶灌丛（南烛、矮杨梅灌丛+余甘子灌丛）及一年两熟水旱粮食作物、果园、经济林。

动物区系主要由东洋型和喜马拉雅山–横断山区型组成，其与相邻亚区如西南山地亚区、西部山地高原亚区和闽广沿海亚区的物种相似性较低，表明该区域物种独特性较高。本亚区是一些典型热带的科的分布北限，如睑虎科（Eublepharidae）、叶鹎科（Chloropseidae）、八色鸫科（Pittidae）、雀鹎科（Aegithinidae）、阔嘴鸟科（Eurylaimidae）、咬鹃科（Trogonidae）、卷尾科（Dicruridae）、三趾鹑科（Turnicidae）、鹦鹉科（Psittacidae）、拟䴕科（Capitonidae）、长臂猿科（Hylobatidae）、犀鸟科（Bucerotidae）、燕鵙科（Artamidae）、闪鳞蛇科（Xenopeltidae）、盲蛇科（Typhlopidae）、懒猴科（Lorisidae）、獴科（Herpestidae）、盾尾蛇科（Uropeltidae）、扇尾鹟科（Rhipiduridae）和树鼩科（Tupaiidae）等。

**表 3-110　滇南山地亚区 2 个动物地理省代表动物与生态因子比较**

| 动物地理省 | | Pa 滇西南山地省 | Pb 滇南边地省 |
|---|---|---|---|
| 概况 | 位置 | 云南西南部 | 云南南部 |
| | 地貌 | 侵蚀性山地 | 侵蚀性山地 |
| | 海拔 | 900～3300 m | 900～2600 m |
| | 土壤 | 砖红壤、赤红壤、黄壤、黄棕壤 | 砖红壤、赤红壤、黄壤、黄棕壤 |
| 气候 | 气候类型 | 热带季风气候 | 热带季风气候 |
| | 平均气温 | 11～23 ℃ | 13～23 ℃ |
| | 夏季均温 | 15～26 ℃ | 18～27 ℃ |
| | 冬季均温 | 5～18 ℃ | 8～18 ℃ |
| | 年降水量 | 1020～1750 mm | 940～1910 mm |
| | 雨季降水量 | 530～1010 mm | 530～1120 mm |
| | 旱季降水量 | 40～80 mm | 40～80 mm |
| 植被 | 植被类型 1 | 人工植被（+++） | 人工植被（+++） |
| | 植被类型 2 | 亚热带、热带草丛（+++） | 亚热带、热带常绿阔叶、落叶阔叶灌丛（+++） |
| | 植被类型 3 | 亚热带、热带常绿阔叶、落叶阔叶灌丛（+++） | 亚热带、热带草丛（+++） |
| | 植被类型 4 | 亚热带季风常绿阔叶林（++） | 亚热带针叶林（++） |
| 动物 | 动物群 | 热带-亚热带山地森林动物群 | 热带森林动物群 |
| | 代表物种 | 白掌长臂猿、亚洲象、印度穿山甲、黄手松鼠、厚嘴啄花鸟、花腹绿啄木鸟、蓝八色鸫、蓝枕花蜜鸟、孟加拉巨蜥、八莫过树蛇、裸耳飞蜥、缅甸颈斑蛇、德力小姬蛙、刘氏舌突蛙、腹斑掌突蟾、突肛拟角蟾 | 倭蜂猴、长颌带狸、橙喉长吻松鼠、褐尾鼠、金色鸦雀、灰头斑翅鹛、宽嘴鹟莺、红颈绿啄木鸟、纯绿翠青蛇、圆斑小头蛇、绿林蛇、长尾南蜥、沙巴湍蛙、粗皮角蟾、棘肛蛙、金秀水树蛙 |

滇南山地亚区陆生脊椎动物种类十分丰富，我国绝大部分的灵猫类及灵长类动物几乎都集中分布于此，还有多种树栖类动物分布（孙鸿烈，2005）。此处的热带雨林、季雨林、南亚热带常绿阔叶林为众多灵长类提供了多样的栖息环境：如短尾猴（*Macaca arctoides*）、北豚尾猴（*Macaca leonina*）、蜂猴（*Nycticebus bengalensis*）、倭蜂猴（*Nycticebus pygmaeus*）、白颊长臂猿（*Nomascus leucogenys*）等。

此外，热带森林为鸟类生态位的分化提供了多样的环境（表 3-111）。鸟类功能团

≥异常多样：①以榕树果实为食，大嘴型、润嘴型鸟类：白喉犀鸟（*Anorrhinus tickelli*）、棕颈犀鸟（*Aceros nipalensis*）；②以花粉、花蜜或花冠、花萼丛中昆虫为食，嘴型细长而多弯曲的鸟类：厚嘴啄花鸟（*Dicaeum agile*）、黑胸太阳鸟（*Aethopyga saturata*）、黄腹花蜜鸟（*Cinnyris jugularis*）、长嘴钩嘴鹛（*Pomatorhlnus hypoleucos*）等；③以树木中昆虫为食，喙型尖且直的鸟类：金背啄木鸟（*Dinopium javanense*）、纹胸啄木鸟（*Dendrocopos atratus*）；④以飞行昆虫为食，喙细长、侧扁而下弯的蓝须夜蜂虎（*Nyctyornis athertoni*）、长嘴捕蛛鸟（*Arachnothera longirostria*）；⑤以坚硬种子为食，喙坚硬并带钩状的鸟类：绯胸鹦鹉（*Psittacula alexandri*）、灰头鹦鹉（*Psittacula finschii*）；⑥以坚硬种子为食，喙短而直的鸟类：红梅花雀（*Amandava amandava*）、黄胸织雀（*Ploceus philippinus*）；⑦肉食，喙强大、末端有弯钩的鸟类：褐冠鹃隼（*Aviceda jerdoni*）、黑冠鹃隼（*Aviceda leuphotes*）；⑧其他杂食鸟类：白喉红臀鹎（*Pycnonotus aurigaster*）、灰头椋鸟（*Sturnus malabarica*）、家八哥（*Acridotheres tristis*）、鹩哥（*Gracula religiosa*）等（孙鸿烈，2005）。

**表 3-111 滇南山地亚区鸟类功能团特征及代表物种**

| 功能团 | 食性 | 嘴型 | 代表物种 |
|---|---|---|---|
| 1 | 榕树果实 | 大嘴型、润嘴型 | 白喉犀鸟（*Anorrhinus tickelli*）、棕颈犀鸟（*Aceros nipalensis*）、冠斑犀鸟（*Anthracoceros albirostris*）、双角犀鸟（*Buceros bicornis*）、长尾阔嘴鸟（*Psarisomus dalhousiae*） |
| 2 | 花粉、花蜜 | 嘴型细长，多弯曲 | 厚嘴啄花鸟（*Dicaeum agile*）、黄臀啄花鸟（*Dicaeum chrysorrheum*）、黄腹啄花鸟（*Dicaeum melanozanthum*）、纯色啄花鸟（*Dicaeum conclor*）、朱背啄花鸟（*Dicaeum cruentatum*）、红胸啄花鸟（*Dicaeum ignipectus*）、紫颊太阳鸟（Chalcoparia singalensis）、黑胸太阳鸟（*Aethopyga saturata*）、蓝喉太阳鸟（*Aethopyga gouldiae*）、黄腹花蜜鸟（*Cinnyris jugularis*）、蓝枕花蜜鸟（*Hypogramma hypogrammicum*）、长嘴钩嘴鹛（*Pomatorhlnus hypoleucos*）、棕头钩嘴鹛（*Pommtorhlnus ochraceiceps*）、棕颈钩嘴鹛（*Pommtorhlnus rujficollis*） |
| 3 | 昆虫 | ①喙空而直，似凿子；②喙细长、侧扁而下弯 | ①金背啄木鸟（*Dinopium shorii*）、纹胸啄木鸟（*Dendrocopos atratus*）；②蓝须夜蜂虎（*Nyctyornis athertoni*）、绿喉蜂虎（*Merops orientalis*）、栗头蜂虎（*Merops* leschenaulti）、长嘴捕蛛鸟（*Arachnothera longirostria*）、纹背捕蛛鸟（*Arachnothera magna*） |
| 4 | 坚硬种子 | ①坚硬并带钩状的喙；②喙短而直 | ①绯胸鹦鹉（*Psittacula alexandri*）、大紫胸鹦鹉（*Psittacula derbiana*）、灰头鹦鹉（*Psittacula finschii*）；②红梅花雀（*Amandava amandava*）、黄胸织雀（*Ploceus philippinus*）、纹胸织雀（*Ploceus manyar*） |
| 5 | 肉食 | 喙强大，末端有弯钩 | 褐冠鹃隼（*Aviceda jerdoni*）、黑冠鹃隼（*Aviceda leuphotes*）、白腿小隼（*Microhierax melanoleucos*）、蛇雕（*Spilornis cheela*）、栗鸮（*Phodilus badius*）、褐林鸮（*Strix leptogrammica*） |
| 6 | 杂食 | —— | 白喉红臀鹎（*Pycnonotus aurigaster*）、红耳鹎（*Pycnonotus jocosus*）、灰眼短脚鹎（*Iole propinquus*）、绿翅短脚鹎（*Hypsipetes mcclellandii*）、黑短脚鹎（*Hypsipetes leucocephalus*）、灰头椋鸟（*Sturnus malabarica*）、家八哥（*Acridotheres tristis*）、鹩哥（*Gracula religiosa*） |

**1. 滇西南山地省**（Ⅱ7Pa）

（1）概况

滇西南山地省的范围包括云南西南部，以侵蚀性山地地貌为主，海拔主要为 800～2000 m，主要分布有热带-亚热带山地森林动物群。

（2）气候

滇西南山地省属于热带季风气候，年均气温 11～23 ℃，夏季（5～7 月）平均气温 15～26 ℃，冬季（12～2 月）平均气温 5～18 ℃；年均降水量 1020～1750 mm，雨季降水量 530～1010 mm，旱季降水量 40～80 mm（图 3-158）。

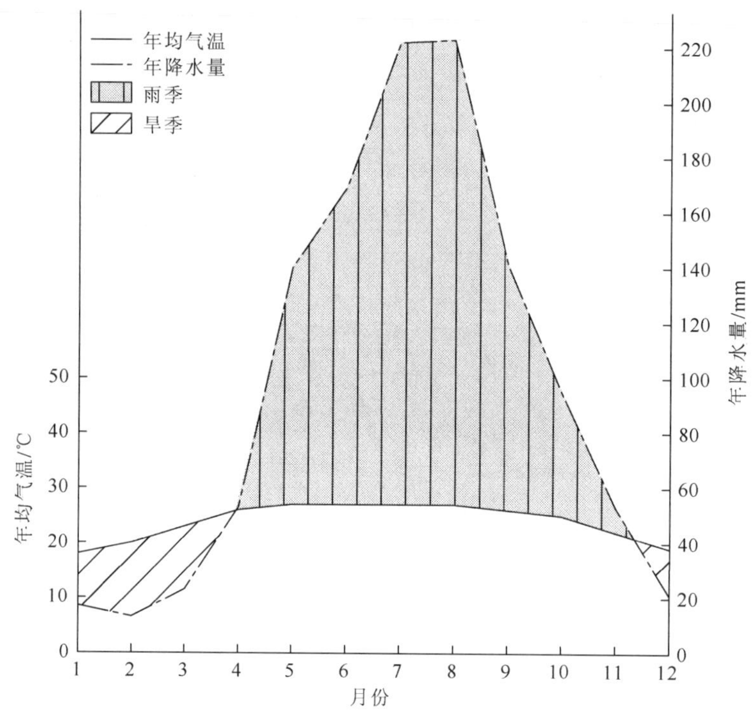


图 3-158　西双版纳（100°58′E，22°08′N）气候图

（3）土壤

在热带、亚热带生物气候和不同地形的条件下，土壤的发育具有明显的地带性、区域性特性。其地带性土壤为砖红壤和赤红壤，前者主要分布于海拔 800 m 以下的低山丘陵坝区，后者主要分布在海拔 800～1500 m 的低山地带和中低山盆地丘陵地带。此外，还分布有黄壤、黄棕壤、紫色土、石灰土和水稻土等。

（4）植被

滇西南山地省以人工植被为主要植被类型，约占 26%；其次为亚热带、热带草丛（刺芒野古草草丛；白茅、密序野古草草丛；刺芒野古草、云南裂稃草草丛），约占 23%；还分布有亚热带、热带常绿阔叶、落叶阔叶灌丛和亚热带季风常绿阔叶林等植被类型。

（5）陆生脊椎动物

滇西南山地省共记录陆生脊椎动物 34 目 132 科 920 种（表 3-112）。

两栖类：德力小姬蛙（*Micryletta inornata*）、刘氏舌突蛙（*Liurana liui*）、腹斑掌突蟾（*Paramegophrys ventripunctatus*）、突肛拟角蟾（*Ophryophryne pachyproctus*）、勐腊水树蛙（*Aquixalus menglaensis*）、黑斜线侧褶蛙（*Pelophylax nigrolineatus*）、黑蹼树蛙（*Rhacophorus kio*）、绿点湍蛙（*Amolops viridimaculatus*）、棕黑疣螈（*Tylototriton verrucosus*）、贡山树蛙（*Rhacophorus gongshanensis*）、版纳大头蛙（*Limnonectes bannaensis*）、版纳鱼螈（*Ichthyophis bannanicus*）等；

爬行类：孟加拉巨蜥（*Varanus bengalensis*）、八莫过树蛇（*Dendrelaphis subocularis*）、裸耳飞蜥（*Draco blanfordii*）、缅甸颈斑蛇（*Plagiopholis nuchalis*）、金花蛇（*Chrysopelea ornata*）、齿缘摄龟（*Cyclemys dentata*）、白唇树蜥（*Calotes mystaceus*）、紫棕小头蛇（*Oligodon cinereus*）、云南颈斑蛇（*Plagiopholis unipostocularis*）、黑带腹链蛇（*Amphiesma bitaeniata*）、黄腹杆蛇（*Rhabdops bicolor*）、管状小头蛇（*Oligodon cyclurus*）等；

鸟类：白颈噪鹛（*Garrulax strepitans*）、白领八哥（*Acridotheres albocinctus*）、大绿雀鹎（*Aegithina lafresnayei*）、黑腹燕鸥（*Sterna acuticauda*）、黑头鹎（*Pycnonotus atriceps*）、黑头奇鹛（*Heterophasia melanoleuca*）、红腿小隼（*Microhierax caerulescens*）、厚嘴啄花鸟（*Dicaeum agile*）、花腹绿啄木鸟（*Picus vittatus*）、黄绿鹎（*Pycnonotus flavescens*）、蓝八色鸫（*Pitta cyanea*）、蓝枕花蜜鸟（*Hypogramma hypogrammicum*）、纹胸啄木鸟（*Dendrocopos atratus*）、小鹃鸠（*Macropygia ruficeps*）、棕翅鵟鹰（*Butastur liventer*）等；

哺乳类：亚洲象（*Elephas maximus*）、白掌长臂猿（*Hylobates lar*）、灰叶猴（*Trachypithecus phayrei*）、白颊长臂猿（*Hylobates leucogenys*）、小鼷鹿（*Tragulus javanisus*）、爪哇野牛（*Bos javanicus*）、线松鼠（*Menetes berdmorei*）、印度野牛（*Bos gaurus*）、纹腹松鼠（*Callosciurus quinquestriatus*）、大竹鼠（*Rhizomys sumatrensis*）、大泡灰鼠（*Berylmys berdmorei*）、长尾攀鼠（*Vandeleuria oleracea*）、毛猬（*Hylomys suillus*）、仔鹿小鼠（*Mus cervicolor*）等。

**表 3-112 滇西南山地省陆生脊椎动物种类组成**

| 纲 | | 目 | 科 | 种 |
|---|---|---|---|---|
| 两栖类 | | 3 | 9 | 71 |
| 爬行类 | | 2 | 16 | 115 |
| 鸟类 | 繁殖鸟 | 19 | 71 | 436 |
| | 非繁殖鸟 | 11 | 30 | 154 |
| 哺乳类 | | 9 | 29 | 144 |
| 总计 | | 34 | 132 | 920 |

（6）自然保护区

滇西南山地省已建立国家级自然保护区 6 个，分别是永德大雪山、南滚河、西双版纳、纳板河流域、铜壁关和高黎贡山国家级自然保护区（图 3-159）。

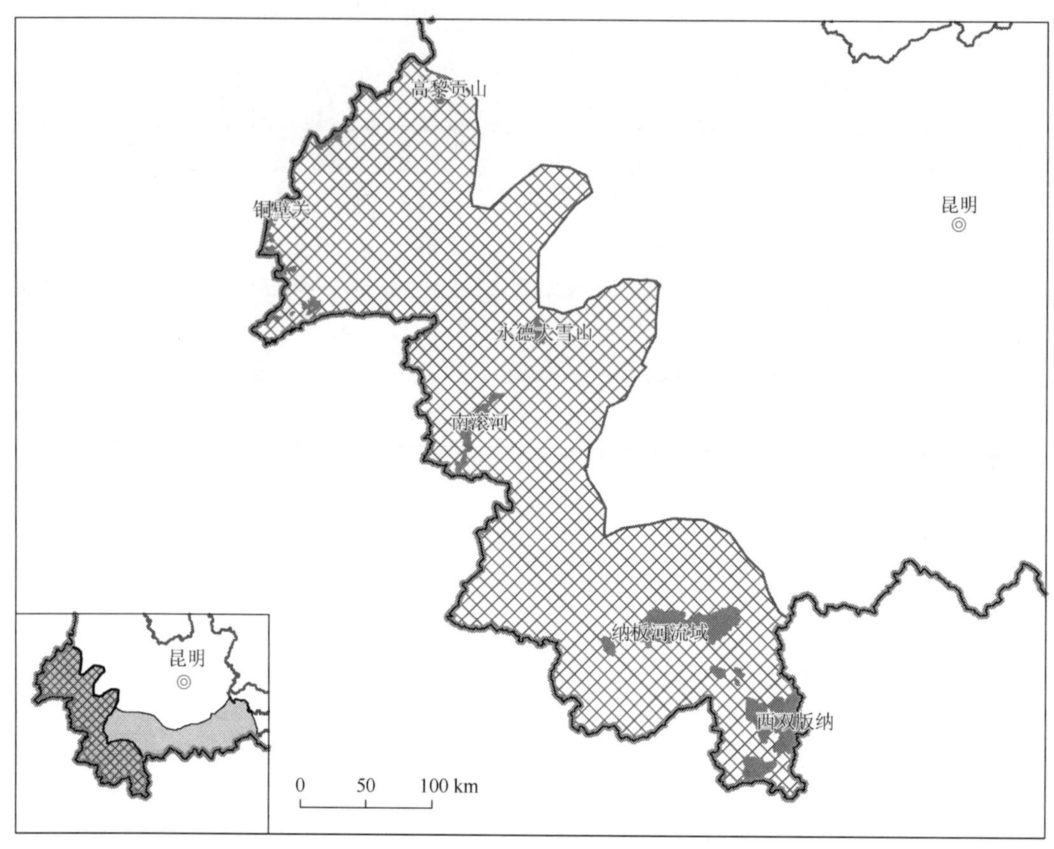


图 3-159　滇西南山地省主要自然保护区分布图

（7）生态地理单元划分

滇西南山地省共划分为 3 个生态地理单元（图 3-160、表 3-113）：

Ⅱ7Pa01 滇西南德宏高原；

Ⅱ7Pa02 滇西南中山盆地；

Ⅱ7Pa03 版纳低山盆地。

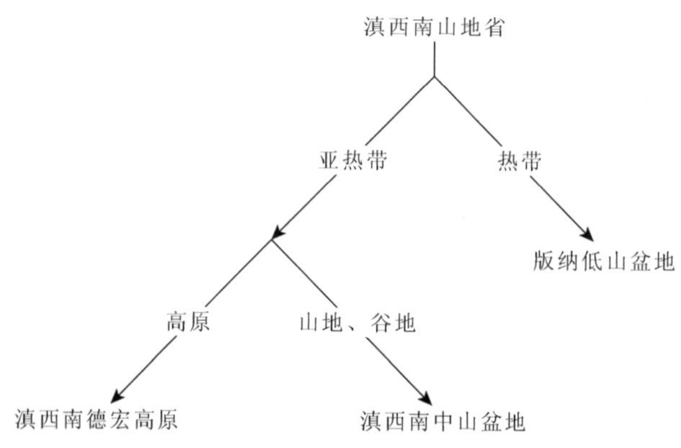


图 3-160　滇西南山地省各生态地理单元关系图

滇西南德宏高原（Ⅱ7Pa01）位于云南省西南部，是云贵高原西部横断山脉的南延部分，属于南亚热带季风气候，以高原山地地形为主，海拔多在 1300 m 以上。主要土壤类型为赤红壤、红壤和山地黄壤，以亚热带、热带草丛为主要植被类型。

滇西南中山盆地（Ⅱ7Pa02）位于云南省西南部，处于澜沧江和怒江之间，以山地、谷地地形为主。主要土壤类型为赤红壤和山地黄壤，以人工植被为主要植被类型，在海拔较高的地方分布有亚热带、热带草丛。

版纳低山盆地（Ⅱ7Pa03）位于云南省南部西双版纳地区，属北回归线以南的热带湿润区，以中低山和丘陵地形为主，海拔多为 900～2200 m。主要土壤类型为砖红壤和红壤，以亚热带、热带常绿阔叶、落叶阔叶灌丛和人工植被为主。

**表 3-113 滇西南山地省 3 个生态地理单元生态因子与动物群**

| 生态地理单元 | | Pa01 滇西南德宏高原 | Pa02 滇西南中山盆地 | Pa03 版纳低山盆地 |
|---|---|---|---|---|
| 概况 | 地貌 | 侵蚀山地 | 侵蚀山地 | 侵蚀山地 |
| | 海拔 | 1300～3300 m | 1400～2800 m | 900～2200 m |
| | 土壤 | 赤红壤、红壤和黄壤 | 赤红壤、山地黄壤 | 砖红壤和红壤 |
| | 水系 | 怒江 | 澜沧江、南定河 | 澜沧江 |
| 气候 | 平均气温 | 11～20 ℃ | 12～21 ℃ | 16～23 ℃ |
| | 夏季均温 | 15～25 ℃ | 16～25 ℃ | 19～26 ℃ |
| | 冬季均温 | 5～14 ℃ | 7～16 ℃ | 11～18 ℃ |
| | 年降水量 | 1160～1750 mm | 1020～1510 mm | 1310～1710 mm |
| | 雨季降水量 | 610～1010 mm | 530～870 mm | 690～940 mm |
| | 旱季降水量 | 40～80 mm | 40～60 mm | 40～80 mm |
| 植被 | 植被类型 1 | 亚热带、热带草丛（+++） | 人工植被（+++） | 亚热带、热带常绿阔叶、落叶阔叶灌丛（+++） |
| | 优势群系 1 | 刺芒野古草草丛 | 夏稻、冬小麦、蚕豆、玉米 | 余甘子、糙叶水锦树灌丛 |
| | 优势群系 2 | 白茅、密序野古草草丛 | 双季稻、蚕豆、大豆 | 余甘子灌丛 |
| | 植被类型 2 | 人工植被（+++） | 亚热带、热带草丛（+++） | 人工植被（+++） |
| | 优势群系 1 | 夏稻、冬小麦、蚕豆、玉米 | 刺芒野古草、云南裂稃草草丛 | 双季稻、蚕豆、大豆 |
| | 优势群系 2 | 双季稻、蚕豆、大豆 | 刺芒野古草草丛 | 双季稻与冬甘薯、冬黄豆、冬玉米 |
| 动物群 | | 高原草丛、农田动物群 | 盆地农田、草丛动物群 | 盆地林灌、农田动物群 |

## 2. 滇南边地省（Ⅱ7Pb）

（1）概况

滇南边地省的范围包括云南南部，以侵蚀性山地地貌为主，海拔主要为 500～1500 m，主要山脉为横断山脉南段的哀牢山。红河大裂谷将滇南边地省地形分为东、西两部分，西部为哀牢山余脉，山高谷深坡陡，地形错综复杂；东部为岩溶高原区，山脉、河流、盆地相间排列，地势较为平缓，喀斯特地貌尤为突出。主要分布有热带森林动物群。

（2）气候

滇南边地省属于热带季风气候，年均气温 13～23 ℃，夏季（5～7 月）平均气温 18～27 ℃，冬季（12～2 月）平均气温 8～18 ℃；年均降水量 940～1910 mm，雨季降水量 530～

1120 mm，旱季降水量 40～80 mm（图 3-161）。由于错综复杂的地形条件和大气环流，区内温度随海拔升高而下降，降雨也具有时空地域分布极不均匀的特点。

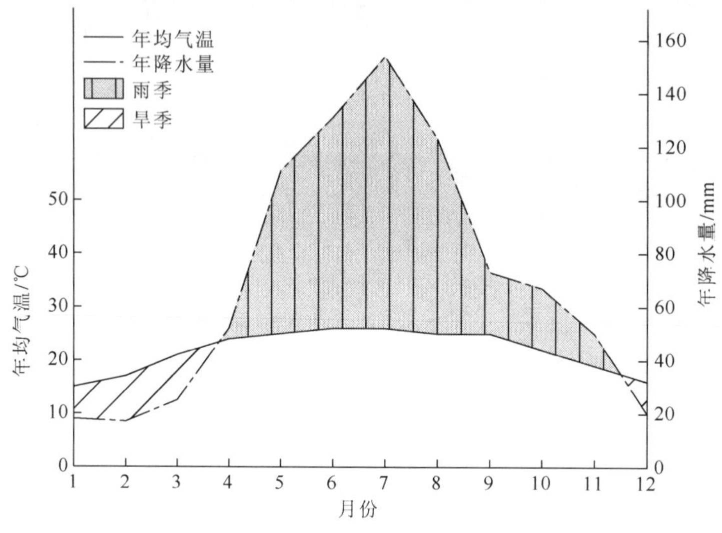


图 3-161 红河（102°13′E，23°16′N）气候图

（3）土壤

滇南边地省地带性土壤为砖红壤和赤红壤，在山地分布有黄壤和黄棕壤，在红河河流两岸分布有冲积土。此外，还零星分布有紫色土、石灰土和水稻土等。

（4）植被

滇南边地省以人工植被为主要植被类型，约占 28%；其次为亚热带、热带常绿阔叶、落叶阔叶灌丛（南烛、矮杨梅灌丛；余甘子灌丛；竹叶椒、樟叶荚蒾灌丛），约占 27%；还分布有亚热带、热带草丛和亚热带针叶林等植被类型。

（5）陆生脊椎动物

滇南边地省共记录陆生脊椎动物 34 目 128 科 799 种（表 3-114）。

两栖类：沙巴湍蛙（*Amolops chapaensis*）、粗皮角蟾（*Megophrys palpebralespinosa*）、陇川水树蛙（*Aquixalus longchuanensis*）、白颊水树蛙（*Aquixalus palpebralis*）、棕褶树蛙（*Rhacophorus feae*）、棘肛蛙（*Unculuana unculuanus*）、金秀水树蛙（*Aquixalus jinxiuensis*）等；

爬行类：纯绿翠青蛇（*Cyclophiops doriae*）、圆斑小头蛇（*Oligodon lacroixi*）、绿林蛇（*Boiga cyanea*）、云南两头蛇（*Calamaria yunnanensis*）、长尾南蜥（*Mabuya longicaudata*）、闪鳞蛇（*Xenopeltis unicolor*）、管状小头蛇（*Oligodon cyclurus*）、横纹翠青蛇（*Cyclophiops multicinctus*）、马来闭壳龟（*Cuora amboinensis*）等；

鸟类：褐胸山鹧鸪（*Arborophila brunneopectus*）、褐山鹪莺（*Prinia polychroa*）、黄臀啄花鸟（*Dicaeum chrysorrheum*）、褐脸雀鹛（*Alcippe poioicephala*）、黑颈鸬鹚（*Phalacrocorax niger*）、黑翅雀鹎（*Aegithina tiphia*）、褐喉沙燕（*Riparia paludicola*）、白尾蓝仙鹟（*Cyornis concretus*）、双辫八色鸫（*Pitta phayrei*）、棕头幽鹛（*Pellorneum ruficeps*）、绿孔雀（*Pavo muticus*）、长尾阔嘴鸟（*Psarisomus dalhousiae*）、金背啄木鸟（*Dinopium javanense*）、斑

头大翠鸟（*Alcedo hercules*）等；

哺乳类：倭蜂猴（*Nycticebus pygmaeus*）、长颌带狸（*Chrotogale owstoni*）、橙喉长吻松鼠（*Dremomys gularis*）、白颊长臂猿（*Hylobates leucogenys*）、白喉岩松鼠（*Sciurotamias forresti*）、熊狸（*Arctictis binturong*）、大泡灰鼠（*Berylmys berdmorei*）、大齿鼠（*Dacnomys millardi*）、黑冠长臂猿（*Hylobates concolor*）、蓝腹松鼠（*Callosciurus pygerythrus*）等。

表 3-114 滇南边地省陆生脊椎动物种类组成

| 纲 | | 目 | 科 | 种 |
|---|---|---|---|---|
| 两栖类 | | 3 | 10 | 72 |
| 爬行类 | | 2 | 16 | 101 |
| 鸟类 | 繁殖鸟 | 19 | 67 | 371 |
| | 非繁殖鸟 | 10 | 28 | 140 |
| 哺乳类 | | 9 | 28 | 115 |
| 总计 | | 34 | 128 | 799 |

（6）自然保护区

滇南边地省已建立国家级自然保护区 5 个，分别是元江、云南大围山、金平分水岭、黄连山和文山国家级自然保护区（图 3-162）。

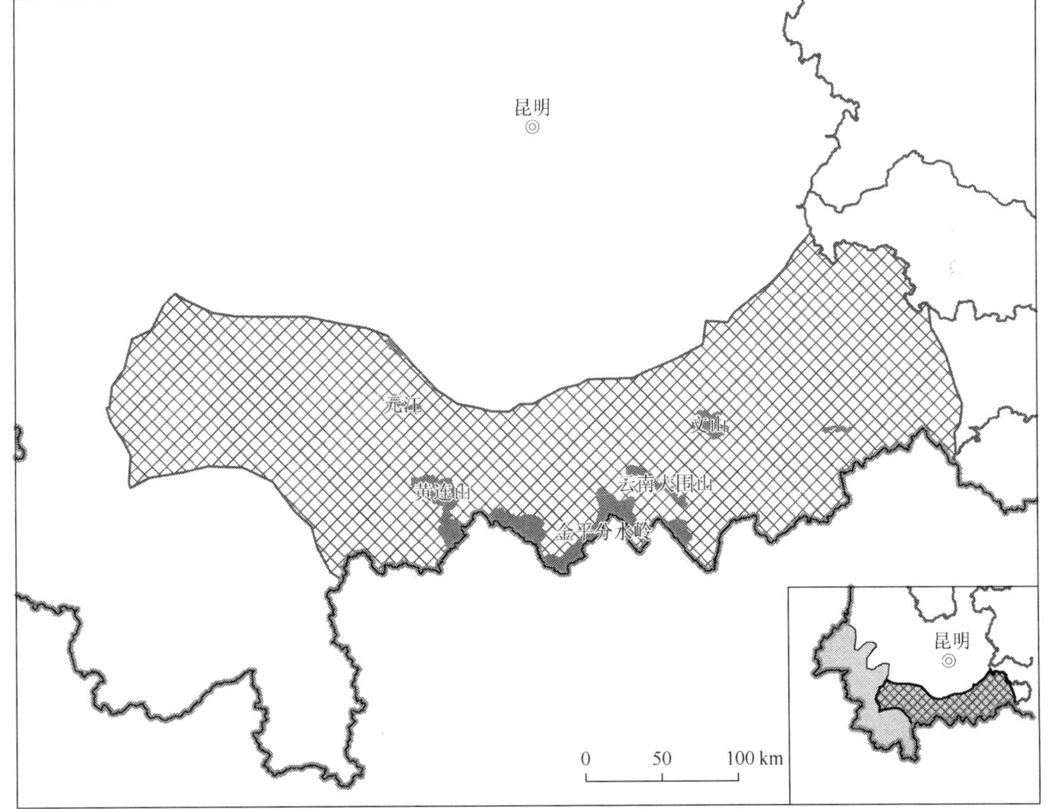


图 3-162 滇南边地省主要自然保护区分布图

(7) 生态地理单元划分

滇南边地省共划分为 3 个生态地理单元（图 3-163、表 3-115）：

Ⅱ7Pb01 滇东南高原；

Ⅱ7Pb02 滇南山地；

Ⅱ7Pb03 滇中南低热河谷。

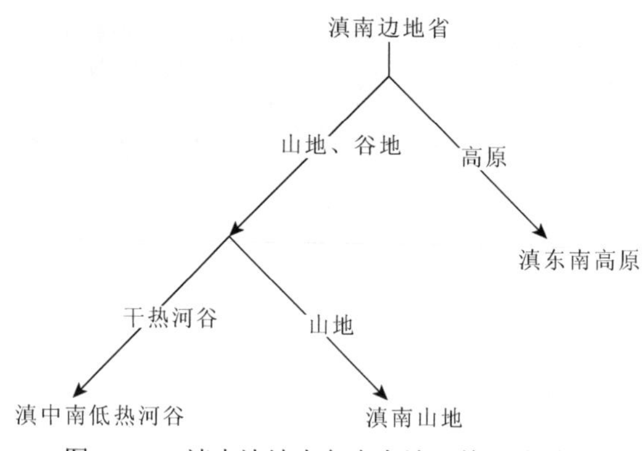


图 3-163　滇南边地省各生态地理单元关系图

滇东南高原（Ⅱ7Pb01）位于云南省的东南部，以高原地形为主，海拔在 1200 m 以上，主要土壤类型为石灰土，主要植被类型包括亚热带、热带常绿阔叶、落叶阔叶灌丛和人工植被。

滇南山地（Ⅱ7Pb02）位于云南省的南部红河一带，以山地地形为主，主要土壤类型为赤红壤、燥红土和砖红壤，以亚热带、热带草丛和人工植被为主要植被类型。

滇中南低热河谷（Ⅱ7Pb03）位于云南省的南部普洱至墨江一带，以干热河谷地形为主，主要土壤类型为燥红土和赤红壤，以亚热带、热带草丛和人工植被为主要植被类型。

**表 3-115　滇南边地省 3 个生态地理单元生态因子与动物群**

| 生态地理单元 | | Pb01 滇东南高原 | Pb02 滇南山地 | Pb03 滇中南低热河谷 |
|---|---|---|---|---|
| 概况 | 地貌 | 岩溶化高原；侵蚀高原 | 侵蚀山地 | 侵蚀山地 |
| | 海拔 | 1200～2200 m | 900～2600 m | 1300～2400 m |
| | 土壤 | 石灰土 | 赤红壤、燥红土和砖红壤 | 燥红土和赤红壤 |
| | 水系 | 盘龙江 | 红河 | 红河、澜沧江 |
| 气候 | 平均气温 | 14～20 ℃ | 13～23 ℃ | 14～22 ℃ |
| | 夏季均温 | 19～25 ℃ | 18～27 ℃ | 18～26 ℃ |
| | 冬季均温 | 8～13 ℃ | 8～18 ℃ | 9～17 ℃ |
| | 年降水量 | 990～1560 mm | 940～1910 mm | 1040～1600 mm |
| | 雨季降水量 | 540～910 mm | 530～1120 mm | 580～940 mm |
| | 旱季降水量 | 50～60 mm | 40～80 mm | 50～60 mm |

续表

| 生态地理单元 | | Pb01 滇东南高原 | Pb02 滇南山地 | Pb03 滇中南低热河谷 |
|---|---|---|---|---|
| 植被 | 植被类型 1 | 亚热带、热带常绿阔叶、落叶阔叶灌丛（++++） | 亚热带、热带草丛（++++） | 亚热带、热带草丛（+++） |
| | 优势群系 1 | 南烛、矮杨梅灌丛 | 刺芒野古草草丛 | 刺芒野古草草丛 |
| | 优势群系 2 | 竹叶椒、樟叶荚蒾灌丛 | 白茅、密序野古草草丛 | 白茅、密序野古草草丛 |
| | 植被类型 2 | 人工植被（++++） | 人工植被（+++） | 人工植被（+++） |
| | 优势群系 1 | 双季稻、蚕豆、大豆 | 夏稻、冬小麦、蚕豆、玉米 | 夏稻、冬小麦、蚕豆、玉米 |
| | 优势群系 2 | 夏稻、冬小麦、蚕豆、玉米 | 双季稻、蚕豆、大豆 | 双季稻、蚕豆、大豆 |
| 动物群 | | 高原林灌、农田动物群 | 山地草丛、农田动物群 | 谷地草丛、农田动物群 |

## （三）海南亚区（Ⅱ7Q）

海南亚区包括 2 个动物地理省 3 个生态地理单元（图 3-164、表 3-116），范围包括海南岛及其附近岛屿。

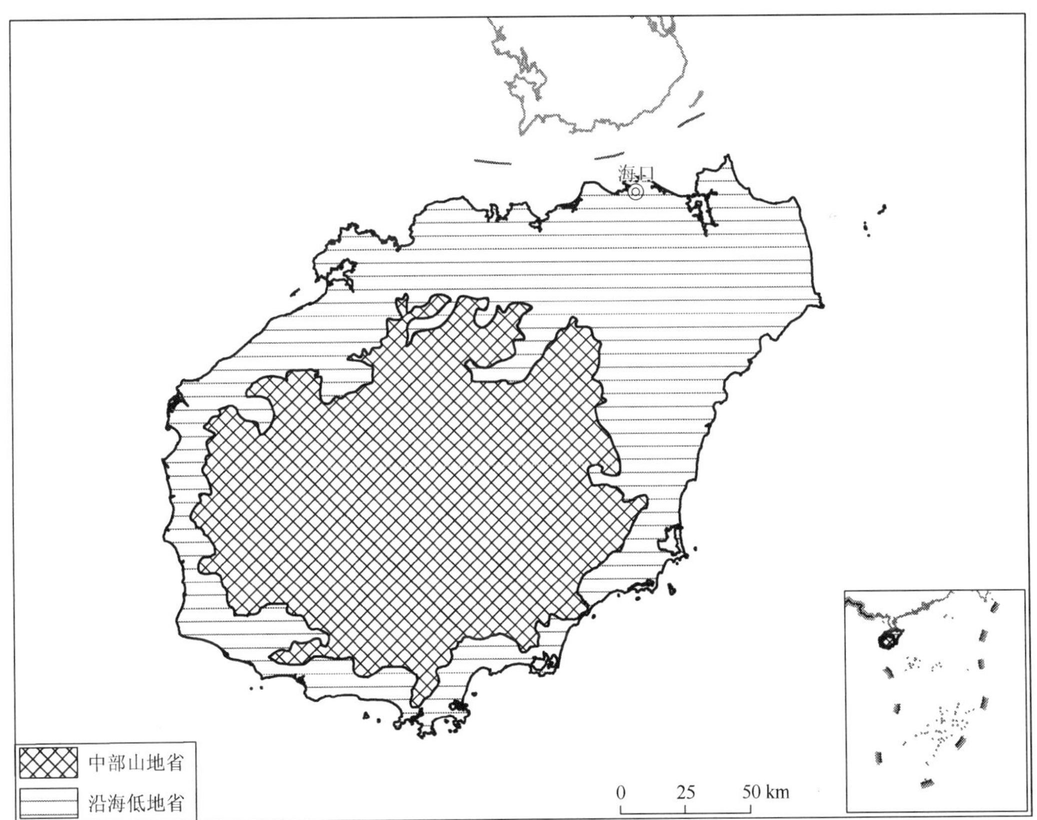


图 3-164 海南亚区图

海南岛轮廓为椭圆形，岛内地形复杂，从中部向四周依次为山地、丘陵、台地和平原等组成顺序逐级递降，构成层状垂直分布和环状水平分布带。中南部的五指山为最高峰，其海拔1867 m；其次为鹦哥岭，海拔1812 m。海南岛位于印尼–马来热带区的北缘，地处热带、亚热带，属季风热带气候区域。气候高温多雨、长夏无冬。年平均温度22～26 ℃；≥10 ℃年积温8200～9200 ℃。年日照1750～2750 h，光照率为50%～60%。全岛年雨量充沛、干湿季明显（干季11～4月，湿季5～10月），全岛年平均降水量1500～2000 mm，降雨时空分布不均。

海南岛属于热带季风气候，地带性土壤为砖红壤，占全岛面积的48.3%，分布在低丘和台地上；高丘至中低山依次为红壤、山地黄壤等。赤红壤占全岛面积25.7%，山地黄壤占5.0%，岛西南干热地区为燥红土，面积较小，沿海以滨海沙土为主，约占3.2%，水稻土占11.4%（曾水泉，1990）。海南岛的地质基底以花岗岩为主，局部地区有玄武岩、页岩、砂岩和石灰岩。

海南岛具有充分的光热和丰富的水分等物质基础，生长的雨林位于亚洲雨林的北缘，典型的生态系统为季节性雨林生态系统（孙鸿烈，2005）。从沿海至山地分布着红树林（海莲）、季雨林（鸡占+香合欢+菲律宾合欢）、热带雨林（青梅+蝴蝶树+细子龙）、山地雨林（陆均松+线枝蒲桃+红绸）、山地常绿林（越南栲+五列木+海南红楣）、山地常绿矮林（猴头杜鹃+密花树）和热带针叶林（南亚松–华须芒+短梗苞茅）（王伯荪等，2002）。本亚区生物资源十分丰富，素有"绿色宝库"之称，发育有大面积的、生物多样性最为丰富的热带雨林生态系统。

海南亚区复杂的地形地貌，多种多样的植物类型，为种类繁多的野生动物提供了理想的生存环境。本亚区共记录陆生野生动物657种，隶属于4纲33目121科362属，其中30多种为本亚区所特有。在两栖类的43种野生动物中，有11种仅见于本亚区。鸟类中海南孔雀雉（*Polyplectron katsumatae*）、海南山鹧鸪（*Arborophila ardens*）和海南柳莺（*Phylloscopus hainanus*）等为海南特有种。兽类78种中有21种（亚种）为本亚区所特有，并有世界上罕见的珍贵动物。海南珍稀野生动物种类繁多，属国家重点保护的野生动物共102种，其中国家Ⅰ级保护物种15种，国家Ⅱ级保护物种87种。国家Ⅰ级保护物种海南长臂猿（*Nomascus hainanus*），为海南特有种，为全球最濒危的灵长类物种，具有重要的科研价值；坡鹿（*Cervus eldi*）是国家Ⅰ级保护物种，是泽鹿的一个亚种。

与全国陆生野生动物多样性相比，海南省4个纲动物 物种数占全国比例均超过10%，其中鸟纲与爬行纲物种数相对较多，占全国比例分别为31.8%与26.5%，相较于海南仅占全国 0.4%左右的陆域面积，海南的陆生野生动物资源较为丰富。此外，海南是西太平洋候鸟迁徙路线的重要节点，是众多冬候鸟的越冬地或歇息地，在全球鸟类保护中具有重要作用，海南被多个国际生物保护组织公认为是需要优先重点保护的生态区域之一。

**表3-116　海南亚区2个动物地理省代表动物与生态因子比较**

| 动物地理省 | | Qa 中部山地省 | Qb 沿海低地省 |
|---|---|---|---|
| 概况 | 位置 | 海南中部山地 | 海南沿海地区 |
| | 地貌 | 侵蚀性山地 | 冲积、海积平原和熔岩台地 |
| | 海拔 | 100～1300 m | 700 m 以下 |
| | 土壤 | 赤红壤、黄壤 | 砖红壤、燥红土、滨海砂土、水稻土 |

续表

| 动物地理省 | | Qa 中部山地省 | Qb 沿海低地省 |
|---|---|---|---|
| 气候 | 气候类型 | 南亚热带季风气候 | 热带季风气候 |
| | 平均气温 | 20～25 ℃ | 23～25 ℃ |
| | 夏季均温 | 23～28 ℃ | 27～29 ℃ |
| | 冬季均温 | 15～21 ℃ | 18～21 ℃ |
| | 年降水量 | 1120～1860 mm | 670～1900 mm |
| | 雨季降水量 | 580～940 mm | 270～910 mm |
| | 旱季降水量 | 40～100 mm | 30～130 mm |
| 植被 | 植被类型 1 | 热带雨林（+++） | 人工植被（+++++） |
| | 植被类型 2 | 亚热带、热带常绿阔叶、落叶阔叶灌丛（+++） | 亚热带、热带常绿阔叶、落叶阔叶灌丛（++++） |
| | 植被类型 3 | 人工植被（+++） | 亚热带、热带草丛（++） |
| | 植被类型 4 | 亚热带常绿阔叶林（++） | 亚热带常绿阔叶林（+） |
| 动物 | 动物群 | 热带山地林灌动物群 | 热带林灌、农田动物群 |
| | 代表物种 | 海南长臂猿、海南毛猬、小爪水獭、小缅鼠、海南山鹧鸪、海南柳莺、银胸丝冠鸟、淡紫䴓、山瑞鳖、长棘蜥、海南脆蛇、海南脊蛇、海南疣螈、鳞皮小蟾、海南水树蛙、海南溪树蛙 | 坡鹿、海南兔、褐家鼠、小家鼠、棕三趾鹑、银环蛇、渔游蛇、中国石龙子、变色树蜥、泽陆蛙、饰纹姬蛙、沼水蛙、黑眶蟾蜍 |

**1. 中部山地省**（Ⅱ7Qa）

（1）概况

中部山地省的范围包括海南中部山地，以侵蚀性山地地貌为主，海拔主要在 400 m 以上，是具有全球意义的生物多样性热点地区。在进入 21 世纪后，以五指山山地为代表的海南岛中南部地区被保护国际（CI）认定为全球 25 个热点地区之一，被世界自然基金会（World Wide Fund for Nature，WWF）确定为全球 200 个优先保护的陆地生态区之一（Myers et al.，2000；赵淑清等，2000），该地区的生物多样性及其保护状况为国内外所关注。中部山地省主要分布有热带山地林灌动物群。

（2）气候

中部山地省属于南亚热带季风气候，年均气温 20～25 ℃，夏季（5～7 月）平均气温 23～28 ℃，冬季（12～2 月）平均气温 15～21 ℃；年均降水量 1120～1860 mm，雨季降水量 580～940 mm，旱季降水量 40～100 mm（图 3-165）。

（3）土壤

中部山地省土壤类型主要为赤红壤和黄壤，并有部分砖红壤分布。赤红壤是热带气候下影响红壤发育方向而成的土壤，主要分布于海拔 400～800 m 山地；黄壤是水热条件下由赤红壤演变而来，一般分布在 700 m 以上山地，主要为水源林和天然热带雨林分布区。

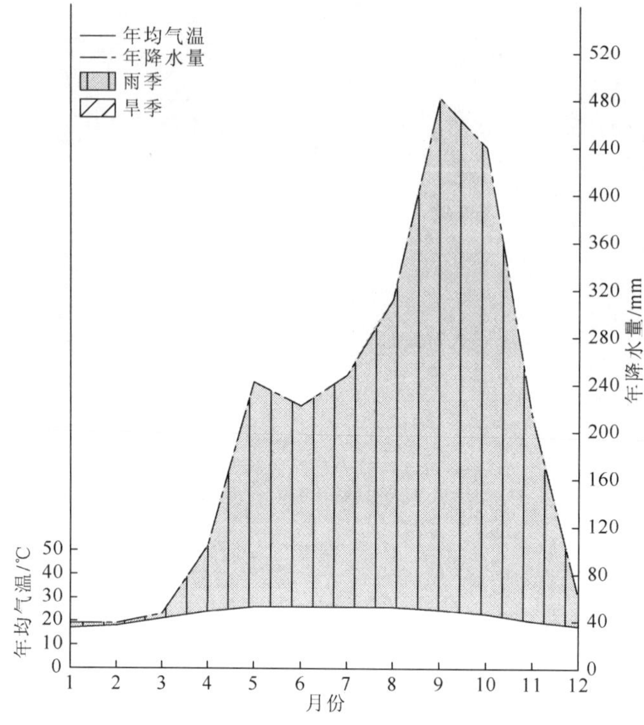


图 3-165 五指山（109°31′E，18°40′N）气候图

（4）植被

中部山地省以热带雨林（青皮、蝴蝶树林；陆均松、海南紫荆、红椆林；青皮、山荔枝林）为主要植被类型，约占 25%；其次为亚热带、热带常绿阔叶、落叶阔叶灌丛（中平树灌丛；刺篱木、基及树灌丛；白鹃梅、映山红灌丛），约占 24%；还分布有人工植被和亚热带常绿阔叶林等植被类型。

（5）陆生脊椎动物

中部山地省共记录陆生脊椎动物 30 目 107 科 420 种（表 3-117）。

两栖类：海南湍蛙（*Amolops hainanensis*）、海南溪树蛙（*Buergeria oxycephala*）、小湍蛙（*Amolops torrentis*）、细刺水蛙（*Hylarana spinulosa*）、鹦哥岭树蛙（*Rhacophorus yinggelingensis*）等；

爬行类：海南棱蜥（*Tropidophorus hainanus*）、斑飞蜥（*Draco maculatus*）、丽棘蜥（*Acanthosaura lepidogester*）、横纹钝头蛇（*Pareas margaritophorus*）等；

鸟类：海南山鹧鸪（*Arborophila ardens*）、海南孔雀雉（*Polyplectron katsumatae*）、海南柳莺（*Phylloscopus hainanus*）、赤红山椒鸟（*Pericrocotus flammeus*）、纯蓝仙鹟（*Cyornis unicolor*）、褐顶雀鹛（*Alcippe brunnea*）、黑背燕尾（*Enicurus immaculatus*）、叉尾太阳鸟（*Aethopyga christinae*）等；

哺乳类：海南长臂猿（*Nomascus hainanus*）、水鹿（*Cervus unicolor*）、黑熊（*Selenarctos thibetanus*）、豹猫（*Prionailurus bengalensis*）、花面狸（*Paguma larvata*）、巨松鼠（*Ratufa bicolor*）、穿山甲（*Manis pentadactyla*）、刺毛鼠（*Niviventer fulvescens*）等。

表 3-117 中部山地省陆生脊椎动物种类组成

| 纲 | | 目 | 科 | 种 |
|---|---|---|---|---|
| 两栖类 | | 2 | 7 | 38 |
| 爬行类 | | 2 | 17 | 86 |
| 鸟类 | 繁殖鸟 | 18 | 57 | 169 |
| | 非繁殖鸟 | 10 | 23 | 85 |
| 哺乳类 | | 8 | 18 | 42 |
| 总计 | | 30 | 107 | 420 |

（6）自然保护区

中部山地省已建立国家级自然保护区 6 个，分别是大田、霸王岭、尖峰岭、吊罗山、五指山和鹦哥岭国家级自然保护区（图 3-166）。

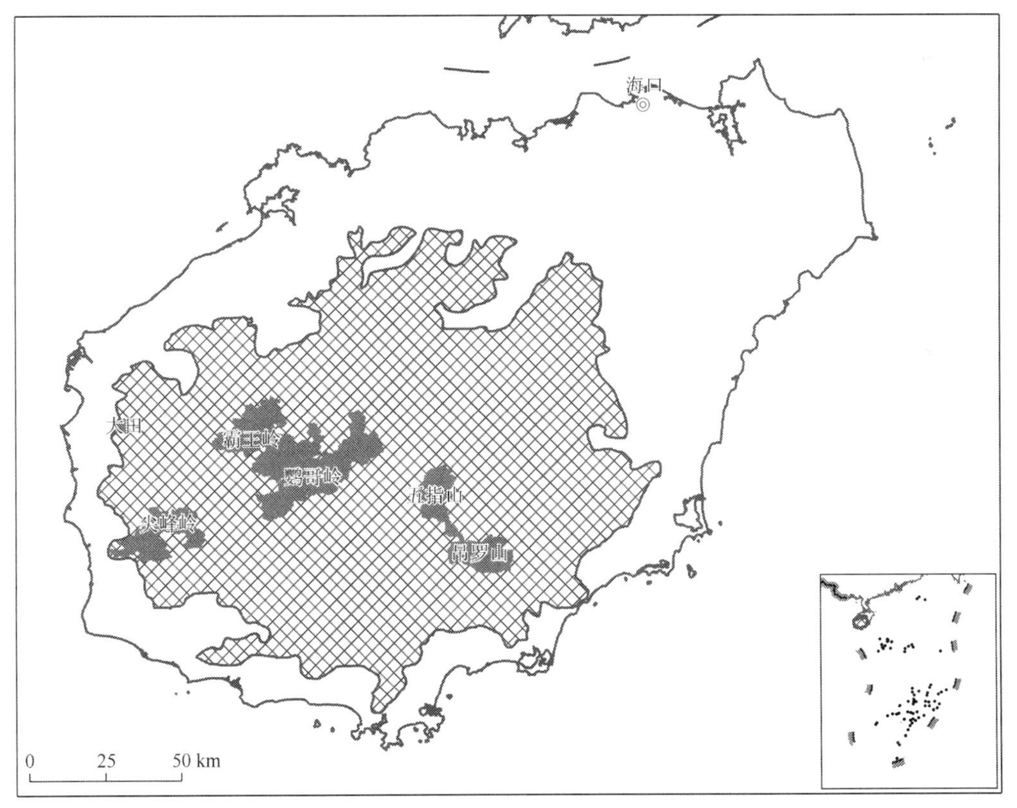


图 3-166 中部山地省主要自然保护区分布图

（7）生态地理单元划分

中部山地省仅有 1 个生态地理单元：

Ⅱ7Qa01 五指山地。

## 2. 沿海低地省（Ⅱ7Qb）

（1）概况

沿海低地省的范围包括海南沿海地区，以冲积、海积平原和熔岩台地地貌为主，海拔主要在 100 m 以下，主要分布有热带林灌、农田动物群。

（2）气候

沿海低地省属于热带季风气候，年均气温 23～25 ℃，夏季（6～8 月）平均气温 27～29 ℃，冬季（12～2 月）平均气温 18～21 ℃；年均降水量 670～1900 mm，雨季降水量 270～910 mm，旱季降水量 30～130 mm（图 3-167）。

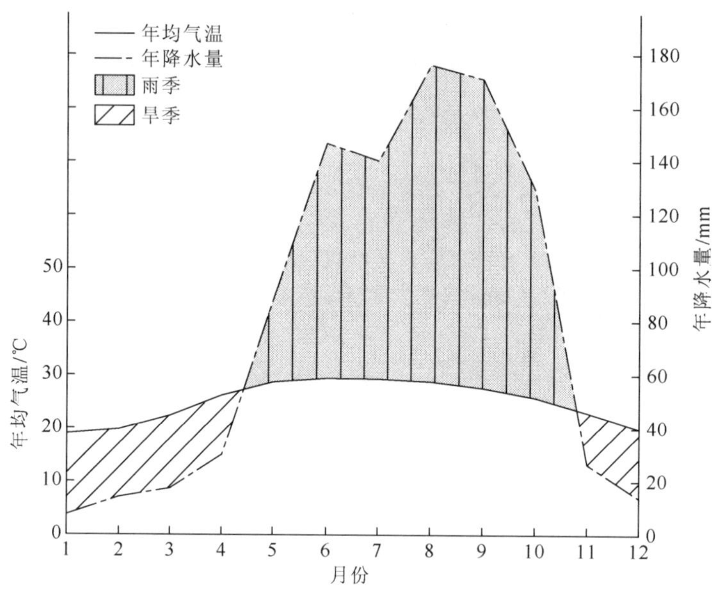


图 3-167　东方（108°52′E，19°00′N）气候图

（3）土壤

沿海低地省土壤主要由砖红壤、燥红土、滨海砂土和水稻土等组成。

砖红壤是热带雨林或季雨林气候下发育的土壤，是我国最南端热带雨林或季雨林地区的地带性土壤。由于热带砖红壤区水热条件较赤红壤、红壤高，故而砖红壤进行着高度富铝化与高度生物富集的成土过程。砖红壤主要分布于 300 m 以下丘陵和台地。

燥红土所在区域有明显旱雨季，年蒸发量大于降水量，因此土壤严重缺水，有机质缺乏，其主要分布于海南岛的西南部东方县及乐东县境内的低丘和台地上，由于五指山阻挡了东南湿润季风的进入，形成了干热的生物气候条件及土壤。

滨海砂土在沿海岸带沙堤发育，沙滩广阔，故沙质土面积不大，且地理分布呈环状结构。

水稻土是人工灌溉耕种条件下形成的水耕表层和水耕氧化还原层的土壤，渗透性和通气性较弱，长期水淹，容易形成湿地。其主要分布于三角洲、河岸平原、阶地上，为海南岛主要水稻耕作区，如南渡江中、下游、文澜江、万泉河下游。

（4）植被

沿海低地省以人工植被为主要植被类型，约占 52%，其次为亚热带、热带常绿阔叶、落叶阔叶灌丛（刺篱木、基及树灌丛），约占 31%，还分布有亚热带、热带草丛和亚热带常绿阔叶林等植被类型。

（5）陆生脊椎动物

沿海低地省共记录陆生脊椎动物 29 目 101 科 376 种（表 3-118）。

两栖类：海南溪树蛙（*Buergeria oxycephala*）、虎纹蛙（*Hoplobatrachus chinenses*）、小湍蛙（*Amolops torrentis*）、泽陆蛙（*Fejervarya multistriata*）等；

爬行类：斑飞蜥（*Draco maculatus*）、变色树蜥（*Calotes versicolor*）、长尾南蜥（*Mabuya longicaudata*）、南草蜥（*Takydromus sexlineatus*）、渔游蛇（*Xenochrophis piscator*）等；

鸟类：黑眉拟啄木鸟（*Megalaima oorti*）、赤红山椒鸟（*Pericrocotus flammeus*）、白胸翡翠（*Halcyon smyrnensis*）、白喉冠鹎（*Criniger pallidus*）、白头鹎（*Pycnonotus sinensis*）、褐翅鸦鹃（*Centropus sinensis*）等；

哺乳类有：坡鹿（*Cervus eldi*）、海南兔（*Lepus hainanus*）、红颊长吻松鼠（*Dremomys rufigenis*）、帚尾豪猪（*Atherurus macrourus*）、小灵猫（*Viverricula indica*）、食蟹獴（*Herpestes urva*）、赤麂（*Muntiacus vaginalis*）和椰子狸（*Paradoxurus hermaphroditus*）、社鼠（*Niviventer confucianus*）等。

**表 3-118 沿海低地省陆生脊椎动物种类组成**

| 纲 | | 目 | 科 | 种 |
|---|---|---|---|---|
| 两栖类 | | 1 | 6 | 31 |
| 爬行类 | | 2 | 14 | 58 |
| 鸟类 | 繁殖鸟 | 18 | 54 | 159 |
| | 非繁殖鸟 | 10 | 25 | 89 |
| 哺乳类 | | 8 | 18 | 39 |
| 总计 | | 29 | 101 | 376 |

（6）自然保护区

沿海低地省已建立国家级自然保护区 4 个，分别是东寨港、三亚珊瑚礁、铜鼓岭和大洲岛国家级自然保护区（图 3-168）。

（7）生态地理单元划分

沿海低地省共划分为 2 个生态地理单元（图 3-169、表 3-119）：

Ⅱ7Qb01 琼北台地；

Ⅱ7Qb02 琼南丘陵。

琼北台地（Ⅱ7Qb01）主要位于海南岛北部的台地，地势平坦，年均降水量 670～1900 mm，年均气温约为 23～24 ℃，主要植被类型为人工植被和亚热带、热带常绿阔叶、落叶阔叶灌丛，主要分布有平原台地灌丛动物群。

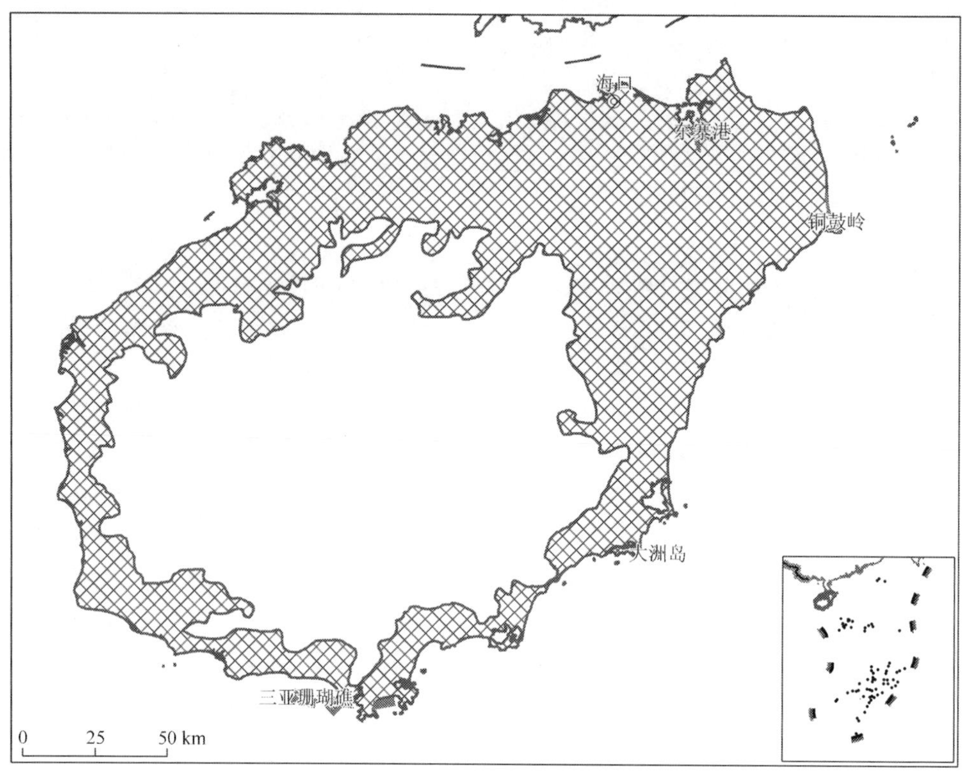


图 3-168　沿海低地省主要自然保护区分布图

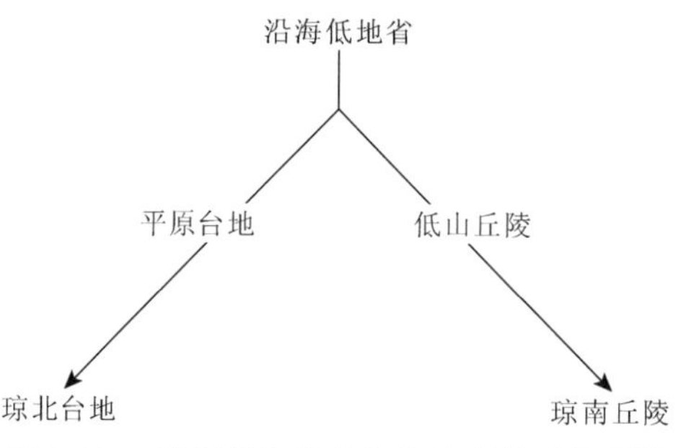


图 3-169　沿海低地省各生态地理单元关系图

琼南丘陵（Ⅱ7Qb02）主要位于海南岛南部沿海丘陵，大部分区域为海拔在 700 m 以下的丘陵和台地，主要植被类型为人工植被和亚热带、热带常绿阔叶、落叶阔叶灌丛，年均降水量 1000～2000 mm，年均气温在 24 ℃以上，主要分布低山丘陵动物群。

**表 3-119　沿海低地省 2 个生态地理单元生态因子与动物群**

| 生态地理单元 | | Qb01 琼北台地 | Qb02 琼南丘陵 |
|---|---|---|---|
| 概况 | 地貌 | 熔岩台地；冲积、海积平原 | 侵蚀丘陵；冲积、海积平原 |
| | 海拔 | 0～300 m | 0～700 m |
| | 土壤 | 砖红壤、滨海砂土和水稻土 | 砖红壤、燥红土、滨海砂土和水稻土 |
| | 水系 | 南渡江 | 昌化江、万泉河 |

续表

| 生态地理单元 | | Qb01 琼北台地 | Qb02 琼南丘陵 |
|---|---|---|---|
| 气候 | 平均气温 | 23～24 ℃ | 24～25 ℃ |
| | 夏季均温 | 27～28 ℃ | 27～29 ℃ |
| | 冬季均温 | 18～19 ℃ | 18～21 ℃ |
| | 年降水量 | 670～1900 mm | 1010～1900 mm |
| | 雨季降水量 | 270～900 mm | 530～910 mm |
| | 旱季降水量 | 50～120 mm | 30～130 mm |
| 植被 | 植被类型 1 | 人工植被（+++++） | 人工植被（+++++） |
| | 优势群系 1 | 双季稻与冬甘薯、冬黄豆、冬玉米 | 双季稻与冬甘薯、冬黄豆、冬玉米 |
| | 优势群系 2 | | 橡胶园 |
| | 植被类型 2 | 亚热带、热带常绿阔叶、落叶阔叶灌丛（+++） | 亚热带、热带常绿阔叶、落叶阔叶灌丛（++++） |
| | 优势群系 1 | 刺篱木、基及树灌丛 | 刺篱木、基及树灌丛 |
| | 优势群系 2 | 柳叶密花树、银柴、谷木灌丛 | 柳叶密花树、银柴、谷木灌丛 |
| 动物群 | | 平原台地灌丛动物群 | 低山丘陵稀疏灌丛动物群 |

## （四）台湾亚区（Ⅱ7R）

台湾亚区包括 2 个动物地理省 6 个生态地理单元（图 3-170、表 3-120），范围包括台湾岛及其附属岛屿。

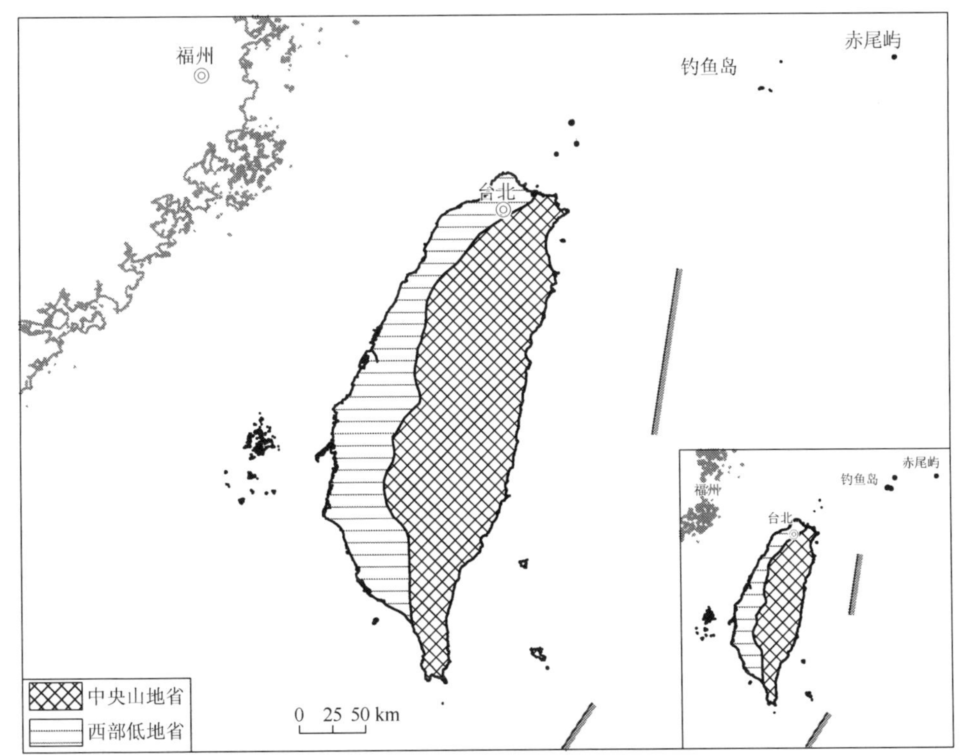


图 3-170 台湾亚区图

台湾亚区位于欧亚板块与太平洋板块的交汇处，受两大板块的挤压，形成高大的隆起山系。亚区内山系与台湾岛的东北-西南走向平行，卧于台湾岛中部偏东位置，形成东部多山脉、中部多丘陵、西部多平原的地形特征。台湾亚区位于亚热带，并受日本暖流和太平洋夏季风的影响，海洋性特征显著，气温、降水量均比同纬度地区高，孕育着丰富的物种多样性。

**表 3-120 台湾亚区 2 个动物地理省代表动物与生态因子比较**

| 动物地理省 | | Ra 中央山地省 | Rb 西部低地省 |
|---|---|---|---|
| 概况 | 位置 | 台湾中部山地 | 台湾西部沿海地区 |
| | 地貌 | 冰川、冰原作用山地 | 冲积平原 |
| | 海拔 | 100～3400 m | 900 m 以下 |
| | 土壤 | 黄棕壤、黄壤、红壤、赤红壤 | 水稻土 |
| 气候 | 气候类型 | 热带季风气候 | 热带季风气候 |
| | 平均气温 | 7～24 ℃ | 19～24 ℃ |
| | 夏季均温 | 11～27 ℃ | 24～28 ℃ |
| | 冬季均温 | 3～20 ℃ | 13～19 ℃ |
| | 年降水量 | 1820～4150 mm | 1010～3270 mm |
| | 雨季降水量 | 800～2340 mm | 520～1780 mm |
| | 旱季降水量 | 70～550 mm | 40～610 mm |
| 植被 | 植被类型 1 | 人工植被（++++） | 人工植被（++++） |
| | 植被类型 2 | 亚热带常绿阔叶林（+++） | 无植被地段（–） |
| | 植被类型 3 | 亚热带山地针叶、常绿落叶阔叶混交林（++） | 亚热带、热带竹林和竹丛（–） |
| | 植被类型 4 | 亚热带和热带山地针叶林（+） | 亚热带常绿阔叶林（–） |
| 动物 | 动物群 | 亚热带山地森林动物群 | 热带亚热带低地农田-林灌动物群 |
| | 代表物种 | 台湾长尾鼩鼱、金背松鼠、台湾田鼠、台湾猴、台湾斑翅鹛、台湾鹎、台湾短翅莺、台湾黄山雀、台湾蜥虎、台湾龙蜥、台湾脆蛇、阿里山脊蛇、台湾小鲵、楚南小鲵、阿里山小鲵、橙腹树蛙 | 板齿鼠、棕三趾鹑、黑冠鳽、岩鹭、黑颏果鸠、渔游蛇、华游蛇、尖吻蝮、海陆蛙、诸罗树蛙、台北树蛙、长肢林蛙 |

台湾亚区迄今共记录有陆生两栖类 2 目 7 科 37 种，爬行类 2 目 17 科 108 种（吕光洋等，2008），鸟类 19 目 87 科 626 种（杨玉祥等，2014），哺乳类 8 目 20 科 78 种（林良恭，2008）（表 3-121）。其单位面积记录的物种数也同样丰富，据吕光洋等（2008）统计，亚区内单位面积记录的两栖类和爬行类动物物种数是大陆的 45 倍，日本的 10 倍。

**表 3-121 台湾亚区陆生脊椎动物统计表***

| 纲 | 目 | 科 | 种 | 台湾特有种 |
|---|---|---|---|---|
| 两栖类 | 2 | 7 | 37 | 15 |
| 爬行类 | 2 | 17 | 108 | 21 |
| 鸟类 | 19 | 87 | 626 | 25 |
| 哺乳类 | 8 | 20 | 78 | 19 |
| 总计 | 31 | 131 | 849 | 80 |

* 两栖类和爬行类据吕光洋等（2008）；鸟类据杨玉祥等（2014）；哺乳类据林良恭（2008）

本亚区属于南亚热带季风雨林气候和热带雨林、季雨林气候，年均降水量1000～4500 mm，年均气温7.1～24.5 ℃，极端高温32.0 ℃，极端低温-4.5 ℃，≥0 ℃年积温为1700～8600 ℃。

本亚区主要地貌类型有中高海拔极大起伏山地、中海拔大起伏山地和低海拔中起伏山地及冲积平原；主要土壤有赤红壤、红壤、黄壤、棕壤和水稻土；主要植被类型为亚热带常绿阔叶林（大叶柯、米槠、琼楠林+长柄青冈、杏叶石栎、昆栏树林）、一年三熟粮食作物、热带常绿果园、经济林及一年两熟或三熟水旱轮作、常绿果园、亚热带经济林。

台湾亚区的动物区系不但包括古北区系的北方型物种，也有来自喜马拉雅山区系和中国南方区系的物种。台湾亚区陆生哺乳动物的物种多样性与海拔变化及栖息地异质性呈相关（林良恭，1995），主要动物区系是东洋型和岛屿型。一方面，本亚区在早更新世前期的滨海相沉积中含有多种大型陆上哺乳动物化石，包括剑齿象、犀牛、古鹿、野猪等产生于华南、马来半岛的种类，说明当时台湾地区与大陆之间存在陆桥（张兰生，2012），故其动物区系具有明显的东洋型成分。另一方面，由于海平面下降以后，台湾海峡的地理阻隔作用，使本亚区动物保持相对独立，形成特有的岛屿型动物区系。典型的台湾地区特有种包括哺乳纲的台湾长尾鼩（*Soriculus fumidus*）、台湾猴（*Macaca cyclopis*）和台湾鬣羚（*Naemorhedus swinhoei*）；鸟类的台湾山鹧鸪（*Arborophila crudigularis*）、蓝腹鹇（*Lophura swinhoii*）、黑长尾雉（*Syrmaticus mikado*）、台湾鹎（*Pycnonotus taivanus*）和台湾蓝鹊（*Urocissa caerulea*）等；爬行类的兰屿壁虎（*Gekko kikuchii*）、台湾龙蜥（*Japalura swinhonis*）、台湾脆蛇（*Ophisaurus formosensis*）、恒春草蜥（*Takydromus sauteri*）、阿里山脊蛇（*Achalinus niger*）和台北腹链蛇（*Amphiesma miyajimae*）等；两栖类的阿里山小鲵（*Hynobius arisanensis*）、台岛臭蛙（*Odorrana taiwaniana*）和台北树蛙（*Rhacophorus taipeianus*）等。

亚区内鸟类垂直地带性分布明显，翟鹏（1977）将台湾中部山区划分为3个海拔区间：低海拔带（1000 m以下）、中海拔带（1000～2300 m）和高海拔带（2300 m以上），并分析其留栖鸟类特有种的垂直分布特征。他发现：分布于低海拔带的鸟类特有种有3种，特有亚种20种；分布于中海拔带的鸟类特有种有2种，特有亚种8种；分布范围涵盖低、中海拔带的鸟类特有种有4种，特有亚种19种；仅分布于高海拔带的鸟类特有种有5种，特有亚种9种；而分布范围涵盖中、高海拔带的鸟类特有种有4种，特有亚种4种（图3-171），表明分布在低海拔和中海拔的鸟类特有亚种比高海拔多，但高海拔的鸟类特有

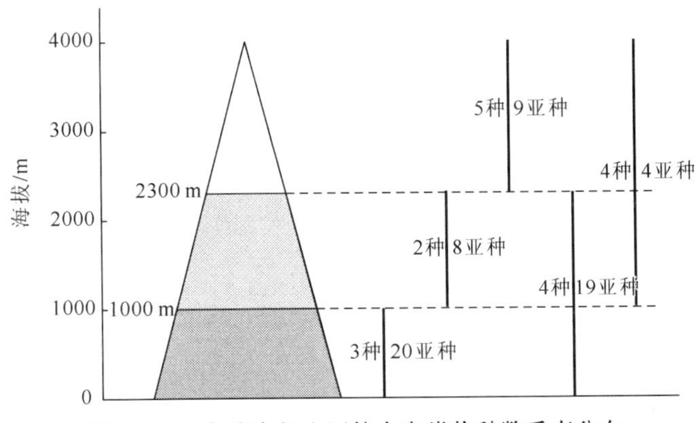


图3-171　台湾中部山区特有鸟类物种数垂直分布

种比低海拔多（瞿鹏，1977）。

### 1. 中央山地省（Ⅱ7Ra）

（1）概况

中央山地省位于台湾中央山脉和东部海岸山脉山地，中央山脉纵贯全岛中央，自北而南分别由雪山山脉、中央山脉、玉山山脉和阿里山山脉组成，海拔超过 3500 m 的山峰有 22 座，超过 3000 m 的山峰有 62 座，因而有“台湾屋脊”之称。它将全岛分成东小、西大不对称的两半，东部地势陡峻，西部较宽缓，是全岛各水系的分水岭。主要分布有亚热带山地森林动物群。

（2）气候

中央山地省属于热带季风气候，年均气温 7～24 ℃，夏季（6～8 月）平均气温 11～27 ℃，冬季（12～2 月）平均气温 3～20 ℃；年均降水量 1820～4150 mm，雨季降水量 800～2340 mm，旱季降水量 70～550 mm（图 3-172）。

中央山地省海拔落差大，气温随山势的增高而降低，北部地区山地海拔每升高 100 m，气温约降低 0.6 ℃；中南部地区海拔每升高 100 m，气温约降低 0.5 ℃。在海拔 3000 m 以上的高峰，冬季可见积雪。玉山山顶的年均气温仅 3.8 ℃。中央山地省是我国雨量最丰沛的地区之一，历年平均降水量多在 3000 mm 左右，夏季盛行东南季风，气温普遍升高，空气中水汽增多，对流作用强烈，雷雨天气多；冬季盛行东北季风，大陆南下的冷气团经东海带来丰富的水汽，北部和东北部地区形成雨季，降水量约占全年的 60%。总体而言，中央山地省高温、多雨、多风的气候特点，光热、风能等气候资源，为各类生物的繁衍和生长提供了必要的条件。

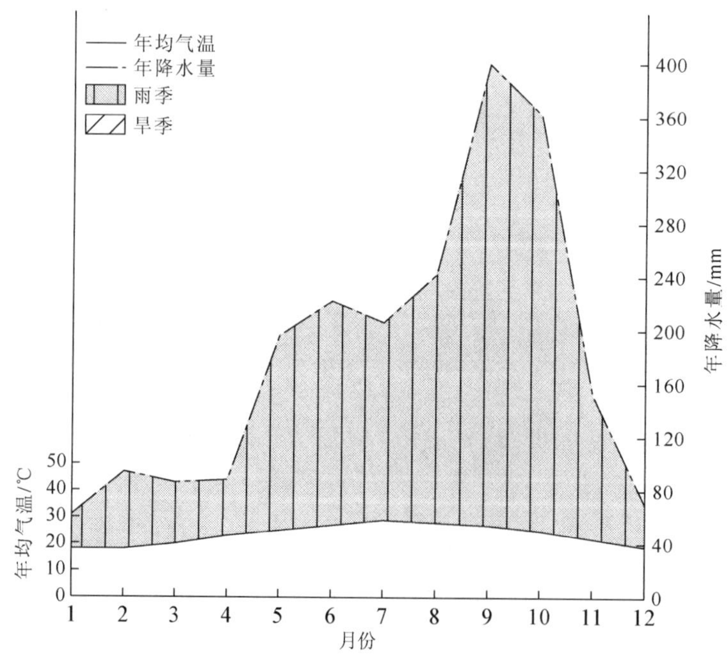


图 3-172　花莲县（121°22′E，23°46′N）气候图

（3）土壤

中央山地省主要土壤类型有黄棕壤、黄壤、红壤和赤红壤，土壤的垂直地带性明显。

（4）植被

中央山地省以人工植被为主要植被类型，约占39%；其次为亚热带常绿阔叶林（大叶柯、米槠、琼楠林；长柄青冈、杏叶石栎、昆栏树林；青钩栲、长果栲林）约占29%；还分布有亚热带山地针叶、常绿落叶阔叶混交林和亚热带和热带山地针叶林等植被类型（图3-173）。

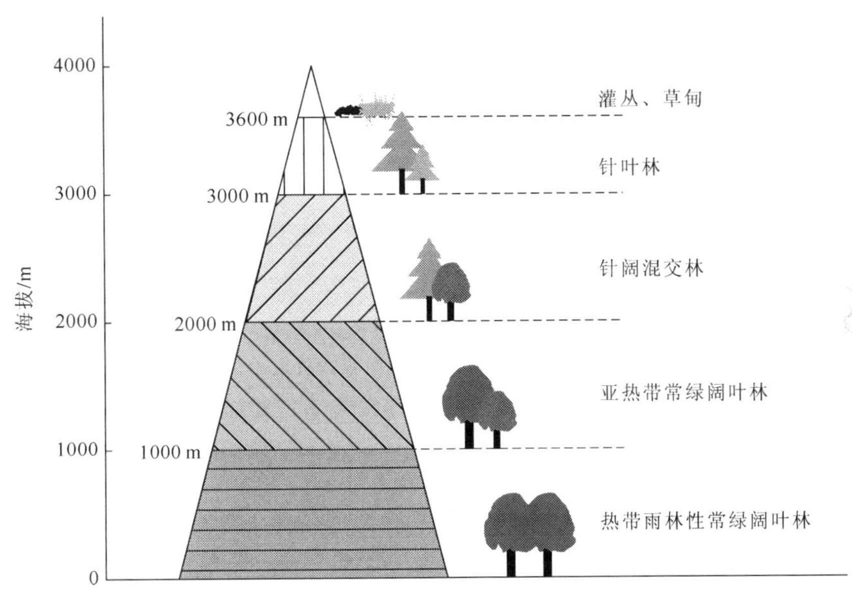


图3-173 中央山脉南段植被的垂直分布图

（5）陆生脊椎动物

中央山地省共记录陆生脊椎动物27目101科470种（表3-122）。

两栖类：台湾小鲵（*Hynobius formosanus*）、楚南小鲵（*Hynobius soanni*）、阿里山小鲵（*Hynobius arisanensis*）、橙腹树蛙（*Rhacophorus aurantiventris*）、台岛臭蛙（*Odorrana taiwaniana*）、史氏小姬蛙（*Micryletta steinegeri*）、翡翠树蛙（*Rhacophorus prasinatus*）、台北树蛙（*Rhacophorus taipeianus*）、长肢林蛙（*Rana longicrus*）、诸罗树蛙（*Rhacophorus arvalis*）等；

爬行类：兰屿壁虎（*Gekko kikuchii*）、台湾蝎虎（*Hemidactylus stejnegeri*）、雅美鳞趾虎（*Lepidodactylus yami*）、琉球龙蜥（*Japalura polygonata*）、台湾龙蜥（*Japalura swinhonis*）、台湾脆蛇（*Ophisaurus formosensis*）、雪山草蜥（*Takydromus hsuehshanensis*）、多棱南蜥（*Mabuya multicarinata*）、台湾滑蜥（*Scincella formosensis*）、台湾蜓蜥（*Sphenomorphus taiwanensis*）、阿里山脊蛇（*Achalinus niger*）、台湾竹叶青蛇（*Trimeresurus gracilis*）等；

鸟类：台湾山鹧鸪（*Arborophila crudigularis*）、蓝腹鹇（*Lophura swinhoii*）、黑长尾雉（*Syrmaticus mikado*）、台湾鹎（*Pycnonotus taivanus*）、台湾蓝鹊（*Urocissa caerulea*）、台湾紫啸鸫（*Myiophoneus insularis*）、台湾噪鹛（*Garrulax morrisonianus*）、黄痣薮鹛（*Liocichla steerii*）、

台湾斑翅鹛（*Actinodura morrisoniana*）、白耳奇鹛（*Heterophasia auricularis*）、褐头凤鹛（*Yuhina brunneiceps*）、台湾戴菊（*Regulus goodfellowi*）、台湾黄山雀（*Parus holsti*）等；

哺乳类：台湾长尾鼩鼱（*Soriculus fumidus*）、台湾猴（*Macaca cyclopis*）、台湾鬣羚（*Naemorhedus swinhoei*）、金背松鼠（*Callosciurus caniceps*）、台湾田鼠（*Volemys kikuchii*）等。

**表 3-122 中央山地省陆生脊椎动物种类组成**

| 纲 | | 目 | 科 | 种 |
|---|---|---|---|---|
| 两栖类 | | 2 | 7 | 37 |
| 爬行类 | | 2 | 17 | 108 |
| 鸟类 | 繁殖鸟 | 15 | 50 | 135 |
| | 非繁殖鸟 | 9 | 26 | 112 |
| 哺乳类 | | 8 | 20 | 78 |
| 总计 | | 27 | 101 | 470 |

（6）自然保护地

中央山地省已建立国家公园 4 个，分别是玉山、垦丁、雪霸和太鲁阁国家公园（图 3-174）。

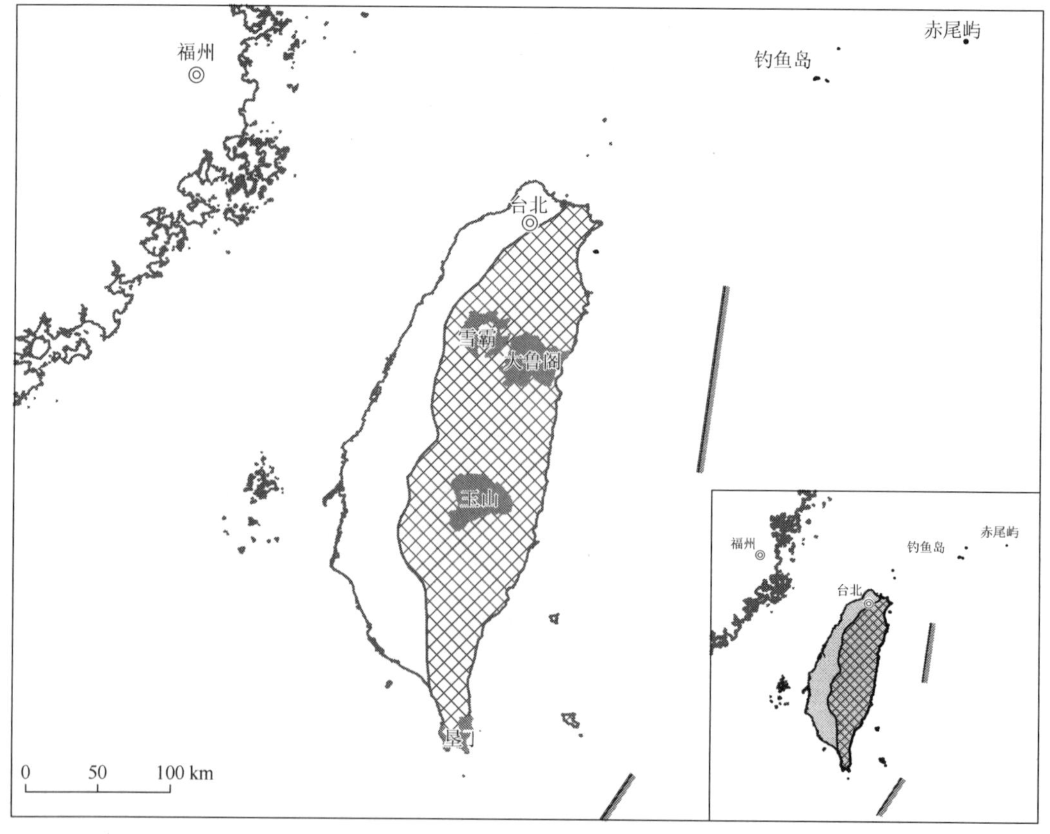


图 3-174 中央山地省主要国家公园分布图

（7）生态地理单元划分

中央山地省共划分为 2 个生态地理单元（图 3-175、表 3-123）：

Ⅱ7Ra01 中央山脉；

Ⅱ7Ra02 台湾东部纵谷。

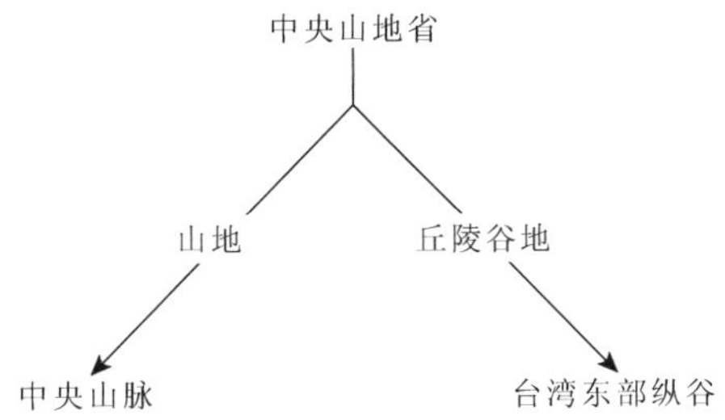


图 3-175 中央山地省各生态地理单元关系图

中央山脉（Ⅱ7Ra02）作为“台湾屋脊”，最高海拔 3952 m，气候、土壤、植被、动物的垂直地带性明显，主要栖息有山地动物群，台湾地区特有种主要分布于此；台湾东部纵谷（Ⅱ7Ra01）是中央山脉山麓至太平洋海岸的狭长地带，包括花东纵谷和海岸山脉，海拔基本在 1500 m 以下，年均气温达 24 ℃。

**表 3-123 中央山地省 2 个生态地理单元生态因子与动物群**

| 生态地理单元 | | Ra01 中央山脉 | Ra02 台湾东部纵谷 |
|---|---|---|---|
| 概况 | 地貌 | 冰川、冰缘作用山地；湖积、冲积平原 | 冲积平原 |
| | 海拔 | 500～3400 m | 100～2000 m |
| | 土壤 | 红壤、黄壤、黄棕壤 | 红壤 |
| | 水系 | 浊水溪、曾文溪等 | 花莲溪、秀姑峦溪、卑南溪等 |
| 气候 | 平均气温 | 7～22 ℃ | 18～24 ℃ |
| | 夏季均温 | 11～27 ℃ | 21～27 ℃ |
| | 冬季均温 | 3～17 ℃ | 14～20 ℃ |
| | 年降水量 | 1910～4150 mm | 1820～3650 mm |
| | 雨季降水量 | 800～2340 mm | 800～2120 mm |
| | 旱季降水量 | 70～550 mm | 90～250 mm |
| 植被 | 植被类型 1 | 人工植被（++++） | 人工植被（+++++） |
| | 优势群系 1 | 甘蔗、花生、甘薯、木薯 | 双季稻与冬甘薯、冬黄豆、冬玉米 |
| | 优势群系 2 | 双季稻与冬甘薯、冬黄豆、冬玉米 | 蔗粮复合体 |
| | 植被类型 2 | 亚热带常绿阔叶林（+++） | 亚热带常绿阔叶林（++） |
| | 优势群系 1 | 大叶柯、米槠、琼楠林 | 大叶柯、米槠、琼楠林 |
| | 优势群系 2 | 长柄青冈、杏叶石栎、昆栏树林 | 长柄青冈、杏叶石栎、昆栏树林 |
| 动物群 | | 山地森林动物群 | 山地森林、林缘动物群 |

## 2. 西部低地省（Ⅱ7Rb）

（1）概况

西部低地省位于台湾岛西部的滨海平原带，主要由台南平原和屏东平原组成，海拔均在 100 m 以下，北部狭长，南部宽广。台南平原为浊水溪、大肚溪、北港溪、八掌溪和曾文溪等河流三角洲组成的滨海平原；屏东平原为下淡水溪的冲积平原。西部低地省土地肥沃，水热条件好，是台湾的重要农业区，动物以两栖、爬行及小型哺乳类等热带亚热带低地农田-林灌动物群为主。

（2）气候

西部低地省属于热带季风气候，年均气温 19～24 ℃，夏季（6～8 月）平均气温 24～28 ℃，冬季（12～2 月）平均气温 13～19 ℃；年均降水量 1010～3270 mm，雨季降水量 520～1780 mm，旱季降水量 40～610 mm（图 3-176）。

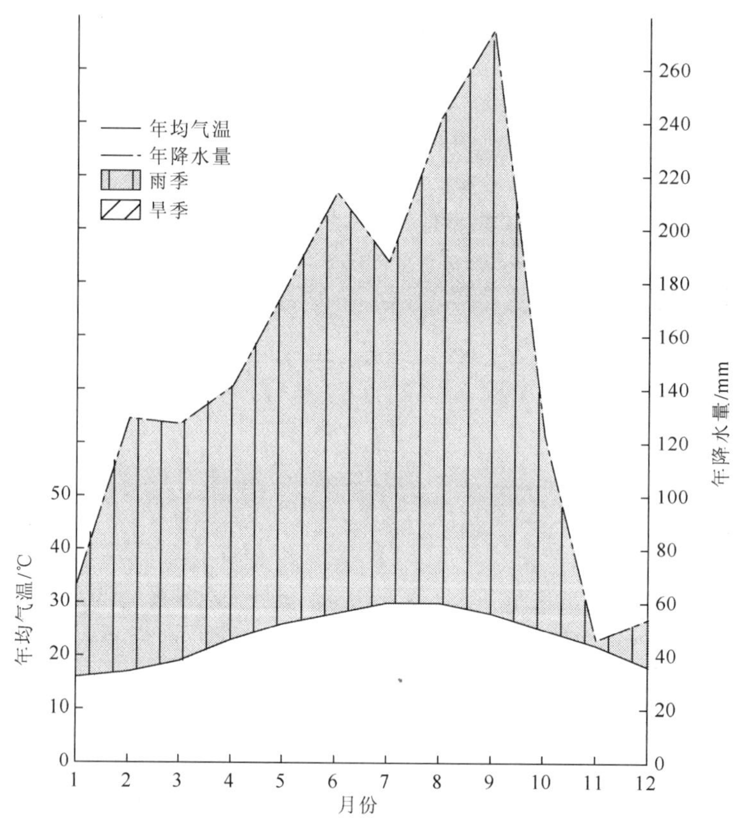


图 3-176　台北市（121°38′E，24°55′N）气候图

（3）土壤

西部低地省主要的土壤类型是水稻土，在西部山前台地还分布有少量红壤。

水稻土为台湾地区主要耕作的土壤，主要分布在台湾地区西部，由丘陵地砂页岩冲积形成。彰化平原、屏东平原及兰阳平原则由中央山脉粘板岩物质经河流冲积而成。

（4）植被

西部低地省以人工植被为主要植被类型，约占 98%，还分布有亚热带、热带竹林和亚热带常绿阔叶林等植被类型，约占 1%。

（5）陆生脊椎动物

西部低地省共记录陆生脊椎动物 22 目 76 科 286 种（表 3-124）。

爬行类：诸罗树蛙（*Rhacophorus arvalis*）、长肢林蛙（*Rana longicrus*）、台北树蛙（*Rhacophorus taipeianus*）、翡翠树蛙（*Rhacophorus prasinatus*）、台岛臭蛙（*Odorrana taiwaniana*）、史氏小姬蛙（*Micryletta steinegeri*）、海陆蛙（*Fejervarya cancrivora*）等；

爬行类：岩岸岛蜥（*Emoia atrocostata*）、恒春盲蛇（*Typhlops koshunensis*）、溪头龙蜥（*Japalura makii*）、长尾南蜥（*Mabuya longicaudata*）、台湾颈槽蛇（*Rhabdophis swinhonis*）、圆斑蝰（*Vipera russellii*）、台湾竹叶青蛇（*Trimeresurus gracilis*）等；

鸟类：黑颏果鸠（*Ptilinopus leclancheri*）、洋燕（*Hirundo tahitica*）、红顶绿鸠（*Treron formosae*）、紫寿带（*Terpsiphone atrocaudata*）、斑颈钩嘴鹛（*Pomatorhinus erythrocnemis*）、台湾蓝鹊（*Urocissa caerulea*）、台湾画眉（*Garrulax taewanus*）、棕噪鹛（*Garrulax poecilorhynchus*）、台湾戴菊（*Regulus goodfellowi*）、白斑军舰鸟（*Fregata ariel*）、台湾林鸲（*Tarsiger johnstoniae*）、杂色山雀（*Parus varius*）、林雕（*Ictinaetus malayensis*）、蓝腹鹇（*Lophura swinhoii*）等；

哺乳类：台湾猴（*Macaca cyclopis*）、板齿鼠（*Bandicota indica*）等。

**表 3-124 西部低地省陆生脊椎动物种类组成**

| 纲 | | 目 | 科 | 种 |
|---|---|---|---|---|
| 两栖类 | | 1 | 3 | 9 |
| 爬行类 | | 1 | 6 | 22 |
| 鸟类 | 繁殖鸟 | 15 | 50 | 120 |
| | 非繁殖鸟 | 9 | 26 | 115 |
| 哺乳类 | | 5 | 10 | 20 |
| 总计 | | 22 | 76 | 286 |

（6）自然保护地

西部低地省已建立国家公园 2 个，分别是台江和阳明山国家公园（图 3-177）。

（7）生态地理单元划分

西部低地省共划分为 4 个生态地理单元（图 3-178、表 3-125）：

Ⅱ7Rb01 台西北丘陵平原；

Ⅱ7Rb02 台湾南部平原；

Ⅱ7Rb03 澎湖列岛；

Ⅱ7Rb04 钓鱼岛。

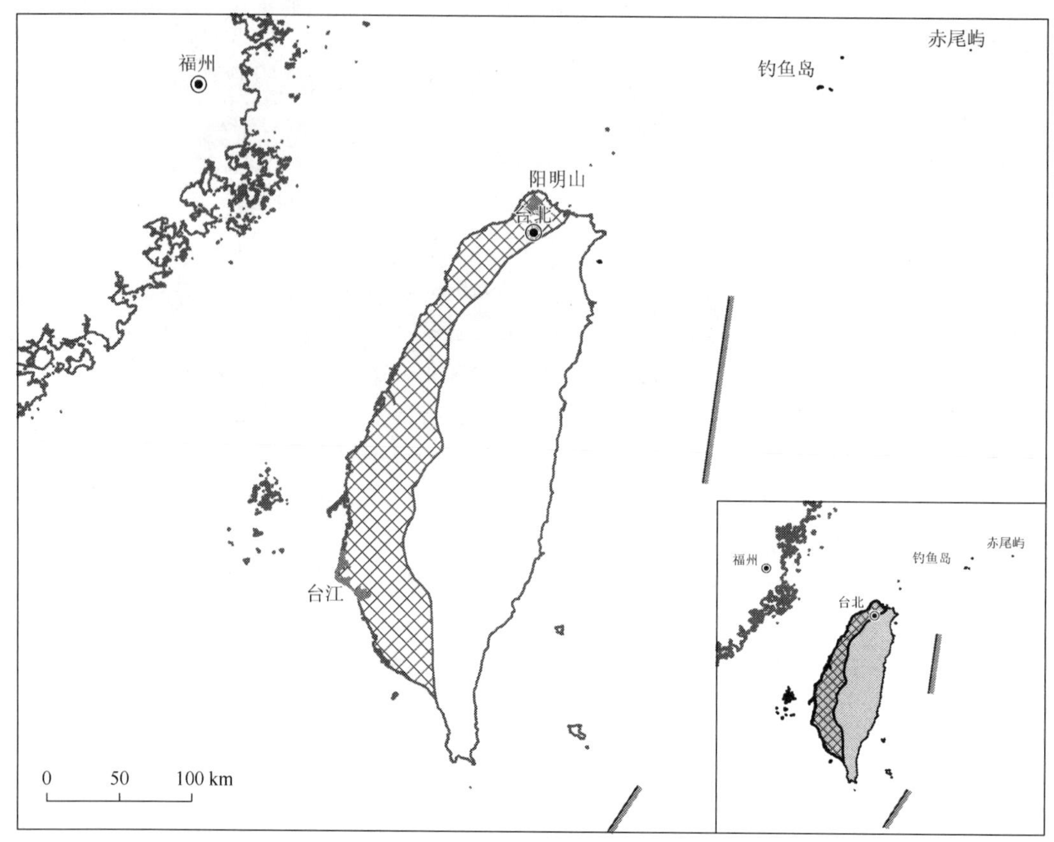


图 3-177　西部低地省主要国家公园分布图

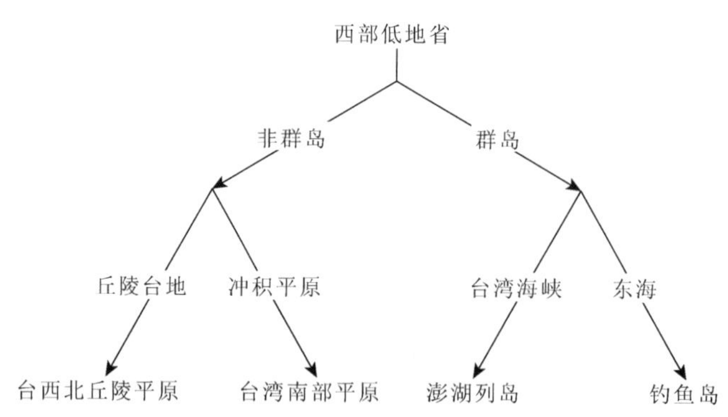


图 3-178　西部低地省各生态地理单元关系图

台西北丘陵平原（Ⅱ7Rb02）主要由丘陵台地组成，起伏较为平缓，其中丘陵大部分由红土台地受河川侵蚀切割形成；台地多数是砾石层及红土堆积层。台湾南部平原（Ⅱ7Rb01）位于台湾地区西南部，地势东高西低，是台湾地区面积最大的平原及农业产区，其动物群主要为农田动物群，沿海常有湿地鸟类栖息。

澎湖列岛（Ⅱ7Rb03）是位于台湾海峡上的一组群岛，由 97 个大小岛屿所组成，群岛地表平坦，主要由玄武岩组成，岛上植被仅有矮草和灌木。岛上缺乏两栖类、爬行类及哺乳类动物，鸟类物种却异常丰富，是鸟类南北迁徙重要的驿站，主要由鸫科（Turdidae）、鹟科（Muscicapidae）、鹡鸰科（Motacillidae）、伯劳科（Laniidae）、鸻科（Charadriidae）、鹬科（Scolopacidae）和鸥科（Laridae）等鸟类组成。

钓鱼列岛-台湾（Ⅱ7Rb04）包括钓鱼岛及其附属岛屿，最高海拔 362 m，气候属亚热带季风气候，该单元以海岛动物群为代表。

**表 3-125 西部低地省 4 个生态地理单元生态因子与动物群**

| 生态地理单元 | | Rb01 台西北丘陵平原 | Rb02 台湾南部平原 | Rb03 澎湖列岛 | Rb04 钓鱼列岛 |
|---|---|---|---|---|---|
| 概况 | 地貌 | 侵蚀丘陵；冲积平原 | 冲积平原 | 珊瑚礁 | 大陆岛 |
| | 海拔 | 100～900 m | 0～900 m | 0～79 m | 0～362 m |
| | 土壤 | 水稻土、红壤 | 水稻土 | 红壤 | — |
| | 水系 | 淡水河 | 浊水溪、曾文溪等 | — | — |
| 气候 | 平均气温 | 19～22 ℃ | 22～24 ℃ | 23 ℃ | 22 ℃ |
| | 夏季均温 | 24～27 ℃ | 26～27 ℃ | 28 ℃ | — |
| | 冬季均温 | 13～16 ℃ | 16～19 ℃ | 16 ℃ | — |
| | 年降水量 | 1460～3270 mm | 1270～2850 mm | 1010 mm | 2000 mm |
| | 雨季降水量 | 570～1320 mm | 730～1780 mm | 520 mm | — |
| | 旱季降水量 | 40～610 mm | 40～80 mm | 50 mm | — |
| 植被 | 植被类型 1 | 人工植被（+++++） | 人工植被（+++++） | 人工植被（+++++） | — |
| | 优势群系 1 | 苹果、梨、水蜜桃 | 双季稻与冬甘薯、冬黄豆、冬玉米 | 双季稻与冬甘薯或双季玉米 | — |
| | 优势群系 2 | 甘蔗、花生、甘薯、木薯 | 蔗、粮复合体 | — | — |
| 动物群 | | 丘陵农田动物群 | 平原农田动物群 | 海岛动物群 | 海岛动物群 |

## （五）南海诸岛亚区（Ⅱ7S）

### 1. 南海诸岛省（Ⅱ7Sa）

（1）概况

本亚区主要包括东沙、西沙、中沙和南沙群岛（图 3-179），具有典型的热带性。亚区内绝大部分岛礁是由造礁石珊瑚所构成，是我国珊瑚礁湿地生态系统分布范围最广、物种最丰富、群落结构最为复杂的区域。亚区内主要分布有珊瑚岛林灌动物群。

（2）气候

南海诸岛省属于热带雨林气候，日照时间长，辐射强烈，终年高温，年均气温 27～29 ℃，夏季（5～7 月）平均气温 29～30 ℃，冬季（12～2 月）平均气温 24～25 ℃；年均降水量 1300～1500 mm，雨季降水量 700～800 mm，旱季降水量 40～50 mm，干湿季更替明显，年蒸发量大于降水量（图 3-180）。

图 3-179　南海诸岛省图

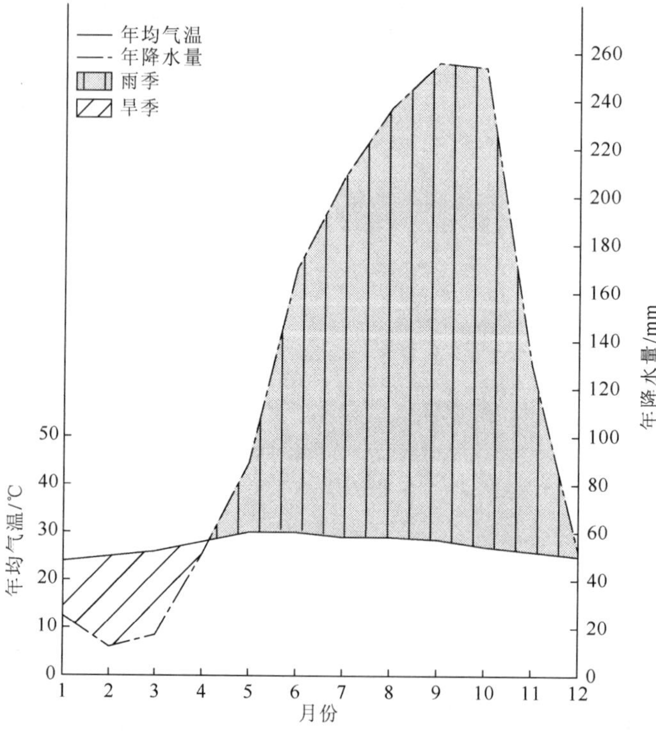


图 3-180　西沙群岛（112°43′E，16°40′N）气候图

（3）土壤

南海诸岛省位于太平洋板块、欧亚板块和澳洲-印度洋板块的交汇处，经历漫长的地球演化过程后逐步形成南海断裂-扩张型深海盆地。南海诸岛省岛礁的地质年龄比较年轻，其中的一些热带珊瑚岛仍在不断发育之中。其土壤主要为由第四纪珊瑚、贝壳碎屑砂和近期海浪作用堆积起来的珊瑚、贝壳碎屑砂和鸟粪发育而成的磷质石灰土和滨海盐土。

（4）植被

据调查统计，南海诸岛共记录有维管植物共 86 科 237 属 373 种，其中蕨类 4 种、裸子植物 3 种及被子植物 366 种（中国科学院南沙综合科学考察队，1996）。岛礁植物区系成分的亲缘关系比较疏远，单种单科、单种单属的比例较高。植物区系属于古热带植物区的马来西亚亚区，其中大部分种类都是东半球热带海岸和海岛常见的先锋植物。岛屿上的植被主要为珊瑚岛常绿林。其植被的组成成分和结构比较简单，各岛屿植被组成的种类差异不大。主要的优势物种有麻疯桐（*Pisonia grandis*）、海岸桐（*Guettarda speciosa*）、银毛树（*Messerschmidia argentea*）、草海桐（*Scaevola sericea*）、匍匐刺蒴麻（*Triumfetta procumbens*）、海刀豆（*Canavalia maritima*）和厚藤（*Ipomoea pes-caprae*）等。

（5）陆生脊椎动物

南海诸岛省处于全球候鸟迁徙路线中的东亚-澳大利西亚鸟类迁徙路线上，迄今记录有鸟类 130 种，隶属于 13 目 35 科（表 3-126）。南海诸岛省缺乏猛禽和大型食肉哺乳动物，但有大量候鸟在此栖息与繁殖。岛礁内部的乔木和沿岸沙滩的灌木丛也为部分林鸟及迁徙鸟提供了良好的栖息地。但是，由于岛礁面积小、布局分散，此地的繁殖鸟物种不多。据报道，除家八哥（*Acridotheres tristis*）、家燕（*Hirundo rustica*）和红脚鲣鸟（*Sula sula*）等少数种类有部分留鸟外，以候鸟［如燕鸥科（Sternidae）］和迁徙鸟［如鹭科（Ardeidae）、鸻科（Charadriidae）和鹬科（Scolopacidae）］为主。

**表 3-126　南海诸岛省陆生脊椎动物种类组成**

| 纲 | 目 | 科 | 种 |
|---|---|---|---|
| 两栖类 | 1 | 2 | 2 |
| 爬行类 | 1 | 1 | 2 |
| 鸟类 | 13 | 35 | 130 |
| 哺乳类 | 1 | 1 | 3 |
| 总计 | 16 | 39 | 137 |

在这些鸟类中，国家Ⅰ级保护物种 1 种，即白鹳（*Ciconia ciconia*），国家Ⅱ级保护物种 17 种；被列入濒危野生动植物种国际贸易公约（CITES）附录Ⅰ的有 1 种，即白腹海雕（*Haliaeetus leucogaster*），附录Ⅱ的 9 种；被列入中日候鸟保护协定的有 76 种；被列入中澳候鸟保护协定的有 45 种（图 3-181）。

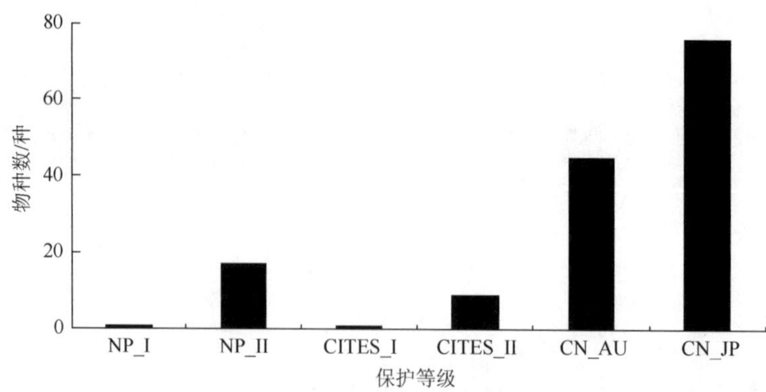


图 3-181　南海诸岛鸟类保护等级统计

注：NP_Ⅰ=国家Ⅰ级保护物种；NP_Ⅱ=国家Ⅱ级保护物种；CITES_Ⅰ=CITES 附录Ⅰ物种；CITES_Ⅱ=CITES 附录Ⅱ物种；CN_AU=中澳候鸟保护协定物种；CN_JP=中日候鸟保护协定物种

此外，南海诸岛省还记录了陆生两栖动物 2 科 2 种，爬行动物 1 科 2 种和哺乳动物 1 科 3 种。

（6）自然保护区

目前，南海诸岛建成了 6 个海洋生态保护区。1980 年，建立西沙东岛白鲣鸟省级自然保护区；1983 年，建立西南中沙群岛省级自然保护区；1993 年，建立西沙群岛省级水产资源保护区和中沙群岛省级水产资源保护区；2007 年、2008 年相继建立三沙群岛热带海洋动物保护区和西沙东岛海域国家级水产种质资源保护区（表 3-127）。

**表 3-127　南海诸岛自然保护区建设现状**

| 序号 | 保护区名称 | 成立年份 | 级别 | 主要保护对象 |
|---|---|---|---|---|
| 1 | 西沙东岛白鲣鸟省级自然保护区 | 1980 | 省级 | 白鲣鸟及其生境 |
| 2 | 西南中沙群岛省级自然保护区 | 1983 | 省级 | 海龟、玳瑁、虎斑贝、珊瑚礁、海鸟等 |
| 3 | 西沙群岛省级水产资源保护区 | 1993 | 省级 | 热带海珍品种 |
| 4 | 中沙群岛省级水产资源保护区 | 1993 | 省级 | 热带海珍品种 |
| 5 | 三沙群岛热带海洋动物保护区 | 2007 | — | 海龟、玳瑁、凤尾螺和珊瑚礁等海洋动物 |
| 6 | 西沙东岛海域国家级水产种质资源保护区 | 2008 | 国家级 | 热带海珍品种 |

（7）生态地理单元划分

南海诸岛省仅有 1 个生态地理单元（表 3-128）：

Ⅱ7Sa01 南海诸岛。

**表 3-128　南海诸岛省代表动物与生态因子**

| 动物地理省 | | Sa 南海诸岛省 |
|---|---|---|
| 概况 | 位置 | 东沙、西沙、中沙和南沙群岛 |
| | 地貌 | 珊瑚礁 |
| | 海拔 | 20 m 以下 |
| | 土壤 | 磷质石灰土 |

续表

| 动物地理省 | | Sa 南海诸岛省 |
|---|---|---|
| 气候 | 气候类型 | 热带雨林气候 |
| | 平均气温 | 27～29 ℃ |
| | 夏季均温 | 29～30 ℃ |
| | 冬季均温 | 24～25 ℃ |
| | 年降水量 | 1300～1500 mm |
| | 雨季降水量 | 700～800 mm |
| | 旱季降水量 | 40～50 mm |
| 植被 | 植被类型 | 珊瑚岛常绿林 |
| 动物 | 动物群 | 珊瑚岛林灌动物群 |
| | 代表物种 | 黄胸鼠、褐家鼠、小缅鼠、红脚鲣鸟、小军舰鸟、白斑军舰鸟、截趾虎、密疣蜥虎、版纳大头蛙、饰纹姬蛙 |

# 结　语

生物地理区划的定量研究让我们重新认识了生物地理格局，也让我们对全国动物的分布格局有了进一步了解。虽然对区划方法和区划方案结果的争议仍然会继续，但如今在相对稳定的定量化区划方法框架下讨论生物地理区划的问题成为了可能。

本区划在我国已有的全国动物地理区划方案（2 界 7 区 19 亚区 54 动物地理省）的基础上，根据动物地理省内野生动物群及栖息地的差异，对中国动物地理区划方案进一步细化，首次系统地在宏观尺度上进行了生态地理单元区划（239 个生态地理单元）。它不仅为全国野生动物资源调查提供了重要的参考依据，还为我国动物地理定量化研究及野生动物保护管理提供了重要参考。

本区划根据我国近几十年来野生动物调查及相关领域的技术成果，综合野生动物区系成分及栖息地的地形地貌、气候、植被等指标进行区划，资料内容较为丰富。应用生物地理学等方法，使用地理信息空间分析技术及计量统计学技术，对全国陆生野生动物分布及有关生态指标进行定量分析，在充分吸纳有关专家及各地相关部门意见的基础上，形成全国陆生野生动物资源调查生态地理单元区划。

在理论研究方面，本区划基于我国前辈的相关研究积淀及理论基础，结合迅猛发展的地理信息系统技术及生物地理学统计方法，依据不同区域的动物区系组成及地理环境中可测量的生态因素，既继承了我国前人相关研究成果，保证了全国动物地理区划的延续性，又提高了信息分析的精度，反映了动物地理区划在新时代背景下的发展方向。这对强化我国动物地理学研究成果的影响力，提高我国的相关研究在国际同类研究中的话语权具有积极意义。在生产实践方面，新的区划方案根据动物的生态成分在动物地理省以下进一步细分，不仅为全国野生动物调查及保护管理提供了重要的参考，也为开展基于保护目的的热点区域和空缺区域分析提供条件，为开展全球变化背景下的野生动物监测提供了一个大尺度的参照系统。此外，动物地理区划还为我国农业和流行病等方面的生产实践提供有益的参考。

诚然，由于全国动物分布数据的不足及区划方法的局限性，定量化动物地理区划依然存在诸多问题。首先，我国部分地区由于物种多样性较低（生态限制、人类历史开发或调查不足等原因），可能会导致区划过程中的随机误差。其次，物种系统发育信息的发展，使区划过程中考虑物种的系统发育成为可能，但由于不同类群间物种系统发育信息的精度和分化时间的不足，本区划暂未将物种谱系发育信息考虑在内。最后，由于我国腹地广阔，动物组成差异大，主要表现在热带（亚热带）及山地地区的动物组成差异大于温带及平原地区的动物组成差异，因此，在统一系统聚类树里划定若干个群集（生态地理单元）显得尤为困难。本区划在不同区（或亚区）下进行二次聚类划定生态地理单元，可能使不同区（亚区）的生态地理单元间差异性不一致。

本区划是对中国陆生脊椎动物定量化区划的一次尝试，也是结合历史生物地理学和生态生物地理学区划方法论的一次尝试。诚然，在动物地理区划问题上，不同学派有其各异的学术观点，根据不同动物类群所提出的动物区划方案更是各有不同，我国陆生野生动物区划方案仍需要通过大家广泛且充分的讨论。但正如 Darlington 在《动物地理学》（*Zoogeography*：*The Geographical Distribution of Animals*）中提到的："我们应该意识到，动物区划所体现的只是大部分动物分布的平均标尺，而并非对每一物种具有普遍的适应性。动物区划仅仅是动物学家根据不同类群动物的分布格局所得到的最佳的区划方案而已。"

# 参 考 文 献


阿布力米提•阿布都卡迪尔. 2003. 新疆哺乳动物的分类与分布. 北京：科学出版社.

陈领. 2006. 中国两栖动物地理区划——兼论两栖动物分布型. 北京：中国科学院动物研究所博士学位论文.

陈盼. 2010. 海南岛动物生态地理单元及其保护现状. 广州：华南师范大学硕士学位论文.

陈宜瑜，曹文宣，郑慈英. 1986. 珠江的鱼类区系及其动物地理区划的讨论. 水生生物学报，10（3）：228-236.

陈宜瑜，陈毅峰，刘焕章. 1996. 青藏高原动物地理区的地位和东部界线问题. 水生生物学报，20（2）：97-103.

戴鑫，陈彬，张正卫，等. 2006. 中国八种麻蜥（蜥蜴科，麻蜥属）形态学研究. 动物分类学报，31（4）：697-708.

费梁，胡淑琴，叶昌媛，等. 2006. 中国动物志 两栖纲 上卷 总论 蚓螈目 有尾目. 北京：科学出版社.

费梁，胡淑琴，叶昌媛，等. 2009a. 中国动物志 两栖纲 中卷 无尾目. 北京：科学出版社.

费梁，胡淑琴，叶昌媛，等. 2009b. 中国动物志 两栖纲 下卷 蛙科. 北京：科学出版社.

郜二虎，何杰坤，王志臣，等. 2017. 全国陆生野生动物调查单元区划方案. 生物多样性，25（12）：1321-1330.

龚正达，段兴德，冯锡光，等. 1999. 大理苍山洱海自然保护区山地蚤类区系与生态的研究. 动物学研究，20（6）：451-456.

侯学煜，姜恕，陈昌笃，等. 1963. 对于中国各自然区的农、林、牧、副、渔业发展方向的意见. 科学通报，9：8-26.

黄秉维. 1958. 中国综合自然区划的初步草案. 地理学报，24（4）：348-365.

黄薇，夏霖，杨奇森，等. 2008. 青藏高原兽类分布格局及动物地理区划. 兽类学报，28（4）：375-394.

雷富民，卢建利，刘耀，等. 2002. 中国鸟类特有种及其分布格局. 动物学报，48（5）：599-610.

李俊，郭宪光，王跃招. 2010. 沙蜥属 *Phrynocephalus* 生物地理学研究进展. 四川动物，29（1）：144-150.

李思忠. 1981. 中国淡水鱼类的分布区划. 北京：科学出版社.

林良恭. 2008. 台湾陆域哺乳类的多样性//邵广昭，彭敬毅、吴文哲. 2008 台湾物种多样性-Ⅰ.研究现状. 台北：台湾林业主管部门：273-278.

林鑫，王志恒，唐志尧，等. 2009. 中国陆栖哺乳动物物种丰富度的地理格局及其与环境因子的关系. 生物多样性，17（6）：652-663.

林育真，李玉仙，李永祥，等. 1995. 山东动物地理区划. 山东林业科技，（1）：33-36.

吕光洋，毛俊杰，林思民，等. 2008. 台湾两栖爬行动物生物多样性//邵广昭，彭敬毅、吴文哲. 2008 台湾物种多样性-Ⅰ.研究现状. 台北：台湾林业主管部门：259-264.

罗开富. 1954. 中国自然地理分区草案. 地理学报，20（4）：379-394.

马世骏. 1959. 中国昆虫生态地理概述. 北京：科学出版社.

裴文中. 1957. 中国第四纪哺乳动物的地理分布. 古脊椎动物学报，1（1）：9-24.

邱铸鼎，李传夔. 2004. 中国哺乳动物区系的演变与青藏高原的抬升. 中国科学：地球科学，34（9）：845-854.

任美锷. 1999. 中国自然地理纲要（修订第三版）. 北京：商务印书馆.

申效诚. 2015. 中国昆虫地理. 郑州：河南科学技术出版社.

寿振黄. 1955. 中国毛皮兽的分布. 地理学报，21（4）：405-421.

孙鸿烈. 2005. 中国生态系统. 北京：科学出版社.

孙儒泳. 2006. 动物生态学原理（第三版）. 北京：北京师范大学出版社.

孙治宇，刘少英，刘洋，等. 2007. 四川海子山自然保护区大中型兽类多样性调查. 兽类学报，27（3）：274-279.

涂飞云，唐明坤，刘洋，等. 2012. 四川夹金山小型兽类区系及多样性. 兽类学报，32（4）：287-296.

王伯荪，张炜银. 2002. 海南岛热带森林植被的类群及其特征. 广西植物，22（2）：107-115.

王荷生. 1989. 中国种子植物特有属起源的探讨. 云南植物研究，11（1）：1-16.

王应祥. 2003. 中国哺乳动物种和亚种分类名录与分布大全. 北京：中国林业出版社.

王跃招，Macey J R. 1993. 中国沙蜥属的生态地理分化//赵尔宓.中国黄山国际两栖爬行动物学学术会议论文集. 北京：林业出版社：147-153.

吴征镒. 1991. 中国种子植物属的分布区类型. 植物分类与资源学报，增刊 IV：1-139.

解焱，李典谟，John MacKinnon. 2002. 中国生物地理区划研究. 生态学报，22（10）：1599-1615.

薛祥煦，张云翔. 1994. 中国第四纪哺乳动物地理区划. 兽类学报，14（1）：15-23.

杨贵生，邢莲莲. 1998. 内蒙古陆生脊椎动物地理区划. 内蒙古大学学报（自然科学版），29（6）：806-811.

杨玉祥，丁宗苏，吴森雄，等. 2014. 2014 年台湾鸟类名录. http: //www.bird.org.tw/index.php/works/lists [2016-08-30].

应俊生，陈梦玲. 2011. 中国植物地理. 上海：上海科学技术出版社.

袁青妍，谢庄. 2005. 动物对高原低氧的适应性研究进展. 生理科学进展，36（2）：179-182.

云南省林业厅，等. 1998. 怒江自然保护区. 昆明：云南美术出版社.

曾水泉. 1990. 海南岛土壤植被系统的地球化学. 广州：广东科技出版社.

曾小飚. 2009. 广西百色蛇类资源调查初报. 四川动物，28（5）：753-755.

翟鹏. 1977. 台湾鸟类生态隔离的研究. 台中：东海大学硕士学位论文.

张春霖. 1954. 中国淡水鱼类的分布. 地理学报，20（3）：279-284.

张俊民，韦启璠. 1958. 广西百色和德保主要土类的生成环境和特性. 土壤通报，3：15-20.

张兰生. 2012. 中国古地理 中国自然环境的形成. 北京：科学出版社.

张孟闻，宗愉，马积藩. 1998. 中国动物志 爬行纲 第一卷 总论 龟鳖目 鳄形目. 北京：科学出版社.

张荣祖. 1978. 试论中国陆栖脊椎动物地理特征——以哺乳动物为主. 地理学报，33（2）：85-100.

张荣祖. 1995. 我国动物地理学研究的前景——方法论探讨. 动物学报，41（1）：21-27.

张荣祖. 1999. 中国动物地理. 北京：科学出版社.

张荣祖. 2005. 中国第四纪冰期与陆生脊椎动物残留分布. 动物学报，50（5）：841-851.

张荣祖. 2011. 中国动物地理. 北京：科学出版社.

张荣祖.2012. 动物栖息地研究的景观学方向//中国科协学会学术部.3S 技术与野生动物生境评价的结合——优势，问题和未来. 北京：中国科学技术出版社.

张荣祖，等. 2002. 中国灵长类生物地理与自然保护：过去，现在与未来. 北京：中国林业出版社.

张荣祖，赵肯堂. 1978. 关于《中国动物地理区划》的修改. 动物学报，24（2）：196-202.

章士美. 1998. 中国农林昆虫地理区划. 北京：中国农业出版社.

张新时. 2007. 中华人民共和国植被图（1：1 000 000）. 北京：地质出版社.

赵尔宓. 2002. 四川爬行动物区系及地理区划. 四川动物，21（3）：157-160，209-112.

赵尔宓，黄美华，宗愉，等. 1998. 中国动物志 爬行纲 第三卷 有鳞目 蛇亚目. 北京：科学出版社.

赵尔宓，赵肯堂，周开亚，等. 1999. 中国动物志 爬行纲 第二卷 有鳞目 蜥蜴亚目. 北京：科学出版社.

赵肯堂. 1997. 中国的沙蜥属研究. 动物学杂志，32（1）：15-19.

赵淑清，方精云，雷光春. 2000. 全球 200：确定大尺度生物多样性优先保护的一种方法. 生物多样性，8（4）：435-440.

赵松乔. 1983. 中国综合自然地理区划的一个新方案. 地理学报，38（1）：1-10.

赵文阁. 2002. 黑龙江省爬行动物区系和地理区划. 四川动物，21（3）：127-129.

郑度. 2008. 中国生态地理区域系统研究. 北京：商务印书馆.

郑光美. 2011. 中国鸟类分类与分布名录（第二版）. 北京：科学出版社.

郑作新. 1950. 中国鸟类地理分布的研究. 动物学杂志，4：97-108.

郑作新，张荣祖. 1956. 中国动物地理区域. 地理学报，22（1）：93-109.

中国科学院南沙综合科学考察队. 1996. 南沙群岛及其邻近岛屿植物志. 北京：海洋出版社.

周红章. 2000. 物种与物种多样性. 生物多样性，8（2）：215-216.

周明镇. 1964. 中国第四纪动物区系的演变. 动物学杂志，6（6）：274-278.

Allee W C，Schmidt K P. 1951. Ecological Animal Geography. 2nd edition. New York：John Wiley & Sons.

Badgley C. 2010. Tectonics，topography，and mammalian diversity. Ecography，33（2）：220-231.

Baroni-Urbani C，Buser M W. 1976. Similarity of binary data. Systematic Zoology，25（3）：251-259.

Baselga A，Jimenez -Valverde A，Niccolini G. 2007. A multiple-site similarity measure independent of richness. Biology Letters，3（6）：642-645.

Beck J. 2013. Getting a grip on global vertebrate biodiversity patterns? Frontiers of Biogeography，5（2）：88-89.

Bennett C F. 1966. On the location of the Nearctic-Neotropical boundary in Mexico. Revista Geográfica，64：7-16.

Bininda-Emonds O R P，Cardillo M，Jones K E，et al. 2007. The delayed rise of present-day mammals. Nature，446：507-512.

Birks H J. 1976. The distribution of European pteridophytes：a numerical analysis. New Phytologist，77（1）：257-287.

Buckley L B，Jetz W. 2008. Linking global turnover of species and environments. Proceedings of the National Academy of Sciences of the United States of America，105（46）：17836-17841.

Buffon G L L，Comte de. 1761. Histoire naturelle generale. Paris：Imprimerie Royale.

Chen L，Song Y，Xu S. 2008. The boundary of Palaearctic and Oriental realms in western China. Progress in Natural Science，18（7）：833-841.

Cody M L. 1985. Habitat Selection in Birds. Orlanddo：Academic Press.

Cox C B. 2001. The biogeographic regions reconsidered. Journal of Biogeography，28（4）：511-523.

Croizat L. 1958. Panbiogeography. Caracas：Published by the Author.

da Silva J M C，Oren D C. 1996. Application of parsimony analysis of endemicity in Amazonian biogeography：an example with primates. Biological Journal of the Linnean Society，59（4）：427-437.

Darwin C. 1859. On the Origin of Species. London：John Murray.

de Candolle A P.1820. Essai élémentaire de géographie botanique. Paris：F S Laeraule.

de Klerk H M，Crowe T M，Fjeldsa J，et al. 2002. Biogeographical patterns of endemic terrestrial Afrotropical birds. Diversity and Distributions，8（3）：147-162.

Dietz R S. 1961. Continent and ocean basin evolution by spreading of the sea floor. Nature，190（4779）：854-857.

Du H，Ma A，Cheng J，et al. 1992. Palaeogene biostratigraphic characteristics of red basins in western Henan and its adjacent areas，with an outline of Palaeogene palaeobiogeographic provinces of China. Acta Geologica Sinica，5（1）：101-118.

Engler A. 1879. Versuch einer Entwicklungsgeschichte der Pflanzenwelt. Leipzig：W Engelmann.

Fritz S A，Rahbek C. 2012. Global patterns of amphibian phylogenetic diversity. Journal of Biogeography，39（8）：1373-1382.

Günther A. 1858. On the geographical distribution of reptiles. Proceedings of the Zoological Society of

London，26（1）：373-398.

Hagmeier E M. 1966. A numerical analysis of the distributional patterns of North American mammals. II. Re-evaluation of the provinces. Systematic Zoology，15（4）：279-299.

Hagmeier E M，Stults C D. 1964. A numerical analysis of the distributional patterns of North American mammals. Systematic Zoology，13（3）：125-155.

Halffter G. 1987. Biogeography of the montane entomofauna of Mexico and Central America. Annual Review of Entomology，32（1）：95-114.

He J，Kreft H，Gao E，et al. 2017. Patterns and drivers of zoogeographical regions of terrestrial vertebrates in China. Journal of Biogeography，44（5）：1172-1184.

Heikinheimo H，Fortelius M，Eronen J，et al. 2007. Biogeography of European land mammals shows environmentally distinct and spatially coherent clusters. Journal of Biogeography，34（6）：1053-1064.

Heiser M，Schmitt T. 2013. Tracking the boundary between the Palaearctic and the Oriental region：new insights from dragonflies and damselflies（Odonata）. Journal of Biogeography，40（11）：2047-2058.

Henning W. 1965. Phylogenetic systematics. Annual Review of Entomology，10（1）：97-116.

Hess H H. 1962. History of ocean basins. Petrologic Studies：599-620.

Hoffmann R S. 2001. The southern boundary of the Palaearctic realm in China and adjacent countries. Acta Zoologica Sinica，47（2）：121-131.

Holt B G，Lessard J P，Borregaard M K，et al. 2013. An update of Wallace's zoogeographic regions of the world. Science，339：74-78.

How R A，Kitchener D J. 1997. Biogeography of Indonesian snakes. Journal of Biogeography，24（6）：725-735.

Hubalek Z. 1982. Coefficients of association and similarity，based on binary（presence-absence）data：an evaluation. Biological Reviews，57（4）：669-689.

Jaccard P. 1912. The distribution of the flora in the alpine zone. New Phytologist，11（2）：37-50.

Jetz W，Kreft H，Ceballos G，et al. 2009. Global associations between terrestrial producer and vertebrate consumer diversity. Proceedings of the Royal Society B：Biological Sciences，276（1655）：269-278.

Jetz W，Thomas G H，Joy J B，et al. 2012. The global diversity of birds in space and time. Nature，491：444-448.

Koleff P，Gaston K J，Lennon J J. 2003. Measuring beta diversity for presence-absence data. Journal of Animal Ecology，72（3）：367-382.

Kreft H，Jetz W. 2010. A framework for delineating biogeographical regions based on species distributions. Journal of Biogeography，37（11）：2029-2053.

Kreft H，Jetz W. 2013. Comment on "An update of Wallace's zoogeographic regions of the world". Science，341（6144）：343.

Legendre P，Legendre L. 1998. Numerical Ecology. Amsterdam：Elsevier.

Lei F，Qu Y，Lu J，et al. 2003. Conservation on diversity and distribution patterns of endemic birds in China. Biodiversity & Conservation，12（2）：239-254.

Lennon J J，Koleff P，Greenwood J，et al. 2001. The geographical structure of British bird distributions：diversity，spatial turnover and scale. Journal of Animal Ecology，70（6）：966-979.

Leprieur F，Oikonomou A. 2014. The need for richness-independent measures of turnover when delineating biogeographical regions. Journal of Biogeography，41（2）：417-420.

Linder H P，de Klerk H M，Born J，et al. 2012. The partitioning of Africa：statistically defined biogeographical regions in sub-Saharan Africa. Journal of Biogeography，39（7）：1189-1205.

Luo Z，Tang S，Jiang Z，et al. 2016. Conservation of terrestrial vertebrates in a global hotspot of Karst area in Southwestern China. Scientific Reports，6：25717.

Mayr E. 1944. Wallace's line in the light of recent zoogeographic studies. The Quarterly Review of Biology，

19（1）：1-14.

Mazel F，Wüest R O，Lessard J P，et al. 2017. Global patterns of β-diversity along the phylogenetic time-scale：the role of climate and plate tectonics. Global Ecology and Biogeography，26（10）：1211-1221.

Meng K，Li S，Murphy R W. 2008. Biogeographical patterns of Chinese spiders（Arachnida：Araneae）based on a parsimony analysis of endemicity. Journal of Biogeography，35（7）：1241-1249.

Morrone J J. 2008. Evolutionary Biogeography：An Integrative Approach with Case Studies. New York：Columbia University Press.

Morrone J J. 2015. Biogeographical regionalisation of the world：a reappraisal. Australian Systematic Botany，28（3）：81-90.

Morrone J J，Escalante T. 2002. Parsimony analysis of endemicity（PAE）of Mexican terrestrial mammals at different area units：when size matters. Journal of Biogeography，29（8）：1095-1104.

Myers N，Mittermeier R A，Mittermeier C G，et al. 2000. Biodiversity hotspots for conservation priorities. Nature，403（6772）：853-858.

Nelson G. 1978. From Candolle to Croizat：comments on the history of biogeography. Journal of the History of Biology，11（2）：269-305.

Nelson G，Platnick N I. 1981. Systematics and Biogeography：Cladistics and Vicariance. New York：Columbia University Press.

Nogues-Bravo D，Ohlemuller R，Batra P，et al. 2010. Climate predictors of late Quaternary extinctions. Evolution，64（8）：2442-2449.

Norton C J，Jin C，Wang Y，et al. 2011. Rethinking the Palearctic-oriental biogeographic boundary in Quaternary China//Norton C J，Braun D R. Asian Paleoanthropology. New York：Springer：81-100.

Olson D M，Dinerstein E，Wikramanayake E D，et al. 2001. Terrestrial ecoregions of the world：a new map of life on earth. BioScience，51（11）：933-938.

Ortega J，Arita H T. 1998. Neotropical-Nearctic limits in Middle America as determined by distributions of bats. Journal of Mammalogy，79（3）：772-783.

Patten M A，Smith-Patten B D. 2008. Biogeographical boundaries and Monmonier's algorithm：a case study in the northern Neotropics. Journal of Biogeography，35（3）：407-416.

Peterson A T，Ball G L，Brady K W. 2000. Distribution of the birds of the Philippines：biogeography and conservation priorities. Bird Conservation International，10（2）：149-167.

Procheş Ş. 2005. The world's biogeographical regions：cluster analyses based on bat distributions. Journal of Biogeography，32（4）：607-614.

Procheş Ş，Ramdhani S. 2012. The world' s zoogeographical regions confirmed by cross-taxon analyses. BioScience，62（3）：260-270.

Qiu Z，Li C. 2005. Evolution of Chinese mammalian faunal regions and elevation of the Qinghai-Xizang（Tibet）Plateau. Science in China Series D：Earth Sciences，48（8）：1246-1258.

Ribeiro G C，Santos C M，Olivieri L T，et al. 2014. The world' s biogeographical regions revisited：global patterns of endemism in Tipulidae（Diptera）. Zootaxa，3847（72）：241-258.

Rojas-Soto O R，Alca′ntara-Ayala O，Navarro A G. 2003. Regionalization of the avifauna of the Baja California peninsula，Mexico：A parsimony analysis of endemicity and distributional modelling approach. Journal of Biogeography，30（3）：449-461.

Ron S R. 2000. Biogeographic area relationships of lowland Neotropical rainforest based on raw distributions of vertebrate groups. Biological Journal of the Linnean Society，71（3）：379.

Rondinini C，Di Marco M，Chiozza F，et al. 2011. Global habitat suitability models of terrestrial mammals. Philosophical Transactions of the Royal Society B：Biological Sciences，366（1578）：2633-2641.

Rostlund E. 1952. Freshwater Fish and Fishing in Native North America. Berkeley：University of California Press.

Rueda M，Rodríguez M Á，Hawkins B A. 2010. Towards a biogeographic regionalization of the European biota. Journal of Biogeography，37（11）：2067-2076.

Rueda M，Rodríguez M Á，Hawkins B A. 2013. Identifying global zoogeographical regions：lessons from Wallace. Journal of Biogeography，40（12）：2215-2225.

Sandel B，Arge L，Dalsgaard B，et al. 2011. The influence of Late Quaternary climate-change velocity on species endemism. Science，334（6056）：660-664.

Savage J M. 1960. Evolution of a peninsular herpetofauna. Systematic Zoology，9：184-212.

Sclater P L. 1858. On the general geographical distribution of the members of the class Aves. Zoological Journal of the Linnean Society，2（7）：130-136.

Simpson G G. 1943. Mammals and the nature of continents. American Journal of Science，241（1）：1-31.

Simpson G G. 1977. Too many lines：the limits of the Oriental and Australian zoogeographic regions. Proceedings of the American Philosophical Society，121（2）：107-120.

Smith C H. 1983a. A system of world mammal faunal regions. I. Logical and statistical derivation of the regions. Journal of Biogeography，10：455-466.

Smith C H. 1983b. A system of world mammal faunal regions. II. The distance decay effect upon inter-regional affinities. Journal of Biogeography，10：467-482.

Sørensen T A. 1948. A method of establishing groups of equal amplitude in plant sociology based on similarity of species content，and its application to analyses of the vegetation on Danish commons. Kongelige Danske Videnskabernes Selskabs Biologiske Skrifter，5（4）：1-34.

Udvardy M D F. 1969. Dynamic Zoogeography. New York：Van Nostrand Reinbold Company.

Vane-Wright R I. 1991. Transcending the Wallace Line：do the western edges of the Australian region and the Australian plate coincide? Australian Systematic Botany，4（1）：183-197.

Vilhena D A，Antonelli A. 2015. A network approach for identifying and delimiting biogeographical regions. Nature Communications，6：6848.

von Humboldt A. 1806. Essai sur la geographie des plantes；accompagne d'un tableau physique des regions equinoxales，accompagne d'un tableau physique des regions equinoctiales. Paris：Schoel & Co.

Wallace A R. 1876. The Geographical Distribution of Animals. New York：Harper & Brothers.

Wardle D A. 2006. The influence of biotic interactions on soil biodiversity. Ecology Letters，9（7）：870-886.

Wang Z，Fang J，Tang Z，et al. 2012. Relative role of contemporary environment versus history in shaping diversity patterns of China' s woody plants. Ecography，35（12）：1124-1133.

Wegener A. 1912. Die entstehung der kontinente. Geologische Rundschau，3（4）：276-292.

Whittaker R H. 1960. Vegetation of the Siskiyou Mountains，Oregon and California. Ecological Monographs，30（3）：279-338.

Whittaker R J，Riddle B R，Hawkins B A，et al. 2013. The geographical distribution of life and the problem of regionalization：100 years after Alfred Russel Wallace. Journal of Biogeography，40（13）：2209-2214.

Williams P H，de Klerk H M，Crowe T M. 1999. Interpreting biogeographical boundaries among Afrotropical birds：spatial patterns in richness gradients and species replacement. Journal of Biogeography，26（3）：459-474.

Wilson J T. 1965. A new class of faults and their bearing on continental drift. Nature，207（4995）：343-347.

Wilson M V，Shmida A. 1984. Measuring beta diversity with presence-absence data. The Journal of Ecology，72：1055-1064.

Xiang Z F，Liang X C，Huo S，et al. 2004. Quantitative analysis of land mammal zoogeographical regions in China and adjacent regions. Zoological Studies，43（1）：142-160.

Xie Y，Mackinnon J，Li D. 2004. Study on biogeographical divisions of China. Biodiversity and Conservation，13（7）：1391-1417.

Zhang D，Fengquan L，Jianmin B. 2000. Eco-environmental effects of the Qinghai-Tibet Plateau uplift during the Quaternary in China. Environmental Geology，39（12）：1352-1358.

Zhao S，Fang J，Peng C，et al. 2006. Relationships between species richness of vascular plants and terrestrial vertebrates in China：analyses based on data of nature reserves. Diversity and Distributions，12（2）：189-194.

# 附录1　中国陆生野生动物生态地理单元区划表

| 界 | 区 | 亚区 | 动物地理省 | 生态地理单元 | 编号 |
|---|---|---|---|---|---|
| 古北界 | 东北区 | 大兴安岭亚区 | 大兴安岭北部省 | 大兴安岭北部山地 | Aa01 |
| | | | | 大兴安岭北部山前台地 | Aa02 |
| | | | | 伊勒呼里山山地 | Aa03 |
| | | | | 大兴安岭东部山前台地 | Aa04 |
| | | | | 大兴安岭中部山地 | Aa05 |
| | | | 大兴安岭南部省 | 大兴安岭西部山前台地 | Ab01 |
| | | | | 大兴安岭南部丘陵 | Ab02 |
| | | 长白山亚区 | 小兴安岭省 | 小兴安岭北坡山地 | Ba01 |
| | | | | 小兴安岭南坡山地 | Ba02 |
| | | | | 小兴安岭山前台地 | Ba03 |
| | | | 长白山地省 | 完达山山地 | Bb01 |
| | | | | 穆兴平原 | Bb02 |
| | | | | 长白山西部山前台地 | Bb03 |
| | | | | 长白山北部山地 | Bb04 |
| | | | | 长白山南部山地 | Bb05 |
| | | | | 千山山地 | Bb06 |
| | | | | 辽东半岛 | Bb07 |
| | | | 三江平原省 | 三江平原 | Bc01 |
| | | 松辽平原亚区 | 山前台地省 | 松花江平原台地 | Ca01 |
| | | | 嫩江平原省 | 嫩江平原 | Cb01 |
| | | | | 大兴安岭南部山前台地 | Cb02 |
| | | | 辽河平原省 | 科尔沁沙地 | Cc01 |
| | | | | 辽河平原 | Cc02 |
| | | | | 医巫闾山山地 | Cc03 |
| | 华北区 | 黄淮平原亚区 | 华北平原省 | 海河平原 | Da01 |
| | | | 山东丘陵省 | 山东半岛 | Db01 |
| | | | | 鲁中南低山丘陵 | Db02 |
| | | | 淮北平原省 | 淮北平原 | Dc01 |
| | | 黄土高原亚区 | 冀晋陕北部省 | 努鲁尔虎山山地 | Ea01 |
| | | | | 辽西丘陵 | Ea02 |
| | | | | 燕山山地 | Ea03 |
| | | | | 坝上高原 | Ea04 |

续表

| 界 | 区 | 亚区 | 动物地理省 | 生态地理单元 | 编号 |
|---|---|---|---|---|---|
| 古北界 | 华北区 | 黄土高原亚区 | 冀晋陕北部省 | 冀西北盆地 | Ea05 |
| | | | | 太行山东坡北段 | Ea06 |
| | | | | 恒山-五台山山地 | Ea07 |
| | | | | 吕梁山山地 | Ea08 |
| | | | | 陕北黄土高原 | Ea09 |
| | | | | 陕北黄土切割塬 | Ea10 |
| | | | | 陕北陇东切割塬 | Ea11 |
| | | | | 六盘山山地 | Ea12 |
| | | | 晋南-渭河-伏牛省 | 太行山东坡南段 | Eb01 |
| | | | | 嵩山山地 | Eb02 |
| | | | | 太行山西坡 | Eb03 |
| | | | | 晋中盆地 | Eb04 |
| | | | | 晋南盆地 | Eb05 |
| | | | | 中条山山地 | Eb06 |
| | | | | 崤山-熊耳山山地 | Eb07 |
| | | | | 渭河谷地 | Eb08 |
| | | | | 秦岭北部山地 | Eb09 |
| | | | | 陇山山地 | Eb10 |
| | | | 甘南六盘省 | 陇中切割山地 | Ec01 |
| | | | | 渭河上游切割山地 | Ec02 |
| | | | | 湟水下游谷地 | Ec03 |
| | | | | 隆务河谷地 | Ec04 |
| | 蒙新区 | 东部草原亚区 | 呼伦贝尔-辽西省 | 大兴安岭西麓 | Fa01 |
| | | | | 呼伦贝尔 | Fa02 |
| | | | | 内蒙古高原东部山地 | Fa03 |
| | | | 内蒙古东部省 | 内蒙古高原东部草原 | Fb01 |
| | | | | 阴山北部草原 | Fb02 |
| | | | | 阴山南坡平原 | Fb03 |
| | | | | 河套平原 | Fb04 |
| | | | | 鄂尔多斯高原 | Fb05 |
| | | | | 陕北高原西北部 | Fb06 |
| | | | | 宁夏平原 | Fb07 |
| | | | | 鄂尔多斯台地 | Fb08 |
| | | 西部荒漠亚区 | 河套-河西省 | 乌兰布和沙漠 | Ga01 |
| | | | | 贺兰山山地 | Ga02 |

续表

| 界 | 区 | 亚区 | 动物地理省 | 生态地理单元 | 编号 |
| --- | --- | --- | --- | --- | --- |
| 古北界 | 蒙新区 | 西部荒漠亚区 | 河套-河西省 | 腾格里沙漠 | Ga03 |
| | | | | 河西走廊东段 | Ga04 |
| | | | | 河西走廊西段 | Ga05 |
| | | | 阿拉善-北山省 | 阿拉善沙漠 | Gb01 |
| | | | | 北山山地 | Gb02 |
| | | | 东疆戈壁省 | 吐哈盆地 | Gc01 |
| | | | | 白龙堆沙漠 | Gc02 |
| | | | | 库鲁克塔格山山地 | Gc03 |
| | | | | 罗布泊荒漠 | Gc04 |
| | | | 准噶尔盆地省 | 准噶尔盆地 | Gd01 |
| | | | | 诺敏戈壁 | Gd02 |
| | | | | 古尔班通古特沙漠 | Gd03 |
| | | | | 天山北坡山前平原 | Gd04 |
| | | | 塔里木盆地省 | 塔里木盆地北缘 | Ge01 |
| | | | | 塔克拉玛干沙漠 | Ge02 |
| | | | | 塔里木盆地南缘 | Ge03 |
| | | | 柴达木盆地省 | 阿尔金山山脉 | Gf01 |
| | | | | 柴达木盆地 | Gf02 |
| | | 天山山地亚区 | 天山山地省 | 天山东部 | Ha01 |
| | | | | 天山北坡山地 | Ha02 |
| | | | | 天山南坡山地 | Ha03 |
| | | | 阿尔泰山地省 | 阿尔泰山山地 | Hb01 |
| | | | 准噶尔界山省 | 萨吾尔山-玛伊力山山地 | Hc01 |
| | | | | 伊犁谷地 | Hc02 |
| | 青藏区 | 羌塘高原亚区 | 羌塘荒漠省 | 长江源头河谷山地 | Ia01 |
| | | | | 唐古拉山地 | Ia02 |
| | | | | 可可西里 | Ia03 |
| | | | | 藏北高原 | Ia04 |
| | | | | 藏北高原西北部高原湖盆地 | Ia05 |
| | | | | 森格藏布流域高原山地高原 | Ia06 |
| | | | 昆仑省 | 阿尔金山高原 | Ib01 |
| | | | | 昆仑山北坡 | Ib02 |
| | | | | 昆仑山西段 | Ib03 |
| | | | | 喀喇昆仑山山地 | Ib04 |
| | | | 高原湖盆山地省 | 怒江源头河谷山地 | Ic01 |

续表

| 界 | 区 | 亚区 | 动物地理省 | 生态地理单元 | 编号 |
| --- | --- | --- | --- | --- | --- |
| 古北界 | 青藏区 | 羌塘高原亚区 | 高原湖盆山地省 | 藏北高原南部 | Ic02 |
| | | | | 冈底斯山山地 | Ic03 |
| | | | | 朗钦藏布流域高原山地 | Ic04 |
| | | | 帕米尔高原省 | 帕米尔高原 | Id01 |
| | | 青海藏南亚区 | 藏南高原谷地省 | 怒江上游河谷 | Ja01 |
| | | | | 藏南谷地东部 | Ja02 |
| | | | | 喜马拉雅山山地 | Ja03 |
| | | | 青藏东部省 | 黄河上游山地峡谷 | Jb01 |
| | | | | 黄河源头河谷山地 | Jb02 |
| | | | | 黄河上游切割山地 | Jb03 |
| | | | | 松潘高原 | Jb04 |
| | | | | 巴颜喀拉山南麓山地 | Jb05 |
| | | | | 雅砻江源头山地 | Jb06 |
| | | | | 雀儿山-沙鲁里山地 | Jb07 |
| | | | | 通天河-当曲山地 | Jb08 |
| | | | | 金沙江切割山地 | Jb09 |
| | | | | 怒江上游切割山地 | Jb10 |
| | | | 祁连湟南省 | 祁连山地 | Jc01 |
| | | | | 党河南山山地 | Jc02 |
| | | | | 湟水上游谷地 | Jc03 |
| | | | | 青海湖 | Jc04 |
| | | | | 青海南山-鄂拉山山地高原 | Jc05 |
| 东洋界 | 西南区 | 西南山地亚区 | 岷山-大雪山地省 | 迭山山地 | Ka01 |
| | | | | 岷江切割山地 | Ka02 |
| | | | | 盆缘西北部山地 | Ka03 |
| | | | | 大渡河切割山地 | Ka04 |
| | | | | 川西山地 | Ka05 |
| | | | | 大金川切割山地 | Ka06 |
| | | | | 大雪山山地 | Ka07 |
| | | | | 雅砻江切割山地 | Ka08 |
| | | | 三江横断省 | 澜沧江及金沙江上游谷地 | Kb01 |
| | | | | 沙鲁里北部山地 | Kb02 |
| | | | | 沙鲁里南部山地 | Kb03 |
| | | | | 理塘河高山河谷 | Kb04 |
| | | | | 香格里拉山地 | Kb05 |

续表

| 界 | 区 | 亚区 | 动物地理省 | 生态地理单元 | 编号 |
|---|---|---|---|---|---|
| 东洋界 | 西南区 | 西南山地亚区 | 三江横断省 | 云岭山脉 | Kb06 |
| | | | | 高黎贡山 | Kb07 |
| | | | | 独龙江 | Kb08 |
| | | | 云南高原省 | 滇东北山地 | Kc01 |
| | | | | 滇东高原盆地 | Kc02 |
| | | | | 安宁河峡谷 | Kc03 |
| | | | | 雅砻江峡谷 | Kc04 |
| | | | | 云贵高原北部 | Kc05 |
| | | | | 云南高原东部 | Kc06 |
| | | | | 雪盘山-点苍山山地 | Kc07 |
| | | | | 无量山-哀牢山山地 | Kc08 |
| | | 喜马拉雅亚区 | 喜马拉雅省 | 雅鲁藏布江大峡谷 | La01 |
| | | | | 喜马拉雅南翼山地 | La02 |
| | | | 察隅-贡山省 | 伯舒拉岭山地 | Lb01 |
| | | | | 岗日嘎布山脉南翼山地 | Lb02 |
| | 华中区 | 东部丘陵平原亚区 | 桐柏山-大别山省 | 大别山山地 | Ma01 |
| | | | | 桐柏山山地 | Ma02 |
| | | | 长江沿岸平原省 | 长江三角洲 | Mb01 |
| | | | | 长江下游平原 | Mb02 |
| | | | | 江淮丘陵 | Mb03 |
| | | | | 鄱阳湖区 | Mb04 |
| | | | | 赣中丘陵 | Mb05 |
| | | | | 长江中游平原 | Mb06 |
| | | | | 江汉平原 | Mb07 |
| | | | | 南襄盆地 | Mb08 |
| | | | | 洞庭湖区 | Mb09 |
| | | | | 洞庭湖南部丘陵 | Mb10 |
| | | | 江南丘陵省 | 皖浙赣低山丘陵 | Mc01 |
| | | | | 浙东山地 | Mc02 |
| | | | | 舟山群岛 | Mc03 |
| | | | | 浙闽沿海丘陵 | Mc04 |
| | | | | 洞宫山-鹫峰山山地 | Mc05 |
| | | | | 戴云山山地 | Mc06 |
| | | | | 闽江上游谷地 | Mc07 |
| | | | | 武夷山山地北段 | Mc08 |

续表

| 界 | 区 | 亚区 | 动物地理省 | 生态地理单元 | 编号 |
| --- | --- | --- | --- | --- | --- |
| 东洋界 | 华中区 | 东部丘陵平原亚区 | 江南丘陵省 | 武夷山山地南段 | Mc09 |
| | | | | 赣东丘陵 | Mc10 |
| | | | | 赣南山地 | Mc11 |
| | | | | 武功山东段 | Mc12 |
| | | | | 幕阜山-九岭山山地 | Mc13 |
| | | | | 武功山西段 | Mc14 |
| | | | | 罗霄山山地 | Mc15 |
| | | | | 湘江中上游谷地 | Mc16 |
| | | | | 南岭北坡山地 | Mc17 |
| | | 西部山地高原亚区 | 秦巴-武当省 | 伏牛山山地 | Na01 |
| | | | | 武当山山地 | Na02 |
| | | | | 秦岭南坡山地 | Na03 |
| | | | | 汉江上游谷地 | Na04 |
| | | | | 嘉陵江上游切割山地 | Na05 |
| | | | | 嘉陵江谷地 | Na06 |
| | | | | 大巴山山地 | Na07 |
| | | | | 三峡谷地 | Na08 |
| | | | | 清江切割山地 | Na09 |
| | | | 四川盆地省 | 盆东平行岭谷 | Nb01 |
| | | | | 盆东山地丘陵 | Nb02 |
| | | | | 四川盆地 | Nb03 |
| | | | | 川滇低山丘陵 | Nb04 |
| | | | | 盆缘西南部山地 | Nb05 |
| | | | 贵州高原省 | 大娄山中山峡谷 | Nc01 |
| | | | | 乌江流域中山峡谷 | Nc02 |
| | | | | 北盘江河谷山地 | Nc03 |
| | | | 黔桂湘低山丘陵省 | 武陵山地 | Nd01 |
| | | | | 沅江流域山地丘陵 | Nd02 |
| | | | | 湘中丘陵 | Nd03 |
| | | | | 猫儿山山地 | Nd04 |
| | | | | 黔东南山地丘陵 | Nd05 |
| | | | | 苗岭山地 | Nd06 |
| | 华南区 | 闽广沿海亚区 | 东部丘陵省 | 闽南沿海丘陵 | Oa01 |
| | | | | 九龙江山地丘陵 | Oa02 |
| | | | | 玳瑁山山地 | Oa03 |

续表

| 界 | 区 | 亚区 | 动物地理省 | 生态地理单元 | 编号 |
|---|---|---|---|---|---|
| 东洋界 | 华南区 | 闽广沿海亚区 | 东部丘陵省 | 九连山山地 | Oa04 |
| | | | | 南岭南坡山地 | Oa05 |
| | | | | 粤西桂东山地谷地 | Oa06 |
| | | | | 大瑶山山地 | Oa07 |
| | | | | 郁江邕江流域宽谷丘陵 | Oa08 |
| | | | 沿海低丘平地省 | 粤东沿海丘陵 | Ob01 |
| | | | | 莲花山山地 | Ob02 |
| | | | | 珠江三角洲 | Ob03 |
| | | | | 粤西滨海丘陵 | Ob04 |
| | | | | 云雾山 | Ob05 |
| | | | | 云开大山 | Ob06 |
| | | | | 琼雷台地 | Ob07 |
| | | | | 雷州半岛 | Ob08 |
| | | | 滇桂山地丘陵省 | 南盘江流域中山峡谷 | Oc01 |
| | | | | 桂西北丘陵山地 | Oc02 |
| | | | | 桂西南丘陵山地 | Oc03 |
| | | 滇南山地亚区 | 滇西南山地省 | 滇西南德宏高原 | Pa01 |
| | | | | 滇西南中山盆地 | Pa02 |
| | | | | 版纳低山盆地 | Pa03 |
| | | | 滇南边地省 | 滇东南高原 | Pb01 |
| | | | | 滇南山地 | Pb02 |
| | | | | 滇中南低热河谷 | Pb03 |
| | | 海南亚区 | 中部山地省 | 五指山地 | Qa01 |
| | | | 沿海低地省 | 琼北台地 | Qb01 |
| | | | | 琼南丘陵 | Qb02 |
| | | 台湾亚区 | 中央山地省 | 中央山脉 | Ra01 |
| | | | | 台湾东部纵谷 | Ra02 |
| | | | 西部低地省 | 台西北丘陵平原 | Rb01 |
| | | | | 台湾南部平原 | Rb02 |
| | | | | 澎湖列岛 | Rb03 |
| | | | | 钓鱼岛 | Rb04 |
| | | 南海诸岛亚区 | 南海诸岛省 | 南海诸岛 | Sa01 |

# 附录 2　各生态地理单元环境特点及主要动物群

| 编号 | 生态地理单元 | 地貌 | 主要植被 | | 动物群 |
|---|---|---|---|---|---|
| | | | 植被类型 1 | 植被类型 2 | |
| Aa01 | 大兴安岭北部山地 | 侵蚀丘陵、侵蚀山地 | 寒温带和温带山地针叶林 | 温带禾草、苔草及杂类草沼泽化草甸 | 寒温带针叶林动物群 |
| Aa02 | 大兴安岭北部山前台地 | 冲积平原、侵蚀丘陵 | 寒温带和温带山地针叶林 | 温带禾草、苔草及杂类草沼泽化草甸 | 寒温带针叶林动物群 |
| Aa03 | 伊勒呼里山山地 | 侵蚀山地、侵蚀丘陵 | 寒温带和温带山地针叶林 | 温带禾草、苔草及杂类草沼泽化草甸 | 寒温带针叶林动物群 |
| Aa04 | 大兴安岭东部山前台地 | 冲积平原、侵蚀丘陵 | 寒温带和温带山地针叶林 | 温带落叶阔叶林 | 寒温带针叶林、落叶阔叶林动物群 |
| Aa05 | 大兴安岭中部山地 | 侵蚀山地 | 寒温带和温带山地针叶林 | 寒温带、温带沼泽 | 寒温带针叶林动物群 |
| Ab01 | 大兴安岭西部山前台地 | 侵蚀山地、熔岩山地 | 温带落叶阔叶林 | 寒温带、温带沼泽 | 台地落叶阔叶林、沼泽动物群 |
| Ab02 | 大兴安岭南部丘陵 | 侵蚀山地 | 温带落叶灌从 | 温带落叶阔叶林 | 丘陵落叶阔叶林、林灌动物群 |
| Ba01 | 小兴安岭北坡山地 | 侵蚀山地、侵蚀丘陵 | 温带落叶阔叶林 | 寒温带和温带山地针叶林 | 山地针阔混交林林动物群 |
| Ba02 | 小兴安岭南坡山地 | 侵蚀山地、侵蚀丘陵 | 温带落叶阔叶林 | 寒温带和温带山地针叶林 | 山地针阔混交林林动物群 |
| Ba03 | 小兴安岭山前台地 | 熔岩台地、洪积、冲积平原 | 人工植被 | 温带落叶阔叶林 | 台地农田、林缘动物群 |
| Bb01 | 完达山山地 | 侵蚀山地、侵蚀丘陵 | 温带落叶阔叶林 | 人工植被 | 山地落叶阔叶林动物群 |
| Bb02 | 穆兴平原 | 湖积平原 | 人工植被 | 寒温带、温带沼泽 | 平原农田、沼泽动物群 |
| Bb03 | 长白山西部山前台地 | 侵蚀山地、侵蚀丘陵 | 人工植被 | 温带落叶阔叶林 | 台地农田、林缘动物群 |
| Bb04 | 长白山北部山地 | 侵蚀山地、熔岩山地、冲积平原 | 温带落叶阔叶林 | 人工植被 | 山地落叶阔叶林动物群 |
| Bb05 | 长白山南部山地 | 侵蚀山地 | 温带落叶阔叶林 | 人工植被 | 山地落叶阔叶林动物群 |
| Bb06 | 千山山地 | 侵蚀山地 | 温带落叶阔叶林 | 人工植被 | 山地落叶阔叶林动物群 |
| Bb07 | 辽东半岛 | 侵蚀山地、海蚀平原与阶地、侵蚀丘陵 | 人工植被 | 温带落叶阔叶林 | 丘陵农田、林缘动物群 |
| Bc01 | 三江平原 | 洪积、湖积、冲积平原 | 人工植被 | 寒温带、温带沼泽 | 平原农田、沼泽、草甸动物群 |

续表

| 编号 | 生态地理单元 | 地貌 | 主要植被 | | 动物群 |
|---|---|---|---|---|---|
| | | | 植被类型 1 | 植被类型 2 | |
| Ca01 | 松花江平原台地 | 洪积、冲积平原 | 人工植被 | 温带禾草、杂类草草甸 | 台地平原草原、草甸动物群 |
| Cb01 | 嫩江平原 | 湖积、冲积平原 | 人工植被 | 温带禾草、杂类草草甸草原 | 平原农田、草原动物群 |
| Cb02 | 大兴安岭南部山前台地 | 侵蚀山地、侵蚀平原 | 人工植被 | 温带丛生禾草典型草原 | 台地农田、草原动物群 |
| Cc01 | 科尔沁沙地 | 湖积、冲积平原、侵蚀平原、沙丘覆盖平原 | 温带丛生禾草典型草原 | 人工植被 | 平原农田、草原动物群 |
| Cc02 | 辽河平原 | 冲积、海积平原 | 人工植被 | 温带落叶阔叶林 | 平原农田、林缘动物群 |
| Cc03 | 医巫闾山山地 | 侵蚀山地、洪积、冲积平原 | 人工植被 | 温带落叶灌丛 | 丘陵农田、林灌动物群 |
| Da01 | 海河平原 | 洪积、冲积平原 | 人工植被 | 温带禾草、杂类草草甸 | 平原农田、林灌动物群 |
| Db01 | 山东半岛 | 侵蚀平原、冲积、海积平原 | 人工植被 | 温带针叶林 | 丘陵农田、林缘动物群 |
| Db02 | 鲁中南低山丘陵 | 侵蚀山地、侵蚀平原 | 人工植被 | 温带针叶林 | 山地针叶林、林缘动物群 |
| Dc01 | 淮北平原 | 洪积、湖积、冲积平原 | 人工植被 | 温带落叶灌丛 | 平原农田、林灌动物群 |
| Ea01 | 努鲁儿虎山山地 | 侵蚀山地 | 人工植被 | 温带落叶灌丛 | 山地林灌动物群 |
| Ea02 | 辽西丘陵 | 侵蚀山地 | 人工植被 | 温带落叶灌丛 | 丘陵农田、林灌动物群 |
| Ea03 | 燕山山地 | 侵蚀山地、岩溶化山地 | 人工植被 | 温带落叶灌丛 | 山地林灌动物群 |
| Ea04 | 坝上高原 | 侵蚀山地 | 人工植被 | 温带落叶灌丛 | 山地林灌动物群 |
| Ea05 | 冀西北盆地 | 冲积平原、侵蚀山地 | 人工植被 | 温带草丛 | 盆地农田、草丛动物群 |
| Ea06 | 太行山东坡北段 | 侵蚀山地 | 温带落叶灌丛 | 温带草丛 | 山地林灌、草丛动物群 |
| Ea07 | 恒山-五台山山地 | 侵蚀山地 | 人工植被 | 温带落叶灌丛 | 山地林灌动物群 |
| Ea08 | 吕梁山山地 | 侵蚀山地 | 人工植被 | 温带落叶灌丛 | 山地林灌动物群 |
| Ea09 | 陕北黄土高原 | 侵蚀黄土丘陵 | 人工植被 | 温带丛生禾草典型草原 | 高原农田、草原动物群 |
| Ea10 | 陕北黄土切割塬 | 侵蚀黄土塬 | 人工植被 | 温带落叶阔叶林 | 高原农田、林缘动物群 |
| Ea11 | 陕北陇东切割塬 | 侵蚀黄土塬 | 人工植被 | 温带丛生禾草典型草原 | 高原农田、草原动物群 |
| Ea12 | 六盘山山地 | 侵蚀山地 | 人工植被 | 温带禾草、杂类草草甸 | 山地草原动物群 |

续表

| 编号 | 生态地理单元 | 地貌 | 主要植被 | | 动物群 |
|---|---|---|---|---|---|
| | | | 植被类型1 | 植被类型2 | |
| Eb01 | 太行山东坡南段 | 侵蚀山地、洪积、冲积平原 | 温带落叶灌丛 | 温带草丛 | 山地林灌、草丛动物群 |
| Eb02 | 嵩山山地 | 侵蚀山地 | 温带落叶灌丛 | 人工植被 | 山地林灌、农田动物群 |
| Eb03 | 太行山西坡 | 侵蚀山地 | 温带落叶灌丛 | 温带草丛 | 山地林灌、草丛动物群 |
| Eb04 | 晋中盆地 | 冲积平原 | 人工植被 | 温带落叶灌丛 | 谷地农田、林灌动物群 |
| Eb05 | 晋南盆地 | 冲积平原 | 温带落叶灌丛 | 温带草丛 | 谷地林灌、草丛动物群 |
| Eb06 | 中条山山地 | 侵蚀山地 | 温带落叶灌丛 | 温带草丛 | 山地林灌、草丛动物群 |
| Eb07 | 崤山-熊耳山山地 | 侵蚀山地 | 人工植被 | 温带落叶灌丛 | 山地林灌、农田动物群 |
| Eb08 | 渭河谷地 | 冲积平原、侵蚀山地 | 人工植被 | 温带落叶灌丛 | 谷地农田、林灌动物群 |
| Eb09 | 秦岭北部山地 | 侵蚀山地 | 温带落叶阔叶林 | 亚热带针叶林 | 山地落叶阔叶林、针叶林动物群 |
| Eb10 | 陇山山地 | 侵蚀黄土丘陵、侵蚀山地 | 温带落叶阔叶林 | 温带落叶灌丛 | 山地落叶阔叶林、林灌动物群 |
| Ec01 | 陇中切割山地 | 侵蚀黄土丘陵 | 人工植被 | 温带丛生矮禾草、矮半灌木荒漠草原 | 高原农田、草原动物群 |
| Ec02 | 渭河上游切割山地 | 侵蚀黄土丘陵、侵蚀山地 | 人工植被 | 温带落叶阔叶林 | 山地农田、林缘动物群 |
| Ec03 | 湟水下游谷地 | 侵蚀黄土塬、干燥剥蚀山地 | 温带丛生禾草典型草原 | 温带丛生矮禾草、矮半灌木荒漠草原 | 谷地草原动物群 |
| Ec04 | 隆务河谷地 | 侵蚀山地、侵蚀黄土丘陵 | 高寒嵩草、杂类草草甸 | 温带丛生禾草典型草原 | 谷地草甸、草原动物群 |
| Fa01 | 大兴安岭西麓 | 侵蚀平原、侵蚀山地 | 温带禾草、杂类草草甸草原 | 温带禾草、杂类草草甸 | 山地草原动物群 |
| Fa02 | 呼伦贝尔 | 湖积、冲积平原、侵蚀平原 | 温带丛生禾草典型草原 | 温带禾草、杂类草草甸草原 | 典型草甸草原动物群 |
| Fa03 | 内蒙古高原东部山地 | 侵蚀山地、干燥剥蚀山地 | 温带落叶灌丛 | 温带禾草、杂类草草甸草原 | 山地林灌、草甸动物群 |
| Fb01 | 内蒙古高原东部草原 | 干燥剥蚀高原、沙丘覆盖平原、干燥剥蚀丘陵 | 温带丛生禾草典型草原 | 人工植被 | 干草原动物群 |
| Fb02 | 阴山北部草原 | 干燥剥蚀高原 | 温带丛生禾草典型草原 | 温带半灌木、矮半灌木荒漠 | 干草原、荒漠动物群 |
| Fb03 | 阴山南坡平原 | 洪积、冲积平原、侵蚀丘陵、熔岩台地 | 人工植被 | 温带丛生禾草典型草原 | 平原农田、草原动物群 |
| Fb04 | 河套平原 | 冲积平原 | 人工植被 | 温带多汁盐生矮半灌木荒漠 | 平原农田、荒漠动物群 |
| Fb05 | 鄂尔多斯高原 | 沙丘覆盖平原、干燥剥蚀高原 | 温带丛生禾草典型草原 | 人工植被 | 干草原、荒漠动物群 |

续表

| 编号 | 生态地理单元 | 地貌 | 主要植被 | | 动物群 |
|---|---|---|---|---|---|
| | | | 植被类型 1 | 植被类型 2 | |
| Fb06 | 陕北高原西北部 | 侵蚀黄土丘陵 | 人工植被 | 温带丛生禾草典型草原 | 高原农田、草原动物群 |
| Fb07 | 宁夏平原 | 冲积平原 | 人工植被 | 温带半灌木、矮半灌木荒漠 | 平原农田动物群 |
| Fb08 | 鄂尔多斯台地 | 侵蚀黄土丘陵、干燥剥蚀高原 | 温带半灌木、矮半灌木荒漠 | 温带丛生矮禾草、矮半灌木荒漠草原 | 温带荒漠动物群 |
| Ga01 | 乌兰布和沙漠 | 沙丘覆盖平原 | 温带半灌木、矮半灌木荒漠 | 温带灌木荒漠 | 沙漠动物群 |
| Ga02 | 贺兰山山地 | 侵蚀山地 | 温带半灌木、矮半灌木荒漠 | 温带落叶灌丛 | 山地半荒漠、林灌动物群 |
| Ga03 | 腾格里沙漠 | 沙丘覆盖平原 | 温带半灌木、矮半灌木荒漠 | 温带灌木荒漠 | 沙漠动物群 |
| Ga04 | 河西走廊东段 | 洪积倾斜平原 | 温带丛生禾草典型草原 | 人工植被 | 半荒漠、农田动物群 |
| Ga05 | 河西走廊西段 | 洪积倾斜平原、冲积平原 | 温带半灌木、矮半灌木荒漠 | 温带灌木荒漠 | 半荒漠动物群 |
| Gb01 | 阿拉善沙漠 | 沙丘覆盖平原、干燥剥蚀高原 | 温带半灌木、矮半灌木荒漠 | 温带灌木荒漠 | 温带沙漠动物群 |
| Gb02 | 北山山地 | 干燥剥蚀高原、洪积、冲积平原 | 温带半灌木、矮半灌木荒漠 | 温带灌木荒漠 | 温带荒漠动物群 |
| Gc01 | 吐哈盆地 | 干燥剥蚀高原、湖积、冲积平原、洪积倾斜平原 | 温带灌木荒漠 | 无植被地段 | 温带戈壁荒漠动物群 |
| Gc02 | 白龙堆沙漠 | 干燥剥蚀高原 | 温带灌木荒漠 | 温带半灌木、矮半灌木荒漠 | 温带沙漠动物群 |
| Gc03 | 库鲁克塔格山山地 | 干燥剥蚀高原、干燥剥蚀山地 | 温带灌木荒漠 | 温带半灌木、矮半灌木荒漠 | 温带戈壁荒漠动物群 |
| Gc04 | 罗布泊荒漠 | 沙丘覆盖平原、湖积、冲积平原 | 无植被地段 | 温带灌木荒漠 | 温带沙漠动物群 |
| Gd01 | 准噶尔盆地 | 湖积、洪积、冲积平原 | 温带半灌木、矮半灌木荒漠 | 温带矮半乔木荒漠 | 盆地荒漠动物群 |
| Gd02 | 诺敏戈壁 | 干燥剥蚀高原、干燥剥蚀山地、洪积倾斜平原 | 温带矮半乔木荒漠 | 温带半灌木、矮半灌木荒漠 | 温带戈壁荒漠动物群 |
| Gd03 | 古尔班通古特沙漠 | 沙丘覆盖平原 | 温带矮半乔木荒漠 | 温带半灌木、矮半灌木荒漠 | 温带沙漠动物群 |
| Gd04 | 天山北坡山前平原 | 冲积平原 | 温带矮半乔木荒漠 | 温带半灌木、矮半灌木荒漠 | 温带荒漠动物群 |
| Ge01 | 塔里木盆地北缘 | 洪积、冲积平原、冲积平原 | 温带灌木荒漠 | 温带半灌木、矮半灌木荒漠 | 温带荒漠、绿洲动物群 |
| Ge02 | 塔克拉玛干沙漠 | 沙丘覆盖平原 | 无植被地段 | 温带灌木荒漠 | 温带沙漠动物群 |

续表

| 编号 | 生态地理单元 | 地貌 | 主要植被 | | 动物群 |
|---|---|---|---|---|---|
| | | | 植被类型 1 | 植被类型 2 | |
| Ge03 | 塔里木盆地南缘 | 洪积倾斜平原、冲积平原、沙丘覆盖平原 | 无植被地段 | 温带半灌木、矮半灌木荒漠 | 温带荒漠、绿洲动物群 |
| Gf01 | 阿尔金山山脉 | 干燥剥蚀山地 | 温带半灌木、矮半灌木荒漠 | 高寒禾草、苔草草原 | 山地荒漠、草原动物群 |
| Gf02 | 柴达木盆地 | 湖积、洪积、冲积平原 | 无植被地段 | 温带半灌木、矮半灌木荒漠 | 盆地荒漠动物群 |
| Ha01 | 天山东部 | 侵蚀山地、干燥剥蚀山地 | 温带从生矮禾草、矮半灌木荒漠草原 | 温带半灌木、矮半灌木荒漠 | 山地草原、荒漠动物群 |
| Ha02 | 天山北坡山地 | 冰川、冰缘作用山地、干燥剥蚀山地 | 高寒嵩草、杂类草草甸 | 高山稀疏植被 | 山地草甸、高山植被动物群 |
| Ha03 | 天山南坡山地 | 冰川、冰缘作用山地、沙丘覆盖平原 | 高寒嵩草、杂类草草甸 | 高山稀疏植被 | 山地草甸、高山植被动物群 |
| Hb01 | 阿尔泰山山地 | 侵蚀山地、冰川、冰缘作用山地 | 温带从生禾草典型草原 | 高寒嵩草、杂类草草甸 | 山地泰加林、草原动物群 |
| Hc01 | 萨吾尔山–玛伊力山山地 | 干燥剥蚀高原、侵蚀山地、洪积倾斜平原 | 温带从生禾草典型草原 | 温带从生矮禾草、矮半灌木荒漠草原 | 山地草原、荒漠动物群 |
| Hc02 | 伊犁谷地 | 冰川、冰缘作用山地、侵蚀山地、冲积平原 | 温带禾草、杂类草草甸 | 人工植被 | 谷地草甸、农田动物群 |
| Ia01 | 长江源头河谷山地 | 冰川、冰缘作用山地、冲积平原 | 高寒嵩草、杂类草草甸 | 高寒禾草、苔草草原 | 高寒草甸、草原动物群 |
| Ia02 | 唐古拉山地 | 冰川、冰缘作用山地 | 高寒嵩草、杂类草草甸 | 高山稀疏植被 | 山地草甸、高山植被动物群 |
| Ia03 | 可可西里 | 冰川、冰缘作用山地、洪积、冲积、冰积平原、冰川、冰缘作用高原 | 高寒禾草、苔草草原 | 高寒垫状矮半灌木荒漠 | 高寒草原荒漠动物群 |
| Ia04 | 藏北高原 | 冰川、冰缘作用高原、洪积、冲积、冰积平原 | 高寒禾草、苔草草原 | 高寒嵩草、杂类草草甸 | 高寒草原荒漠动物群 |
| Ia05 | 藏北高原西北部高原湖盆地 | 冰川、冰缘作用高原、洪积、冲积、冰积平原 | 高寒禾草、苔草草原 | 高寒垫状矮半灌木荒漠 | 高寒草原荒漠动物群 |
| Ia06 | 森格藏布流域高原山地高原 | 冰川、冰缘作用山地 | 高寒禾草、苔草草原 | 温带从生矮禾草、矮半灌木荒漠草原 | 高寒草原荒漠动物群 |
| Ib01 | 阿尔金山高原 | 冰川、冰缘作用山地、干燥剥蚀山地 | 高寒禾草、苔草草原 | 高寒垫状矮半灌木荒漠 | 高山草原荒漠动物群 |
| Ib02 | 昆仑山北坡 | 冰川、冰缘作用山地 | 高寒禾草、苔草草原 | 高山稀疏植被 | 高山草原荒漠动物群 |
| Ib03 | 昆仑山西段 | 冰川、冰缘作用山地、干燥剥蚀山地 | 高山稀疏植被 | 温带半灌木、矮半灌木荒漠 | 高山荒漠动物群 |
| Ib04 | 喀喇昆仑山山地 | 冰川、冰缘作用山地、冰川、冰缘作用高原 | 高山稀疏植被 | 高寒垫状矮半灌木荒漠 | 高山荒漠动物群 |

续表

| 编号 | 生态地理单元 | 地貌 | 主要植被 | | 动物群 |
|---|---|---|---|---|---|
| | | | 植被类型1 | 植被类型2 | |
| Ic01 | 怒江源头河谷山地 | 冰川、冰缘作用高原、冰川、冰缘作用山地 | 高寒嵩草、杂类草草甸 | 高山稀疏植被 | 高寒草甸、高山植被动物群 |
| Ic02 | 藏北高原南部 | 冰川、冰缘作用高原、洪积、冲积、冰积平原 | 高寒禾草、苔草草原 | 高寒嵩草、杂类草草甸 | 高寒草原、草甸动物群 |
| Ic03 | 冈底斯山山地 | 冰川、冰缘作用高原 | 高寒嵩草、杂类草草甸 | 高山稀疏植被 | 高寒草甸、高山植被动物群 |
| Ic04 | 朗钦藏布流域高原山地 | 冰川、冰缘作用山地、冰川、冰缘作用高原 | 温带丛生矮禾草、矮半灌木荒漠草原 | 高寒禾草、苔草草原 | 高原荒漠、草原动物群 |
| Id01 | 帕米尔高原 | 冰川、冰缘作用山地 | 高山稀疏植被 | 高寒垫状矮半灌木荒漠 | 高山草原动物群 |
| Ja01 | 怒江上游河谷 | 冰川、冰缘作用高原、冰川、冰缘作用山地 | 高寒嵩草、杂类草草甸 | 高山稀疏植被 | 高寒草甸、高山植被动物群 |
| Ja02 | 藏南谷地东部 | 冰川、冰缘作用高原 | 高寒嵩草、杂类草草甸 | 高山稀疏植被 | 高寒草甸、高山植被动物群 |
| Ja03 | 喜马拉雅山山地 | 冰川、冰缘作用山地、冰川、冰缘作用高原 | 高寒嵩草、杂类草草甸 | 高寒禾草、苔草草原 | 高寒草甸、草原动物群 |
| Jb01 | 黄河上游山地峡谷 | 侵蚀山地 | 高寒嵩草、杂类草草甸 | 亚热带和热带山地针叶林 | 高寒草甸、山地针叶林动物群 |
| Jb02 | 黄河源头河谷山地 | 冰川、冰缘作用山地、洪积倾斜平原、冲积平原 | 高寒嵩草、杂类草草甸 | 高寒禾草、苔草草原 | 高寒草甸、草原动物群 |
| Jb03 | 黄河上游切割山地 | 冰川、冰缘作用山地 | 高寒嵩草、杂类草草甸 | 亚高山落叶阔叶灌丛 | 高寒草甸、山地灌丛动物群 |
| Jb04 | 松潘高原 | 侵蚀高原、冲积平原 | 高寒嵩草、杂类草草甸 | 高寒沼泽 | 高寒草甸、沼泽动物群 |
| Jb05 | 巴颜喀拉山南麓山地 | 冰川、冰缘作用山地 | 高寒嵩草、杂类草草甸 | 亚高山硬叶常绿阔叶灌丛 | 高寒草甸、硬叶灌丛动物群 |
| Jb06 | 雅砻江源头山地 | 冰川、冰缘作用山地 | 高寒嵩草、杂类草草甸 | 亚高山落叶阔叶灌丛 | 高寒草甸、山地灌丛动物群 |
| Jb07 | 雀儿山-沙鲁里山地 | 冰川、冰缘作用山地 | 高寒嵩草、杂类草草甸 | 亚高山硬叶常绿阔叶灌丛 | 高寒草甸、硬叶灌丛动物群 |
| Jb08 | 通天河-当曲山地 | 冰川、冰缘作用山地 | 高寒嵩草、杂类草草甸 | 高山稀疏植被 | 高寒草甸、高山植被动物群 |
| Jb09 | 金沙江切割山地 | 冰川、冰缘作用山地 | 高寒嵩草、杂类草草甸 | 亚高山硬叶常绿阔叶灌丛 | 高寒草甸、硬叶灌丛动物群 |
| Jb10 | 怒江上游切割山地 | 冰川、冰缘作用山地 | 亚高山硬叶常绿阔叶灌丛 | 高山稀疏植被 | 山地硬叶灌丛动物群 |
| Jc01 | 祁连山地 | 冰川、冰缘作用山地、干燥剥蚀山地 | 高寒嵩草、杂类草草甸 | 高山稀疏植被 | 高寒草甸、高山植被动物群 |
| Jc02 | 党河南山山地 | 冰川、冰缘作用山地、洪积、冲积平原 | 温带半灌木、矮半灌木荒漠 | 无植被地段 | 山地荒漠动物群 |

续表

| 编号 | 生态地理单元 | 地貌 | 主要植被 | | 动物群 |
|---|---|---|---|---|---|
| | | | 植被类型 1 | 植被类型 2 | |
| Jc03 | 湟水上游谷地 | 冰川、冰缘作用山地、侵蚀黄土塬 | 高寒嵩草、杂类草草甸 | 亚高山落叶阔叶灌丛 | 高寒草甸、山地林灌动物群 |
| Jc04 | 青海湖 | 冰川、冰缘作用山地、侵蚀高原 | 高寒嵩草、杂类草草甸 | 高寒禾草、苔草草原 | 高寒草甸、草原动物群 |
| Jc05 | 青海南山-鄂拉山山地高原 | 冰川、冰缘作用山地、干燥剥蚀山地 | 温带丛生禾草典型草原 | 温带半灌木、矮半灌木荒漠 | 山地草原、荒漠动物群 |
| Ka01 | 迭山山地 | 侵蚀山地 | 亚热带和热带山地针叶林 | 温带落叶阔叶林 | 山地针叶林、落叶阔叶林动物群 |
| Ka02 | 岷江切割山地 | 侵蚀山地 | 亚高山硬叶常绿阔叶灌丛 | 高寒嵩草、杂类草草甸 | 山地硬叶灌丛、高寒草甸动物群 |
| Ka03 | 盆缘西北部山地 | 侵蚀山地 | 亚热带、热带常绿阔叶、落叶阔叶灌丛 | 亚高山落叶阔叶灌丛 | 山地阔叶灌丛动物群 |
| Ka04 | 大渡河切割山地 | 侵蚀山地 | 亚高山硬叶常绿阔叶灌丛 | 亚热带和热带山地针叶林 | 山地针叶林、硬叶灌丛动物群 |
| Ka05 | 川西山地 | 侵蚀山地 | 亚热带针叶林 | 亚高山硬叶常绿阔叶灌丛 | 山地针叶林、硬叶灌丛动物群 |
| Ka06 | 大金川切割山地 | 冰川、冰缘作用山地 | 亚高山硬叶常绿阔叶灌丛 | 高寒嵩草、杂类草草甸 | 山地硬叶灌丛、高寒草甸动物群 |
| Ka07 | 大雪山山地 | 冰川、冰缘作用山地、侵蚀山地 | 亚高山硬叶常绿阔叶灌丛 | 亚热带和热带山地针叶林 | 山地针叶林、硬叶灌丛动物群 |
| Ka08 | 雅砻江切割山地 | 冰川、冰缘作用山地 | 亚高山硬叶常绿阔叶灌丛 | 高寒嵩草、杂类草草甸 | 山地硬叶灌丛、高寒草甸动物群 |
| Kb01 | 澜沧江及金沙江上游谷地 | 冰川、冰缘作用山地 | 亚高山硬叶常绿阔叶灌丛 | 亚热带和热带山地针叶林 | 谷地硬叶灌丛、针叶林动物群 |
| Kb02 | 沙鲁里北部山地 | 冰川、冰缘作用山地 | 高寒嵩草、杂类草草甸 | 亚高山硬叶常绿阔叶灌丛 | 高寒草甸、硬叶灌丛动物群 |
| Kb03 | 沙鲁里南部山地 | 冰川、冰缘作用山地 | 亚高山硬叶常绿阔叶灌丛 | 高寒嵩草、杂类草草甸 | 山地硬叶灌丛、高寒草甸动物群 |
| Kb04 | 理塘河高山河谷 | 冰川、冰缘作用山地 | 亚热带和热带山地针叶林 | 亚高山硬叶常绿阔叶灌丛 | 山地针叶林、硬叶灌丛动物群 |
| Kb05 | 香格里拉山地 | 冰川、冰缘作用山地 | 亚热带和热带山地针叶林 | 亚高山硬叶常绿阔叶灌丛 | 山地针叶林、硬叶灌丛动物群 |
| Kb06 | 云岭山脉 | 冰川、冰缘作用山地、侵蚀山地 | 亚热带和热带山地针叶林 | 亚高山硬叶常绿阔叶灌丛 | 山地针叶林、硬叶灌丛动物群 |
| Kb07 | 高黎贡山 | 侵蚀山地 | 亚热带常绿阔叶林 | 亚热带和热带山地针叶林 | 山地阔叶林、针叶林动物群 |
| Kb08 | 独龙江 | 冰川、冰缘作用山地、侵蚀山地 | 亚热带常绿阔叶林 | 亚热带和热带山地针叶林 | 谷地阔叶林、针叶林动物群 |
| Kc01 | 滇东北山地 | 侵蚀山地、岩溶化山地、侵蚀高原 | 人工植被 | 亚热带、热带常绿阔叶、落叶阔叶灌丛 | 高原农田、林灌动物群 |

续表

| 编号 | 生态地理单元 | 地貌 | 主要植被 | | 动物群 |
|---|---|---|---|---|---|
| | | | 植被类型1 | 植被类型2 | |
| Kc02 | 滇东高原盆地 | 侵蚀高原、岩溶化山地、岩溶化高原 | 人工植被 | 亚热带、热带草丛 | 高原农田、草丛动物群 |
| Kc03 | 安宁河峡谷 | 侵蚀山地 | 亚热带针叶林 | 亚高山硬叶常绿阔叶灌丛 | 谷地针叶林、硬叶灌丛动物群 |
| Kc04 | 雅砻江峡谷 | 侵蚀山地 | 亚热带针叶林 | 人工植被 | 谷地针叶林、农田动物群 |
| Kc05 | 云贵高原北部 | 侵蚀山地 | 亚热带、热带草丛 | 人工植被 | 高原草丛、农田动物群 |
| Kc06 | 云南高原东部 | 侵蚀高原、冲积平原 | 人工植被 | 亚热带针叶林 | 高原农田、针叶林动物群 |
| Kc07 | 雪盘山-点苍山山地 | 侵蚀山地 | 人工植被 | 亚热带、热带草丛 | 山地草丛、农田动物群 |
| Kc08 | 无量山-哀牢山山地 | 侵蚀山地 | 人工植被 | 亚热带针叶林 | 山地农田、针叶林动物群 |
| La01 | 雅鲁藏布江大峡谷 | 冰川、冰缘作用山地、冰川、冰缘作用高原 | 亚高山硬叶常绿阔叶灌丛 | 亚热带和热带山地针叶林 | 谷地硬叶灌丛、针叶林动物群 |
| La02 | 喜马拉雅南翼山地 | 冰川、冰缘作用山地、侵蚀山地 | 亚热带季风常绿阔叶林 | 亚热带和热带山地针叶林 | 山地阔叶林、针叶林动物群 |
| Lb01 | 伯舒拉岭山地 | 冰川、冰缘作用山地 | 亚高山硬叶常绿阔叶灌丛 | 亚热带和热带山地针叶林 | 山地硬叶灌丛、针叶林动物群 |
| Lb02 | 岗日嘎布山脉南翼山地 | 冰川、冰缘作用山地 | 亚热带和热带山地针叶林 | 亚高山硬叶常绿阔叶灌丛 | 山地针叶林、硬叶灌丛动物群 |
| Ma01 | 大别山山地 | 侵蚀山地 | 人工植被 | 亚热带针叶林 | 山地农田、针叶林动物群 |
| Ma02 | 桐柏山山地 | 侵蚀山地、侵蚀丘陵 | 人工植被 | 亚热带针叶林 | 山地农田、针叶林动物群 |
| Mb01 | 长江三角洲 | 三角洲平原、冲积、海积、湖积平原 | 人工植被 | 无植被地段 | 平原农田、滨海动物群 |
| Mb02 | 长江下游平原 | 湖积、洪积、冲积平原 | 人工植被 | 亚热带针叶林 | 平原农田动物群 |
| Mb03 | 江淮丘陵 | 侵蚀平原、洪积、冲积平原 | 人工植被 | 无植被地段 | 丘陵农田动物群 |
| Mb04 | 鄱阳湖区 | 湖积、冲积平原 | 亚热带、热带常绿阔叶、落叶阔叶灌丛 | 人工植被 | 平原林灌、农田动物群 |
| Mb05 | 赣中丘陵 | 侵蚀红层丘陵、侵蚀丘陵 | 亚热带、热带常绿阔叶、落叶阔叶灌丛 | 亚热带针叶林 | 丘陵林灌、针叶林动物群 |
| Mb06 | 长江中游平原 | 湖积、冲积平原、侵蚀丘陵 | 人工植被 | 亚热带针叶林 | 平原农田动物群 |
| Mb07 | 江汉平原 | 湖积、冲积平原 | 人工植被 | 无植被地段 | 平原农田动物群 |

续表

| 编号 | 生态地理单元 | 地貌 | 主要植被 | | 动物群 |
|---|---|---|---|---|---|
| | | | 植被类型 1 | 植被类型 2 | |
| Mb08 | 南襄盆地 | 洪积、冲积平原 | 人工植被 | 亚热带落叶阔叶林 | 盆地农田、阔叶林动物群 |
| Mb09 | 洞庭湖区 | 湖积、冲积平原 | 人工植被 | 亚热带针叶林 | 平原农田动物群 |
| Mb10 | 洞庭湖南部丘陵 | 侵蚀丘陵、洪积、冲积平原 | 亚热带针叶林 | 人工植被 | 丘陵针叶林、农田动物群 |
| Mc01 | 皖浙赣低山丘陵 | 侵蚀山地、侵蚀丘陵 | 亚热带针叶林 | 人工植被 | 丘陵亚热带针叶林动物群 |
| Mc02 | 浙东山地 | 侵蚀山地 | 亚热带针叶林 | 人工植被 | 山地亚热带针叶林动物群 |
| Mc03 | 舟山群岛 | 侵蚀山地 | 人工植被 | 温带针叶林 | 海岛动物群 |
| Mc04 | 浙闽沿海丘陵 | 侵蚀山地 | 人工植被 | 亚热带针叶林 | 丘陵农田、滨海动物群 |
| Mc05 | 洞宫山-鹫峰山山地 | 侵蚀山地 | 亚热带针叶林 | 亚热带、热带常绿阔叶、落叶阔叶灌丛 | 山地亚热带针叶林、林灌动物群 |
| Mc06 | 戴云山山地 | 侵蚀山地 | 亚热带针叶林 | 亚热带、热带常绿阔叶、落叶阔叶灌丛 | 山地亚热带针叶林、林灌动物群 |
| Mc07 | 闽江上游谷地 | 侵蚀山地 | 亚热带针叶林 | 亚热带、热带常绿阔叶、落叶阔叶灌丛 | 山地亚热带针叶林、林灌动物群 |
| Mc08 | 武夷山山地北段 | 侵蚀山地 | 亚热带针叶林 | 亚热带、热带常绿阔叶、落叶阔叶灌丛 | 山地亚热带针叶林、林灌动物群 |
| Mc09 | 武夷山山地南段 | 侵蚀山地 | 亚热带针叶林 | 亚热带、热带常绿阔叶、落叶阔叶灌丛 | 山地亚热带针叶林、林灌动物群 |
| Mc10 | 赣东丘陵 | 侵蚀山地 | 亚热带针叶林 | 亚热带、热带草从 | 丘陵亚热带针叶、草从林动物群 |
| Mc11 | 赣南山地 | 侵蚀山地 | 亚热带针叶林 | 亚热带、热带草从 | 山地亚热带针叶、草从林动物群 |
| Mc12 | 武功山东段 | 侵蚀山地、侵蚀丘陵 | 人工植被 | 亚热带针叶林 | 山地农田、亚热带针叶林动物群 |
| Mc13 | 幕阜山-九岭山山地 | 侵蚀山地 | 亚热带针叶林 | 人工植被 | 山地亚热带针叶林动物群 |
| Mc14 | 武功山西段 | 侵蚀山地、侵蚀红层丘陵 | 亚热带针叶林 | 人工植被 | 山地亚热带针叶林动物群 |
| Mc15 | 罗霄山山地 | 侵蚀山地 | 亚热带针叶林 | 亚热带、热带草从 | 山地亚热带针叶、草从林动物群 |
| Mc16 | 湘江中上游谷地 | 侵蚀山地、侵蚀红层丘陵 | 亚热带针叶林 | 人工植被 | 谷地亚热带针叶林动物群 |

续表

| 编号 | 生态地理单元 | 地貌 | 主要植被 | | 动物群 |
|---|---|---|---|---|---|
| | | | 植被类型1 | 植被类型2 | |
| Mc17 | 南岭北坡山地 | 侵蚀山地 | 亚热带针叶林 | 人工植被 | 山地亚热带针叶林动物群 |
| Na01 | 伏牛山山地 | 侵蚀山地 | 温带落叶阔叶林 | 人工植被 | 山地阔叶林动物群 |
| Na02 | 武当山山地 | 侵蚀山地 | 人工植被 | 亚热带落叶阔叶林 | 山地农田、林缘动物群 |
| Na03 | 秦岭南坡山地 | 侵蚀山地 | 温带落叶阔叶林 | 温带落叶灌丛 | 山地阔叶林、林灌动物群 |
| Na04 | 汉江上游谷地 | 冲积平原、侵蚀丘陵、侵蚀山地 | 人工植被 | 亚热带、热带常绿阔叶、落叶阔叶灌丛 | 谷地农田、林灌动物群 |
| Na05 | 嘉陵江上游切割山地 | 侵蚀山地 | 温带落叶阔叶林 | 人工植被 | 山地阔叶林、农田动物群 |
| Na06 | 嘉陵江谷地 | 侵蚀山地、侵蚀丘陵 | 人工植被 | 亚热带、热带常绿阔叶、落叶阔叶灌丛 | 谷地农田、林灌动物群 |
| Na07 | 大巴山山地 | 侵蚀山地、岩溶化山地 | 人工植被 | 亚热带、热带常绿阔叶、落叶阔叶灌丛 | 山地林灌、农田动物群 |
| Na08 | 三峡谷地 | 侵蚀山地、岩溶化山地 | 人工植被 | 亚热带、热带草丛 | 谷地植被、草丛动物群 |
| Na09 | 清江切割山地 | 岩溶化山地 | 亚热带、热带常绿阔叶、落叶阔叶灌丛 | 人工植被 | 山地林灌、农田动物群 |
| Nb01 | 盆东平行岭谷 | 侵蚀山地、岩溶化山地 | 人工植被 | 亚热带针叶林 | 丘陵农田、针叶林动物群 |
| Nb02 | 盆东山地丘陵 | 岩溶化山地 | 人工植被 | 亚热带针叶林 | 丘陵农田、针叶林动物群 |
| Nb03 | 四川盆地 | 侵蚀红层丘陵 | 人工植被 | 亚热带针叶林 | 平原农田动物群 |
| Nb04 | 川滇低山丘陵 | 侵蚀山地、岩溶化山地 | 人工植被 | 亚热带、热带草丛 | 丘陵农田、草丛动物群 |
| Nb05 | 盆缘西南部山地 | 侵蚀山地、洪积、冲积平原 | 人工植被 | 亚热带常绿阔叶林 | 山地农田、阔叶林动物群 |
| Nc01 | 大娄山中山峡谷 | 岩溶化山地、侵蚀山地 | 亚热带、热带常绿阔叶、落叶阔叶灌丛 | 人工植被 | 谷地林灌、农田动物群 |
| Nc02 | 乌江流域中山峡谷 | 侵蚀山地、岩溶化山地、岩溶化高原 | 亚热带、热带常绿阔叶、落叶阔叶灌丛 | 人工植被 | 谷地林灌、农田动物群 |
| Nc03 | 北盘江河谷山地 | 岩溶化山地、岩溶化高原 | 亚热带、热带常绿阔叶、落叶阔叶灌丛 | 人工植被 | 谷地林灌、农田动物群 |

续表

| 编号 | 生态地理单元 | 地貌 | 主要植被 | | 动物群 |
|---|---|---|---|---|---|
| | | | 植被类型 1 | 植被类型 2 | |
| Nd01 | 武陵山地 | 岩溶化山地、岩溶化丘陵、侵蚀丘陵 | 人工植被 | 亚热带、热带常绿阔叶、落叶阔叶灌丛 | 山地林缘、农田动物群 |
| Nd02 | 沅江流域山地丘陵 | 侵蚀山地、侵蚀丘陵 | 亚热带针叶林 | 亚热带、热带常绿阔叶、落叶阔叶灌丛 | 丘陵亚热带针叶林、林灌动物群 |
| Nd03 | 湘中丘陵 | 侵蚀山地、侵蚀红层丘陵、侵蚀丘陵 | 亚热带针叶林 | 亚热带、热带常绿阔叶、落叶阔叶灌丛 | 丘陵亚热带针叶林、林灌动物群 |
| Nd04 | 猫儿山山地 | 侵蚀黄土塬 | 亚热带、热带草丛 | 人工植被 | 山地草丛、农田动物群 |
| Nd05 | 黔东南山地丘陵 | 侵蚀山地 | 人工植被 | 亚热带针叶林 | 丘陵农田、针叶林动物群 |
| Nd06 | 苗岭山地 | 岩溶化山地、岩溶化高原 | 亚热带、热带常绿阔叶、落叶阔叶灌丛 | 亚热带、热带草丛 | 山地林灌、草丛动物群 |
| Oa01 | 闽南沿海丘陵 | 侵蚀丘陵 | 人工植被 | 亚热带针叶林 | 丘陵农田、林缘动物群 |
| Oa02 | 九龙江山地丘陵 | 侵蚀山地 | 亚热带针叶林 | 亚热带、热带常绿阔叶、落叶阔叶灌丛 | 丘陵森林、林灌动物群 |
| Oa03 | 玳瑁山山地 | 侵蚀山地 | 亚热带针叶林 | 亚热带、热带常绿阔叶、落叶阔叶灌丛 | 谷地森林、林灌动物群 |
| Oa04 | 九连山山地 | 侵蚀山地、侵蚀丘陵 | 亚热带、热带常绿阔叶、落叶阔叶灌丛 | 亚热带针叶林 | 山地森林、林灌动物群 |
| Oa05 | 南岭南坡山地 | 侵蚀山地、岩溶化丘陵 | 亚热带、热带常绿阔叶、落叶阔叶灌丛 | 亚热带针叶林 | 山地森林、林灌动物群 |
| Oa06 | 粤西桂东山地谷地 | 侵蚀山地、侵蚀丘陵 | 亚热带针叶林 | 人工植被 | 山地森林、农田动物群 |
| Oa07 | 大瑶山山地 | 侵蚀山地 | 亚热带针叶林 | 人工植被 | 山地森林、农田动物群 |
| Oa08 | 郁江邕江流域宽谷丘陵 | 侵蚀丘陵 | 人工植被 | 亚热带针叶林 | 丘陵农田、林缘动物群 |
| Ob01 | 粤东沿海丘陵 | 侵蚀丘陵、冲积、海积平原 | 人工植被 | 亚热带、热带常绿阔叶、落叶阔叶灌丛 | 丘陵农田、林灌动物群 |
| Ob02 | 莲花山山地 | 侵蚀丘陵、侵蚀山地 | 亚热带、热带常绿阔叶、落叶阔叶灌丛 | 亚热带针叶林 | 山地森林、林灌动物群 |

续表

| 编号 | 生态地理单元 | 地貌 | 主要植被 | | 动物群 |
| --- | --- | --- | --- | --- | --- |
| | | | 植被类型1 | 植被类型2 | |
| Ob03 | 珠江三角洲 | 三角洲平原、冲积平原 | 人工植被 | 亚热带、热带常绿阔叶、落叶阔叶灌丛 | 平原农田、林灌动物群 |
| Ob04 | 粤西滨海丘陵 | 侵蚀山地、侵蚀丘陵、冲积、海积平原 | 人工植被 | 亚热带、热带常绿阔叶、落叶阔叶灌丛 | 丘陵农田、林灌动物群 |
| Ob05 | 云雾山 | 侵蚀山地 | 亚热带、热带常绿阔叶、落叶阔叶灌丛 | 人工植被 | 山地林灌、农田动物群 |
| Ob06 | 云开大山 | 侵蚀山地 | 亚热带针叶林 | 亚热带、热带常绿阔叶、落叶阔叶灌丛 | 山地森林、林灌动物群 |
| Ob07 | 琼雷台地 | 侵蚀山地、侵蚀丘陵、冲积、海积平原 | 人工植被 | 亚热带、热带常绿阔叶、落叶阔叶灌丛 | 台地农田、林灌动物群 |
| Ob08 | 雷州半岛 | 海蚀平原与阶地、熔岩台地、冲积、海积平原 | 人工植被 | 亚热带、热带常绿阔叶、落叶阔叶灌丛 | 台地农田、林灌动物群 |
| Oc01 | 南盘江流域中山峡谷 | 侵蚀山地、岩溶化山地 | 亚热带落叶阔叶林 | 亚热带、热带草丛 | 谷地森林、草原动物群 |
| Oc02 | 桂西北丘陵山地 | 岩溶化山地、岩溶化高原 | 亚热带、热带常绿阔叶、落叶阔叶灌丛 | 人工植被 | 山地林灌动物群 |
| Oc03 | 桂西南丘陵山地 | 岩溶化山地、岩溶化丘陵、侵蚀丘陵 | 人工植被 | 亚热带、热带常绿阔叶、落叶阔叶灌丛 | 丘陵农田、林灌动物群 |
| Pa01 | 滇西南德宏高原 | 侵蚀山地 | 亚热带、热带草丛 | 人工植被 | 高原草丛、农田动物群 |
| Pa02 | 滇西南中山盆地 | 侵蚀山地 | 人工植被 | 亚热带、热带草丛 | 盆地农田、草丛动物群 |
| Pa03 | 版纳低山盆地 | 侵蚀山地 | 亚热带、热带常绿阔叶、落叶阔叶灌丛 | 人工植被 | 盆地林灌、农田动物群 |
| Pb01 | 滇东南高原 | 岩溶化高原、侵蚀高原 | 亚热带、热带常绿阔叶、落叶阔叶灌丛 | 人工植被 | 高原林灌、农田动物群 |
| Pb02 | 滇南山地 | 侵蚀山地 | 亚热带、热带草丛 | 人工植被 | 山地草丛、农田动物群 |
| Pb03 | 滇中南低热河谷 | 侵蚀山地 | 亚热带、热带草丛 | 人工植被 | 谷地草丛、农田动物群 |

续表

| 编号 | 生态地理单元 | 地貌 | 主要植被 | | 动物群 |
|---|---|---|---|---|---|
| | | | 植被类型 1 | 植被类型 2 | |
| Qa01 | 五指山地 | 侵蚀山地、侵蚀丘陵 | 热带雨林 | 亚热带、热带常绿阔叶、落叶阔叶灌丛 | 山地林灌动物群 |
| Qb01 | 琼北台地 | 熔岩台地、冲积、海积平原 | 人工植被 | 亚热带、热带常绿阔叶、落叶阔叶灌丛 | 平原台地灌丛动物群 |
| Qb02 | 琼南丘陵 | 侵蚀丘陵、冲积、海积平原 | 人工植被 | 亚热带、热带常绿阔叶、落叶阔叶灌丛 | 低山丘陵稀疏灌丛动物群 |
| Ra01 | 中央山脉 | 冰川、冰缘作用山地、湖积、冲积平原 | 人工植被 | 亚热带常绿阔叶林 | 山地森林动物群 |
| Ra02 | 台湾东部纵谷 | 冲积平原 | 人工植被 | 亚热带常绿阔叶林 | 山地森林、林缘动物群 |
| Rb01 | 台西北丘陵平原 | 侵蚀丘陵、冲积平原 | 人工植被 | 无植被地段 | 丘陵农田动物群 |
| Rb02 | 台湾南部平原 | 冲积平原 | 人工植被 | 无植被地段 | 平原农田动物群 |
| Rb03 | 澎湖列岛 | 珊瑚礁 | 人工植被 | — | 海岛动物群 |
| Rb04 | 钓鱼岛 | 大陆岛 | — | — | 海岛动物群 |
| Sa01 | 南海诸岛 | 珊瑚礁 | 珊瑚岛常绿林 | — | 珊瑚岛林灌动物群 |